COURS COMPLET

DES

MALADIES DES YEUX.

COURS COMPLET

DES

MALADIES DES YEUX,

SUIVI D'UN

TRAITÉ ABRÉGÉ D'HYGIÈNE OCULAIRE,

COMME FAISANT PARTIE INTÉGRANTE DE CE COURS.

> Pour être bon Juge dans les maladies des yeux, outre les connaissances nécessaires de la médecine en général, l'homme de l'art, qui veut en faire une étude particulière, a besoin, avant tout, de jouir lui-même d'une bonne vue.

Par F. DELARUE, du Puy-de-Dôme,

Docteur en Médecine, Professeur de Médecine et de Chirurgie oculaire, Médecin du Bureau de Charité du quatrième Arrondissement, Membre de la Société du Cercle Médical de Paris, etc., etc.

SECONDE ÉDITION,

AUGMENTÉE D'UN MÉMOIRE SUR LE STAPHYLÔME DE LA CORNÉE TRANSPARENTE.

PARIS,

L'AUTEUR, rue Vivienne, n° 17;
BAILLIÈRE, Libraire, rue de l'École de Médecine, n° 4.

1823.

AVERTISSEMENT.

L'accueil favorable que le Public a bien voulu accorder à la première édition de cet ouvrage, a fait penser à l'auteur qu'il devait moins se borner à faire des changemens de mots ou de phrases dans cette deuxième édition, qu'à chercher à enrichir le domaine de l'art par de nouveaux faits sur quelques-uns des points les plus obscurs de la science; c'est aussi le but qu'il s'est proposé et qu'il croit avoir atteint en insérant séparément à la fin de l'ouvrage son nouveau Mémoire sur les heureux effets des attouchemens avec la pierre infernale, dans le traitement du staphylôme de la cornée transparente. Il n'a pas voulu non plus, par la même raison, changer en

rien ce qu'il avait dit dans la première
édition au sujet de cette maladie, afin que
le Lecteur puisse par là mieux juger des
avantages de la nouvelle méthode, et
mieux l'apprécier à sa juste valeur, après
en avoir comparé les résultats avec ceux
des autres méthodes.

COURS COMPLET

DES

MALADIES DES YEUX.

DISCOURS PRÉLIMINAIRE.

Sur l'Utilité et les Avantages de la Médecine oculaire.

Dans tous les temps la Médecine a occupé un rang distingué parmi les sciences qui honorent l'intelligence humaine et contribuent le plus au bonheur des hommes ; et si nous la regardons sous le point de son utilité, nul doute qu'elle ne dût occuper le premier, puisque la santé qu'elle conserve ou qu'elle rétablit lorsque nous l'avons perdue, est le premier de tous les biens, et sans lequel les autres ne sont rien.

Cette vérité, connue de tous les siècles, a été proclamée par tous les hommes, philosophes, moralistes, historiens, etc.; elle n'a pas besoin de démonstration, parce que l'expérience est au-dessus de tous les raisonnemens.

Plus une science honore celui qui la cultive, plus il doit redoubler d'efforts pour se rendre digne d'un si grand honneur, et pour mériter en même temps la confiance et l'estime de ses semblables. Heureux donc le médecin dont les sentimens d'honneur, de probité, et le profond savoir, font respecter son noble caractère par les avantages qu'en retire journellement la société !

L'art de guérir, ou la Médecine, a des bornes si étendues, et son domaine est si vaste, qu'il comprend presque toutes les connaissances, et qu'il serait besoin d'une intelligence surnaturelle et plus qu'humaine pour en mesurer et connaître également toutes les branches.

Mais avant de s'embarquer dans la carrière, des connaissances précises en anatomie et en physiologie sont de toute nécessité, si l'on veut faire quelques progrès dans l'étude de l'une des branches de cet art, même la plus circonscrite, parce que ces connaissances premières sont les flambeaux de l'expérience et de l'observation, et que sans elles nous ne saurions que marcher au hasard et nous égarer. Le médecin, le chirurgien, l'oculiste, l'accoucheur, avant d'apprendre à connaître les maladies des organes, ont nécessairement besoin d'étudier leur organisation et leurs fonctions ; mais une fois ces connaissances générales acquises, l'on conviendra avec nous que plus les bornes que l'on s'est volontairement prescrites sont resserrées, plus le fruit de nos méditations sera positif, et par la même raison plus les avantages que doit en recueillir la société seront grands et certains.

Depuis la renaissance des lettres en Europe et le rétablissement des Ecoles de médecine dans le monde savant, tous les hommes instruits ont senti le besoin et se sont pénétrés de la nécessité d'enseigner séparément chaque branche de l'art de guérir ; et c'est par ce moyen que l'on a obtenu le double avantage, que, d'une part, la matière, plus circonscrite et plus présente à la mémoire du professeur, a été expliquée avec plus de pré-

cision et plus de clarté ; que, de l'autre, avec moins de
travail et sans une forte contention d'esprit, une instruction plus sûre en a été le résultat ; avantages infinis ,
et si généralement reconnus aujourd'hui , que nous
pouvons assurer, sans crainte de nous tromper, que
les vastes progrès qu'ont faits dans ces derniers temps
les sciences médicales en général , sont uniquement dus
à cet esprit d'analyse si heureusement appliqué à chaque
branche séparée et enseignée dans des cours uniquement
consacrés à cet objet.

Si nous convenons que toutes les branches de la médecine sont également utiles à la société, nous serons cependant forcés de convenir que parmi les différens organes
dont notre machine se trouve composée, les uns sont
plus ou moins essentiels à notre conservation , tandis
que d'autres concourent plus ou moins à semer des
fleurs sur notre existence par les sensations agréables
qu'ils nous procurent. Parmi ces derniers , l'organe de
la vue doit naturellement occuper le premier rang ;
car , si nous portons un moment notre attention sur
les sensations multipliées qu'il nous procure , et sur
les jouissances variées qu'il nous fait éprouver , ne serons-nous pas, avec raison , disposés à le regarder
comme le premier de tous les biens ? Dans un siècle
où toutes les sciences physiques, naturelles et médicales , tendent à leur perfectionnement, où chacune de
leurs branches, cultivée avec soin, contribue d'une
manière si puissante au bonheur de la société , en lui
procurant les avantages infinis des lumières et des découvertes utiles, dans un temps, dis-je, où chaque
partie de ces sciences est enseignée publiquement et
séparément, n'avons-nous pas lieu de nous étonner

que les maladies des yeux, si communes à la ville
comme à la campagne, n'aient pas éprouvé depuis
long-temps l'impulsion de ces améliorations générales?
Cependant, si nous fixons notre attention sur l'importance et les fonctions de ces organes, sur le grand
nombre de maladies auxquelles les dispose une organisation très-délicate et très-compliquée, et si nous réfléchissons enfin sur les avantages de les conserver en
parfaite santé, ne devons - nous pas être surpris de
voir, par cette seule négligence, la partie de l'art la
plus essentielle à notre bonheur devenir l'apanage
presque exclusif de l'empirisme, souvent le plus étranger à la médecine, comme le plus dépourvu d'instruction et de savoir

Si nous convenons généralement que le plus précieux de tous les biens que nous a prodigués la nature
est la conservation de la vue, et si nous sommes tous
d'accord sur ce point, comme je le pense, il est donc
de la plus haute importance de bien étudier cette partie
essentielle de la médecine, de méditer sur les maladies
qui affligent continuellement ces organes, afin de répandre le plus de lumières possible pour les guérir. Que
tout médecin et chirurgien soit bien pénétré de cette importante vérité, et nous ne tarderons pas à rendre un
service bien essentiel à la société qui le réclame. S'il est
bien vrai, comme nous l'avons avancé, que celui qui circonscrit ses méditations peut et doit, par cela même,
en obtenir des résultats plus sûrs et plus précis, nous
conviendrons aussi avec Louis, de l'Académie de Chirurgie, que pour exceller dans la connaissance des
maladies des yeux il faut également s'appliquer aux
autres parties de la médecine et de la chirurgie, qui

peuvent seules guider nos pas dans cette carrière, et nous faire surmonter les difficultés qui se présenteront à chaque pas dans la pratique.

Telles sont les raisons qui nous déterminèrent, il y a quelques années, à faire un cours sur les maladies des yeux, et qui nous ont encouragé depuis à le continuer tous les ans, presque sous les yeux de cette célèbre Faculté qui se montre si zélée pour la propagation des lumières en médecine; telles sont encore celles qui nous ont imposé la tâche de publier un ouvrage élémentaire sur cette branche importante de l'art. Cette tâche est bien difficile, sans doute; mais comme la nécessité nous en a imposé le devoir, j'ai lieu d'espérer que les hommes véritablement instruits me sauront gré de mes efforts; et si malgré l'imperfection de mon travail, je suis assez heureux pour réveiller l'attention des jeunes praticiens sur une branche de l'art aussi essentielle, je le répète, au bonheur de la société, mon but sera rempli, parce que les connaissances qu'ils auront déjà acquises les mettront bientôt à même d'obtenir de grands succès et de faire beaucoup de bien.

Mais avant d'exposer l'ordre des matières qui doivent nous occuper dans le cours de cet ouvrage, j'ai pensé qu'un résumé chronologique sur les progrès de cette branche importante de l'art de guérir ne sera pas sans intérêt pour fixer l'attention du lecteur sur le choix des auteurs qu'il peut lire avec fruit et consulter au besoin avec avantage.

Les anciens n'ont connu qu'imparfaitement les maladies des yeux, aussi ne trouvons-nous rien de bien satisfaisant à ce sujet dans les ouvrages d'Hippocrate, de Gallien et de Celse, du reste si profonds et si instructifs pour toutes les autres branches de l'art. L'histoire nous transmet seulement, que, chez les anciens Egyptiens, des médecins, connus sous le nom de *Pastophores*, s'occupaient exclusivement des maladies des yeux ; mais nous n'avons aucun ouvrage de ces médecins.

Ce n'est que depuis le 15e. siècle que nous trouvons des Traités *ex professo* sur cette matière, et que des médecins et chirurgiens se sont occupés exclusivement de la recherche des maladies des yeux.

C'est donc particulièrement les auteurs qui ont écrit depuis cette époque, que j'engage à lire et à consulter, et sur-tout les suivans :

Guillemau, *des Maladies de la vue*, imprimé en 1586.

Vesale, *Consilium pro visu partim depravato , partim abolito*, édition de 1583.

Joannes Heurnius, *Tractatus de morbis oculorum*, imprimé en 1602.

Antoine Maître Jan, *Traité des maladies des yeux*, édition de 1722 ou de 1740.

De Saint-Yves, *Nouveau Traité des maladies des yeux*, également imprimé en 1722.

Guérin, *Traité des maladies des yeux*, imprimé en 1769.

Janin, *Mémoires et Observations anatomiques sur l'œil*, 1772, à Lyon.

Scarpa, *Traité pratique sur les maladies des yeux*, nouvelle édition de l'auteur, ou la traduction par M. Léveillé.

Le Manuel de l'Oculiste, par M. de Wenzel.

L'ouvrage de M. Demours rempli de belles observations très-curieuses.

Enfin , les ouvrages de chirurgie de MM. Boyer et Richerand.

Personne n'ignore que dans un cours l'ordre , la précision et la clarté ne soient le principal mérite de l'ouvrage : c'est parce que nous nous sommes bien pénétré de ces importantes vérités , et que nous sommes également convaincu que l'on ne peut s'en écarter sans tomber sur-le-champ dans le vide d'une discussion purement oiseuse et nullement instructive, que nous ferons tous nos efforts pour les observer.

D'après ces principes , nous avons divisé notre cours des maladies des yeux en trois Parties.

Dans la première , nous nous occuperons de rappeler le plus succinctement possible l'anatomie des organes dont nous aurons à décrire les maladies dans les deux Parties suivantes; nous y joindrons les principes physiologiques connus et généralement admis , tant sur le mécanisme de la vision et de l'action vitale des organes, que sur leur besoin et leur utilité particulière pour perfectionner le sens de la vue.

Dans la seconde Partie nous ferons connaître les causes , la marche , les signes , symptômes et traitemens des maladies qui affligent les organes accessoires ou conservateurs de la vue ; ce qui formera notre première classe des maladies des yeux.

Dans la troisième Partie nous nous occuperons des affections du globe de l'œil , ou de l'organe de la vue proprement dit; ce qui fera notre deuxième et dernière classe.

PREMIÈRE PARTIE.

DESCRIPTION ANATOMIQUE DES ORGANES PROTECTEURS
OU ACCESSOIRES A LA VUE.

Fosses Orbitaires, ou Orbites.

On doit certainement placer en première ligne des
organes conservateurs de la vue les fosses orbitaires ;
aussi allons-nous commencer par elles la description
anatomique qui doit précéder notre cours des Maladies
des yeux.

Les orbites, ou fosses orbitaires, sont deux cavités
que l'on remarque de chaque côté du nez, au-dessous
du front et au-dessus des joues ; leur étendue, proportion gardée, est plus considérable chez les enfans que
chez les adultes : obliques de dedans en dehors, elles
sont évasées à leur partie antérieure, qui correspond
aux parties externes de l'œil ; étroites et percées d'un
trou et de plusieurs fentes à leur partie postérieure ,
elles donnent passage au nerf optique , aux artères et
veines de l'œil , et correspondent à la face postérieure
du globe. C'est avec raison que les anatomistes ont
comparé la figure des orbites à deux cônes, dont les
bases sont en avant et les sommets en arrière.

Voyons maintenant quelles sont les parties de ces
fosses qui méritent de fixer notre attention.

On remarque d'abord au sommet de chaque orbite le
trou dont nous venons de parler, que l'on appelle

trou optique, et de plus, la partie la plus large de la fente sphénoïdale.

La base, tournée en avant, est coupée obliquement de dedans en dehors; son étendue est plus considérable d'un côté à l'autre que de haut en bas. On remarque à sa partie antérieure et supérieure, proche la racine du nez, un trou et quelquefois une échancrure par où passe la branche frontale du nerf ophthalmique de Willis.

Au-dessous du trou optique sont deux fentes appelées *orbitaires*, et distinguées en supérieure et en inférieure : elles donnent passage aux troisième, quatrième et sixième paires de nerfs cérébraux, à la branche ophthalmique de Willis de la cinquième paire, ainsi qu'aux veines et artères qui se distribuent aux organes conservateurs et immédiats de la vision. Du reste, nous aurons bientôt occasion d'en parler d'une manière plus directe et plus précise.

Autour du trou optique on remarque de petites dépressions qui servent à désigner le lieu d'implantation des tendons des muscles de l'œil. Chaque cavité orbitaire présente dans sa voûte, qui est concave, un enfoncement antérieur et externe, qui correspond à la glande lacrymale; un, interne, plus petit, correspondant au tendon du muscle grand-oblique de l'œil, et dont les côtés donnent implantation à la poulie cartilagineuse de ce muscle.

A la partie interne des fosses oculaires, à l'endroit qui correspond à l'os ethmoïdal, il y a deux trous appelés *orbitaires internes*, et que l'on distingue en antérieur et postérieur. Le premier donne passage au filet ethmoïdal de la branche nasale du nerf ophthalmique de Willis, à une artère et à une veine. Une artère et une veine, sans être accompagnées d'aucun filament nerveux, passent par le deuxième.

La paroi inférieure, ou le plancher de l'orbite, est de figure plane ; il existe dans sa partie postérieure une gouttière qui conduit au canal sous-orbitaire, par lequel passent le nerf maxillaire supérieur, une artère et une veine.

La face externe de l'orbite ne présente de particulier que deux petits trous qui traversent l'os de la pommette, pour donner passage à des fils de nerfs et à des vaisseaux.

La paroi interne, presque plane, présente à sa partie antérieure une gouttière longitudinale, qui sert à loger le sac lacrymal ; son extrémité inférieure se change en conduit appelé *nasal*, qui descend un peu obliquement en dehors avant de se confondre avec les fosses du même nom.

Les os qui entrent dans la composition des orbites sont les suivans, au nombre de sept : le coronal, qui forme la partie supérieure et antérieure ; le maxillaire supérieur et l'os de la pommette, les parties antérieure, inférieure et latérales ; la branche montante du maxillaire supérieur avec l'os unguis, formant la gouttière *lacrymo-nasale* ; la portion de l'ethmoïde appelée *os pla-num*, la partie postérieure latérale interne ; le sphénoïde en forme la partie latérale externe postérieure ; et enfin une petite portion de l'os palatin forme la partie inférieure et postérieure la plus reculée.

Les fosses orbitaires servent, par leur structure, à protéger essentiellement les yeux contre les injures des corps extérieurs : renfermés dans ces cavités, ces organes y sont encore entourés d'une grande quantité de tissu cellulaire graisseux, très-lâche, qui les facilite dans leurs mouvemens. Il est donc facile de concevoir que les os formant l'orbite, de même que le tissu cellulaire qui s'y trouve contenu, ne peuvent être affectés de maladie sans nuire plus ou moins à la vision.

Des Sourcils.

A la partie inférieure du front, et de chaque côté de la racine du nez, sont deux éminences qui s'étendent en forme d'arc de cercle jusqu'à l'angle externe de chaque œil. Ces éminences, appelées *sourcils*, sont beaucoup plus saillantes chez les vieillards que chez les enfans et les adultes ; les poils qui les recouvrent, dont la direction est de dedans en dehors, sont beaucoup plus longs dans l'âge avancé, tandis que le globe de l'œil a considérablement diminué de volume. De là cette différence si sensible entre les différens âges, mais qui le plus souvent n'existe que dans la longueur des cils.

Outre la peau commune aux autres tégumens de la face, qui entre dans la composition anatomique des sourcils, ils ont encore un muscle qui leur est propre, appelé *muscle sourcillier*, dont les fibres dirigées de dedans en dehors s'entre-croisent dans presque toute leur étendue avec celles du muscle *occipito-frontal* dans sa partie supérieure, et avec celles de l'orbiculaire des paupières dans sa partie inférieure. Du reste, ce muscle propre du sourcil prend son point d'appui à la partie interne de l'arcade sourcillière, et s'étend en s'amincissant jusqu'à la partie moyenne du coronal où il se termine.

L'artère sourcillière, la frontale, les branches de l'ophthalmique, et même la branche antérieure de la temporale superficielle, envoient de nombreux rameaux aux sourcils ; elles sont accompagnées par les veines du même nom.

La branche frontale du nerf ophthalmique de Willis, qui passe par l'échancrure ou le trou dont nous avons déjà parlé, envoie plusieurs rameaux au sourcil, qui en reçoit encore du rameau lacrymal du même nerf, et quelques-uns de la portion dure de la septième paire. L'éminence osseuse qui se remarque à la partie inférieure de l'os frontal, et qui est appelée *arcade sourcillière*, contribue également à la formation du sourcil avec les autres parties dont il vient d'être parlé.

Ne serait-il pas absurde de penser que le sourcil, placé au-dessus de l'œil, est uniquement destiné pour l'embellissement de la figure, en la rendant plus régulière ? N'est-il pas plus sage de penser que la nature, économe dans ses moyens, n'a rien fait sans sujet et sans un but avantageux ? Elle a donc placé le sourcil dans la position qu'il occupe, afin d'absorber le surcroît d'une vive lumière, qui, arrivant à notre œil avec trop d'abondance, l'irriterait en nous faisant éprouver le sentiment de la douleur. Lorsque nous nous exposons au grand jour en sortant d'un endroit obscur, ou lorsque nous voulons regarder le soleil, par exemple, nous rapprochons involontairement les sourcils l'un de l'autre, et les abaissons en fermant presque les paupières, afin que les cils qui les ombragent servent, pour ainsi dire, de parasol à nos yeux, en détournant de l'axe visuel cette vive lumière dont la présence nous serait désagréable et douloureuse.

Il sera donc également nécessaire de comprendre dans la description des maladies de la vue, celles du sourcil, dont les lésions occasionneraient des accidens plus ou moins graves pour l'œil lui-même.

Des Paupières.

Les paupières sont deux voiles mobiles qui recouvrent la partie antérieure du globe de l'œil ; l'une est supérieure, et l'autre est inférieure. La surface de la paupière supérieure est beaucoup plus étendue que celle de l'inférieure. Elle descend un peu au-dessous du diamètre transversal de l'œil. Considérées séparément, chaque paupière présente deux faces : l'une, externe, formée par la peau qui recouvre les autres parties de la figure, dont elle n'est qu'une prolongation, est ridée transversalement dans toute son étendue ; la face interne, qui est lisse et tapissée par une membrane extrêmement fine, est douée d'une grande sensibilité. Cette membrane, appelée *conjonctive*, unit les paupières avec le globe de l'œil, dont elle recouvre toute la partie saillante.

Chaque paupière présente encore un bord libre et un adhérent ; les bords libres des deux paupières se regardent l'un et l'autre, et se touchent dans presque toute leur étendue, lorsque les paupières sont fermées : ces bords sont, à leur partie la plus extérieure, garnis de poils appelés *cils*, se dirigeant de dedans en dehors, de manière que, lorsque les paupières sont rapprochées, ces cils semblent être parallèles les uns aux autres : ils naissent sur ce bord par deux ou trois rangées ; leur nombre et leur longueur varient beaucoup, selon les différens sujets ; leur couleur, ainsi que celle des sourcils, est presque toujours la même que celle des cheveux ; ils sont aussi plus longs et plus épais au milieu des bords libres des paupières qu'à leur extrémité. Ceux de la paupière supérieure ont toujours plus de longueur et sont plus épais que ceux de l'inférieure. A la réunion du tiers interne de chaque bord libre des paupières avec les deux autres tiers, se remarque un petit tubercule percé d'un petit trou ; ces deux tubercules sont appelés *points lacrymaux* : le tiers interne de ces bords est arrondi et droit dans toute son étendue ; les deux autres tiers sont légèrement concaves et un peu courbés de dedans en dehors.

A la face interne de ces bords se remarquent de petites ouvertures, au nombre de vingt à trente pour chaque paupière ; elles sont les extrémités des conduits excréteurs des petites glandes sébacées, appelées *glandes de Meibonius*, nom du premier anatomiste qui les a décrites.

On appelle grand angle des paupières, l'endroit où se réunissent les extrémités internes de leurs bords libres ; petit angle, celui de leur réunion externe. Lorsque les paupières sont rapprochées, on remarque entre elles un espace de forme triangulaire qui les sépare vers l'angle interne, et à travers lequel on aperçoit une petite élévation charnue, appelée *caroncule lacrymale*, dont nous aurons occasion de parler bientôt.

Les bords adhérens des paupières se continuent avec les tégumens communs. Du tissu cellulaire, des cartilages, des ligamens, des artères, des veines, des muscles, des nerfs, des vaisseaux lymphatiques, des glandes, des membranes et des poils, entrent dans la composition des paupières.

Nous avons parlé des membranes des paupières, en

faisant la description de leurs faces internes, puisque nous avons dit qu'elles étaient entièrement recouvertes par la conjonctive.

Dans l'épaisseur du bord libre de chaque paupière, se trouve une lame cartilagineuse, appelée *cartilage tarse*. Ces cartilages, moins longs que les paupières, sont plus larges dans leur partie moyenne qu'à leurs extrémités. Celui de la paupière supérieure a près de six lignes de largeur, tandis que celui de l'inférieure en a à peine deux. La face intérieure, concave et recouverte par la conjonctive, présente des lignes jaunâtres au nombre de vingt à trente pour chaque cartilage, dans lesquelles sont renfermés des petits corps glanduleux se communiquant les uns les autres pour n'avoir qu'un seul conduit excréteur qui vient s'ouvrir, comme il a été dit, au bord libre de chaque paupière; ces glandes secrètent une humeur visqueuse destinée à retenir les larmes. Les cartilages tarses sont minces et flexibles, ils servent à maintenir les paupières étendues au-devant des yeux.

Les ligamens des paupières sont des productions celluleuses et membraneuses qui s'étendent de tout le contour de l'orbite jusqu'aux cartilages tarses. C'est ce qui avait fait penser à quelques anatomistes qu'ils étaient une prolongation de la dure-mère. Il est bien vrai, comme on peut s'en assurer par la dissection, que la partie de ces ligamens qui tient à l'orbite, est fortement unie avec la face externe de la dure-mère; mais elle n'en est point une prolongation, comme sembleraient le penser M. Boyer et beaucoup d'auteurs. Il est facile de se convaincre de ce que j'avance, en faisant bouillir jusqu'à la demi-cuisson un œil de bœuf, de mouton ou de veau, entouré de la peau et de toutes ses parties dures; on verra alors que les ligamens dont nous venons de parler ne sont que juxta-posés à la dure-mère qui tapisse l'intérieur de l'orbite, de la même manière que les tendons des muscles sont unis au périoste sans en être une prolongation ; car il est très-facile de les séparer sans altérer en rien cette dernière membrane, qui se continue sans interruption avec le périoste des os voisins.

Les muscles des paupières sont au nombre de deux : un, releveur, qui appartient exclusivement à la paupière supérieure, prend son origine au sommet de l'orbite par un tendon assez grêle, passe au-dessus du globe de l'œil, et vient s'attacher, par un tendon aplati en forme de ruban, au bord supérieur du cartilage tarse de la même paupière. Ses fonctions sont, comme son nom l'indique, de relever cette paupière lorsqu'elle a été abaissée par les contractions de l'orbiculaire, qui est le muscle commun aux deux paupières. Ce dernier muscle prend naissance au grand angle de l'œil, au-devant et au-dessus de l'enfoncement formé par les os unguis et la branche montante du maxillaire supérieur ; il s'étend ensuite sur l'une et l'autre paupières, jusqu'au-delà de l'angle externe de l'œil, où ses fibres charnues viennent s'entre-croiser. L'action de ce muscle est de rapprocher les paupières l'une de l'autre, lorsqu'il se contracte.

Les artères des paupières viennent de l'optique, tantôt par un tronc commun, d'autres fois séparément ; elles se dirigent de dedans en dehors, pour suivre le bord adhérent des cartilages tarses, et viennent se terminer vers l'angle externe de l'œil. La labiale, la sousorbitaire, la sourcillière et la temporale superficielle, envoient encore de nombreux rameaux aux paupières. Les veines portent le même nom, et suivent la même direction que les artères ; les nerfs leur sont fournis par l'ophthalmique de Willis, le sous-orbitaire et la portion dure de la septième paire.

Outre les artères, les veines et les nerfs, les paupières ont encore une grande quantité de vaisseaux lymphatiques et un tissu cellulaire très-lâche et dépourvu de graisse.

Les paupières servent à garantir les yeux d'une lumière trop vive, à répandre uniformément sur toute la surface du globe de l'œil les larmes qui doivent l'humecter. En le couvrant entièrement pendant le sommeil, elles empêchent qu'il ne soit desséché par le contact de l'air, ou blessé par les corps extérieurs. Les cils servent à détourner de l'œil pendant la veille les insectes et les corpuscules qui voltigent dans l'atmosphère. La paupière supérieure, beaucoup plus mobile que l'inférieure, a des mouvemens de clignotement qui se succèdent plus ou moins rapidement, en raison de la sensibilité de l'œil et de la force de la lumière.

DES VOIES LACRYMALES.

Glande Lacrymale.

Cette glande, située à la partie externe supérieure et antérieure de la fosse orbitaire, est du genre de celles que l'on appelle conglomérées : longue de quatre à cinq lignes sur deux à trois de largeur, elle est divisée en plusieurs lobes, qui sont eux-mêmes subdivisés en une infinité de lobules; correspondant par sa face supérieure à la voûte de l'orbite, elle présente une surface convexe; et par sa face inférieure, qui est concave, elle correspond à la circonférence externe de l'œil, ainsi qu'aux muscles droits externes et supérieurs, avec lesquels elle se trouve unie par du tissu cellulaire graisseux très-abondant. L'organisation intime de cette glande n'est pas mieux connue que celle des autres glandes de la même espèce. La glande lacrymale reçoit ses artères de la branche lacrymale de l'ophthalmique, dont les ramifications de cette branche pénètrent jusques dans les plus petits lobules. Ses veines viennent également de la branche lacrymale de l'ophthalmique, et elle reçoit le rameau lacrymal du nerf ophthalmique de Willis ; les conduits excréteurs de cette glande, très-apparens chez les gros animaux, le cheval et le bœuf, ne le sont pas autant, à beaucoup près, chez l'homme. Monro fils et Hunter sont cependant parvenus à les injecter avec du mercure. Au nombre de six à sept, ils sortent du bord antérieur de cette glande, et viennent s'ouvrir sur la conjonctive, à une demi-ligne de l'extrémité externe du cartilage tarse de la paupière supérieure, sans avoir de communication les uns avec les autres.

La glande lacrymale secrète cette humeur limpide, appelée larmes, qui mouille continuellement le globe de l'œil et facilite ses mouvemens.

De la Caroncule lacrymale.

La caroncule lacrymale est un petit corps rougeâtre, situé à l'angle interne des paupières, plus apparent chez l'homme vivant que sur le cadavre. La forme de cette glande est conique, sa base est tournée en arrière et en dedans, tandis que son sommet regarde en avant et en dehors. Sa couleur rougeâtre varie beaucoup, depuis le rouge jusqu'au blanc pâle, qu'elle présente dans presque toutes les maladies chroniques.

Cette glande est composée de la réunion de plusieurs follicules sébacés qui recouvrent la conjonctive. Ces follicules glanduleux sont tous percés d'une ouverture ronde, qui leur sert de conduits excréteurs par lesquels il sort, lorsqu'on les presse, une humeur concrète sébacée, sous forme de petits vers. On remarque aussi sur chaque lobule de petits poils à peine visibles à l'œil nu. Parsemée de quelques vaisseaux sanguins, la caroncule reçoit quelques filets nerveux de la branche nazale de l'ophthalmique. Les anciens, qui n'avaient que quelques idées fausses sur la sécrétion des larmes, pensaient qu'elles étaient fournies par la caroncule lacrymale ; mais on sait maintenant que ses fonctions se bornent à tenir les paupières écartées l'une de l'autre, afin que les larmes puissent se ramasser vers le grand angle, et y être plus facilement absorbées par les points lacrymaux. L'humeur grasse qu'elle sécrète, sert à lubrifier les paupières, et en même temps à écarter les corps étrangers qui viennent s'engager entre les poils dont nous avons parlé.

Des Points et des Conduits lacrymaux.

Le tubercule que l'on remarque sur chaque bord libre des paupières est percé d'une ouverture ronde, plus visible pendant la vie qu'après la mort. Ces ouvertures s'appellent points lacrymaux : ils sont toujours ouverts dans l'état de santé. Vis-à-vis l'un de l'autre, leur direction est telle, que l'inférieure regarde en haut, en dehors et un peu en arrière, tandis que la supérieure est dirigée en bas, en dehors et aussi en arrière : de cette manière ils ne peuvent se toucher que du côté de la peau, lorsque les paupières sont rapprochées l'une de l'autre. Leur ouverture est formée d'une substance blanchâtre et dure, qui les tient toujours ouverts. La membrane qui les tapisse n'est autre que la prolongation de la conjonctive.

Les points lacrymaux forment le commencement de deux petits conduits appelés lacrymaux, qui sont placés dans la partie interne du bord libre des paupières. Plus larges que les points lacrymaux, le supérieur est plus long que l'inférieur. Le conduit lacrymal supérieur monte d'abord presque perpendiculairement dans l'étendue de près d'une ligne ; il se recourbe ensuite à angle presque droit, et descend obliquement de dehors en dedans. L'inférieur se porte d'abord de haut en bas, puis il marche presque horizontalement de dehors en dedans. Lorsque les deux points lacrymaux sont parvenus au-delà de l'angle interne des paupières, ils s'unissent en formant un angle très-aigu, pour ne former qu'un seul canal qui, long d'une ligne à-peu-près, passe derrière le tendon du muscle orbiculaire des paupières, et va s'ouvrir dans la partie externe du sac lacrymal. D'autres fois les deux conduits lacrymaux viennent s'ouvrir séparément dans ce sac, par des ouvertures tellement rapprochées, qu'il est très-facile de les confondre.

La structure des conduits lacrymaux est composée d'une membrane mince, blanchâtre et poreuse.

Du Sac lacrymal.

Le sac lacrymal, situé au grand angle de l'œil, renfermé dans la gouttière formée par l'os unguis et l'apophyse montante du maxillaire supérieur, est recouvert

en avant par le tendon du muscle orbiculaire des paupières, la peau et la caroncule lacrymale. Le reste de
ce sac est logé dans la gouttière dont nous venons de
parler.

La structure du sac lacrymal est composée d'une
membrane externe, blanche, dure et celluleuse; l'interne, molle et pulpeuse, paraît de même nature
que la pituitaire, dont elle est la continuation. Les
artères palpebrales fournissent des rameaux au sac lacrymal, et le rameau nasal de l'ophthalmique lui envoie
quelques filamens nerveux.

Du Canal nasal, ou Conduit lacrymo-nasal.

Ce canal n'est autre chose que la continuation du
sac lacrymal, qui le surmonte en forme de chapiteau :
logé dans le conduit osseux formé par la réunion de
l'apophyse montante de l'os maxillaire, de l'extrémité
inférieure de l'os unguis, et de la petite lame recourbée
du cornet inférieur du nez, son étendue est de trois à
quatre lignes ; son diamètre, à peine d'une, est moins
large à sa partie moyenne qu'à ses extrémités ; sa direction, oblique de haut en bas et de dedans en dehors,
décrit une ligne courbe dont la convexité est en avant.
L'extrémité inférieure de ce conduit, creusé obliquement, présente à son côté interne, qui descend moins
bas, un repli semi-lunaire qui ressemble beaucoup à
une valvule ; l'extrémité supérieure n'offre rien de particulier.

La structure de ce canal est la même que celle du sac
lacrymal, dont il n'est que la continuation ; il reçoit
les mêmes nerfs et les mêmes vaisseaux.

Les larmes sécrétées par la glande lacrymale, mêlées avec la sérosité fournie par les vaisseaux exhalans de la conjonctive, après avoir servi à lubrifier l'œil, sont ramenées par les mouvemens des paupières à son grand angle, ou repoussées d'arrière en avant par la caroncule lacrymale : elles sont absorbées par les points lacrymaux, passent par leurs conduits, arrivent dans le sac lacrymal, et tombent, par les lois de la pesanteur, dans les fosses nasales, après avoir parcouru toute l'étendue du conduit nasal.

Je pense que les larmes une fois dans le sac nasal, continuent leur route jusques dans les fosses nasales par les lois de la pesanteur, parce que le conduit nasal, entièrement renfermé dans une cavité osseuse, n'est susceptible d'aucune contraction péristaltique propre à favoriser le passage des larmes.

Si nous nous sommes étendu longuement sur la description anatomique des voies lacrymales, c'est parce que nous sommes pénétré des avantages de ces connaissances préliminaires, pour bien saisir toutes les lésions auxquelles elles sont souvent exposées, et qui constituent une branche importante des maladies qui appartiennent au domaine de la médecine oculaire.

Des Organes locomoteurs de l'œil, ou des Muscles de l'œil.

Les muscles de l'œil sont au nombre de six, dont quatre droits, distingués en supérieur ou releveur, inférieur ou abaisseur, en interne ou adducteur, en externe ou abducteur ; et deux obliques, appelés grand oblique et petit oblique.

Le muscle releveur de l'œil, ou droit supérieur, s'étend de la partie supérieure du trou optique, où il prend naissance, jusqu'à deux lignes de la réunion de la cornée transparente avec la sclérotique. Le corps de ce muscle est charnu ; ses deux extrémités sont tendineuses ; l'extrémité antérieure, beaucoup plus large et plus mince que la postérieure, s'épanouit sur la face intérieure de la sclérotique, de manière qu'en se réunissant avec les tendons des autres muscles de l'œil, elle forme avec eux un disque tendineux que quelques anatomistes ont regardé et décrit comme une membrane particulière. Du reste, ce muscle, dont la direction est d'arrière en avant, vient s'attacher à la partie supérieure de l'œil, qu'il relève lorsqu'il se contracte, en dirigeant la prunelle en haut.

L'abaisseur, ou muscle droit inférieur, a son attache postérieure à la partie inférieure du trou optique, et vient ensuite s'implanter à la face externe et inférieure de l'œil, et à la même distance de la cornée que le droit supérieur. Lorsqu'il se contracte, il dirige l'œil en bas.

Le droit interne, suivant la direction que son nom indique, ramène l'œil en dedans lorsqu'il se contracte.

Le droit externe, le plus long des quatre muscles droits, prend également son origine proche le trou optique, à la partie externe de ce trou, par deux parties tendineuses séparées par la fente sphénoïdale ; son extrémité antérieure s'attache à la sclérotique, à la même distance de la cornée que les précédens. Il tire l'œil en dehors lorsqu'il agit séparément.

Le muscle grand oblique de l'œil s'étend du sommet de la fosse orbitaire jusqu'à sa partie antérieure interne et supérieure ; arrivé là, il change de direction et passe d'abord par la poulie cartilagineuse dont nous avons déjà parlé, et se dirige ensuite vers la partie postérieure et externe du globe de l'œil, où il vient s'unir avec le tendon du petit oblique. La direction du grand oblique est telle, qu'arrivé à la poulie cartilagineuse, où il dégénère lui-même en un tendon, il forme un coude à angle presque droit, dont la convexité, tournée en haut et en dedans, regarde la face interne de la paroi interne et supérieure de la fosse orbitaire. En sortant de la poulie cartilagineuse, le tendon du grand oblique est entouré d'une gaîne aponévrotique qui paraît être la continuation de la substance de la poulie. Ce tendon passe entre le muscle droit supérieur et la face externe du globe de l'œil, à la partie externe duquel il s'attache, à trois ou quatre lignes de la cornée.

Le petit oblique prend son point d'appui à la partie antérieure et interne de la fosse orbitaire, et va s'attacher à la partie externe de l'œil, en confondant son tendon avec celui du grand oblique ; il correspond supérieurement à la partie inférieure du globe de l'œil ; par sa partie inférieure, il est en rapport avec le plancher de l'orbite.

Les muscles de l'œil reçoivent des nerfs, des artères et des veines.

Nerfs des Muscles de l'œil.

La troisième paire de nerfs cérébraux, appelés moteurs communs des yeux, prennent naissance des bras de la moëlle allongée, sortent du crâne par la partie la plus large de la fente sphénoïdale, arrivent dans l'orbite en passant entre les deux portions de l'extrémité postérieure du muscle droit externe, accompagnés des nerfs de la sixième paire et du rameau nasal de la branche ophthalmique de la cinquième. Chaque nerf de la troisième paire est divisé en deux branches dès son entrée dans l'orbite ; il envoie la branche supérieure partie au muscle droit supérieur, et partie au muscle releveur de la paupière supérieure. La branche inférieure fournit un filet au muscle droit interne, un second au droit inférieur, un troisième au petit oblique, et un quatrième qui, réuni avec un filet de la branche frontale de la cinquième paire, forme le petit ganglion ophthalmique, dont nous parlerons plus bas.

Ce nerf donne le mouvement aux muscles droit supérieur, droit interne, droit inférieur, petit oblique, et releveur de la paupière supérieure.

Le nerf de la quatrième paire, le plus petit de ceux que fournit le cerveau, prend sa naissance du sillon transversal qui sépare les éminences *nates* et *testes* du prolongement médullaire qui leur est envoyé par le cervelet ; il pénètre dans l'orbite par la fente sphénoïdale avec la branche frontale de la cinquième paire, passe ensuite au-dessus des extrémités postérieures des muscles releveur de la paupière supérieure et droit supérieur, et vient se perdre entièrement dans la partie moyenne du muscle grand oblique, auquel il donne le mouvement.

La cinquième paire de nerfs est divisée en trois branches, dont l'interne forme la branche frontale de l'ophthalmique de Willis : cette branche, avant de pénétrer dans l'orbite par la fente sphénoïdale, se divise aussi en trois autres branches ; la première, appelée frontale, fournit des rameaux aux paupières, aux sourcils et au front ; la deuxième, appelée lacrymale, envoie des rameaux à la glande lacrymale ; la troisième, appelée nasale, fournit un petit filet qui, réuni avec celui de la troisième paire, forme le ganglion ophthalmique.

La sixième paire de nerfs naît du sillon qui sépare la protubérance annulaire de la queue de la moëlle allongée. Avant de sortir du crâne, elle envoie des filets qui passent par le canal carotidien, et sortent ensuite avec le nerf vidien, après s'y être anastomosés, pour concourir à la formation du ganglion cervical supérieur du grand sympatique. Ce nerf, après avoir fourni les filets dont je viens de parler, pénètre dans l'orbite par la fente sphénoïdale, va se perdre en entier dans le muscle droit externe, auquel il donne le mouvement. Les artères et les veines des muscles de l'œil leur viennent des veines et artères optiques.

Lorsque les muscles de l'œil se contractent séparément, ils ramènent l'œil chacun de leur côté ; lorsque les muscles droits se contractent en même-temps, l'œil est fixe et tiré en arrière.

Les deux obliques agissent-ils séparément ? Le grand oblique dirige l'œil en bas, en dehors et en avant, tandis que le petit le dirige en haut, en dehors et en avant. S'ils se contractent en même-temps, ils tirent l'œil en avant et en dedans, et le rendent fixe. Lorsque les six muscles de l'œil agissent séparément, deux à deux ou tous ensemble, l'œil doit exécuter des mouvemens différens et très-variés. Si quelques-uns de ces muscles viennent à être paralysés ou à perdre une partie de leur force de contraction, il en résulte des vices de direction de l'œil qui nuisent plus ou moins à la vision et occasionnent une difformité dans la physionomie de celui qui en est affecté. C'est dans de semblables maladies que le médecin-oculiste ne saurait trop tôt porter toute son attention pour les combattre avant qu'elles ne soient incurables.

DESCRIPTION ANATOMIQUE DES ORGANES PROPRES
A LA VISION.

Du Globe de l'œil, de ses Humeurs, et de ses Membranes.

Le globe de l'œil est renfermé dans la cavité orbitaire dont nous avons déjà parlé. Sa forme presque sphérique présente un volume qui varie sensiblement chez les différens sujets. Son diamètre *antero*-postérieur est de dix à onze lignes, tandis que ses autres diamètres ont toujours, proportions gardées, près d'une ligne de moins. Recouvert dans sa partie antérieure par les paupières, le globe de l'œil est appuyé postérieurement sur une couche de tissu cellulaire graisseux très-abondant, qui sépare les muscles de cet organe.

Le globe de l'œil est composé de membranes et d'humeurs que nous allons décrire successivement, après avoir toutefois ajouté un mot à ce que nous avons déjà dit sur la conjonctive, qui est la première et la plus extérieure des membranes de l'œil, dont elle recouvre la moitié antérieure. Elle s'étend, en s'amincissant, sur toute la surface de la cornée transparente, au-devant de laquelle elle ne forme plus qu'une pellicule si déliée et si transparente, que quelques auteurs l'avaient regardée et décrite comme une membrane particulière, se fondant sur ce qu'il se formait dans certaines circonstances des *phlyctènes*, tant sur la partie de cette membrane qui correspond à la sclérotique, que sur celle qui recouvre la cornée transparente. Si l'observation démontre la possibilité et l'existence de ces *phlyctènes*, la conséquence ne prouve pas *à priori* l'existence d'une membrane qui n'est autre chose qu'un épiderme très-mince qui recouvre la conjonctive, et qui le devient d'autant plus que cette membrane approche davantage de la cornée, sur laquelle la conjonctive elle-même très-amincie, est tellement unie que, dans l'état de santé de l'œil, on ne peut les distinguer séparément, et à peine les diviser par la dissection ; ce qui n'arrive pas lorsque l'œil est enflammé, sur-tout si cette inflammation se continue sur la conjonctive qui recouvre la cornée. D'après ce que nous venons d'exposer, ne reste-t-il pas démontré que la conjonctive est seule la plus extérieure des membranes du globe de l'œil, dont elle recouvre toute la partie antérieure, après avoir abandonné la face interne des paupières ?

De la Sclérotique.

Cette membrane, appelée *cornée* par les anciens, à cause de la densité de son tissu, a été nommée *sclérotique* par les modernes, pour la distinguer de cette autre membrane qui est au-devant de l'œil, et qui a conservé le nom de cornée transparente ; cette dernière, qui a été décrite comme la continuation de la sclérotique, en est cependant séparée facilement par la macération, preuve évidente que ces deux membranes, bien distinctes par leur apparence, ne doivent pas être confondues l'une avec l'autre.

La sclérotique, la plus forte des membranes de l'œil, en détermine le volume et la forme ; elle s'étend de l'entrée du nerf optique dans le globe jusqu'à la

cornée transparente , avec laquelle elle est étroitement
unie : formée de deux lames assez distinctes l'une de l'autre chez le fœtus, elle a une couleur blanche et brillante
comme les aponévroses et les tendons. Les anatomistes
anciens , et quelques modernes , ont regardé la lame
extérieure comme une prolongation de la dure-mère
qui entoure le nerf optique avant sa sortie du crâne ;
mais il est bien constant que cette dernière membrane ,
une fois arrivée dans l'orbite , se replie dans l'intérieur
de la fosse orbitaire , qu'elle tapisse ensuite en lui servant de périoste. La lame interne de la sclérotique
paraît être la continuation de la pie-mère condensée
qui forme l'enveloppe intérieure du nerf optique.

Malgré l'opinion de M. Boyer, qui nous sert presque
toujours de règle dans ces *Elémens d'Anatomie de l'OEil*,
nous ne partageons pas son avis sur la lame externe
de la sclérotique, qu'il regarde comme une membrane
particulière, et que nous pensons , au contraire, être
formée par l'épanouissement tendineux des muscles qui
viennent s'y attacher. Cette idée plus conforme à celle
qu'avaient les anciens sur cette partie blanche et visible
de la sclérotique , à laquelle ils avaient donné le nom
de *tunique albuginée* , est loin d'être sans fondement ,
quoique les endroits d'implantation des tendons soient
moins épais que partout ailleurs. Si l'on fait cuire
un œil de bœuf , par exemple , on peut facilement
s'assurer que les tendons de ses muscles font corps
commun avec la lame externe de la sclérotique , dont
on ne peut les séparer sans l'enlever également. N'est-il
pas plus naturel de penser, d'après cette expérience ,
que la lame externe de cette membrane est plutôt une
production tendineuse, qu'une production *sui generis* ,

jetée comme accidentellement pour former une membrane dont l'existence n'est pas de toute nécessité, existence qu'il seroit alors si difficile de prouver, et cependant si facile à démontrer, en adoptant une opinion que les anciens ont admise sans pouvoir l'expliquer.

La face externe de la sclérotique est recouverte postérieurement par les muscles de l'œil, le tissu cellulaire graisseux qui l'environne, et antérieurement par la conjonctive. Sa face interne est en rapport avec la choroïde, avec laquelle elle est unie par un tissu cellulaire très-fin, des vaisseaux et des nerfs. On remarque sur cette face, et particulièrement à ses parties postérieure et antérieure, de petites ouvertures qui donnent passage aux vaisseaux et nerfs ciliaires. Cette face est d'un blanc tirant sur le brun.

Antérieurement la sclérotique présente une ouverture circulaire dont le diamètre est de cinq à six lignes; la circonférence de cette ouverture est coupée obliquement de dehors en dedans, de manière que la circonférence de la cornée reçue dans cette ouverture, se trouve coupée en sens contraire; la partie postérieure de cette membrane est percée d'un trou pour donner passage au nerf optique : cette ouverture, chez l'homme, est située à la partie postérieure interne, tandis que chez les quadrupèdes et les oiseaux, l'insertion du nerf optique est plutôt à la partie interne qu'à la partie postérieure interne.

La sclérotique reçoit ses artères et ses veines des vaisseaux ciliaires.

De la Cornée transparente.

La cornée est cette membrane transparente qui se remarque à la partie antérieure de l'œil ; elle est comme enchâssée dans l'ouverture antérieure de la sclérotique, à la manière d'un verre dans la rainure d'une montre. Cette membrane, convexe en avant, est recouverte par la conjonctive qui, très-tendue pendant la vie, l'est beaucoup moins après la mort. C'est ce qui fait qu'après la cessation de la vie, la cornée a un aspect ridé qu'elle n'avait pas avant, comme il est facile de s'en convaincre par la plus légère inspection. La face interne est tapissée dans toute son étendue par une membrane très-fine et très-déliée, dont nous parlerons en traitant de l'humeur aqueuse ; cette face est concave, elle forme la paroi antérieure de la chambre antérieure de l'humeur aqueuse.

La cornée, plus épaisse chez les enfans que chez les adultes, est composée d'un grand nombre de membranes très-fines, unies entre elles par un tissu cellulaire très-fin, renfermant dans ses intervalles une sérosité très-transparente : toutes ces membranes, très-rapprochées les unes des autres, en forme de lames comme des pelures d'oignon, sont elles-mêmes composées d'un tissu très-fin, sous forme de réseaux très-rapprochés.

La circonférence de la cornée se trouve enchâssée, comme nous l'avons dit, dans la sclérotique, de manière qu'antérieurement la sclérotique dépasse la cornée, tandis que postérieurement le contraire a lieu. Ces deux membranes sont tellement unies l'une avec l'autre, que les anciens les avaient décrites comme n'en faisant qu'une ; mais comme il est facile de les séparer, soit par la macération prolongée, soit par la décoction dans l'eau bouillante, il reste évident que ces deux membranes, bien différentes par leur aspect, ne sont réellement unies entre elles que par un tissu cellulaire très-fin et très-serré.

Dans l'état de santé on n'aperçoit aucun vaisseau sanguin dans la composition de la cornée transparente, et son insensibilité, lorsqu'on l'incise, pourroit faire croire qu'elle ne reçoit point de nerf ; cependant, dans les inflammations de cette membrane, et sur-tout dans ses abcès, l'œil nu y aperçoit facilement des vaisseaux sanguins, et la vive douleur que le malade éprouve ne peut pas laisser de doute sur l'existence des nerfs et des vaisseaux artériels et veineux qu'elle reçoit.

De la Choroïde.

Cette membrane, située au-dessous de la sclérotique, s'étend du nerf optique qui lui donne naissance, jusqu'à la circonférence de la cornée, où elle s'unit fortement par sa lame externe, avec le ligament ciliaire, pour revenir ensuite tapisser la face postérieure de l'iris, tandis que sa lame interne s'en sépare en se jetant d'avant en arrière, et de dehors en dedans pour former les procès ciliaires.

Cette membrane est certainement formée de deux lames qu'il est toujours facile de séparer l'une de l'autre dans les yeux des gros animaux. Dans celui du bœuf, par exemple, dont les trois quarts de la partie postérieure externe sont formés d'une lame blanchâtre et coloriée, on ne trouve l'enduit noirâtre qui distingue la choroïde, qu'après avoir séparé ses deux lames. Si dans l'œil de l'homme, la ténuité de ces mêmes lames, qui existent également, est un obstacle à leur séparation, il serait absurde d'en conclure que cette membrane n'est formée que d'une seule lame qui vient se perdre au ligament ciliaire en s'y unissant fortement.

La face interne de la choroïde est recouverte par la rétine.

Presque tous les anatomistes modernes ont pensé que la partie postérieure de la choroïde était percée d'un trou pour livrer passage à l'épanouissement nerveux du nerf optique. Cependant, si l'on veut bien porter son attention sur cette union, l'on verra que la choroïde est elle-même une continuation ou un épanouissement des fibres les plus extérieures de ce nerf, puisqu'en l'incisant chez les gros animaux, non - seulement il est facile de s'assurer qu'il n'y a pas juxta-position ; mais encore on voit manifestement que l'enduit noir qui se remarque entre les lames de cette membrane se prolonge, en s'affaiblissant, pendant près de deux lignes dans le tissu du nerf optique.

Outre un tissu particulier qui lui vient, comme je l'ai démontré, des fibres externes du nerf optique, la choroïde a encore dans sa composition un très-grand nombre de vaisseaux et de nerfs : ces derniers marchent d'arrière en avant, entre cette membrane et la sclérotique, et viennent se plonger, ainsi que les artères ciliaires, dans le ligament du même nom.

La partie la plus extérieure de la choroïde paraît être formée en grande partie de vaisseaux veineux diversement contournés, et que l'on appelle *vasa verticosa* ; tandis que l'interne l'est des vaisseaux artériels qui suivent une direction contraire.

La choroïde doit la couleur noire qui la distingue, à une espèce de *pollen* animal, fourni par de petites papilles, qui se remarquent bien plus facilement lorsqu'on a séparé ses deux lames.

Du Ligament ciliaire.

Le ligament ciliaire est une espèce d'anneau blanchâtre, d'une ligne à-peu-près de largeur, que beaucoup d'anatomistes ont regardé comme la terminaison de la choroïde, parce qu'elle lui est fortement unie par un grand nombre de nerfs et de vaisseaux, qui, de cette membrane, viennent dans ce ligament. Mais si l'on fait attention que le tissu du ligament ciliaire est bien différent de celui de la choroïde, on ne pourra plus les confondre.

Le ligament ciliaire a la forme d'un disque ou d'un anneau, dont la grande circonférence est fortement unie à la face interne de la sclérotique, dans l'étendue de près d'une ligne, en prenant pour point de départ l'union de la cornée, et procédant d'avant en arrière. La petite circonférence donne antérieurement attache à l'iris et postérieurement aux procès ciliaires. Son organisation paraît être fibro-musculo-nerveuse.

Des Procès et des Corps ciliaires.

Les procès ciliaires, formés par la choroïde, en ont la même organisation. Ils s'étendent du ligament ciliaire, en s'avançant sur la face antérieure du corps vitré (avec lequel toutefois ils n'ont pas d'union particulière), jusques au-devant de la circonférence du cristallin, sans avoir aucune connexion avec sa capsule.

Les procès ciliaires, au nombre de cinquante à soixante, varient un peu dans leur longueur : ils ont tous à-peu-près la forme d'un triangle scalène très-allongé. On leur distingue un angle interne qui correspond à la circonférence du cristallin, un angle postérieur qui correspond à l'union de la choroïde avec le ligament ciliaire, et un angle antérieur qui s'attache au bord de ce même ligament en se prolongeant un peu jusques vers la grande circonférence de l'iris. Le bord postérieur est appuyé sur la face antérieure du corps vitré, le bord antérieur sert à former la face postérieure de la chambre postérieure, le bord externe est uni dans toute son étendue avec le ligament ciliaire. Les faces des procès ciliaires correspondent les unes avec les autres, et sont presque parallèles entre elles.

Chaque procès ciliaire, formé de la duplicature de la lame interne de la choroïde, reçoit un très-grand nombre de veines qui sont la continuation des *vasa-verticosa*; ses artères, qui ne sont pas moins nombreuses, viennent des ciliaires courtes au nombre de plus de vingt; mais lorsqu'elles sont arrivées vers l'angle interne des procès ciliaires, elles forment des arcades concentriques autour du cristallin en s'anastomosant les unes avec les autres.

On nomme corps ciliaire le disque rayonné que forme la réunion des procès ciliaires entre eux autour du cristallin et au-devant du corps vitré.

De l'Iris.

L'iris est cette membrane diversement colorée que l'on aperçoit derrière la cornée transparente. Elle est percée dans son centre d'un trou appelé pupille. La face antérieure de cette membrane, selon les différens sujets, présente des stries rayonnées, plus sombres proche la pupille que vers la circonférence de l'iris, qui est attachée au bord antérieur du ligament ciliaire, précisément à l'endroit où la cornée s'unit avec la sclérotique. Cette face forme la paroi postérieure de la première chambre de l'humeur aqueuse. La face postérieure est recouverte de cet enduit noir que nous avons dit exister entre les deux lames de la choroïde ; preuve incontestable, selon nous, qu'elle en est la continuation. Cette face forme la paroi antérieure de la deuxième chambre de l'humeur aqueuse.

En examinant avec attention l'organisation de l'iris, presque tous les anatomistes s'accordent à reconnaître les deux lames qui la composent ; mais ils ne sont pas tous d'accord sur sa contexture fibro-musculaire.

Les uns prétendent que l'on y distingue avec une forte loupe deux plans bien distincts de ces fibres, dont le plus extérieur serait composé de fibres radiées, et l'intérieur de circulaires. D'autres, non moins recommandables, en nient l'existence, et n'en ont pas besoin pour expliquer d'une manière plus satisfaisante les fonctions de cette membrane. Ils ne lui reconnaissent qu'un tissu cellulo-vasculaire.

Cette membrane reçoit un grand nombre de vaisseaux et de nerfs. Les premiers viennent des artères ciliaires longues qui, arrivées vers le ligament ciliaire, se divisent chacune en deux branches, font ensuite le tour de la circonférence de l'iris, avant de s'anastomoser entre elles. Il sort de ce cercle artériel un grand nombre d'artères plus petites, qui se réunissent avec quelques branches des ciliaires courtes, et vont se répandre, en faisant un grand nombre d'anastomoses, sur toute la surface postérieure de l'iris, par où elles pénètrent ensuite dans son tissu. Les veines qui sont produites par les *vasa verticosa* suivent la même marche. Ses nerfs, qui sont les ciliaires, après avoir traversé la sclérotique au fond de l'orbite, s'avancent entre cette membrane et la choroïde, pénètrent dans le ligament ciliaire, se divisent de même que les artères, et viennént se répandre par des filamens très-déliés et très-cassants sur là face antérieure de l'iris, et se conduisent par rapport à cette face de même que les vaisseaux sanguins pour la face postérieure.

Pendant la gestation, le fœtus a la pupille bouchée par une membrane appelée pupillaire : cette membrane se déchire avant la naissance ; mais elle est un obstacle à la vision lorsque les enfans viennent au monde avec elle ; ce qui est infiniment rare, mais non pas sans exemples.

La pupille sert à garantir l'œil de l'impression d'une trop vive lumière, en se rétrécissant, lorsque l'on est exposé au grand jour. Elle se dilate, au contraire, pour faciliter la vision, si l'on se trouve dans l'obscurité ou dans un lieu peu éclairé.

De la Rétine.

La rétine, ainsi nommée parce qu'elle est formée d'un réseau *vasculo-nerveux*, est un épanouissement de la portion médullaire interne du nerf optique, dont elle est la prolongation. Elle recouvre entièrement la face interne de la choroïde, jusques au-devant de la grande circonférence du corps ciliaire, où elle se termine par une espèce de bourrelet, qui, quelquefois, comme on le remarque chez de jeunes sujets, envoie des prolongemens jusqu'à la circonférence du cristallin. Mais ces prolongemens sont si peu apparens chez les sujets plus avancés en âge, qu'un grand nombre d'anatomistes en ont nié l'existence.

La couleur de la rétine est grisâtre ; son épaisseur est assez apparente dans certains endroits. Sa face interne est recouverte par le corps vitré, ou plutôt par sa capsule, avec laquelle elle n'a d'autre union que par sa partie postérieure, à l'endroit où l'artère centrale du corps vitré la traverse. Elle a peu de consistance et se déchire facilement.

Cette membrane, formée, comme nous l'avons dit, par l'épanouissement médullaire du nerf optique, présente une particularité remarquable au moment de son développement ; ce qui m'a porté à croire, avec quelque fondement, que la choroïde devait aussi être formée par le nerf optique : si l'on incise en longueur ce nerf, au moment où il forme la rétine, on aperçoit distinctement de petits filamens médullaires très-minces, qui passent par de petits conduits comme à travers un crible ; tandis que ces mêmes conduits, qui se séparent, sont déjà imprégnés de la substance noire qui appartient à la choroïde ; ce qui me paraît visiblement prouver que ces conduits forment cette membrane, tandis que les filamens médullaires mous forment la rétine, en se réunissant bientôt pour s'épanouir.

Quelques physiciens avaient attribué la faculté percevante de la rétine à ce petit espace circonscrit, en forme de tache jaunâtre et percée à son centre, qui se remarque à la partie externe de l'entrée du nerf optique,

et dont on ignore encore l'usage ; mais on est généralement d'accord aujourd'hui d'attribuer cette faculté
percevante indistinctement à toutes les autres parties
de la rétine.

Des Nerfs optiques.

Ces nerfs s'étendent du cerveau, où ils prennent naissance, jusques aux globes des yeux, pour former
les rétines. Ils sont eux-mêmes formés par les éminences du cerveau, appelées *couches des nerfs optiques*, et reçoivent quelques petits prolongemens médullaires des tubercules *nates* et *testes*. Ils se contournent ensuite sous les bras de la moëlle allongée, dont
ils reçoivent aussi quelques petits filamens ; après
quoi ils continuent à se porter en devant et en dedans
jusques au-devant de la *selle turcique*, où ils se réunissent assez fortement sans se croiser, comme l'a-
vaient pensé quelques anatomistes. Dans l'atrophie
de l'un de ces nerfs, l'on voit manifestement que la
réunion quadrangulaire dont nous parlons, n'est
attaquée que du côté correspondant au nerf lésé.

Les nerfs optiques, après s'être séparés de nouveau,
marchent tous les deux de dedans en dehors, et de
haut en bas, jusqu'aux trous optiques, par lesquels ils
passent avec les artères ophthalmiques, qui sont situées
à leur partie inférieure externe, au moment où ils entrent dans ces trous.

Arrivé dans l'orbite, le nerf optique suit la direction
de cette fosse, dont il occupe la partie centrale, entourée des muscles de l'œil et de graisse. Parvenu près
du globe, il se dirige un peu en dedans et en bas pour
aller s'implanter dans la partie correspondante de l'œil ;

mais avant de contracter cette union, le nerf optique
éprouve un rétrécissement assez remarquable. Ce nerf
est composé d'une grande quantité de substance médullaire qui est entourée par un tissu très-dur et très-
serré, surtout dans le trajet qu'il parcourt dans l'orbite avant d'arriver au globe de l'œil.

Du Ganglion ophthalmique.

Ce ganglion, formé, comme nous l'avons vu, par
un petit rameau de la troisième paire, et un autre
que lui envoie la branche *frontale de l'ophthalmique
de Willis*, est situé au côté externe du nerf optique,
très-près de son entrée dans l'orbite ; il donne naissance aux nerfs ciliaires, qui, divisés en deux faisceaux, formés chacun de plusieurs filets, s'avancent
ainsi autour du nerf optique, jusque vers la sclérotique, qu'ils traversent en différens points.

De l'Humeur aqueuse, et de sa Capsule.

On appelle humeur aqueuse cette liqueur transparente et limpide, renfermée dans une membrane
séreuse particulière, qu'il est facile d'apercevoir dans
certains cas de lésion de la cornée transparente,
lorsque cette première membrane, poussée par le liquide
qu'elle contient, fait hernie entre les lambeaux de la
dernière.

L'humeur aqueuse remplit entièrement les deux
chambres de l'œil, distinguées en antérieure et en
postérieure ; quoique la dernière, qui est plus petite,
ait été niée un peu légèrement par quelques anatomistes,
il n'en est pas moins vrai qu'elle existe, et que les
deux chambres, séparées l'une de l'autre par l'iris, con-

tiennent toutes deux de l'humeur aqueuse , qui est un peu rougeâtre chez les nouveaux-nés , mais qui devient beaucoup plus transparente après les premières années de la vie.

On évalue communément de cinq à six grains la quantité pondérique de l'humeur aqueuse , qui varie , du reste , selon les différens sujets. Elle se renouvelle très-promptement , après les grandes lésions de la cornée , qui ont occasionné son écoulement. Il paraît que cette liqueur est le produit des vaisseaux exha-lans de la membrane qui la contient, et qu'elle est résorbée ensuite par les absorbans , comme tend à le prouver la disparition insensible des corpuscules opa-ques qui se trouvent quelquefois mêlés avec elle.

Du Cristallin , et de sa Capsule.

Le cristallin , le plus solide des corps contenus dans l'intérieur du globe de l'œil , a une forme lenticu-laire : entouré d'une membrane qui lui est propre , appelée *capsule cristalline*, il est situé derrière la pupille au-delà de la chambre postérieure dont il forme la paroi postérieure, enchâssé pour ainsi dire dans un enfoncement qui se remarque dans la partie antérieure du corps vitré. Son diamètre est de quatre lignes, et son épaisseur de deux à-peu-près ; sa circonférence est en-tourée de l'extrémité des procès ciliaires , qui par leur réunion forment au-devant d'elle le disque rayonné dont nous avons parlé ; elle est appuyée sur un petit canal , appelé *canal goudronné* , dont nous aurons occasion de nous occuper bientôt.

Le cristallin est mou et pulpeux dans les premiers

temps de la vie ; mais il prend de la consistance insensiblement , et dans les dernières années de la vie il a souvent acquis une dureté très-considérable.

Ce corps est formé d'une multitude de lames adossées les unes aux autres , de la même manière que les pelures d'un oignon ; il est d'une transparence parfaite tant qu'il est dans un état de santé.

Quoiqu'il soit difficile de reconnaître une circulation particulière dans le cristallin , il est cependant probable qu'il ne se nourrit pas par imbibition , comme le pensent quelques anatomistes. En examinant cette lentille sur de grands animaux , j'ai cru reconnaître , par le moyen d'une bonne loupe , qu'il recevait des vaisseaux lymphatiques de la partie postérieure de sa capsule. J'engage donc particulièrement ceux qui veulent s'occuper de cet objet , de renouveler ces expériences.

Quant à l'humeur de Mongagni, que l'on dit exister entre le cristallin et sa capsule , j'ai fait plusieurs tentatives pour m'en assurer, qui toutes ont été infructueuses. Il n'en est pas de même de la capsule cristalline; libre dans presque toute sa partie antérieure, elle est unie fortement avec la membrane du corps vitré à sa partie postérieure , et il est si difficile de les détacher sans donner issue à quelques gouttes de ce corps, que l'on serait tenté , avec quelque fondement , de la regarder comme sa continuation.

Cette membrane , très-transparente, est également du nombre des séreuses par sa nature ; mais il paraît constant qu'elle reçoit des vaisseaux et des nerfs des vaisseaux et des nerfs ciliaires. Sa grande circonférence se trouve unie , par juxta-position , comme nous l'avons dit, avec les extrémités des procès ciliaires qui la retiennent fixée dans la position qu'elle occupe.

Du Corps vitré, et de la Membrane hyaloïde.

Le corps vitré, assez ressemblant par sa nature au nom qu'il porte, occupe à lui seul plus des trois-quarts postérieurs de la cavité du globe de l'œil ; sa forme est sphérique dans toute sa face externe, qui correspond à la face interne de la rétine ; il présente un enfoncement au milieu de sa face antérieure, qui sert à loger la face postérieure du cristallin ; il est d'une transparence parfaite qui ne s'altère dans aucune époque de la vie, excepté cependant dans la maladie particulière à laquelle il est exposé, et appelée glaucome.

Le corps vitré est formé d'une membrane particulière, appelée *hyaloïde*, et d'une humeur qui se trouve contenue dans des cellules formées par elle.

Les anatomistes pensent presque généralement, et nous partageons cet avis, que cette membrane est divisée en deux lames, dont l'externe recouvre extérieurement le corps vitré, tandis que l'interne pénètre dans son intérieur pour y former les cellules qui renferment l'humeur du même nom ; ce qui explique pourquoi, lorsque l'on fait une ou plusieurs ponctions dans ce corps, l'humeur n'en sort pas tout-à-coup, comme il ne manquerait pas d'arriver s'il en était autrement. La lame externe de cette membrane, arrivée près de la grande circonférence du cristallin, abandonne la lame interne qui passe au-dessous de ce corps, tandis qu'elle vient en avant jusques au-dessous du corps ciliaire, où elle se termine : arrivée là, elle s'unit fortement avec la capsule du cristallin , et il est alors impossible de l'en séparer.

On appelle canal goudronné de Petit , cet intervalle formé autour du cristallin par la séparation des deux lames de la membrane hyaloïde ; il est recouvert entièrement par les stries noirâtres du corps ciliaire.

Le corps vitré reçoit une artère particulière , appelée *centrale* de ce corps , que lui fournit l'artère centrale de la rétine ; cette artère envoie des rameaux très-fins qui pénètrent dans la partie postérieure de la capsule du cristallin , et probablement dans le cristallin lui-même, quoique l'injection ne puisse parvenir jusques-là.

Du Globe de l'œil en général.

Le globe de l'œil étant presque sphérique chez l'homme, ses diamètres sont presque tous égaux ; cependant le diamètre *antéro-postérieur* , qui est de dix à onze lignes , est un peu plus étendu que les autres , à cause du segment formé par la cornée. Le globe de l'œil est aussi un des organes qui , avec le cœur et le cerveau , sont les premiers formés dans le fœtus : à la naissance , il est dans un état de perfection , tandis que les autres sens sont loin d'être arrivés à ce point ; preuve convaincante que la nature l'a placé en première ligne d'utilité. Par la position qu'ils occupent dans la cavité orbitaire , les yeux semblent être placés comme deux sentinelles avancées pour veiller à la conservation de la vie , en même temps qu'ils nous procurent les plus douces jouissances.

Ici se termine la description anatomique succincte des yeux et de leurs dépendances , qui était indispensable toutefois pour bien comprendre les différentes maladies de ces organes, et le mode de traitement qu'il convient d'employer pour les guérir. Mais avant d'en venir à leurs descriptions, nous avons encore besoin de connaître les phénomènes de la vision, afin de nous éclairer le plus possible sur tout ce qui peut contribuer à nous faire juger avec connaissance de cause, persuadé, comme nous le sommes, que l'on ne saurait trop prendre de précaution lorsqu'il s'agit de conserver pendant notre existence le plus grand comme le plus précieux de tous les biens, le sens de la vue.

De la Lumière.

Ce fluide impalpable, que les physiciens appellent lumière, n'est, selon les uns, qu'une modification du calorique. Selon Descartes, la lumière serait composée de molécules arrondies, existantes par elle-mêmes et répandues dans l'espace. Newton la regarde comme émanée du soleil et des étoiles fixes, qui la lancent de toutes parts sans perdre de leur substance.

Que la lumière soit ou ne soit pas une modification du calorique ; qu'elle puisse exister par elle-même et sans chaleur, comme le démontrent les rayons lumineux qui nous sont réfléchis par la lune (puisque ces rayons concentrés par un foyer très-fort, et dirigés sur la boule d'un thermomètre, ne lui font éprouver aucun signe d'élévation de température) ; ou que dans d'autres circonstances, qui sont aussi les plus communes, la lumière soit combinée avec le calorique, il nous suffira de savoir, pour l'explication des phénomènes de la vision, que ce fluide se meut avec une rapidité extraordinaire ; qu'il parcourt en une seconde, d'après le calcul des meilleurs physiciens, 72,000 lieues ; qu'il se propage toujours en lignes droites ; 1°. que ses rayons sont *directs*, lorsqu'ils arrivent immédiatement des corps lumineux jusques à notre œil ; 2°. qu'ils sont *réfléchis*, lorsqu'ils sont renvoyés par des corps opaques ; 3°. *réfractés*, lorsque leur direction a été changée en traversant des milieux de densité différente.

Il est encore nécessaire de savoir qu'un rayon lumineux est réfléchi ou réfracté sous un angle égal à celui d'incidence ; que celui qui traverse un corps transparent, diaphane, ou perméable à la lumière, éprouve une déviation d'autant plus forte en se rapprochant de la ligne perpendiculaire, que la surface du corps est plus convexe et qu'il a plus de densité. Il est constant, d'après l'expérience du prisme, que chaque rayon de lumière est composé de sept rayons bien distincts, qui constituent la coloration des différens corps qui nous environnent. Un rayon lumineux, ainsi décomposé, présente donc les sept couleurs suivantes, qui sont : le rouge, l'orangé, le jaune, le vert, le bleu, le pourpre et le violet.

Chacun de ces rayons colorés est d'autant moins réfrangible qu'il est plus rapproché du rouge (1). Ce

---

(1) D'après les expériences d'Herschel, il paraît que les rayons colorés donnent d'autant plus de chaleur qu'ils sont plus rapprochés du rouge, qui est le moins réfrangible. La boule d'un thermomètre ayant été placée par cet habile astronome au-delà du sceptre solaire, du côté du rayon rouge, dans un endroit où devaient tomber des rayons encore moins réfrangibles que lui, s'il en existait de visibles, monta plus haut que lors-

rayon est celui qui frappe la rétine avec le plus de force et détermine la sensation la plus durable, tandis que le violet, qui jouit le plus de la faculté réfrangible, est, de tous les rayons, celui qui procure la sensation la moins durable et fait le moins d'impression sur l'organe immédiat de la vue.

Le rayon vert, qui occupe le milieu de l'échelle des rayons colorés, est celui qui est le plus convenable à la vue, celui qui la fatigue le moins, qui lui procure les sensations les plus douces, les plus variées et les plus agréables; aussi est-il le plus généralement répandu dans la nature, qui semble l'avoir prodigué au point d'en couvrir presque tout le globe, à l'exclusion de tous les autres.

Ainsi, selon que tel corps nous réfléchit tel ou tel rayon, il nous donne la connaissance de sa couleur; de même aussi, lorsqu'il les réfléchit tous en même temps il nous donne la sensation du blanc, et celle du noir lorsqu'il les absorbe tous et qu'il n'en réfléchit aucun.

De chaque point de la surface d'un corps lumineux ou éclairé, part dans tous les sens un grand nombre de rayons qui s'éloignent les uns des autres en divergeant avec une force toujours égale, de manière qu'ils forment des pinceaux de lumière, dont la base est proportionnée à la distance du point lumineux; ils seront d'autant plus faibles par rapport à

---

qu'elle est placée dans cette couleur; d'où il conclut qu'il émane du soleil des rayons trop peu réfrangibles pour produire la sensation de la lumière et des couleurs, mais qui produisent la sensation de la chaleur.

nous, que l'éloignement sera plus considérable. Je m'explique : Puisque la lumière se meut en ligne droite et toujours de la même manière, l'objet que nous regardons sera aperçu entouré de presque tous ses rayons, si nous l'examinons de très-près ; ce qui fait alors que la base du cône de lumière paraît à notre œil plus divergente que lorsque nous examinons un corps éloigné, duquel il ne nous arrive que des rayons droits ou presque droits, les divergens se trouvant perdus pour nous. D'où nous sommes en droit de conclure que la lumière étant divisible à l'infini, de quelque point qu'elle parte, et quelle que soit sa distance, ses rayons conservent toujours les mêmes rapports de divergence et de rectilinibilité, à moins que des corps opaques, ou des milieux transparens de densité différente ne viennent lui faire subir les modifications dont nous avons déjà parlé. De même, aussi, la forme convexe ou concave de ces milieux transparens fait également subir à ces rayons des réfractions convergentes ou divergentes, qui seront d'autant plus sensibles que ces corps ou milieux sont plus ou moins convexes ou concaves, ayant encore égard à leur densité et à leur degré de combustibilité ; car il est démontré par des expériences incontestables, que les corps les plus combustibles sont aussi, toutes choses égales d'ailleurs, ceux qui jouissent de la plus grande force réfrangible.

D'après ces explications il nous est facile de concevoir que la lumière, partant du lieu visuel, produit des rayons qui s'écartent d'autant plus de la perpendiculaire, ou du parallélisme, qu'ils s'éloignent davantage du corps d'où ils émanent, ou de celui qui les réfléchit ; ils forment par ce moyen des cônes dont les sommets se trouvent sur tous les points visibles des corps, tandis que les bases sont fixées sur la partie antérieure de l'œil qui les reçoit.

Mécanisme et Phénomènes de la Vision.

Nous avons vu que les rayons lumineux partant d'un point éclairé, forment un cône dont la base vient s'appuyer sur la surface du corps qui le reçoit; nous avons vu également que chaque rayon lumineux sera réfléchi ou réfracté sous le même angle que celui de son incidence; nous avons vu aussi que la réfraction peut avoir lieu de deux manières différentes, soit en convergeant, soit en divergeant; la première sera d'autant plus forte que ses rayons auront à traverser des milieux plus denses et plus convexes que celui duquel ils sortent; que par la même raison enfin, lorsque ces rayons traversent des corps transparens moins denses que celui duquel ils sortent, la divergence dans la réfraction sera d'autant plus sensible que ces mêmes corps seront plus concaves, parce que les milieux transparents, de forme concave, ont la faculté de faire diverger les rayons lumineux en raison de leur densité.

Si nous faisons maintenant l'application de ce que nous venons de dire, au mécanisme de la vision, qui constitue, par la perception de la lumière, la sensation de la vue, nous trouvons ce qui suit :

Du corps éclairé qui nous envoie directement ou indirectement la lumière, partent de chacun de ses points des rayons en cône dont le sommet est fixé au lieu de départ, tandis que la base vient se reposer sur la cornée

4

de notre œil qui regarde l'objet. Tous les autres rayons qui la dépassent, sont ou réfléchis par les paupières, ou absorbés par les cils et les sourcils, et par conséquent perdus pour la vision.

La base de ce cône lumineux, arrivée sur la surface de la cornée transparente, la traverse en éprouvant une réfraction convergente, qui est proportionnée au degré de convexité et de densité de cette membrane ; par ce moyen la presque totalité de la base du cône se trouve assez rapprochée pour que le faisceau lumineux, plus réuni, puisse pénétrer facilement par l'ouverture pupillaire dans la chambre postérieure de l'œil.

Il est bon d'observer qu'après avoir traversé la cornée les rayons lumineux convergens rencontrant un milieu moins dense, à la vérité encore convexe, qui est l'humeur aqueuse de la chambre antérieure, sont obligés, par les phénomènes dont nous avons donné l'explication, de s'éloigner un peu de l'état convergent que leur avait fait éprouver leur passage à travers la cornée ; ils se présentent donc à la pupille dans un état de presque parallélisme, où tous ceux qui la dépassent sont réfléchis par l'iris ; et l'on conçoit qu'il y aura d'autant plus ou d'autant moins de rayons réfléchis, que l'ouverture pupillaire sera plus ou moins dilatée ou rétrécie.

Arrivé dans la chambre postérieure de l'œil, le faisceau des rayons lumineux n'éprouve aucun changement en traversant la petite quantité d'humeur aqueuse qu'elle contient ; mais une fois parvenu sur le cristallin, dont la forme est convexe et la densité beaucoup plus forte que celle de l'humeur aqueuse, les rayons lumineux du faisceau subissent une nouvelle convergence en passant à travers ce corps, se rapprochent de nouveaú de la perpendiculaire, et rencontrent dans cet état le corps vitré, qui, ayant moins de consistance que le cristallin, brise un peu cette réfraction convergente, et procure par ce moyen aux rayons lumineux la facilité de se réunir à temps pour ne toucher qu'en un seul point la rétine, l'émouvoir par leur présence, et peindre sur elle l'image nette et précise de l'objet duquel étoient partis les rayons lumineux.

C'est donc par juxta-position que la lumière, appliquée sur la rétine, ébranle le tissu nerveux dont elle est composée, et lui fait transmettre au cerveau la connoissance des objets qui nous entourent et que nous regardons; phénomène admirable, qui constitue la vision, et en même-temps le sens de la vue.

La cavité de l'œil peut, avec raison, être comparée à une véritable chambre noire, puisque la choroïde, qui l'entoure de toutes parts, semble, par sa propre nature, destinée à absorber le surcroît de rayons inutiles et même nuisibles à la perception nette de la vision.

Cette dernière membrane ne paraît pas avoir d'autres fonctions que celle que nous venons d'indiquer; car si nous réfléchissons qu'il existe dans les poissons un corps glanduleux opaque entre la rétine et la choroïde, on n'aura pas besoin d'autre preuve pour prouver l'erreur dans laquelle sont tombés Mariotte et les autres physiciens qui ne regardaient la rétine que comme l'épiderme de la choroïde, à laquelle ils attribuaient la faculté percevante au détriment de la première. La question, qui n'en est plus une, est jugée irrévocablement; ce qui nous dispense d'entrer dans de plus longues dissertations à cet égard.

Dans la chambre noire, il est vrai, les objets sont

4*

vus renversés, parce qu'ils viennent se peindre sur la toile selon la direction des pinceaux lumineux, par rapport à la direction de ces mêmes pinceaux à leur entrée dans la chambre obscure. Si, par exemple, après avoir enlevé une portion de la sclérotique, et l'avoir détachée, sans déchirer la choroïde, sur un œil de bœuf ou tout autre, on expose ensuite la cornée de cet œil en face d'une bougie allumée, en saisissant le point convenable, on ne tardera pas à apercevoir la forme de la flamme de la bougie peinte en petit sur la choroïde, mais également renversée. Et si l'on enlève ensuite la choroïde, en conservant à son tour la rétine, la flamme renversée viendra se peindre sur un papier huilé placé à quelques lignes de distance. C'est, soit dit en passant, cette expérience de papier huilé, qui avait fait croire, avec quelque probabilité sans doute, à Mariotte et à ses sectateurs, que dans la choroïde était le seul et le véritable siége de la vision.

Ces expériences semblent prouver et prouvent effectivement que les objets doivent se peindre renversés sur la rétine; mais en même temps elles indiquent la réaction de cette membrane nerveuse sur la lumière, réaction qui, en se rapportant sur-le-champ à l'objet éclairé, doit donner et donne effectivement au cerveau la perception du corps tel qu'il est placé par rapport à nous; car s'il n'y avait pas cette réaction instantanée, on conçoit que tous les objets devraient nous paraître à la même distance, et toujours renversés.

L'observation de l'aveugle-né auquel Cheselden avait rendu la lumière en déchirant la membrane pupillaire qui s'était conservée après la naissance, ne peut pas détruire le grand nombre de faits à-peu-près semblables, rapportés par M. De Wenzel pour venir à l'appui de l'opinion contraire; faits pris tant dans la pratique de son père que dans la sienne propre.

C'est donc par cela même que les objets se peignent renversés sur la rétine, que nous devons les voir droits; *et vice versâ*, parce que, je le répète, il y a une réaction vitale, et que sans elle point de vision.

Nous venons d'expliquer de quelle manière s'exécutent le mécanisme et les phénomènes de la vision dans un état ordinaire, c'est-à-dire lorsque l'œil est bien conformé, et que la lumière n'est pas assez vive pour irriter l'œil, et pas assez faible pour que cette fonction ne soit exécutée qu'imparfaitement. Examinons maintenant si la nature n'a pas perfectionné l'instrument optique de manière à obvier au plus grand nombre des inconvéniens.

Si l'objet que nous regardons est trop éclairé, ou s'il est trop rapproché, voyons ce qu'il arrive : Dans l'une et l'autre circonstances la trop grande quantité de rayons lumineux qui pénètrent par la pupille, affectent désagréablement la rétine: cette irritation se communique dans le même moment au tissu nervo - vasculo - cellulaire de l'iris, dont l'érectibilité se manifeste plus ou moins promptement, et resserre ainsi, selon son degré d'érétisme, le diamètre de la pupille, sans qu'il y ait besoin de contraction particulière dans les fibres circulaires admises par un grand nombre d'anatomistes recommandables, mais que je n'ai jamais trouvées dans cette membrane, malgré toutes les recherches que j'ai pu faire pour m'en assurer. La contraction de la pupille une fois opérée, les rayons lumineux n'arrivent à la rétine qu'en nombre suffisant pour déterminer la sensation nécessaire à l'exécution facile de la vision.

Dans le cas contraire, c'est-à-dire lorsque nous sommes plongés dans l'obscurité, ou lorsque nous regardons un objet éloigné et pas suffisamment éclairé, l'impression des rayons lumineux arrivés d'abord sur la rétine n'étant pas assez forte pour déterminer sur elle cette impression nécessaire pour maintenir une érectibilité ordinaire dans l'iris, la pupille doit naturellement se dilater, et d'autant plus que le lieu dans lequel on est, est lui-même moins éclairé. Cette dilatation sera donc toujours croissante, jusqu'à ce qu'un assez grand nombre de rayons lumineux viennent déterminer sur la rétine l'impression nécessaire pour arrêter la dilatation de l'iris, qui toutefois ne peut jamais excéder le degré d'extension limité par celui où la privation de toute érectibilité doit naturellement laisser cette membrane et la pupille.

Si l'on suppose maintenant que l'un des corps transparens, au travers duquel doivent passer les rayons lumineux avant de se réunir en un point sur la rétine, n'est plus en proportion de dimensions pour que l'instrument optique soit dans cet état reconnu nécessaire et le plus parfait, pour que la vision s'exécute facilement, il en résultera nécessairement des aberrations ou des vices dans la perception, dont nous parlerons plus longuement dans la troisième partie de cet ouvrage ; mais en attendant, jetons un coup-d'œil rapide sur ces différentes circonstances, ou organiques ou accidentelles, qui rendent la vision moins précise et moins nette.

Si nous supposons une cornée très-convexe, par exemple, il en résultera que les rayons lumineux réfractés en raison de cette convexité arriveront sur le cristallin trop rapprochés, et qu'après avoir subi une nouvelle réfraction dans ce corps, ils en sortiront trop tôt réunis; et si le point de réunion a lieu très-près de la sortie du cristallin, ces rayons continuant à suivre l'impulsion qu'ils ont reçue, ne pourront plus arriver en un seul point sur la rétine; ils y arriveront au contraire sur plusieurs en même temps; dès-lors l'image de l'objet sera nécessairement confuse, et sa perception le sera également. Cet état, que nous ne faisons qu'indiquer, et qui est susceptible de beaucoup d'autres variations, tant par rapport à la forme qu'au volume des corps transparens renfermés dans la cavité de l'œil, constitue la maladie ou cet état pathologique de la vision, appelé généralement myopie.

Si l'un des corps transparens dont nous avons parlé, cesse d'exister par quelque cause que ce soit, ou s'il est trop aplati, les rayons lumineux n'éprouveront pas assez de réfraction concentrique, ils ne seront pas assez rapprochés en sortant du cristallin, ou en sortant de la cornée, si celui-ci n'existe plus; ils arriveront dans le corps vitré trop séparés, et ne seront pas assez tôt réunis en un seul point sur la rétine. La confusion dans la perception en sera la conséquence inévitable, de même que dans le cas précédent, quoiqu'elle soit alors déterminée par des causes différentes et diamétralement opposées. Cet état, lorsqu'il existe, est appelé presbyopie.

Dans le premier cas, on ne peut voir les objets que lorsqu'ils sont très-rapprochés; dans le second, au contraire, les corps qui sont à une certaine distance sont aperçus et distingués avec plus de précision. La raison en est facile à concevoir, d'après les explications que nous avons déjà données ; nous n'avons donc pas besoin d'y revenir.

Pour que la vision puisse s'exécuter librement, sans trouble ni confusion, il est nécessaire que l'axe visuel des deux yeux soit parfaitement en rapport, sinon l'on conçoit facilement que si les images du même objet viennent à se fixer séparément sur chaque rétine, ces objets seront vus doubles, comme il arrive dans cette affection appelée *strabisme*, ou yeux louches.

Lorsque les milieux que doivent traverser les rayons lumineux, ont perdu leur transparence, ils deviennent un obstacle insurmontable au passage de ces rayons, comme il arrive dans les *abbugos*, qui recouvrent le centre ou la totalité de la cornée, dans les cataractes, dans les *glaucomes*, etc. ; la vision ne pourra alors s'exécuter : il en sera de même, quoique ces milieux conservent encore leur transparence, si l'organe immédiat de la vision est paralysé, comme dans l'amaurose, ou goutte sereine. Nous ne parlerons pas de l'organe de la vue considéré chez les différens animaux, ni des modifications auxquelles la nature l'a soumis selon la différence des milieux dans lesquels vivent chacune des espèces. Cet objet de physiologie comparée n'est point du ressort de cet ouvrage, uniquement consacré à la recherche des maladies nombreuses qui attaquent le globe de l'œil humain et ses dépendances.

DEUXIEME PARTIE.

Ire CLASSE.

Maladies qui attaquent les Organes conservateurs de l'Œil.

PREMIER ORDRE.

Maladies des Os qui forment la cavité orbitaire.

Les os de l'orbite peuvent-ils s'enflammer ? ou bien le périoste qui les recouvre est-il susceptible, dans certaines circonstances, de participer, séparément ou conjointement avec les os qui en sont recouverts, à cet état d'exaltation de la sensibilité, de l'irritabilité et de la caloricité, que les nosologistes modernes appellent *inflammation* ? S'il est facile de concevoir que ces organes n'en sont pas exempts, nous devons convenir cependant qu'une véritable inflammation doit être extrêmement rare, puisque, pour la déterminer, il ne faudrait rien moins que des causes capables de produire sur eux des solutions de continuité. Mais alors l'état inflammatoire des parties extérieures qui ont toujours souffert plus ou moins, présente les symptômes les plus fâcheux, et ceux qu'il importe le plus de faire cesser et de combattre par l'usage des moyens que l'art indique en pareille circonstance, et dont nous aurons occasion de parler beaucoup plus au long, lorsque nous traiterons de l'inflammation générale du globe.

Nous ne pouvons pas raisonnablement placer au rang des phlegmasies des fosses orbitaires le développement contre nature de leur substance , car l'exostose est une maladie particulière au tissu osseux en général, qui a ses caractères particuliers, selon qu'à la suite de telle ou de telle autre cause elle affecte tel ou tel os en particulier. Nous en dirons de même de la carie et de la nécrose , qui attaquent quelquefois une partie des os de l'orbite.

Mais , est-il bien constant que tout ou partie du périoste de ces os puisse être attaqué d'inflammation, sans que le tissu osseux lui-même en soit atteint ?

Si nous en croyons une autorité infiniment respectable , rien de plus commun dans la pratique des maladies des yeux que ces sortes d'affections ; elles ont à-peu-près les mêmes causes , et demandent à être combattues par les mêmes moyens que les phlegmasies des membranes de l'œil (1). Mais si nous cherchons dans les observations que cet auteur rapporte à l'appui de son opinion , nous sommes loin de partager son avis , et nous n'en voulons d'autre preuve que l'observation suivante , qui est la dixième du tom. II , pag. 21.

« M. J.. , de Lyon , devint sujet , au commence-
» ment de 1812 , à une douleur extrêmement vive au-
» tour de l'œil droit , et sur-tout au périoste au-dessus
» du sourcil ; elle revenait tous les soirs , et diminuait
» seulement un peu dans la matinée du lendemain. Après
» une amélioration marquée , obtenue à Lyon en fé-
» vrier, le mal revint en mai avec une telle violence ,
» que M. J... se décida à se rendre près de moi, à Paris.

______

(1) M. Demours , tom. I , pag. 91.

» Je le renvoyai guéri le vingtième jour. Depuis, j'en
» ai reçu la lettre suivante :

« Le malade rappelle à M. Demours l'histoire de
» sa maladie, qui avait été avantageusement combattue
» par l'effet d'un vésicatoire à la nuque, le vin de
» quinquina, et les fumigations de vapeur de café ;
» mais il lui apprend que depuis quelques jours les dou-
» leurs ont reparu aux mêmes lieux qu'elles occupaient
» précédemment.

» M. Demours a conseillé à M. J... les mêmes moyens
» pour être continués pendant un an. »

Cette observation, je le demande, présente-t-elle les
caractères d'une véritable inflammation du périoste ?
la récidive des douleurs, leur périodicité, la difficulté
de les combattre, la propriété elle-même des moyens
employés pour arriver à la guérison, tout n'indique-t-il
pas, au contraire, que l'affection dont il s'agit n'était
point une phlegmasie du périoste, ni même des os ad-
jacens, mais bien une véritable douleur rhumastimale,
fixée sur le tissu aponévrotique qui entoure ces parties,
et d'autant plus difficile à détruire, que ce tissu est
très-serré et très-abondant autour de l'orbite?

Je le répète, les phlegmasies du périoste sont difficiles à concevoir, à moins qu'il ne soit attaqué par une
cause syphilitique, ou toute autre semblable. Mais,
alors, c'est moins les symptômes inflammatoires que
le praticien doit s'attacher à combattre, que la maladie
principale qui a déterminé l'affection locale, et qui,
du reste, ne saurait persister long-temps dans le même
état, sans que le gonflement des os et du périoste ne
vienne bientôt caractériser cette maladie que nous
appelons exostose.

Lorsque des symptômes semblables à ceux rapportés dans l'observation citée indiquent un rhumatisme local, nous ne saurions mieux faire que de conseiller les mêmes moyens, si heureusement employés, mais qui devront être modifiés, toutefois, selon l'âge, le tempérament, le sexe, la manière de vivre, et les différentes circonstances qui peuvent avoir contribué à son développement.

Exostose des Os de l'Orbite.

L'exostose de l'orbite, ou des cavités orbitaires, se développe toujours plus ou moins lentement, en raison du peu de vitalité dont jouissent les os en général. Cette maladie, qui a son siége dans le tissu des os et dans leur périoste en même temps, est précédée par des douleurs locales qui souvent sont assez vives, comme lorsqu'il y a complication de syphilis ; tandis que d'autres fois elles existent à peine, comme dans l'exostose scrophuleuse.

Dans quelque partie que survienne une exostose, et quelle qu'en soit la cause, elle n'est, pour ainsi dire, qu'une inflammation des parties qu'elle affecte, dont la terminaison peut avoir lieu par suppuration, induration, gangrène ou cancer, comme dans les autres inflammations, mais avec des dispositions particulières à ces tissus, et dont nous nous occuperons bientôt.

Dans l'exostose, qui est toujours une maladie fâcheuse, le gonflement de l'os affecté ne se fait qu'insensiblement. Il sera facile d'observer ses progrès, si le siége de cette maladie est à l'un des points de l'arcade orbitaire ; mais si elle attaque, au contraire, les parois de l'orbite, le mal n'est souvent visible que lorsque l'œil est déplacé de sa position ordinaire ; encore n'est-il pas toujours possible de s'en convaincre.

Le scrophule, la syphilis, les contusions, sont les causes les plus ordinaires, et presque les seules, de l'exostose. Dans la dernière circonstance, cette maladie ne peut survenir qu'aux os qui par leur position sont accessibles à l'action contondante des corps étrangers : on en aura la certitude, lorsque le gonflement dont nous parlons ne sera ni précédé ni accompagné par aucun des symptômes vénériens ou scrophuleux qui caractérisent l'une ou l'autre de ces deux maladies, et que le malade annoncera, au contraire, avoir reçu un coup ou avoir fait une chute sur la partie affectée, avant le développement de l'exostose. Dans les cas contraires l'exostose peut également affecter tous les points des fosses orbitaires ; mais la présence des symptômes vénériens ou scrophuleux servira à éclairer le jugement du praticien appelé à donner son avis, et à lui indiquer le traitement qu'il convient de faire suivre, selon la véritable nature de la maladie.

Les anti-scrophuleux, les anti-vénériens, que l'expérience a démontrés les plus utiles et les plus sûrs, seront employés selon l'indication. Quand l'exostose reconnaît pour cause la violence d'un corps extérieur, outre qu'elle est rarement fâcheuse, elle ne devient pas très-considérable, et se termine le plus ordinairement par une induration si forte qu'on l'a comparée à celle de l'ivoire; mais elle n'est incommode que par son volume. On peut toutefois espérer de la combattre dès le principe, en calmant d'abord les symptômes inflammatoires par les moyens ordinaires, en réveillant ensuite la sensibilité locale par des linimens volatils, par des répercussifs actifs, tels que les applications locales de vin rouge, de la glace, etc. : si ces moyens sont insuffisans, on en viendra aux emplâtres fondans de *vigo cum mercurio* et de ciguë, etc. ; mais ces derniers sont beaucoup plus utiles dans les exostoses extérieures, dépendantes de causes vénériennes, parce que, joints au traitement interne, ils concourent à accélérer la fonte de la tumeur.

Si le lecteur désire avoir des données plus étendues sur l'exostose en général, il pourra consulter avec beaucoup d'avantage les ouvrages de chirurgie de MM. Boyer et Richerand. Quant à nous, nous pensons en avoir assez dit pour les bornes dans lesquelles nous sommes obligé de nous renfermer.

De la Carie des Os de l'Orbite, et du Conduit lacrymo-nasal.

La carie des os de l'orbite et du conduit lacrymo-nasal est toujours la suite de l'exostose de ces parties ; reconnaissant les mêmes causes, elle réclame en partie le même traitement. Elle est, par rapport aux inflammations des os, ce qu'est la suppuration à celles des parties molles. Elle a son siége dans les parties organisées de l'os, dont la résolution inflammatoire n'a pu avoir lieu ou n'a pas été obtenue par les moyens capables de combattre l'exostose. « Dans cet état, dit M. Richerand, *Nosographie chirurgicale*, 1re. édition, tome II, pag. 74, la membrane qui tapisse les cellules de la substance spongieuse sécrète un liquide puriforme, qui se ramasse facilement en foyer, à raison de la communication établie entre toutes ces cellules ; le périoste externe participe à l'inflammation ; les parties molles qui couvrent l'os malade s'engorgent ; une fistule s'établit du dedans au-dehors, il en découle une sérosité noirâtre, d'abord inodore, mais qui, bientôt dépravée par le contact de l'air, exhale une odeur infecte. Un stylet introduit par cette fistule se dirige vers l'os et y pénètre ; sa pointe mousse s'enfonce par la plus légère pression, et traverse un mélange de lamelles osseuses et de fongosités facilement saignantes. Ce mélange de parties molles et dures, qui forme la substance de l'os carié, provient de la végétation de la membrane médullaire qui remplit les cellules spongieuses et occupe la place des sucs que ces cavités contiennent dans l'état naturel.

La carie une fois déterminée, peut étendre ses progrès plus ou moins loin, et attaquer successivement les os voisins. Sa marche sera d'autant plus rapide que la cause occasionnelle aura plus vicié la masse des humeurs en général.

Facile à reconnaître par les symptômes que nous venons d'indiquer, il sera toujours possible d'attaquer la cause primitive de la carie, soit par les anti-scorbutiques et les anti-scrophuleux, soit enfin par les anti-syphilitiques, selon l'indication. Mais on remédiera au désordre local, en ranimant l'action de la vie par des lotions ou injections détersives, faites avec les décoctions de feuilles de noyer, les solutions de myrrhe et d'aloës dans les infusions de mélilot et de sureau, animées au besoin, etc. S'il est possible, et dans les cas de carie des os extérieurs, les plumasseaux servant aux pansemens seront trempés dans ces mêmes préparations. Dans les circonstances rebelles et difficiles, lorsque ces moyens sont insuffisans (que la carie soit produite par une cause locale ou générale , et toutes les fois qu'on le pourra sans danger), il faudra dessécher l'ulcère fistuleux, en appliquant le fer rouge à blanc, qui a l'avantage de brûler en un instant toutes les parties fongueuses de l'os affecté. Il est sur-tout indiqué dans les caries de l'os unguis et de la branche du maxillaire supérieur, qui accompagnent souvent la fistule lacrymale. Dans les autres cas de carie des os orbitaires, il faut être très-réservé sur l'emploi de ce moyen actif, de crainte de léser le globe de l'œil lui-même, et de déterminer des accidens fâcheux.

Lorsque l'emploi du fer rouge est jugé nécessaire, il faut encore prendre toutes les précautions capables de garantir de son action les parties molles , avant d'en venir à son application. Nous verrons , en traitant de la fistule lacrymale compliquée de carie des os voisins, ce que l'on doit observer en pareille circonstance, et quelles sont les précautions que l'on doit prendre.

De l'Ostéo-Sarcome des os de l'Orbite.

L'ostéo-sarcome est toujours une dégénération de l'exostose qui la précède. Au lieu d'entrer en suppuration comme dans la carie , le tissu de l'os, ramolli et gonflé , se change en une substance homogène et comme lardacée, qui ne tarde pas à affecter toutes les parties voisines qui l'entourent. Heureusement cet état est extrêmement rare dans les maladies des os de l'orbite; mais lorsqu'il existe , il n'y a que l'ablation ou la prompte cautérisation de toute la partie affectée , jusques dans toutes ses plus petites ramifications, qui puisse garantir les jours du malade et le préserver d'une mort certaine, précédée par l'absorption des humeurs viciées qui en sortent, et qui ne tarderaient pas à produire une véritable diathèse cancéreuse au-dessus de toutes nos ressources.

De la Nécrose des Os de l'Orbite et du Conduit nasal.

Dans la nécrose, la nature prend une marche contraire à celle que nous avons indiquée pour l'exostose, la carie et l'ostéo-sarcome. La partie de l'os affecté ne se gonfle pas comme dans ces maladies ; devenue corps étranger par rapport aux parties voisines, elle les irrite par sa présence : une inflammation expulsive se développe ; il se forme autour de la partie nécrosée une suppuration qui la sépare insensiblement des parties qui l'entourent ; il survient bientôt des fistules par où le pus s'épanche ; ce pus attaque d'abord la peau, qui, corrodée et détruite, donne passage à une sanie roussâtre, et toujours plus ou moins fétide, lorsqu'elle a été décomposée par le contact de l'air.

Si la maladie vénérienne détermine souvent la nécrose des os de l'orbite, l'action des corps contondans sur la circonférence de cette fosse en est bien plus souvent encore la cause immédiate. En supposant, par exemple, que les os soient mis à nu par suite d'un coup porté sur le pourtour de l'orbite ; si le périoste a été détruit dans une certaine étendue, toute la partie de l'os qui en aura été séparée, sera privée de vie jusqu'au diploé, et devenant dès ce moment corps étranger,

5

elle sera expulsée par les moyens que nous venons de décrire. Si l'action s'est portée jusque sur le périoste interne, comme dans certains cas de fractures de l'orbite avec esquilles, toute l'épaisseur de l'os sera également nécrosée, et la nature en opérera la séparation par les mêmes moyens ; mais la marche sera seulement un peu plus longue.

Dans le cas de virus vénérien, mêmes phénomènes de la part de la nature : mais dans cette circonstance il est nécessaire de faire subir au malade un traitement anti-vénérien, seul capable d'arrêter les progrès de la nécrose et d'empêcher qu'elle ne se renouvelle dans d'autres points.

Comme la séparation de la partie nécrosée se fait d'autant plus attendre qu'elle a plus d'épaisseur, et que souvent même le pus, en fusant çà et là, augmente encore l'infection, ce qui nuit beaucoup à la santé du malade, l'art doit alors venir promptement au secours de la nature. Mais on doit s'assurer, avant tout, de l'état de la maladie : il faut introduire un stylet boutonné par une des ouvertures fistuleuses, le faire pénétrer jusqu'à l'endroit affecté ; arrivé là, il est facile, par le degré de résistance que l'on éprouve, de se convaincre de la séparation plus ou moins complète de l'esquille ; après quoi, on pratique des incisions à la peau, selon le besoin, pour faciliter le passage du pus. On injecte ensuite des liqueurs résolutives et détersives ; on renouvelle les pansemens aussi souvent qu'ils sont jugés nécessaires ; on fait observer au malade un régime convenable, et l'on favorisera sur-tout l'expulsion de la partie de l'os nécrosée, si à chaque pansement on a la précaution de lui faire exécuter quelques petits mouvemens avec le stylet boutonné, car la chute de l'esquille en sera accélérée, ainsi que la guérison de la nécrose.

DEUXIÈME ORDRE.

Maladies du Sourcil.

Nous n'avons pas besoin de répéter ce que nous avons déjà dit, que les lésions du sourcil sont toujours plus ou moins fâcheuses pour la vision ; mais nous redirons seulement, qu'il est de toute nécessité de comprendre dans la description des maladies des yeux celles de cet organe, parce qu'elles occasionnent nécessairement des accidens plus ou moinsgraves pour l'œil lui-même.

Plaies et Contusions du Sourcil.

Les plaies du sourcil se guérissent ordinairement par première intention, lorsqu'elles ont été produites par un corps tranchant. On rase d'abord les poils, et l'on réunit ensuite les lèvres de la plaie, que l'on maintient rapprochées au moyen d'emplâtres agglutinatifs, tels que celui de *diachylon*, ou le taffetas gommé, etc. Les contusions qui arrivent à cette partie sans déchirement de la peau, mais avec ecchymose, si elles sont légères, un cataplasme de mie de pain avec du gros vin rouge sera le meilleur moyen pour hâter leur résolution et dissiper l'ecchymose. Si, au contraire, la cause avait agi avec beaucoup de force, si elle avait déchiré le tissu cutané, et si le malade éprouvait en outre une douleur profonde dans la partie affectée avec un peu d'assoupissement, la maladie cesserait d'être locale, et la

5*

commotion qu'aurait alors éprouvée le cerveau mériterait avant tout d'attirer l'attention du médecin.
Dès-lors la saignée du pied ou du bras, le dégorgement
local par le moyen des sangsues, l'application d'un
cataplasme de mie de pain fait avec une décoction de
têtes de pavots , remplissent entièrement les indications
premières jusqu'à ce que la suppuration bien établie
ne réclame à son tour le traitement des plaies qui suppurent.

Ulcères des Sourcils.

Les ulcères des sourcils dépendent presque toujours
d'un vice particulier dans les humeurs , tel que du
syphilitique , du scorbutique, et le plus souvent du
dartreux. Tout en combattant alors les symptômes
locaux par les moyens qui conviennent au genre de la
maladie , il faut encore agir contre le mal dans sa
source , en prescrivant au malade les remèdes généraux sans lesquels on ne parviendrait jamais à le
guérir radicalement.

Démangeaisons des Sourcils.

Il arrive quelquefois que l'on éprouve de grandes
démangeaisons dans les sourcils ; mais avant de rien
entreprendre il est prudent de les examiner attentivement afin de s'assurer si l'on n'y apercevroit pas
quelques insectes , connues vulgairement sous le nom
de morpions ; car ces insectes s'enfoncent dans la peau
et y déterminent ordinairement un point d'irritation qui
excite à se gratter ; une fois cette conviction acquise, on
fera cesser les démangeaisons en frictionnant ces parties

pendant deux ou trois jours, le soir avant de se coucher, avec un peu d'onguent mercuriel ; les insectes périssent et tombent bientôt , les démangeaisons finissent et la maladie est guérie.

Chute des Poils des sourcils.

Lorsqu'une circonstance maladive a déterminé la chute des poils du sourcil , il est bon de remédier à cet inconvénient en peignant de la couleur des cheveux la partie privée de ses poils. Par ce moyen factice l'éminence sourcillière pourra remplir les mêmes indications par rapport à la vision ; elle absorbera comme auparavant les rayons lumineux qui viennent s'y rendre.

Névralgie sourcillière.

Il existe une autre maladie du sourcil , heureusement assez rare , mais qui mérite cependant de trouver place ici ; je veux parler de la névralgie sourcillière : dans cette affection , le muscle sourcillier , presque toujours en contraction spasmodique, gêne beaucoup la vision et occasionne en outre une grande difformité dans la figure de celui qui en est affecté. Les causes qui peuvent donner lieu à cette maladie sont très-conjecturales , et il serait très-difficile de pouvoir les déterminer d'une manière précise. Malgré la privation de cette connaissance , qui serait cependant très-utile pour le traitement, on ne devra pas désespérer de la guérison ; car l'expérience a souvent démontré l'efficacité des frictions faites avec le liniment volatil camphré , ou avec l'onguent mercuriel , si l'on soupçonne une cause

syphilitique, comme cela m'est arrivé chez un individu où j'avais employé, mais inutilement, toutes
les ressources de l'art, même la section du nerf frontal
de l'ophthalmique de Willis. On peut aussi tenter un
vésicatoire posé au-dessus du sourcil ; ce moyen m'a
réussi deux fois, en y entretenant pendant quelque
temps la suppuration. Les autres moyens que l'on
pourrait indiquer dans cette circonstance sont presque
toujours inutiles, et ne font que tourmenter à pure
perte le malade.

Sabatier, dans son *Traité d'Anatomie*, cite l'observation d'un jeune homme qui fut paralysé de l'œil
gauche par suite d'une légère blessure qui avait divisé
la branche du nerf frontal, à sa sortie du trou sourcillier du même côté. Cette observation prouverait
encore, s'il en était besoin, que les lésions du sourcil
ne sont jamais sans danger, et qu'elles réclament la
plus grande attention de la part du médecin.

TROISIÈME ORDRE.

Maladies des Paupières.

Union congéniale ou accidentelle de leurs bords libres.

Les paupières destinées par la nature à préserver
l'œil de l'impression trop prolongée de la lumière, èm-
pêchent quelquefois la vision d'avoir lieu, soit par
vice d'organisation, soit par cause accidentelle. La
première circonstance, quoique très - rare, est ce-

pendant la plus commune : dans cet état les paupières sont unies ensemble par leurs bords libres sans
qu'il y ait adhérence avec le globe. Presque toujours il
y a alors une petite ouverture au grand angle de l'œil.
L'oculiste appelé à donner ses soins, pourra facilement, par cette ouverture, introduire une petite sonde
droite cannelée et terminée en bouton ; il aura soin de
l'éloigner le plus qu'il sera possible du globe de l'œil,
à mesure qu'il lui fera parcourir le trajet d'un angle à
l'autre des paupières. Il est bon d'observer que la cannelure de la sonde doit regarder la face interne des
paupières et correspondre à la ligne de démarcation
qui les sépare l'une de l'autre. Lorsque l'opérateur n'a
rencontré aucun obstacle pour parvenir à l'angle externe de l'œil, point vers lequel les paupières doivent
se séparer dans l'état naturel, il doit prendre d'une
main la sonde, qu'il porte un peu en avant, tandis
que de l'autre il introduit dans sa cannelure un bistouri
à lame étroite et un peu convexe sur son tranchant,
et lui fait parcourir en un seul temps toute son étendue ;
lorsqu'à la résistance qu'il éprouve, il est assuré d'avoir
parcouru tout le trajet de la cannelure, il relève le manche du bistouri qu'il avait tenu jusqu'à présent dans
une direction oblique, et forme avec la sonde un angle
droit, retire en même temps l'un et l'autre, et termine
ainsi l'opération. L'on oint les paupières plusieurs
fois par jour avec de l'huile d'amandes douces ; on y
injecte aussi des décoctions mucilagineuses qui diminuent la douleur et accélèrent de beaucoup la cicatrisation séparée des deux paupières. Quatre à cinq jours
suffisent ordinairement pour obtenir une guérison parfaite. Les mêmes précautions sont aussi nécessaires

pendant la nuit que pendant le jour, afin de prévenir une nouvelle réunion qui ne manquerait pas d'arriver, lorsque le sommeil rapprocherait les paupières l'une de l'autre. C'est par cette raison que si l'on était appelé pour remédier à un vice pareil d'organisation chez un nouveau-né , il vaudrait beaucoup mieux attendre que cet enfant eût acquis un peu de forces avant d'entreprendre l'opération, parce qu'il serait alors plus à même de résister au sommeil presque permanent et presque insurmontable pendant les premiers instans de la vie. On ne doit guères se décider à opérer avant que l'enfant n'ait au moins quatre ou cinq mois. Si , malgré toutes ces précautions , les paupières venaient à s'unir de nouveau, il faudrait les séparer avec un peu de force en les écartant l'une de l'autre , et redoubler ensuite de soins , afin de prévenir une nouvelle récidive. |

Si le vice de conformation , dont je viens de parler, existe dans toute l'étendue des bords des paupières , il est alors nécessaire de pincer l'angle externe de l'œil pour y pratiquer une petite ouverture par laquelle on introduira la sonde cannelée , qui sera dirigée vers l'angle interne avec les mêmes précautions que nous avons indiquées ci-dessus , lorsqu'il existe une ouverture proche la caroncule lacrymale ; l'opération sera ensuite continuée et terminée de la même manière.

Si une brûlure ou la petite-vérole ont déterminé l'union des bords libres des paupières , sans attaquer le globe de l'œil , on doit les séparer de la manière que je viens de l'indiquer pour l'état d'union congéniale ; car si ces maladies avaient en même temps attaqué la face interne des paupières et le globe de l'œil en les réunissant ensemble, l'opération devien-

drait non-seulement inutile, mais encore il serait même
dangereux de la tenter, parce que l'on ferait courir des
risques au malade, sans espoir de lui procurer le
moindre avantage, sur-tout lorsque la face interne
des paupières adhère à la cornée transparente elle-
même.

Des Plaies des paupières.

Lorsqu'un instrument tranchant a divisé le corps des
paupières dans une partie de leur épaisseur, il faut
en faire de suite la réunion et la maintenir par le moyen
d'un emplâtre agglutinatif ou du taffetas d'Angleterre. Si
le tissu de la paupière a été divisé entièrement, et sur-
tout si la solution de continuité se trouve dans un sens
inverse à la direction des fibres du muscle orbiculaire,
c'est alors qu'il sera utile de pratiquer quelques points
de suture, en ayant la précaution de ne pas y comprendre toute l'épaisseur de la paupière et de laisser intacte la conjonctive qui la recouvre intérieurement: par
ce moyen on évitera une violente irritation, que ne
manquerait pas de produire le fil ciré, mis en contact
immédiat avec la conjonctive qui recouvre le globe de
l'œil. On aura donc soin de faire la suture de manière
que le fil traverse seulement la peau, le muscle orbiculaire et le cartilage tarse. La conjonctive qui recouvre
la face interne de la paupière, je le répète, doit rester
intacte, et il sera facile de l'observer, parce que le peu
d'union que ces parties ont les unes avec les autres
facilitera cette opération, qui sera toujours alors sans
danger.

Personne, avant moi, je pense, n'a fait cette remarque, qui me paraît cependant du plus grand in-

térêt tant pour la promptitude du succès que l'on doit obtenir, que par les accidens qui ne manqueraient pas de survenir en la négligeant : on remplit ensuite de charpie douillette la fosse de l'orbite, on assujétit le tout par le moyen d'un bandage convenable, et dans deux fois vingt-quatre heures la plaie est ordinairement guérie, et l'on peut retirer les points de suture sans crainte d'accidens.

Contusions et Ecchymose des paupières.

Peut-on et doit-on regarder comme une maladie particulière aux paupières les ecchymoses, auxquelles l'organisation lâche de leur tissu les rend très-sujettes pour peu qu'une cause quelconque vienne les contondre et les comprimer? La faible réaction des vaisseaux dans une partie où pour ainsi dire leur contractilité est nulle par rapport au peu de cohésion qu'ils ont les uns avec les autres, et par rapport encore au peu de résistance qu'ils peuvent opposer, doit être souvent la cause de ces taches d'un noir bleuâtre que nous remarquons sur les paupières, et qui affectent même quelquefois toute la conjonctive qui recouvre la sclérotique. Lors donc que la cause déterminante a agi faiblement, que les douleurs ne sont pas trop vives ni trop profondes, on peut être assez tranquille sur l'état du malade, il n'y a aucun danger. Quelques cataplasmes résolutifs, préparés avec la farine de fèves, les oignons de lis et le gros vin rouge, suffiront pour résoudre l'ecchymose en deux ou trois jours : si, au contraire, la douleur était vive et profonde, si l'ecchymose était considérable, et si la cause déterminante avait agi avec beaucoup de force, il faut, sans plus attendre, appliquer ou faire appliquer huit ou dix sangsues autour du globe de l'œil ou à la tempe, sans négliger la saignée du pied ou du bras, si on la juge nécessaire : les sangsues, en pareilles circonstances, produisent un dégorgement local qui devient très-avantageux, en rendant plus facile le jeu des absorbans. Quelques cataplasmes de mie de pain préparés avec une décoction de guimauve, appliqués pendant vingt-quatre heures seulement, remplacés ensuite par les résolutifs, renouvelés souvent, suffisent pour dissiper en peu de temps les symptômes les plus alarmans en apparence. La tranquillité d'esprit, le repos du corps et de la partie affectée, en lui interceptant toute communication avec l'air extérieur, quelques sels légèrement purgatifs donnés à l'intérieur comme dérivatifs, tels sont les moyens que l'homme habile et instruit peut employer selon qu'il les jugera nécessaires, et dont il obtiendra toujours les effets les plus avantageux.

Ulcères des Paupières.

Les ulcères dont les paupières sont souvent affectées, dépendent, comme ceux des sourcils, des mêmes causes éloignées, et guérissent également par l'emploi des remèdes convenables. Mais il arrive souvent qu'après la cicatrisation de ces ulcères il résulte encore une autre incommodité assez grave pour mériter de nous occuper dans un article séparé, sous le nom d'*Éraillement des paupières* par suite de cicatrisation externe, bien différent de cet autre éraillement produit par des causes virulentes internes, et qui ne cède qu'aux moyens propres à combattre les virus qui l'ont déterminé.

Éraillement, ou Renversement de la Paupière inférieure.

Lorsque l'éraillement de cette paupière survient à la suite d'un ulcère dont la cicatrisation a été faite avec perte de substance à la peau, il ne faut pas, à l'exemple des anciens, inciser la cicatrice, ce qui aggraverait encore la difformité par la nouvelle suppuration qui, en altérant de nouveau la peau, la rendrait moins extensible encore après la seconde cicatrisation. L'idée absurde que l'on avait autrefois sur la régénérescence des chairs conduisait les praticiens à faire l'application d'un faux raisonnement dont les résultats étaient désavantageux et toujours nuisibles. Lors donc que le médecin ou le chirurgien seront appelés pour remédier à une difformité aussi repoussante que l'est celle-ci, il sera facile de la reconnaître, puisque la paupière renversée en dehors présente une surface rouge parsemée de vaisseaux variqueux ; que la sclérotite, qui forme la partie inférieure du globe de l'œil, se trouve elle-même injectée ; que la surface de cette membrane, desséchée par le contact continuel de l'air, qui l'irrite, fait éprouver au malade des douleurs plus ou moins vives, et donne en outre à sa figure l'aspect le plus hideux ; que les larmes qui, par leur propre poids, tendent toujours à se porter à la partie la plus déclive, ne trouvant plus d'obstacle, se répandent sur la joue de celui qui en est affecté, avant de parvenir au grand angle de l'œil, où elles doivent ordinairement se rassembler avant de passer par les points lacrymaux pour se rendre enfin dans les fosses nasales, après avoir parcouru le trajet des voies lacrymales.

Il est donc vrai de dire qu'en trouvant le moyen de remédier à une pareille infirmité l'art a rendu un grand service à l'humanité et à la science.

Voici, du reste, la manière dont on doit s'y prendre pour pratiquer l'opération, qui peut seule nous conduire au but proposé, en supposant toujours que l'on est suffisamment assuré qu'aucun vice dans les humeurs ne peut être la cause du renversement de la paupière. Le malade sera placé devant une croisée bien éclairée, la tête appuyée sur la poitrine d'un aide, dont l'une des mains lui embrasse le front, et en même temps lui relève un peu la paupière supérieure de l'œil malade, tandis que l'autre main, appuyée sur la joue du même côté, sert à abaisser la paupière inférieure, à la fixer, et à rendre, par cette double indication, l'opération plus facile à pratiquer. L'opérateur saisit avec une pince à disséquer, la portion de la conjonctive qu'il veut enlever, en ayant soin de la prendre transversalement, afin d'obtenir une perte de substance de forme elliptique, dans le sens du plus grand diamètre de la paupière; de l'autre main, avec des ciseaux courbés sur leurs lames, il coupera d'un seul coup toute la partie saisie. Les ciseaux sont toujours préférables, dans cette opération, au bistouri, parce que la compression qu'ils exercent sur les vaisseaux en les incisant, arrête l'hémorrhagie; tandis que la douleur qui en résulte n'est guère plus vive. Je préfère aussi des ciseaux un peu courbés sur leurs lames, afin de diriger plus facilement leur pointe, et de ne couper absolument que ce que l'on a jugé nécessaire, toute proportion gardée avec l'étendue du renversement.

Cependant, si le renversement était trop considérable,

mieux vaudrait alors , comme le conseille M. le professeur Scarpa de Pavie, disséquer la conjonctive, depuis le cartilage palpébral jusqu'à son union avec le globe de l'œil, pour l'enlever ensuite avec des ciseaux bien tranchans. Le pansement consiste entièrement à laver la plaie avec de l'eau tiède plusieurs fois dans la journée, pendant deux ou trois jours, temps nécessaire pour combattre l'inflammation. On la remplacera ensuite par de l'eau de rose ou de plantain durant cinq à six jours, qui suffisent ordinairement pour la guérison parfaite, sans avoir besoin d'autres moyens pour l'obtenir.

Toutefois on doit préserver l'œil opéré du contact de l'air extérieur, en appliquant dessus quelques compresses fines, assujéties par un bandage approprié. Il suffira de le laver deux ou trois fois par jour; car les larmes qui arrosent continuellement la plaie l'ameneront en peu de temps à une guérison parfaite.

Quelquefois aussi la brûlure peut attaquer la peau des paupières, la corroder par suite de la suppuration, et déterminer consécutivement un renversement parfois très-considérable: dans cette circonstance comme dans les précédentes, l'art pourra toujours diminuer la difformité, si l'on pratique l'opération que je viens de décrire, à moins que la paupière presque détruite n'ôte toute espérance d'obtenir un peu d'amélioration.

Renversement de la Paupière supérieure.

Le renversement en dehors de la paupière supérieure, beaucoup moins fréquent que celui de l'inférieure, réclame, lorsqu'il existe, les mêmes soins, et guérit par le secours des mêmes opérations.

Lorsque le renversement des paupières dépend de causes internes existantes encore, tels que le vice dartreux, le virus syphilitique etc., les remèdes anti-dartreux et anti-syphilitiques sont les seuls moyens à employer; car l'opération, loin de produire le plus petit avantage, ne ferait au contraire qu'aggraver considérablement l'état fâcheux du malade, en lui faisant courir, à pure perte, les plus grands dangers. Lorsque la maladie, dont l'éraillement de la paupière n'est qu'un symptôme, sera guérie, s'il existait alors un boursouflement de la membrane interne, il serait nécessaire d'en faire l'excision de la manière que nous l'avons indiquée ci-dessus. J'observerai en passant que le renversement des paupières, produit par des causes virulentes, est beaucoup plus fréquent qu'on ne pense; j'observerai en outre qu'on ne saurait trop être sur ses gardes avant de prononcer sur le genre de la maladie.

Les deux observations que je vais rapporter nous mettront plus à même de juger de la difficulté que ces sortes de cas peuvent présenter à chaque instant dans la pratique.

Première Observation. — M. Peyrac, âgé de 21 ans, d'un tempérament lymphatico-sanguin, vint me consulter dans le courant du printemps de 1810: la paupière inférieure de l'œil gauche était tellement renversée, que ses cils étaient appuyés sur la joue; la conjonctive, formant la face interne de cette paupière, était boursouflée et parsemée de petits points glanduleux; sa couleur était d'un rouge très-foncé, cependant la douleur était presque nulle. Il est bon d'observer que ce renversement n'était produit par aucune cicatrice du côté de la face cutanée de la paupière. La conjonctive me parut excéder de beaucoup l'étendue de la peau; mais nul autre signe particulier pour me faire soupçonner une cause dartreuse ou scrophuleuse; cependant, malgré les désirs du malade, qui réclamait l'opération, je voulus, avant de m'y déterminer, employer quelques moyens pour m'assurer de mes soupçons; je mis donc le malade à l'usage d'une décoction de douce-amère; je lui fis prendre tous les matins deux heures avant de déjeûner, un demi-gros de souffre sublimé, avec partie égale de sucre, une heure après, deux onces de suc épuré des plantes crucifères; le soir en se couchant, la moitié de la dose de la poudre sulfureuse délayée dans un verre de tisane. Le malade n'avait pas suivi pendant huit jours ce traitement, qu'il y avait déjà une amélioration sensible dans son état; au bout de six semaines la paupière s'était entièrement relevée. Je fis alors prendre au malade deux fumigations par jour, de sulfure de potasse, dont il recevait les vapeurs sur la paupière malade, par le moyen d'un entonnoir renversé. Après deux mois de traitement la paupière était aussi belle que celle du côté opposé; je fis alors tout cesser, à l'exception de la douce amère, que le malade a continué pendant six mois encore. En 1815, M. Peyrac se portait parfaitement bien, et il n'y avait pas la plus légère crainte de récidive. Je n'ai plus revu depuis le malade.

Cette observation me porte à croire que toutes les fois que le renversement des paupières ne dépend point de cicatrisation extérieure, il faut être très-circonspect

sur l'excision de la conjonctive, et ne se résoudre à
l'opération que lorsque tous les moyens plausibles ont
été mis inutilement en usage.

Deuxième observation. — Un garçon serrurier vint
me trouver, le 15 septembre 1811 : la paupière de son
œil droit était renversée ; la conjonctive, d'un rouge
pâle et boursouflée, semblait présenter de petites inégalités qui avaient la forme de poireaux vénériens ; il
découlait continuellement de cet œil une humeur verdâtre ; le malade avait eu plusieurs maladies vénériennes dont il n'avait été qu'imparfaitement guéri ; il
éprouvait encore de temps à autre de légers suintemens
par l'urètre : d'après tous ces symptômes, je pensai que
le renversement de la paupière pouvait bien dépendre
du vice syphilitique. J'ordonnai au malade un régime
convenable, en même temps que je lui fis subir un
traitement anti-vénérien. Je lui prescrivis de se bassiner soir et matin l'œil malade avec une solution de
muriate mercuriel oxigéné. Après dix jours de traitement il y avait déjà un mieux sensible, la paupière
commençait à se relever ; cependant les excroissances,
au nombre de six, n'avaient point ou presque point
diminué. Huit jours plus tard j'en fis l'excision avec
une petite pince à disséquer et des ciseaux bien évidés ;
au bout de trois jours les petites plaies étaient guéries.
Après six semaines de traitement, la paupière était
entièrement relevée. Les lotions de muriate mercuriel
oxigéné furent cessées par mes conseils, et je fis encore
continuer pendant quinze jours le traitement anti-
vénérien, qui fut remplacé à son tour par quatre
verres par jour d'une décoction de bois sudorifiques.
Le malade en a continué l'usage pendant deux mois,

et a été purgé après. Je n'ai pas revu depuis ce garçon serrurier ; mais lorsqu'il quitta mes soins , sa paupière était dans son état naturel.

Renversement en dedans des Paupières.

Lorsqu'une des paupières , par suite d'un accident quelconque , a été renversée en dedans , si les cils touchent la conjonctive qui recouvre la cornée transparente , ils l'irritent et déterminent souvent des ophthalmies très-considérables , dont les suites , toujours plus ou moins graves , peuvent occasionner encore la perte de la vue du côté affecté. On ne saurait donc trop tôt avoir recours à l'opération , qui seule est capable de remédier à un vice aussi grave , et dont les suites peuvent devenir si promptement fâcheuses. Dans cette maladie, la conjonctive qui forme la face intérieure de la paupière , a beaucoup moins d'étendue que la peau ; l'opération à pratiquer sera donc dans un sens inverse à celle que l'on exécute pour le renversement en dehors. L'opérateur, en se basant sur le degré du renversement qui existe , devra pincer en travers la peau de la paupière , et faire avec des ciseaux courbes sur leurs lames une perte de substance parallèle aux plis de la paupière, afin que la cicatrisation , qui en sera la suite , retire en dehors le cartilage tarse en éloignant les cils du globe de l'œil ; c'est en l'obtenant que l'on aura réellement remédié à la maladie et paré aux inconvéniens fâcheux qui en seraient ou en sont déjà résultés.

Quelques auteurs , et de Saint-Yves est de ce nombre , prétendent que l'éraillement des paupières est une tout autre maladie que le renversement, parce que, disent-ils, l'éraillement et le renversement ont des signes particuliers qui les caractérisent. Ils disent que dans l'éraillement le renversement a la forme d'un bec d'aiguière, et que dans le renversement ordinaire le bord libre de la paupière ne présente pas ce caractère. Cependant les mêmes causes déterminantes et le même mode de traitement existent dans l'une comme dans l'autre. Quant à moi, je pense que le renversement est toujours la seule maladie contre laquelle l'oculiste doit employer les moyens que nous avons indiqués; que l'éraillement n'est réellement qu'une modification dans la forme du renversement, modification qui nous annonce, à la vérité, que la guérison sera plus difficile à obtenir, mais qui ne change pas la nature de la maladie principale, puisqu'il est vrai que le renversement peut exister sans éraillement, mais que l'éraillement ne s'est jamais observé sans renversement.

Je crois en avoir dit assez pour prouver que ces deux modifications de la même maladie ne sauraient rien changer à la description que nous avons faite du renversement, dans laquelle se trouve naturellement comprise celle de l'éraillement, admise par Saint-Yves.

Phlegmasies des Paupières.

Le tissu des paupières, de même que celui de toutes les autres parties du corps, est susceptible de s'enflammer. Quelle qu'en soit la cause, il est facile de reconnaître cette phlegmasie locale par la chaleur, le gonflement, la rougeur, et la douleur que l'on a éprouvée dans la paupière affectée. Comme les suites de la suppuration sont toujours plus ou moins dangereuses dans cette partie, il faut, dès le début de cette maladie, faire tous ses efforts pour la prévenir. Dégorger, selon le besoin, par l'application de cinq ou six sangsues; recouvrir ensuite la paupière avec un cataplasme de pommes cuites mêlées avec du blanc d'œuf, le renouveler trois ou quatre fois dans la journée; terminer le traitement par des collyres faits avec les eaux de roses et de plantain battues avec du blanc d'œuf, et dont on applique des compresses imbibées sur la paupière malade; tels sont les meilleurs résolutifs et en même temps la marche que l'on doit suivre.

Si, malgré tous ces moyens, l'inflammation continuait ses progrès et tendait à la suppuration, on la favoriserait en mettant sur le siége de la douleur des cataplasmes faits avec la farine de graine de lin et la décoction de guimauve, et souvent renouvelés; mais sitôt l'abcès formé, il faut en faire l'ouverture le plus tôt possible, et ne pas attendre que le tissu entier de la paupière soit en suppuration; une lancette, que l'on plonge dans ce petit abcès en suivant la direction du pli de la paupière, suffit ordinairement pour faire sortir tout le pus.

La gangrène, qui est quelquefois la suite de ces inflammations, est toujours très-dangereuse; aussi doit-on employer tous les moyens possibles pour en arrêter le cours, tels que les compresses trempées dans les décoctions de serpentaire de Virginie, de quinquina, ou dans l'alcool camphré, que l'on applique sur le mal. S'il y avait déjà ulcération, il faut, sans plus tarder, saupoudrer les ulcères avec les poudres de cascarille, de quinquina, etc.

Si, enfin, les progrès de la gangrène faisaient craindre pour l'œil, l'on doit alors introduire entre la pau-

pière et le globe une lame de plomb dont les bords doivent
être bien polis et bien mousses ; mais on la trempe auparavant dans de l'huile vierge d'amandes douces, afin
de diminuer autant que possible la douleur que sa présence ne manque jamais de déterminer ou de provoquer.

Lorsque l'inflammation des paupières est érysipélateuse , on la reconnaît facilement par les signes qui
caractérisent l'érysipèle en général : c'est alors que l'on
doit couvrir l'œil avec des compresses de linge très-fin ,
sans autre application topique , et combattre l'érysipèle
par les vomitifs et les évacuans , s'il existe des symptômes de saburre ; on ordonne ensuite au malade une
tisane légère de fleurs de sureau nitrée et édulcorée par
vingt grains de sel de nitre par pinte et trois cuillerées
de miel. Convaincu par expérience que tous les topiques
étaient beaucoup plus nuisibles qu'utiles dans les affections érysipélateuses, j'en ai entièrement abandonné
l'usage , et je m'en trouve bien dans ma pratique journalière.

Verrues des Paupières.

Il vient assez souvent sur les paupières de petits prolongemens de la peau , qui sont plus ou moins durs et
raboteux ; on en distingue de deux espèces. La première, peu incommode, est plus désagréable que douloureuse ; on la guérit facilement par l'application du
lait de feuilles de figuier, ou bien en la frottant avec du
pourpier ; si elle résiste à ces moyens , il faut ou la
couper le plus près possible de la peau avec des ciseaux ,
ou bien en faire la ligature avec un fil de soie. Pour faire
cette ligature , on tire à soi le poireau avec une pince
à disséquer, tandis qu'un aide le serre le plus près pos-

sible de sa base avec une ance de fil ciré qu'il fixe par un double nœud. L'étranglement qu'éprouve alors la tumeur la fait tomber en quelques jours. Dans la seconde, lorsque la verrue a des racines qui s'étendent plus ou moins profondément, qu'elle est douloureuse et saigne facilement, il faut l'enlever entièrement en la disséquant jusques dans ses plus petites racines, et s'abstenir sur-tout de l'irriter, soit par des caustiques, soit par d'autres moyens qui ne pourraient la détruire en une seule fois ; parce qu'alors elle dégénère promptement en un cancer incurable. Une pince et une lancette un peu forte suffisent pour cette opération, qui sera pratiquée de la manière suivante :

Saisir avec la pince la tumeur et la disséquer ensuite jusques dans ses plus petites racines avec la lancette, en ayant soin d'épargner le plus possible la membrane interne de la paupière, tel est le mode opératoire. Panser ensuite la plaie avec un petit plumasseau couvert d'un onguent suppuratif ; observer le même mode de traitement des plaies qui suppurent ; telle sera la conduite à suivre jusqu'à parfaite guérison.

Cancer des Paupières.

Le cancer des paupières est déterminé par les mêmes causes que celui des autres parties du visage ; il commence à paraître tantôt sous l'aspect d'un petit bouton dont les vaisseaux qui en forment la base sont de couleur plus ou moins plombée ; d'autres fois il se déclare à la suite d'un poireau irrité par les caustiques ; enfin une foule de circonstances inconnues peuvent donner lieu à cette maladie, qui est toujours très-fâcheuse.

Lors donc que l'on sera consulté pour un bouton de la nature de celui dont je viens de parler, s'il n'est pas encore ulcéré, il n'y a pas autre chose à conseiller au malade que la dissection de toute la partie affectée, pratiquée de la même manière que pour l'extraction du poireau que j'ai nommé avec juste raison chancreux par rapport à la facilité avec laquelle il dégénère en cancer, pour peu qu'il soit irrité. Dans cette circonstance il vaut mieux couper plus que moins et ne point trop s'embarrasser d'avance de la cicatrice qui doit suivre la solution de continuité. C'est ici toujours un très-petit inconvénient, en raison des accidens qui ne manqueraient pas de survenir, si l'on avait négligé par un faux calcul, et sur une vaine espérance, d'enlever jusqu'à la moindre racine de la tumeur, puisque la plus petite partie cancéreuse ferait reparaître la maladie et la rendrait incurable.

Lorsque cette maladie est laissée à elle-même, il arrive un temps où l'irritation devient si forte, par rapport à la plénitude des vaisseaux, qui sont engorgés d'un sang noir et corrosif, que le malade se gratte par des mouvemens involontaires ; que le bouton se déchire et donne bientôt issue à un sang dissous et pourri. Dès ce moment l'ulcère est établi, il fait des progrès sensibles, ses bords deviennent calleux et lardacés, les douleurs sont atroces et lancinantes, la matière qui en sort est d'une infection mortelle, le globe de l'œil lui-même en est attaqué ; les parties voisines ne sont pas oubliées à leur tour, et le malade périt dans le marasme et les douleurs les plus aiguës et les plus vives. Si l'ulcère chancreux n'est encore que récent, pourra-t-on sans imprudence, et devra-t-on l'enlever avec toute la partie malade de la paupière ? Je n'ose prononcer, dans une circonstance aussi difficile ; mais dans la supposition que l'on se décide à faire l'ablation de la partie lésée, il vaut mieux couper plus que moins. Dans le cas d'une grande perte de substance, comme la peau est très-lâche dans ces parties , il faut rapprocher les lèvres de la plaie et les maintenir ainsi par quelques points de suture entortillée , que l'on pratique de la même manière que pour le bec de lièvre ; on mettra ensuite le malade à l'usage de doux laxatifs , afin de détourner les tumeurs et leur faire prendre , s'il est possible, une route par le canal intestinal. Les dépuratifs continués long-temps, un régime doux et végétal pourront compléter le traitement et conduire à une heureuse terminaison.

Si l'ulcère cancéreux avait déjà fait des progrès considérables , si les bords en étaient calleux , s'il en sortait une matière infecte, nul doute alors que la diathèse cancéreuse ne fût générale ; dès-lors les moyens que la raison nous indique d'employer, se réduisent simplement aux palliatifs , parce que jusqu'à présent les observations de guérison ont été si rares, qu'on a cru devoir les révoquer en doute. L'expérience , cette mère de toute vérité , n'a-t-elle pas prouvé depuis long-temps que le cancer , arrivé à la période de diathèse générale, est une maladie toujours incurable, qui est regardée comme telle par la grande généralité des praticiens ?

Puisque le malade est voué alors à une mort certaine , que l'opération ni aucun médicament employé jusqu'à ce jour n'ont encore pu faire éviter, pourquoi ne pas tenter d'autres moyens ? ce qui n'empêcherait pas de faire suivre au malade le régime que les médecins conseillent dans ces circonstances désespérées.

D'après un grand nombre d'observations, que j'ai été à portée de faire sur l'action thérapeutique du soufre sublimé, dans beaucoup de maladies dartreuses que j'ai guéries, et qui cependant m'avaient paru se rapprocher de la nature du cancer, j'ai pensé que l'on parviendrait peut-être à guérir aussi le cancer lui-même par l'usage de ce seul moyen, si toutefois le médecin et le malade avaient assez de patience pour en continuer l'usage pendant long - temps, et sans interruption. Je fais ordinairement prendre la fleur de soufre à la dose d'un demi-gros jusqu'à deux gros et plus, par jour, mêlée avec un tiers de sucre, le tout délayé dans un demi-verre de tisane amère.

Si les circonstances me favorisent assez pour pouvoir faire une série d'expériences sur l'action du soufre dans le traitement du cancer, confirmé et reconnu pour tel, je les ferai d'autant plus volontiers, qu'il ne peut en résulter aucun mal ; mais, en attendant, j'engage les praticiens de chercher par cette voie ou par toute autre qui leur paraîtrait plus favorable, la solution d'un problème que l'humanité attend depuis si long-temps.

Lors donc que toute espèce de traitement a échoué, et que le malade ne peut plus rien supporter, il est urgent de calmer les douleurs qu'il éprouve par les moyens que l'art a mis à notre disposition, tels que le régime convenable, les applications de frai de grenouilles, les cataplasmes de farine de graine de lin, avec les décoctions de têtes de pavots, de ciguë, et sur

lesquels on verse quelques gouttes d'acétate de plomb,
ou de laudanum , etc.

Orgeolet , Grêle et Gravelle du bord libre des Paupières.

L'orgeolet, la grêle et la gravelle des paupières sont
des maladies qui ont tant de rapport les unes avec les
autres, qu'il suffirait d'en décrire une , pour donner de
toutes une idée assez exacte ; car ces espèces de tumeurs
naissent ordinairement au bord libre des paupières,
entre les cils, et sont précédées et accompagnées d'inflammation dans leur début : les causes qui les déterminent sont presque toutes inconnues ; mais afin de me
conformer à la règle générale, je veux bien, à l'exemple
des auteurs qui m'ont précédé, traiter séparément de
ces trois variétés de tumeurs qui, à mon avis, ne
sont, je le répète, que la même maladie ; leur ancienneté en fait toute la différence , en rendant la matière
contenue plus ou moins dense, plus ou moins com-
pacte.

L'orgeolet , nommé vulgairement orgueilleux , par
rapport à sa position sur le bord ciliaire des paupières,
peut être regardé comme une espèce de petite loupe
blanchâtre , dont la matière contenue est plus ou moins
dure ; quelquefois il disparaît pour quelque temps
pour reparaître ensuite. Quoique cette tumeur ne soit
pas très-incommode, les malades désirent presque
toujours en être délivrés , et l'on arrivera sûrement à
la guérison de cette maladie en suivant exactement
les moyens que je vais indiquer. S'il y a de l'inflammation , il faut appliquer un peu de pulpe de pomme
cuite , en forme de cataplasme, que l'on renouvellera

plusieurs fois dans la journée ; au bout d'un ou deux jours l'inflammation est dissipée , et quelquefois même la tumeur a disparu. Les différens emplâtres que l'on a proposés pour en obtenir la résolution , tels que celui de *diabotanum* et de l'abbé de Grâce, me paraissent peu convenables ; il vaut beaucoup mieux , lorsque l'inflammation sera dissipée , si la tumeur existe encore , en faire l'ouverture avec l'aiguille à cataracte en langue de carpe ; cette aiguille , dont les bords sont tranchans, est bien préférable ici à la lancette, je m'en sers toujours avec le plus grand avantage. Si, après l'opération , la matière contenue, au lieu de s'évacuer, paraît dure et concrète, il faut introduire l'aiguille dans la substance contenue , la soulever, et en même temps presser légèrement sur la circonférence de la tumeur, afin de faire sortir le bourbillon ; et dans le cas où il serait impossible de tout extraire, on pourra même toucher le fond de la vésicule avec la pierre infernale. Deux ou trois applications dirigées avec soin suffisent ordinairement pour obtenir une guérison complète et sans récidive.

Si l'orgeolet se trouvait placé au bord interne de la paupière inférieure, on la renverse pour avoir la facilité de le percer de part en part avec l'aiguille à cataracte ; on l'enlève ensuite entièrement sans toucher en rien au tissu de la paupière. Ce procédé est toujours plus facile à exécuter que celui qui se pratique par le moyen de l'aiguille courbe et enfilée de soie , dont l'opérateur se sert pour soulever la tumeur et la séparer ensuite du reste de la paupière avec des ciseaux dont il introduit une des branches dans la plaie faite préalablement , tandis que l'autre branche est dirigée du côté du globe de l'œil pour couper en un seul temps le pédicule de la tumeur le plus près possible de sa base. Ce dernier procédé peut ne trouver son application que lorsque l'orgeolet est un peu trop volumineux pour pouvoir être enlevé entièrement en le perforant de part en part avec l'aiguille. L'eau tiède suffira les premiers jours pour laver la plaie et pour calmer l'irritation ; on la remplacera ensuite par un collyre détersif et résolutif, fait avec six parties d'eau sur une d'esprit de vin ou d'eau-de-vie.

La grêle est appelée ainsi à cause de sa blancheur et de sa dureté ; on en fera de même l'ouverture avec l'aiguille à cataracte : si la matière contenue est trop endurcie, on la retirera avec une petite curette ; mais le plus souvent elle s'épanche au moment de l'incision, et la tumeur se vide entièrement d'elle-même.

La gravelle est absolument la même maladie que l'orgeolet et la grêle ; mais elle diffère seulement des deux premières par la dureté de la matière qu'elle renferme ; du reste, elle se guérit de la même manière.

Dartres des Paupières.

La personne affectée de cette maladie éprouve sur l'œil une pesanteur, et aux paupières une enflure accompagnée de douleur et de rougeur aux angles des yeux, et sur-tout de cuissons plus ou moins incommodes ; il découle une humeur gluante des petits ulcères qui ont ordinairement leur siége au bord libre des paupières ; les larmes qui lubréfient la conjonctive, dénaturée par le vice dartreux, acquièrent une propriété corrosive et caustique, elles deviennent plus ou moins épaisses et collent ensemble les deux paupières pendant la nuit ; quelquefois une seule partie de la paupière est affectée , d'autres fois elle l'est toute entière.

Lorsque le mal a fait des progrès considérables, la paupière inférieure grossit considérablement, elle se boursoufle et se renverse ; ce qui constitue alors le renversement de la paupière, dont nous avons déjà parlé, et pour la guérison duquel nous renvoyons à l'article où il est traité du Renversement de la paupière sans cicatrice à la peau. J'ai pu observer chez plusieurs individus que les dartres qui s'attachent quelquefois à l'une des paupières ne couvrent pas entièrement son étendue , elles forment alors aux environs du cartilage tarse un gonflement comme œdémateux à la simple inspection, rénittent et élastique à la pression du doigt, plus ou moins douloureux, farineux à l'extérieur et parsemé de petits grains rougeâtres à l'intérieur de la paupière ; cette espèce de dartre acquiert à la longue un tel degré de ténacité , que l'on ne parvient à la guérir qu'avec beaucoup de peine et de patience. Je recommande surtout aux praticiens d'y porter la plus grande attention.

On aurait tort de regarder cette maladie comme une affection locale, il faut toujours en chercher l'origine et la cause dans la masse du sang chargé d'une humeur mordicante et saline , si je puis m'exprimer ainsi : cette humeur, dont les effets peuvent se manifester sur toutes les parties du corps , réclame plutôt un traitement général que local. Et puisque cette maladie résiste souvent aux moyens que l'on emploie pour la combattre , on peut se former une idée exacte de l'acrimonie qui existe alors dans le sang, acrimonie qui est toujours la cause de l'espèce de dartre dont nous parlons; dèslors on trouvera facilement le mode de traitement que

l'on doit suivre, sans négliger toutefois les applications
locales, dont on obtiendra encore de très-bons effets.

On a vanté certaines plantes comme des spécifiques
certains contre les dartres, parmi lesquelles la douce-
amère tient un rang distingué. Nous l'employons encore
aujourd'hui avec beaucoup de succès, et elle nous
semble mériter justement les éloges qu'on lui a donnés.

Le cresson, le cochléaria, le raifort sauvage, la fume-
terre, la petite centaurée, sont encore employés avec
beaucoup de succès dans le traitement anti-dartreux; les
bains et les eaux de Barrège sont en vogue aujourd'hui,
et deviennent chaque jour la source d'un grand nombre
de guérisons. Tous ces moyens, quoique très - bons,
ne m'ont cependant jamais procuré des succès aussi
prompts et aussi sûrs que le soufre pris en substance.

Pour guérir les dartres des paupières, j'ai toujours
soin d'entretenir les voies digestives dans de bonnes
dispositions; après avoir évacué, si je le juge convenable, je fais prendre chaque jour au malade deux ou
trois verres d'une décoction de deux gros de douce-
amère par chaque pinte d'eau, dont on a entretenu
une douce ébullition pendant un quart d'heure, soir
et matin, une heure avant déjeûner, et trois heures
après avoir soupé, un bol de la composition suivante :
soufre sublimé, deux onces ; rhubarbe en poudre,
deux gros ; sirop de cochléaria, quantité suffisante
pour faire des bols de huit grains chacun ; je fais aussi
baigner l'œil dans une moitié de blanc d'œuf durci, et
dans laquelle je mets simplement de la tisane ordinaire. Au bout de quelques jours, si j'aperçois des
ulcères entre les cils, je les touche avec le nitrate
d'argent : quinze jours sont à peine écoulés, qu'ordinai-

rement le mieux est déjà très - sensible; j'augmente alors la dose des bols, j'en donne deux le matin et deux le soir; je fais prendre des fumigations avec 18 à 20 grains de sulfure de potasse, dans une demi-pinte d'eau chauffée de 50 à 60 degrés *Réaumur*; j'en fais diriger les vapeurs sur la paupière par le moyen d'un entonnoir renversé. Après un mois ou six semaines de traitement, la guérison paraît complète en apparence; mais pour plus de sûreté je fais continuer les pilules pendant quatre ou cinq semaines de plus, et s'il y a long-temps que la maladie existe, le malade fait encore usage, pendant quatre ou cinq mois, de la tisane de douce-amère, sans autres précautions que de prendre tous les huit ou dix jours un bain domestique. En suivant ce mode de traitement je n'ai jamais vu survenir de récidive, et mes soins ont été constamment couronnés de succès. Le petit lait, le suc des plantes, les vésicatoires mêmes peuvent, selon l'indication, être employés avec beaucoup d'avantages; les cataplasmes de cerfeuil, appliqués le soir en se couchant, contribuent à calmer l'irritation locale, et produisent aussi de bons effets.

Hydropisie des Paupières.

L'hydropisie des paupières est plutôt un symptôme de l'anasarque ou de l'hydrothorax, qu'une maladie particulière. De Saint-Yves rapporte que dans une circonstance où il y avait hydropisie de la paupière supérieure, il ne balança pas à donner issue au liquide, en perçant la peau avec une lancette, selon la direction de ses plis; quelques jours après, M. Petit, maître chirurgien de Paris, fit au malade une ponction à l'abdomen, pour

en tirer les eaux, et il en sortit une liqueur semblable
en tout à celle qui s'était écoulée par l'opération qu'il
avait faite lui-même. Cette observation ne peut rien
prouver, sinon que l'hydropisie de la paupière n'était
qu'un symptôme d'une maladie plus grave; il est
même très-imprudent de faire une ouverture à la paupière dans pareil cas, de crainte de déterminer la gangrène, qui, malheureusement, est souvent la suite
de pareilles mouchetures faites à la peau.

L'hydropisie de la paupière doit être traitée par les
moyens généraux qui conviennent aux hydropisies
en général, puisqu'il est même dangereux de faire une
ouverture pour donner issue au liquide; mais comme
pendant l'action des moyens intérieurs quelques fomentations aromatiques et toniques donneront un
peu de force au tissu lâche de la paupière, et facili-
teront en même temps son dégorgement à mesure
que l'hydropisie générale arrivera à sa guérison : on ne
peut donc mieux faire que de les conseiller.

Quand l'infiltration des paupières est annoncée par
un gonflement œdémateux; elles deviennent bientôt
très-lourdes et comme transparentes; les frictions sèches,
les fumigations aromatiques, les collyres toniques et
astringens, les diurétiques intérieurement, la liberté
des premières voies, sont les moyens que la sagesse,
guidée par les connaissances de l'art et la nature de
la maladie, nous indiquent en pareille circonstance,
et qui réussissent le mieux.

Loupes des Paupières.

Ces tumeurs, qui croissent et se développent dans
le tissu même des paupières, sont toujours enkystées

et prennent les différens noms d'*athéromes*, de *méli-céris*, de *stéatomes*, selon la densité de la matière contenue.

Les causes qui peuvent les déterminer sont généralement inconnues. Cependant leur mode de développement sera facile à concevoir, pour peu que l'on prête attention à ce que nous allons dire. En effet, nous savons que le tissu lamineux, dans les cellules duquel la substance graisseuse est, pour ainsi dire, en dépôt, afin de fournir dans le besoin aux opérations de la nature; nous savons, dis-je, que ces espèces de cellules, qui peuvent assez bien se comparer à de petits sacs sans ouverture, n'ont de communication les unes avec les autres que par leurs surfaces extérieures, et qu'elles sont parsemées à leur intérieur de petits vaisseaux chargés de fonctions différentes: que les uns, les exhalans, déposent dans chaque cavité cellulaire la matière graisseuse, tandis que d'autres vaisseaux, appelés *absorbans*, sont chargés de repomper au besoin la matière déposée, pour la transporter dans le torrent de la circulation.

Supposons, pour un moment, que par une cause quelconque les vaisseaux absorbans aient perdu leur énergie, tandis que les exhalans continuent à remplir leurs fonctions: nous verrons bientôt le volume de la vésicule affectée augmenter prodigieusement, paraître enfin à l'extérieur sous la forme d'une tumeur plus ou moins volumineuse, sans douleur, à la vérité, mais gênant considérablement la vision par sa pesanteur, et très-incommode dans des parties aussi faibles que les paupières. Si la tumeur se trouve placée dans le tissu de la paupière supérieure, pour peu qu'elle soit volumineuse, elle la tiendra constamment abaissée, et le malade ne pourra y voir qu'en la relevant lui-même avec sa main. Si, au contraire, elle a son siége dans la paupière inférieure, surtout si elle est située proche son bord libre, elle produira un effet contraire en l'éloignant du globe de l'œil.

Ces tumeurs, très-faciles à reconnaître à la vue et au toucher, ne produisent ordinairement aucune douleur, et ne sont incommodes que par leur pesanteur et leur difformité : elles arrivent souvent au volume d'une grosse noix, et ne guérissent que par l'extirpation. Si cependant la tumeur n'était que très-petite, je pense que l'on pourrait tenter quelques résolutifs pour la faire disparaître, tels que les linimens volatils camphrés, les frictions sèches et souvent répétées, ou même l'application des emplâtres fondans, etc.

Après que tous ces moyens ont été employés inutilement, il faut en venir à l'opération ; et lorsque le malade y sera décidé, on la pratiquera de la manière suivante :

Le malade sera placé dans une position convenable, la tête appuyée sur la poitrine d'un aide, dont les mains servent à embrasser le front, et au besoin à aider l'opérateur selon qu'il le juge nécessaire. Il faut ensuite pincer avec deux doigts la peau qui recouvre le kiste, pour en couper, selon la direction des plis de la paupière, la moitié en largeur du volume de la tumeur. Cette perte de substance une fois faite, on saisira ensuite la loupe avec une airigne double, pour la soulever à mesure que de l'autre main on la séparera du reste de la peau en la disséquant avec le bistouri.

Lorsqu'elle sera détachée des parties environnantes, on coupera son pédicule le plus près que l'on pourra de sa racine.

Après avoir bien nettoyé la plaie avec de l'eau tiède, on tâche de rapprocher les parties avec de petites bandelettes d'emplâtre agglutinatif, et l'on panse aussitôt avec de la charpie, dont on remplit toute la cavité de l'orbite : on assujétit le tout par des compresses et des tours de bandes. Au bout de quarante-huit heures on levera le premier appareil, et l'on pansera la plaie avec un peu d'onguent gestif, si toutefois elle n'était pas réunie par première intention. Si le kyste n'avait pas été enlevé entièrement pendant l'opération, et si la suppuration tardait trop long-temps pour en opérer la séparation, il serait nécessaire alors de le toucher de temps en temps, et, selon le besoin, avec la pierre infernale, pour le détruire entièrement, de crainte de récidive.

Si, au contraire, la tumeur était très-petite, et si elle était située entre la conjonctive et le muscle releveur de la paupière supérieure, pour éviter la difformité d'une cicatrice, il vaudrait beaucoup mieux, pour faire cette opération, renverser d'abord cette paupière et la faire maintenir dans cette position par le secours d'un aide; après quoi on saisit soi-même d'une main la conjonctive avec une petite pince à disséquer, tandis que de l'autre on pratique avec des ciseaux une perte de substance proportionnée au volume de la tumeur, dont on fait ensuite l'extraction de la même manière que nous l'avons indiqué pour l'opération exécutée extérieurement, avec cette différence que, dans le traitement qui doit suivre l'opération, on se contentera , dans cette dernière circonstance , de bassiner les premiers jours l'œil et la paupière avec de l'eau tiède, qui sera remplacée ensuite par les eaux résolutives de plantain et de roses. Il faut encore avoir la précaution de couvrir, les premiers jours , l'œil avec quelques compresses fines , afin de le préserver du contact de la lumière.

Des Hydatides ou Phlyctènes des Paupières.

Il arrive quelquefois qu'il se forme sur le bord libre des paupières de petites élévations en forme de vessies , et assez semblables à celles qui se remarquent sur la peau dans les brûlures. Elles acquièrent quelquefois le volume d'un pois ou d'une lentille , et sont ordinairement remplies d'une eau très-claire ; d'autres fois , mais très-rarement, il se forme entre la conjonctive et le bourrelet ciliaire une plus ou moins grande quantité de ces vésicules , séparées les unes des autres et toutes remplies de sérosité. Cette maladie , quoique nullement dangereuse , est cependant assez incommode. On parviendra facilement à la guérir en faisant avec la lancette une ouverture dans toute la longueur de chaque élévation , et en employant ensuite pendant quelques jours les collyres légèrement astringens , faits avec les eaux de plantain et de roses.

Du Trichiasis.

Nous avons déjà parlé du renversement intérieur du bord libre de la paupière , et des moyens que l'on doit employer pour y remédier. Cet article sera donc consacré entièrement à l'histoire du trichiasis proprement dit, qui est , selon nous , une direction vicieuse des cils, quelle qu'en soit la cause , naturelle ou acciden-

telle , telle qu'une brûlure , la petite-vérole ou la cautérisation , etc. Dans cette maladie, la paupière , nullement renversée , occupe sa position ordinaire ; mais
un ou plusieurs des poils ciliaires ayant changé de direction , se portent sur la cornée transparente ou sur la
conjonctive ; ils les irritent et déterminent consécutivement des accidens plus ou moins graves , tels que des
taies , des ulcères à la cornée, des ophthalmies rebelles
et opiniâtres , etc. Le moyen le plus prompt et le plus
efficace pour faire cesser les accidens et faciliter la guérison de la nouvelle maladie qu'ils ont déterminée , est
d'arracher les poils dont la direction est vicieuse , et de
cautériser ensuite les bulbes avec une aiguille de bas
rougie à blanc , afin de les détruire. Si l'on négligeait
de le faire par une fausse crainte, il ne tarde pas à
pousser de nouveaux poils , qui, en suivant la même
direction que ceux dont on aurait déjà fait l'extraction ,
feraient nécessairement reparaître les mêmes accidens.
Par le moyen que nous conseillons, on évitera toute
récidive , et les effets dangereux déterminés par le contact des cils sur la conjonctive ou sur la cornée, ainsi
que l'inflammation légère , suite inévitable de la cautérisation des bulbes , cesseront bientôt par l'usage des
collyres légèrement résolutifs et calmans , faits avec
une décoction de deux têtes de pavots dans sept ou huit
onces d'eau , mêlée ensuite avec partie égale d'eau de
plantain.

Du Clignotement des paupières.

Les mouvemens convulsifs des paupières , connus
sous le nom de *clignotemens* , sont le plus souvent les
effets d'une affection éloignée , telle que de l'hystérie

ou d'un spasme intestinal, déterminé par la présence
dès vers, etc. C'est alors que les anthelmintiques, les
anti-hystériques, sont les moyens qui réussissent et
qu'on doit employer par préférence.

S'il y avait complication du tic douloureux des
muscles de la face, on pourrait employer le liniment
volatil camphré, une mouche de vésicatoire sur le
trajet du nerf frontal, et sa section même, si les autres
moyens avaient été infructueux. Lorsque le clignotement est idiopatique, outre qu'il est presque toujours
incurable, il trouble considérablement la vision ; celui
qui en est affecté est particulièrement sujet à se tromper
sur les nuances des couleurs : il prendra quelquefois,
par exemple, un gris un peu sombre pour du noir, etc.

Paralysie de la Paupière supérieure.

Il est bien essentiel de distinguer la paralysie de la
paupière supérieure, produite par l'affection de son
muscle releveur, de l'abaissement de la même paupière déterminé par une contraction spasmodique du
muscle orbiculaire. Dans le premier cas, l'œil est
presque toujours tourné en dehors, parce que les muscles droits supérieur, interne et inférieur, reçoivent, ainsi
que le releveur, leurs facultés contractiles de la troisième paire de nerfs, qui, étant atteinte de paralysie,
doit déterminer celle de ces muscles. Cette paralysie
est ordinairement la suite d'une apoplexie, ou d'un
épanchement qui se forme peu-à-peu dans le cerveau.

Les purgatifs employés comme dérivatifs, la saignée
si le malade est fort et sanguin, les linimens volatils
sur la paupière et le trajet du nerf frontal, une mouche
de vésicatoire appliquée au-dessus du trou sourcillier,
et dont on entretient plus ou moins long-temps la sup-

puration, selon qu'elle est jugée nécessaire ; les frictions sèches avec la flanelle d'Angleterre, les fumigations avec les infusions de sauge, de romarin, de thym, etc., dont on reçoit les vapeurs matin et soir pendant un quart-d'heure, par le moyen d'un entonnoir renversé, en ayant soin de placer l'œil à une certaine distance, afin que la chaleur soit supportable ; les évacuans vomitifs et purgatifs ne seront pas négligés ; ils seront quelquefois employés avec avantage selon l'indication. Si malgré l'usage prolongé de tous ces moyens on n'obtient pas d'amélioration, plutôt que de regarder la maladie comme incurable et de n'y rien faire, on doit alors avoir recours à la chirurgie, pour empêcher que la vision ne soit troublée par la paupière paralysée. Pour arriver à ce but, il faut pincer la paupière, en enlever avec des ciseaux un petit lambeau elliptique, de manière que, la cicatrice une fois opérée, la paupière reste relevée et ne puisse dépasser la pupille pour s'opposer au libre passage de la lumière par cette ouverture. On pansera la plaie de la même manière qu'après l'opération du renversement en dedans.

Tel est très-succinctement le procédé opératoire décrit dans presque tous les auteurs ; mais je préfère en pareille circonstance, après avoir pincé la peau de la paupière, passer de suite trois points de suture, de manière que les fils séparés le soient également du globe par la conjonctive. Lorsque l'excision de la peau est faite selon qu'on l'a désirée, on noue ensemble les bouts de fils correspondans, sans trop les serrer ; par ce moyen, les bords de la plaie se trouvent réunis par première intention. Le pansement consiste à appliquer sur l'œil fermé une compresse fine trempée dans une décoction de têtes de pavots ; cette compresse sera renouvelée aussi souvent que besoin sera. Le gonflement qui survient est plutôt œdémateux qu'inflammatoire, et ordinairement on peut retirer les fils quarante-huit à soixante heures après l'opération. La réunion est alors assez solide, et tous les symptômes, tels que l'œdème et l'inflammation, disparaissent en peu de jours.

Lorsque l'abaissement de la paupière supérieure dépend de la contraction spasmodique du muscle orbiculaire, comme il est presque toujours l'effet d'une affection nerveuse, les anti-spasmodiques, tels que l'opium en liniment, guérissent presque toujours.

Elévation permanente de la Paupière supérieure.

Il y a une affection de la paupière supérieure dans laquelle elle reste élevée sans s'abaisser. C'est alors ou une paralysie du muscle orbiculaire, ou bien encore une contraction spasmodique de son releveur. Dans le premier cas, si la paralysie est survenue à la suite de l'opération de la fistule lacrymale, la maladie est incurable : tous les remèdes que l'on pourrait tenter ne feraient que tourmenter le malade en pure perte. Si, au contraire, la cause est inconnue, on peut encore espérer la guérison en employant les moyens généraux que nous avons déjà indiqués pour la paralysie du muscle releveur de la paupière. Dans le second cas, si l'élévation de la paupière dépend d'une opération sur ce voile membraneux avec perte de substance, elle est encore incurable. Si, au contraire, elle n'est qu'un état spasmodique et momentané, l'on peut, avec raison, soupçonner une cause nerveuse, et, dès-lors, les anti-nerveux sont les moyens que l'on doit employer, et dont l'usage plus ou moins prolongé fera cesser les spasmes.

QUATRIÈME ORDRE.

Maladies de la Conjonctive.

De l'Ophthalmie.

De toutes les maladies de l'œil ou de ses parties environnantes, il n'y en a pas de plus commune que l'inflammation de la conjonctive, décrite par les auteurs sous les noms d'*ophthalmie*, de *chémosis* ou de *lippitude*.

Que de monographies sur ce sujet! que d'opinions vagues sur la théorie de l'inflammation en général, et sur celle-ci en particulier, qui constitue essentiellement la maladie que nous allons décrire! Que de divisions plus ou moins arbitraires, qui toutes multiplient les espèces à l'infini, sans nous donner des idées plus précises sur le mode de traitement que l'on doit employer pour la combattre! Combien de fois les différentes périodes de cette maladie n'ont-elles pas été décrites et prises par des auteurs, du reste très-sensés et très-judicieux, pour des maladies particulières?

Multiplier ainsi les espèces n'est point surmonter les difficultés, c'est au contraire surcharger inutilement la mémoire et perdre de vue la véritable nature de la maladie primitive. Si l'on veut mettre un peu d'attention, et observer, je le répète, ce qui se passe dans l'inflammation en général, on aura bientôt simplifié le traitement de l'ophthalmie en diminuant ses espèces. La conjonctive, qui recouvre le globe de l'œil

en même temps que la face interne des paupières , est
une membrane muqueuse , qui est sujette aux causes
qui attaquent en général ces membranes ; mais plus
qu'aucune autre de ce genre, la conjonctive est exposée
aux mêmes influences délétères. Si l'inflammation
des muqueuses suit toujours , à quelque chose près, les
mêmes périodes que celles des autres tissus organiques,
nous pouvons donc raisonnablement en attribuer le développement aux mêmes causes, que nous renfermons
toutes en deux espèces, prochaines et éloignées : dans
la première se trouvent compris les différens agens
mécaniques, physiques et chimiques ; tels que les corps
étrangers mis en contact avec la conjonctive , l'air im-
prégné de miasmes particuliers, la réflexion d'une
trop vive lumière , l'action de la chaleur trop prolongée, la poussière portée par les vents, etc. ; dans la seconde sont compris les agens physiologiques, comme
les affections saburalles des premières voies, le vice
dartreux , scrophuleux , siphilitique , etc. ; ce qui
constitue alors des espèces particulières dont nous parlerons séparément sous les différens noms d'ophthalmie érysipélateuse , vénérienne, dartreuse , scrophuleuse, parce qu'elles requièrent des traitemens particuliers et conformes aux affections primitives qui
les ont produites.

On peut diviser l'ophthalmie , ou l'inflammation
de la conjonctive, en trois périodes bien distinctes : la
première est la période d'irritation ou de développement, pendant laquelle la douleur se manifeste
et augmente progressivement, la rougeur commence
à paraître avec elle, et les vaisseaux s'engorgent ; la
seconde est celle où tous les signes dont nous venons

de parler ont acquis le plus haut degré d'intensité ; la troisième est celle pendant laquelle ces mêmes symptômes diminuent et disparaissent.

Lorsque nous irritons les paupières en les frottant un peu fort contre le globe de l'œil, nous déterminons un commencement de rougeur, produit par une plus grande abondance de sang qui se porte à la conjonctive ; mais par cela même qu'elle cesse presque aussitôt que nous discontinuons le frottement, on ne doit pas la regarder comme une maladie dont nous devions spécialement nous occuper. Lorsqu'un corps étranger a pénétré entre l'œil et la paupière, il y produit un commencement de rougeur et de gonflement dans les vaisseaux, accompagnés de douleur, première période de l'ophthalmie, qui ne manquerait pas de survenir avec des symptômes plus ou moins formidables, si l'on n'en faisait sur-le-champ l'extraction, soit en frictionnant doucement le globe de l'œil avec les paupières, soit en glissant entre les deux faces de la conjonctive un morceau de papier roulé, ou mieux un anneau ; si ce corps était implanté dans la conjonctive qui recouvre la sclérotique, ou dans celle qui tapisse la face interne des paupières, s'il y était retenu avec une certaine force, ce n'est qu'après avoir relevé ou renversé la paupière, selon le besoin et le lieu de l'implantation du petit corps étranger, que l'on pourrait l'enlever avec une petite pince ou avec une curette *ad hoc* ; si malgré les plus exactes perquisitions on n'apercevait rien dans l'œil, et si le malade assurait qu'il y éprouve une vive douleur dans un point déterminé, on devrait alors approcher de l'œil une pierre d'aimant, qui ne manquerait pas d'attirer la paillette ou la petite molécule de fer, cause de l'irritation, si toutefois la douleur locale éprouvée par le malade en était le résultat. Quelques lotions d'eau tiède, faites pendant la journée, dissipent promptement la douleur et le gonflement, si l'on a soin de préserver l'œil malade du contact de la lumière, au moins pendant deux fois vingt-quatre heures. Ces inflammations, lorsque la cause en est détruite, ne sont ni dangereuses ni de longue durée; mais il n'en est pas de même de celles qui sont le résultat de l'influence atmosphérique et du contact d'une trop vive lumière sur l'organe de la vision, etc.

Lorsqu'une personne adonnée à l'étude travaille à l'éclat d'une vive lumière bien avant dans la nuit, elle court de grands risques de se fatiguer la vue, et de se voir bientôt affectée d'une ophthalmie plus ou moins opiniâtre, et toujours d'autant plus forte et plus difficile à guérir, qu'il y aura plus long-temps qu'elle existe; les saignées générales ou locales, selon l'intensité des symptômes, les collyres faits avec des décoctions de guimauve et de têtes de pavots, des cataplasmes composés de pulpes de pommes appliqués sur l'œil malade et renouvelés souvent, le repos d'esprit et de corps, surtout la cessation de l'étude pendant la nuit, que l'on doit consacrer entièrement au sommeil; un régime doux et rafraîchissant; les fumigations émollientes dont on reçoit les vapeurs sur les yeux par le moyen d'un entonnoir renversé; tels sont les remèdes que l'on peut raisonnablement employer pendant la période d'irritation. Mais lorsque la douleur et la rougeur ont considérablement diminué, un régime trop sévère et des topiques trop débilitans pour-

raient donner alors trop de relâchement aux parties, qui
ne conserveraient bientôt plus assez de force pour se
débarrasser entièrement des liquides épanchés dans les
vaisseaux. On suivra donc la marche de la nature ;
on favorisera, dans cette période, la résolution par
les collyres légèrement astringens et toniques, faits
avec les eaux de plantain et de roses, dans lesquelles
on mettra quelques gouttes d'esprit de vin, selon
l'indication, pour s'en baigner les yeux trois ou quatre
fois par jour, et même plus.

Les influences atmosphériques, tels que les vents
très-vifs et très-forts, déterminent d'abord de l'irritation
sur la conjonctive, et finissent bientôt par l'enflammer
et produire une véritable ophthalmie, qui parcourt
de la même manière les périodes que nous venons d'indiquer, et qui cédera au même traitement rationnel.

Lorsque l'inflammation de la conjonctive est très-
aiguë, si, outre la lividité locale, la douleur et le gonflement extrême des paupières, il existe encore un
bourrelet autour de la cornée transparente, la maladie
est des plus dangereuses, et peut même occasionner
la mort assez promptement, après avoir produit le
délire et l'inflammation du cerveau et de ses membranes. C'est à ce degré extrême de l'ophthalmie,
heureusement assez rare, que les auteurs ont donné
particulièrement le nom de chémosis. Ce n'est point
ici une maladie particulière, ce n'est qu'un symptôme
fâcheux dans la même maladie, puisque les causes
qui la déterminent sont absolument les mêmes que
celles dont nous avons déjà parlé ; mais il est vrai de
dire alors que des circonstances qui tiennent à la sensibilité de l'individu et au degré de virulence ou de

force de la cause productive, ont seules déterminé tous les accidens.

On ne saurait donc trop tôt combattre des symptômes aussi formidables, et qui peuvent avoir des suites si fâcheuses. Des saignées générales et locales, le dégorgement de la conjonctive par le moyen des scarifications, les boissons délayantes, la diète la plus sévère, les cataplasmes émolliens et calmans faits avec la farine de graine de lin et une décoction de plusieurs têtes de pavôts, et l'application des sangsues aux ailes du nez, à la vulve, au fondement, lorsque l'on soupçonne une suppression des évacuations périodiques ; la cuponcture et les ventouses scarifiées aux épaules, un séton à la nuque, les collyres fortement opiacés et modifiés selon le besoin, les pédiluves toutes les deux ou trois heures, les lavemens émolliens, laxatifs, etc., etc.

Lorsqu'il y a de la diminution dans les symptômes, on pourra, avec avantage, substituer aux scarifications de la conjonctive par la lancette, un épi de seigle que l'on promènera sur cette membrane, après en avoir réuni toutes les barbes en forme de pinceau ; le sang coulera alors avec abondance, et l'on ne manquera jamais d'obtenir un prompt dégorgement.

Après que les symptômes inflammatoires auront disparu, il ne faut pas continuer pendant trop long-temps les moyens débilitans, de crainte de trop affaiblir la partie affectée ; mais on aura recours alors aux légers fortifians que nous avons déjà prescrits ci-dessus.

Quelquefois l'influence atmosphérique agit d'une manière si particulière sur la conjonctive et sur les autres membranes muqueuses, que l'on ne doit pas être étonné, dit M. le professeur Richerand, d'observer des espèces d'ophthalmies épidémiques du genre de celle qui régna à Paris pendant l'hiver de l'an XI. Les paupières engorgées, ajoute-t-il, étaient autant œdémateuses qu'enflammées; la conjonctive, d'un rouge terne, ne laissait pas d'occasionner des douleurs vives et cuisantes; et comme la constitution dominante avait le type catarrhal bien décidé, puisque souvent toutes les autres membranes muqueuses en étaient successivement attaquées, on calmait les douleurs par une dissolution de quelques grains d'extrait d'opium ou de safran dans les collyres ordinaires, et bien plus avantageusement encore par le camphre en fumigation. Les prescriptions à l'intérieur de boissons adoucissantes et pectorales, conjointement avec les applications locales, produisaient presque toujours d'heureux résultats. Telle est encore la conduite que l'on aurait à observer en pareille circonstance.

Nous n'avons parlé jusqu'à présent que de l'ophthalmie aiguë et de la manière dont on doit la combattre par les moyens ordinaires : mais lorsque les antiphlogistiques et les débilitans ont été continués pendant trop longtemps, ou lorsque les causes irritantes se sont prolongées sans que le médecin y ait apporté remède, il arrive que la douleur diminue sensiblement, que la conjonctive devient d'un rouge bleuâtre et comme varriqueux ; bientôt il s'établit un écoulement puriforme dans les glandes de *Meibonius*, et les paupières se collent l'une à l'autre pendant la nuit : arrivée à cette période, l'ophthalmie peut durer plus ou moins longtemps; car la nature semble se former par cette voie un couloir par lequel elle se débarrasse de ses impuretés. Lors donc que l'inflammation de la conjonctive est parvenue au degré de chronicité dont nous venons de parler, les excitans, les toniques et les astringens peuvent seuls, lorsqu'ils sont employés avec prudence et discernement, ranimer la force fibrillaire des parties affectées, les faire sortir, pour ainsi dire, de l'atonie dans laquelle elles sont tombées. Les collyres faits avec la décoction de noix de galle dans quatre onces de laquelle on met, par exemple, quelques grains de muriate d'ammoniaque; les pommades astringentes dont on enduit les bords libres des paupières le soir avant de se coucher; les fumigations aromatiques de sauge, de thym, de romarin, etc., dont on reçoit plusieurs fois dans la journée les vapeurs sur les yeux par le moyen d'un entonnoir renversé. Les moyens qui m'ont paru le moins réussir, sont ordinairement les solutions des sels métalliques, tels que sulfate de cuivre, de fer, de zinc, dans une quantité d'eau convenable. Lorsqu'il existe encore de l'irritation et une douleur un peu vive, quoique l'ophthalmie soit évidemment dans une période de chronicité, il sera toujours prudent de faire précéder les remèdes que nous venons d'indiquer par l'application de quelques sangsues autour de l'œil.

L'ophthalmie se montre-t-elle opiniâtre à tous ces moyens, il faut en venir sans plus tarder aux dérivatifs et aux évacuans. On appliquera donc un vésicatoire derrière les oreilles ou à la nuque, on donnera à l'intérieur de légères décoctions de rhubarbe dans laquelle on mettra un gros ou deux de sulfate de potasse pour chaque pinte, etc. etc. Mais un moyen plus puissant encore que tous ceux déjà indiqués, et que l'on peut avec juste raison regarder comme un spécifique souverain, est le séton à la nuque, dont on entretient la suppuration pendant long-temps. On retire tous les jours des avantages très-marqués de son application, et l'expérience journalière prouve que les maladies de ce genre lui résistent rarement.

Lorsque le séton est jugé nécessaire, voici de quelle manière on procède à cette opération : on a besoin d'un bistouri ordinaire, d'une aiguille à séton, enfilée d'un ruban de linge effilé sur ses bords et enduit de cérat. L'opérateur fait un pli à la peau dans une direction verticale, et en confie l'extrémité supérieure à un aide, tandis qu'il conserve l'extrémité inférieure qu'il tient avec sa main gauche ; avec la droite il prend le bistouri comme une plume à écrire, le pouce et l'index appuyés sur le manche de l'instrument à l'union de sa lame ; il traverse en un seul temps la peau de dedans en dehors, le tranchant du bistouri étant tourné en haut pendant son introduction ; il en abaissera un peu le manche pour le retirer, afin que l'ouverture soit aussi large d'un côté que de l'autre : avant d'abandonner le pli fait à la peau il introduira l'aiguille à séton enfilée du ruban ; au bout de quarante-huit heures on fera le premier pansement, qu'on renouvellera tous les jours en retirant la partie du séton qui a séjourné dans la plaie. On enduit de nouveau de cérat, à chaque pansement, une longueur de mêche égale à l'étendue du trajet fistuleux qu'elle doit parcourir. Lorsque le ruban est fini, on en adaptera un autre au premier ; ce dernier sera à son tour renouvelé de la même manière, en retirant tous les jours la portion qui a séjourné dans la plaie, pour la couper ensuite. On se sert assez généralement aujourd'hui, pour l'opération du séton, d'une tige d'acier en forme de lame de lancette, longue de quatre à cinq pouces sur huit à dix lignes de large ; cette lame, percée d'une mortaise à son extrémité non tranchante, reçoit par ce moyen la mèche qui doit passer dans le trajet fistuleux que l'on veut établir ; dès-lors l'opération est bien plus promptement faite, et l'on n'a besoin que d'un seul instrument. Si la suppuration n'était pas assez abondante, on l'augmenterait, en remplaçant le cérat par de l'onguent de la mère, du styrax, ou par toute autre pommade irritante qui remplirait également l'indication que l'on se serait proposée.

Il existe des ophthalmies qui dépendent de certaines professions ; par exemple, les vidangeurs continuellement exposés aux émanations méphitiques qui sortent des fosses d'aisance, les batteurs de plâtre et les ouvriers des fours à chaux, sont presque toujours affectés de cette maladie, dont on les guérit assez facilement en faisant suspendre momentanément leurs travaux ordinaires, et en leur prescrivant de se laver les yeux plusieurs fois la journée avec des infusions de sureau ou de mélilot, etc. On peut aussi conseiller d'oindre les bords libres des paupières, particulièrement le soir avant de se coucher, avec la pommade anti-ophthalmique de Régent, ou toute autre analogue. Les enfans qui naissent avec des écoulemens puriformes autour des bords libres des paupières, qu'ils ont alors rouges et enflammés, guérissent souvent en leur faisant prendre les sirops de chicorée et de rhubarbe mêlés, ainsi que par l'usage de la pommade anti-ophthalmique ; mais mieux que tout cela, un moyen spécifique en pareille circonstance, et qui m'a toujours réussi, est un petit vésicatoire qu'on applique au-dessus du front, après avoir rasé les cheveux, et dont on entretient pendant sept huit jours la suppuration. Pendant ce temps les paupières seront humectées plusieurs fois dans la journée avec une décoction de guimauve et de têtes de pavots ; on injecte de cette décoction entre les paupières et le globe de l'œil , et l'on évite particulièrement d'exposer l'enfant à une vive lumière.

Lorsque l'éruption de la petite-vérole a déterminé l'inflammation de la conjonctive par un grand nombre de boutons survenus sur les paupières, il reste ordinairement, après leur chute, sur le bord libre de ces mêmes paupières , de petits ulcères qui résistent plus ou moins long-temps à tous les moyens que l'on peut employer. La perte des cils est un des moindres inconvéniens qui peuvent survenir à la suite de cette espèce d'ophthalmie variolique.

Lorsque l'on a quelque crainte de semblables accidens , on ne saurait trop se hâter de les prévenir : pendant la période d'irritation l'on aura donc soin de basiner souvent les yeux avec la décoction de guimauve ou de graine de lin ; mais lorsque la desquamation de la petite-vérole est presqu'achevée ou même terminée, on sera encore obligé de décoller tous les matins les paupières l'une de l'autre , parce que l'humeur tenace et gluante qui en découle ne manque jamais de les réunir pendant le sommeil. Pour y parvenir sans douleur, on injectera entre elles et le globe de l'œil une décoction de mélilot, dans laquelle on ajoutera quelques grains de camphre , de crainte que l'ophthalmie ne prenne le type chronique ; on purgera souvent le malade, on facilitera pendant long-temps d'abondantes évacuations , afin de donner à la nature un couloir par le canal intestinal, comme point dérivatif. Si , malgré ces moyens , les petits ulcères des bords libres des paupières demeuraient trop long-temps à se cicatriser, on arrivera assez promptement à les guérir, en les touchant de temps à autre avec la pierre infernale , sans négliger cependant les moyens internes et les topiques ou collyres jugés nécessaires.

Mais à combien d'infirmités et de difformités la petite-vérole ne donnait-elle pas naissance ! Combien de fistules lacrymales, de ptérygions, d'ulcères à la cornée, d'abcès aux paupières et à la conjonctive , de diminutions de la vue , de cécités complètes ou d'amauroses, d'éraillement des paupières , etc. ; maladies qui pouvaient presque toutes reconnaître pour cause la petite-vérole, dont elles n'étaient que trop souvent les moins tristes effets! Un des plus grands bienfaits que la découverte de la vaccine a procurés à l'humanité, ne se réduit pas seulement à conserver à l'Etat des milliers d'individus chaque année , mais bien encore à prévenir toutes ces maladies et toutes ces difformités dont nous venons de parler, qui sont toutes plus fâcheuses ou plus repoussantes les unes que les autres , et qui ont presque entièrement cessé ou du moins beaucoup diminué depuis que le public, convaincu de son utilité, se prête, pour son intérêt , aux vues conservatrices de tous les gouvernemens de l'Europe , qui favorisent de tout leur pouvoir sa propagation.

Si quelquefois l'érysipèle bilieux , qui survient au visage , après avoir attaqué les paupières , fixe consécutivement son irritation sur la conjonctive, il y déterminera bien certainement une véritable ophthalmie; mais alors la douleur et le gonflement y sont plus considérables que dans les autres parties de la face. La perte d'appétit, les envies de vomir, l'amertume de la bouche, et la douleur sous-orbitaire , font assez connaître à quelle cause on doit l'attribuer. On commencera donc le traitement par l'administration d'un vomitif que l'on fera suivre par quelques doux purgatifs ou de légers laxatifs ; on terminera la cure en faisant prendre au malade pour tisane une infusion de fleurs de sureau dans laquelle on ajoutera un demi-gros de nitrate de potasse par chaque pinte , qui sera édulcorée avec les sirops de violettes ou de capillaire : quelques fomentations avec l'eau de sauge ou de thym , les fumigations avec les mêmes infusions alcoolisées, feront bientôt disparaître le gonflement local qui existe encore après que tous les autres symptômes ont disparu.

Il y a quelques individus chez lesquels le vice scrophuleux, après avoir produit le gonflement des glandes lymphatiques du cou ou des autres parties du corps, fixe consécutivement ses ravages sur les paupières , et y détermine un écoulement puriforme très-abondant. Cette espèce d'ophthalmie scrophuleuse est presque toujours chronique et ne cède qu'à l'usage prolongé des anti-scrophuleux et des collyres détersifs , toniques et astringens.

Si, après une suppression instantanée d'un écoulement vénérien par l'urètre, à la suite d'un repas , d'un exercice violent ou d'une forte application de la vue, il survenait une ophthalmie violente , avec boursouflement externe de la conjonctive , et écoulement verdâtre par les yeux, comme il n'y aurait alors nul doute sur la nature de la cause évidemment vénérienne , il faudrait alors rappeler au plus tôt l'écoulement de l'urètre, en introduisant une bougie emplastique dans ce canal, tandis que, sans perdre de temps, on administrerait intérieurement les mercuriaux; le malade se lavera en outre les yeux plusieurs fois pendant la journée avec une solution de cinq ou six grains de muriate oxigéné de mercure dans quatre ou cinq onces d'eau distillée de roses et de laitue. Les solutions opiacées sont encore très-utiles, unies en collyres, avec le muriate oxigéné, dans le traitement des ophthalmies violentes de nature vénérienne.

Lorsqu'une ophthalmie aura résisté à tous les autres moyens rationnels proposés par l'art, si le malade a déjà eu antérieurement des maux vénériens, on est presque toujours sûr, en pareille circonstance, de pouvoir la guérir par un traitement anti-vénérien, sur-tout si l'on emploie en même temps le collyre que nous venons d'indiquer ci-dessus.

Mais, de toutes les variétés de l'ophthalmie, il n'y en a pas de plus longue et de plus difficile à guérir que celle qui est produite par le vice dartreux. Souvent elle survient à la suite de quelque suppression exanthématique, telle que d'une répercussion de boutons au visage ou à quelqu'autre partie du corps. D'autres fois, au contraire, elle existe en même temps que ces éruptions. Les paupières, dans cette maladie, ont cela de particulier et de caractéristique, c'est qu'elles sont comme farineuses et couvertes de petites écailles; la conjonctive est d'un rouge livide, et parsemée de petits points proéminens; les bords ciliaires présentent souvent de petits ulcères fournissant une humeur âcre qui détermine un prurit très-incommode, comme nous l'avons déjà dit en traitant des ulcères des bords libres des paupières. Lorsque l'ophthalmie est un peu vive, malgré l'état de chronicité qu'elle affecte le plus ordinairement, le malade ne peut supporter la moindre lumière, dont la présence lui devient extrêmement douloureuse. Les paupières sont régulièrement, tous les matins, collées l'une avec l'autre par une chassie très-abondante, et ce n'est qu'avec beaucoup de peine, de patience, et souvent beaucoup de douleur, que le malade parvient à les séparer.

On ne peut arriver à la guérison de cette maladie qu'en administrant intérieurement, et pendant long-temps, les anti-dartreux, les sucs d'herbes au printemps, es bains domestiques, tantôt ordinaires, tantôt sulphureux, sans oublier les évacuans, etc. ; le soufre sublimé à la dose d'un demi-gros jusqu'à deux gros par jour ; les collyres des eaux de roses et de plantain, dans lesquels on met quelques grains de muriate d'ammoniaque ou de sulfate de zinc. Je me sers aussi d'une eau de ma composition, qui m'a toujours réussi, même dans les affections de ce genre les plus rebelles et les plus anciennes, contre lesquelles tous les autres moyens avaient été employés infructueusement. Je la compose de la manière suivante : eau d'anis, quatre onces ; extrait gommeux d'opium, quatre grains ; sulfate de cuivre, de huit à dix grains, selon l'ancienneté de la maladie.

Abcès de la Conjonctive.

Lorsqu'à la suite d'une ophthalmie il s'est formé un abcès, soit dans l'épaisseur de la conjonctive, soit entre elle et les parties qui l'environnent, il faut l'ouvrir avec la lancette et favoriser ensuite sa détersion en lavant plusieurs fois dans la journée l'œil malade avec de l'eau de roses ou de plantain légèrement dégourdie. Au bout de quelques jours de soins et de précautions, les parties sont ordinairement revenues dans leur état naturel, et la maladie est radicalement guérie.

Des Hydatides et des Phlyctènes de la Conjonctive.

J'ai vu quelquefois survenir sur la conjonctive qui recouvre l'œil, de petites proéminences transparentes, qui le plus ordinairement ne produisaient aucune douleur, tandis que d'autres fois, irritées par un frottement douloureux, elles deviennent très-sensibles : le plus souvent elles sont la suite d'une ophthalmie ; d'autres fois, mais plus rarement, elles surviennent sans cause connue.

Lorsqu'on les ouvre avec la lancette il en sort presque toujours une eau claire et transparente ; d'autres fois, lorsqu'il survient de l'irritation, elles se percent d'elles mêmes ; mais alors la matière qui en sort est trouble et un peu puriforme. Les collyres astringens et résolutifs, en donnant de la force à la conjonctive et en ranimant sa circulation capillaire, guérissent promptement ces légères maladies, toujours plus inquiétantes que fâcheuses par leurs suites.

Varices de la Conjonctive.

Les varices de la conjonctive sont presque toujours incurables ; cependant, si elles étaient récentes, et si elles n'étaient survenues qu'à la suite d'un relâchement dans les vaisseaux veineux de cette membrane, relâchement déterminé ou par une ophthalmie chronique ou par toute autre cause semblable, les fomentations toniques et alcoolisées, les collyres astringens et stiptiques, produisent alors quelquefois des effets avantageux et guérissent même. Il est donc sage et prudent d'en faire usage et de les employer selon l'indication.

Ptérygion ou Onglet.

Le ptérygion ou onglet n'est autre chose qu'un état variqueux circonscrit dans une partie de la conjonctive. Il se dirige ordinairement de l'angle interne de l'œil vers l'ouverture pupillaire. Il a la forme d'un triangle, dont l'un des angles est tourné du côté de la cornée transparente. Quelquefois il s'étend jusqu'au-delà de la pupille, et intercepte entièrement alors le passage des rayons lumineux. Arrivée à ce degré, la maladie est toujours incurable ; mais si l'angle pupillaire du ptérygion n'avait pas encore atteint l'ouverture de la prunelle, ou ne la couvrait pas entièrement encore, l'opération faite à temps peut faire cesser les progrès de la maladie, et par conséquent mettre le malade à l'abri des accidens qui ne manqueraient pas de survenir. Comme l'onglet ne survient ordinairement qu'à la suite de plusieurs ophthalmies, la portion de la conjonctive engorgée ne fait que des progrès très-lents. Dans les premiers momens, les collyres résolutifs astringens peuvent bien faire obtenir d'heureux résultats ; mais lorsque le mal est plus avancé, il n'y a de ressource, je le répète, que dans l'opération, qui doit être pratiquée de la manière suivante :

Le malade sera assis devant une croisée bien éclairée, la tête appuyée sur la poitrine d'un aide, dont les mains servent à écarter les paupières l'une de l'autre, et à fixer en même temps le globe de l'œil. L'opérateur saisit en travers, avec une pince à disséquer, toute la portion de la conjonctive qui se trouve variqueuse, tandis que de l'autre main, armée de ciseaux minces, mousses à leur pointe et courbes sur leurs lames, il coupe en deux temps, et selon la direction des plis qu'il a faits, tout ce qu'il peut enlever, de cette membrane variqueuse. Après l'opération on se contente de laver l'œil plusieurs fois pendant le jour avec de l'eau tiède, et de le recouvrir avec une compresse fine, afin d'éviter le contact de la lumière. Après quatre ou cinq jours on remplacera l'eau tiède par de l'eau de roses, de plantain, ou de fenouil.

La guérison sera ordinairement complète au bout de huit ou dix jours.

CINQUIÈME ORDRE.

Maladies des Voies lacrymales.

Inflammation de la Glande lacrymale.

L'inflammation de la glande lacrymale est si rare, que, jusqu'à présent, les auteurs qui ont écrit sur les maladies des yeux ont tous gardé le silence sur cette maladie. Cependant l'observation que je vais rapporter tendrait à prouver que cette glande n'en est pas toujours exempte.

Madame D.... éprouva tout-à-coup, et sans cause connue, une douleur assez vive au-dessous du coronal correspondant à l'angle externe de la fosse de l'orbite gauche. Je fus appelé le 24 décembre 1811, premier jour de l'apparition de la douleur. L'œil était un peu plus rouge que dans son état ordinaire ; l'inflammation était plus sensible aux environs et au-dessus du petit angle ;

le point le plus douloureux pour la malade était, selon ses propres expressions, un peu enfoncé. Je relevai la paupière supérieure et n'aperçus aucun corps étranger ; j'observai cependant beaucoup plus de rougeur sur la conjonctive et aux environs de la petite fosse lacrymale que partout ailleurs. Je dirigeai particulièrement mon attention de ce côté, et je ne tardai pas à être convaincu de l'existence de l'inflammation de la glande qu'elle renferme. Si un corps étranger avait déterminé par sa présence la douleur éprouvée par la malade, les larmes auraient coulé avec abondance, comme il arrive ordinairement ; mais ici l'œil était sec, l'écoulement des larmes était entièrement supprimé, signe que je serais presque tenté de regarder comme caractéristique de l'inflammation de la glande lacrymale. J'ordonnai des lotions réitérées, faites avec l'eau de guimauve à une température douce et agréable ; je fis répéter d'heure en heure des fumigations avec une décoction de têtes de pavots, dont les vapeurs étaient dirigées sur l'œil par le moyen d'un entonnoir renversé ; ces moyens, unis aux boissons rafraîchissantes et légèrement nitrées, dissipèrent en quatre jours les symptômes les plus internes de l'inflammation ; les larmes reparurent le cinquième, et la douleur cessa entièrement : quelques jours après la malade se portait tout aussi bien qu'auparavant ; je jugeai cependant nécessaire de lui faire garder la chambre pendant trois jours de plus, afin de préserver l'œil, pendant ce temps, du contact d'une lumière trop vive et du grand air, pour prévenir toute récidive.

Ce que je viens d'observer paraîtra cependant bien contradictoire avec ce que pensent les auteurs sur cette inflammation ; mais puisque le hasard nous a favorisé dans cette occasion, espérons que cette observation ne sera pas la seule en son genre, et que d'autres faits bien observés fixeront l'opinion des praticiens à ce sujet (1).

Squirrhe de la Glande lacrymale.

Une maladie sur laquelle on a peu réfléchi, ce me semble, est le squirrhe de la glande lacrymale, puisque des auteurs, du reste très-judicieux, ont pensé et croient encore que cette affection, portée jusqu'au durcissement, ne se rencontre guère que sur les cadavres ; ils disent que pendant la vie aucun symptôme ne peut en faire soupçonner l'existence. Je répondrai, à mon tour, que les durcissemens observés après la mort ne sont pas et ne peuvent pas être de nature squirrheuse, et que l'on a pu se tromper, pour n'avoir pas examiné assez attentivement les sujets pendant la vie;

---

(1) « Son inflammation (de la glande lacrymale), dit M. Richerand, dans sa *Nosographie chirurgicale*, tom. I, pag. 173, » dont je ne connais aucun exemple, à moins de regarder comme » tels les cas de gonflement inflammatoire, en général, des parties » contenues dans l'orbite, son inflammation devrait tellement » augmenter la sécrétion des larmes, que les points lacrymaux ne » pourraient suffire à l'absorption de cette humeur ; elle coulerait » sur les joues. Les saignées, les sangsues autour de la base de » l'orbite, les cataplasmes émolliens sur les paupières, seraient » indiqués dans cette inflammation. » D'après l'observation que j'ai rapportée, il semblerait, au contraire, que l'inflammation de la glande lacrymale est caractérisée par la suppression momentanée des larmes, qui ne reprennent leur cours que lorsque l'inflammation diminue. Je ne me permettrai pas un jugement affirmatif dans cette circonstance ; mais j'attendrai, pour me prononcer, que des observations ultérieures aient décidé irrévocablement la question.

car s'il en avait été ainsi, la glande lacrymale n'aurait pas manqué de faire éprouver au malade plus ou moins de douleur; et en supposant que la maladie se fût terminée par un durcissement de la glande, est-ce que la sécrétion des larmes, dont elle est chargée exclusivement, n'aurait pas cessé? Les paupières et le globe de l'œil, en discontinuant tout-à-coup d'être lubréfiés par la présence des larmes, n'en auraient-ils pas été affectés, sans compter encore d'autres accidens plus ou moins fâcheux? Donc, il y aurait eu pendant la vie des signes assez sensibles de l'existence de cette maadie.

Lorsque le gonflement de la glande lacrymale, et a douleur que l'on y éprouve, font soupçonner ou peuvent faire craindre par la suite sa dégénérescence squirrheuse, il faut se hâter d'employer tous les moyens plausibles pour en obtenir la résolution ; on choisira de préférence les décoctions de têtes de pavots en lotions souvent répétées, les fumigations opiacées, les évacuans, les préparations de ciguë, le muriate de baryte, à la dose d'un quart de grain jusqu'à un grain, etc. Si, malgré l'usage de tous ces moyens, la tumeur faisait des progrès et devenait de plus en plus douloureuse, l'extirpation serait alors la seule ressource capable de prévenir tous les dangers d'une affection cancéreuse. L'opération faite, on pansera avec de la charpie et les digestifs jusqu'à ce que la cicatrisation soit achevée.

L'opération pour l'extirpation de la glande lacrymale se pratiquera de la manière suivante, lorsqu'elle sera jugée nécessaire. La tête du malade étant appuyée sur la poitrine d'un aide, dont l'une des mains servira à relever la paupière supérieure, tandis que l'autre abaisse l'inférieure (on évite par ce moyen une partie des difficultés de l'opération) , le chirurgien , avec un bistouri bien tranchant , sépare la tumeur de la paupière supérieure, en incisant d'abord la conjonctive qui l'unit avec l'œil ; mais il doit y apporter toute son attention, afin d'éviter les lésions du globe ; il saisit ensuite avec une double airine la glande qu'il veut enlever, il la sépare entièrement des parties environnantes par le moyen de la dissection : il doit avoir la précaution d'enlever soigneusement toutes les parties durcies , de crainte de voir échapper le succès qu'il a lieu d'attendre de son opération. Quant aux soins consécutifs , nous renvoyons à ce que nous en avons dit ci-dessus.

Comme les autres maladies de la glande lacrymale sont trop rares et pas assez connues pour mériter de nous occuper plus long-temps, nous allons passer de suite à la description de celles des points et conduits, ou plutôt des voies lacrymales.

Du Larmoiement continuel, ou Épiphora.

Le larmoiement continuel, ou *l'épiphora*, est toujours une maladie secondaire et jamais une maladie primitive, soit que les larmes sécrétées en trop grande abondance ne puissent pas être absorbées assez promptement, soit qu'il y ait paralysie des points lacrymaux , soit qu'il y ait obstruction des conduits , soit enfin que quelque cause particulière , telle que les ravages de la petite vérole ou un ulcère cicatrisé , aient détruit entièrement ces points absorbans. La maladie , dans ce dernier cas, est toujours incurable. Tous les moyens que l'on a proposés jusqu'à présent n'ont jamais eu le moindre succès ; il serait donc aujourd'hui plus que téméraire (d'après les expériences nombreuses qui ont été faites) de tenter de nouveau des opérations toutes plus ou moins douloureuses, et qui ne peuvent avoir aucune chance favorable.

Dans le premier cas de larmoiement avec surabondance de larmes, il faut uniquement combattre les symptômes inflammatoires de la conjonctive ou des parties environnantes par les secours ordinaires ; car l'irritation qui a déterminé l'*épiphora* cessera en même temps que l'inflammation.

2°. Dans le cas de larmoiement avec paralysie des points lacrymaux, quelle qu'en soit la cause efficiente ou occasionnelle, il faut tâcher de réveiller leur action en les soumettant à la vapeur de bains aromatiques , en se lavant les yeux avec une infusion de fleurs de sureau , en injectant dans leur intérieur quelques gouttes d'un collyre ammoniacal et tonique, ou bien en les frictionnant à l'extérieur avec le baume de *Fioraventi* , etc.

3°. Lorsque les conduits ou points lacrymaux sont obstrués par une matière muqueuse quelconque, ou par une végétation polypeuse qui en bouche l'orifice , dans le premier cas on injecte dans leur intérieur des collyres légèrement astringens , après avoir fait parcourir toute l'étendue des conduits lacrymaux au siphon de la seringue d'Anel ou au stylet de Méjean ; car l'obstacle une fois surmonté et la matière muqueuse enlevée, les larmes reprennent leur cours, et la maladie est guérie. Dans le second cas, lorsque la végétation polypeuse est visible à l'extérieur, il faut l'exciser le

plus près possible de sa base, et presque toujours cette
simple opération suffit pour livrer passage à l'humeur
lacrymale. S'il arrivait que la végétation dont nous
parlons fût profondément située dans l'intérieur du
conduit lacrymal, l'opération ne produirait que peu de
chose, et la maladie n'en resterait pas moins incurable et au-dessus de tous nos moyens.

De la Tumeur et de la Fistule lacrymales.

La fistule lacrymale est toujours précédée par la tumeur du même nom, et, pour parler avec précision, ces
deux maladies n'en font réellement qu'une. Ce n'est
donc pas sans raison que l'on peut regarder la tumeur
lacrymale comme la première période de la fistule : en
effet , si l'on veut nous prêter un moment d'attention,
on sera bientôt convaincu de la vérité de ce que nous
osons avancer.

Dans l'une et dans l'autre maladie, ou plutôt dans
la même , les points et les conduits lacrymaux sont
dans un état de santé parfaite. Le sac lacrymal se trouve
distendu outre mesure dans la première période , mais
il est douloureux et ulcéré dans la deuxième. Dans les
deux circonstances , le canal lacrymo-nasal est obstrué,
les larmes ne peuvent donc plus par cette voie parvenir librement jusque dans les fosses nasales ; cependant
elles sont continuellement absorbées par les points lacrymaux, qui jouissent de toute leur contractilité vitale;
elles ne cessent donc pas d'arriver dans le sac lacrymal;
mais comme elles ne peuvent sortir par le canal lacrymo-
nasal, elles y séjournent et en distendent nécessairement
les parois par leur accumulation. Cet état constitue ce

que l'on appelle ordinairement tumeur lacrymale.
Le séjour des larmes dans la cavité du sac lacrymal
les rend corrosives ; en prenant de l'âcreté avec le temps,
elles sont, par rapport au sac, un véritable corps étranger ; elles l'irritent par leur présence et déterminent
insensiblement un point permanent d'irritation qui ne
tarde pas à devenir inflammatoire, et il se forme un véritable phlegmon. La tumeur est bientôt en suppuration, l'ulcération en est une suite inévitable ; les larmes et le pus passent par cette ouverture : voilà une
vraie fistule lacrymale. Les anciens, et presque tous les
auteurs qui ont traité des maladies des voies lacrymales, en faisant deux espèces des deux périodes de la
même affection, ont donné le nom d'*anchilops*, ou d'abcès du grand angle de l'œil, à la première, et celui
d'*ægilops*, ou fistule lacrymale, à la deuxième. Pour
nous, qui ne voyons que des degrés différens de la même
maladie, dans l'anchilops et l'ægilops, nous n'avons
pas cru utile de les décrire séparément, puisque le
traitement que nous avons à indiquer remplira les
indications qui conviennent aux deux périodes.

Voyons maintenant quelles sont les causes qui peuvent donner lieu à cette maladie : quoiqu'elles soient
assez généralement peu connues, on peut cependant
mettre de leur nombre les rhumes de cerveau, plus ou
moins multipliés, qui enflamment toujours plus ou
moins les parois du conduit lacrymo-nasal, et augmentent à la longue la densité de la membrane pituitaire
qui le tapisse. Si cette densité augmente le volume de
la membrane nasale, ne doit-il pas en résulter l'obstruction plus ou moins complète du canal dont nous venons
de parler ? Ajoutez encore au nombre des causes, le dé-

veloppement de quelque tumeur dans l'orbite ou dans les fosses nasales, une exostose des os circonvoisins, un amas de matières muqueuses concrètes dans l'intérieur du conduit, etc.

Lorsque cette maladie ne fait que commencer, on peut espérer de la guérir en injectant par les points lacrymaux des collyres légèrement astringens, en dégorgeant la partie affectée, en y appliquant quelques sangsues, etc. Les injections continuées avec persévérance ont produit souvent des résultats très-avantageux ; elles ont, du reste, l'avantage qu'elles soulagent toujours beaucoup et empêchent que les larmes ne se corrompent par leur séjour dans le sac lacrymal. Cependant, si la tumeur lacrymale commence à paraître un peu douloureuse, et comme phlegmoneuse, si son volume est déjà très-considérable, l'opération chirurgicale, de même que dans la fistule, est le seul moyen, pour obtenir la guérison, que l'oculiste doit se proposer ; mais alors deux méthodes opératoires arrivant toutes les deux au même but, se disputent réciproquement la supériorité et les avantages.

Mais avant d'en venir à la description des deux méthodes opératoires que l'on emploie ordinairement pour arriver à la guérison de la fistule lacrymale, nous allons passer en revue les différentes circonstances dans lesquelles l'anchilops ou l'ægilops reconnaissent pour cause, des maladies accessoires aux voies lacrymales, et qui peuvent se guérir par d'autres moyens que par l'opération.

Il arrive quelquefois que dans le tissu cellulaire qui environne le sac lacrymal il se forme des tumeurs du genre de celle dont nous avons déjà parlé en faisant la description des maladies des paupières. Ces tumeurs sont des espèces de loupes qui grossissent insensiblement, et compriment à la longue la partie du sac lacrymal qui communique avec le canal nasal, et interceptent le cours des larmes de la même manière que dans le cas d'obstruction du canal lacrymo-nasal, soit par engouement, soit par augmentation d'épaisseur de ses parois. Les mêmes phénomènes se présentent également par rapport à l'accumulation des larmes dans le sac lacrymal, toutefois avec cette différence, que, la tumeur enlevée ou détruite, leur cours se rétablit sans d'autres moyens, par les voies ordinaires, et l'anchilops se trouve guéri. Dans quelques circonstances, très-rares à la vérité, lorsque le grand angle de l'œil s'enflamme, s'il survient ensuite un engorgement général des parties voisines, il peut en résulter des symptômes plus ou moins graves, plus ou moins dangereux, qui se terminent quelquefois par un abcès, qu'il sera facile de distinguer de celui du sac lacrymal, pour peu que l'on fasse attention à l'origine, aux progrès de la maladie, et surtout au siége même de l'abcès, et si enfin on les compare avec ce qui s'observe dans les progrès lents et presque insensibles de l'anchilops, première période de la fistule lacrymale. Nous pouvons dire avec quelque raison, et nous ne saurions trop le répéter, que l'anchilops, première période de la fistule lacrymale, est cet état dans lequel les larmes ne parviennent que difficilement dans les fosses nasales, parce que l'obstruction plus ou moins complète du conduit lacrymo-nasal en est un obstacle, en même temps que leur séjour dans la cavité du sac lacrymal en distend les parois et y détermine à la longue des douleurs plus ou moins vives. La fistule, au contraire, est ce même état porté au dernier degré avec obstruction complète du conduit lacrymo-nasal, suivi d'ulcération tant du sac lacrimal que des parties environnantes, ulcération d'où découle, avec les larmes, un pus plus ou moins irritant.

Cette digression, loin de paraître oiseuse, doit au contraire prouver à notre lecteur combien il serait facile de se tromper sur le véritable diagnostique de cette maladie, et combien nous devons réfléchir et chercher à nous éclairer par tous les renseignemens nécessaires, avant de porter notre jugement.

Lors donc que l'oculiste, ou le chirurgien, se sera assuré qu'il existe une véritable fistule lacrymale, il doit être convaincu que l'opération est le seul et unique moyen pour arriver sûrement au but qu'il désire, c'est-à-dire à la guérison. Mais avant d'examiner les avantages des deux méthodes qui sont en usage dans la pratique, et avant de chercher les circonstances où l'on doit donner à l'une des deux la préférence, comme satisfaisant le mieux les conditions requises, et arrivant le plus promptement et le plus sûrement au but que se propose l'opérateur, disons un mot des moyens, tous plus ou moins dangereux, que l'on employait autrefois pour guérir la tumeur et la fistule lacrymales. La compression, par exemple, que l'on exerçait alors sur le sac lacrymal, soit par le moyen d'un ressort, soit par celui d'une pelote, devait, il est vrai, déterminer à la longue le rapprochement des parois de ce sac; mais de ce rapprochement il devait aussi en résulter nécessairement une adhérence complète des parois. Il est bien certain qu'alors la fistule on la tumeur se trouvaient guéries; mais la guérison n'étant due qu'à l'oblitération complète du conduit ou du sac lacrymal, il en résultait donc une autre maladie connue sous le nom d'*épiphora*, ou de larmoiement continuel. Cette dernière maladie était alors incurable, par cela même qu'il était impossible de redonner aux larmes leur cours naturel, interrompu par une barrière désormais insurmontable, posée volontairement pour obtenir la guérison de la fistule ou de la tumeur lacrymale.

Quant aux emplâtres et pommades qui ont été plus ou moins préconisés pour la guérison de la tumeur ou de la fistule lacrymale, rarement ils ont produit les bons effets qu'on leur a attribués.

Lorsqu'il y a obstruction du conduit lacrymo-nasal, si cette obstruction est alors la seule cause de la fistule ou de la tumeur lacrymale, il peut bien arriver que dans quelques circonstances assez rares, où il n'y a qu'un peu d'engorgement dans ces parties, sans obstruction complète, il peut bien arriver, disons-nous, qu'un emplâtre quelconque appliqué sur la tumeur lacrymale, en y empêchant l'évaporation de la transpiration locale, y forme une espèce de bain animal, trèspropre à résoudre la phlogose des parties subjacentes, et capable par la suite de rétablir le cours des larmes par le conduit lacrymo-nasal, de faire disparaître la tumeur et de guérir ainsi la maladie. Voilà la seule circonstance dans laquelle on pourrait faire usage, avec succès, de l'emplâtre de l'abbé de Grace, comme de tout autre emplâtre aussi insignifiant; mais s'il n'est pas toujours possible de reconnaître le véritable état de la maladie, à plus forte raison doit-on éprouver de

l'incertitude dans le choix des moyens pour la combattre avec les secours ordinaires. Lorsque la fistule
reconnaît pour cause une de celles que nous avons indiquées, l'opération est le seul remède que l'art doit
employer pour la guérir, puisque tout autre moyen,
jugé inutile par l'expérience, ne ferait que tourmenter
infructueusement le malade, sans conduire le médecin au but qu'il se serait proposé.

Lors donc que la fistule lacrymale est bien cons-
tatée, que tous les moyens accessoires ont été jugés
insuffisans, que le malade est décidé à l'opération,
l'oculiste doit opter pour le mode opératoire qui lui
est le plus familier, après avoir toutefois préparé intérieurement son malade par quelque léger purgatif,
quelque tisane rafraîchissante, et même par la saignée, suivant son tempérament et selon l'indication
momentanée.

Mais avant d'en venir à l'opération, dans le cas d'anchilops, ne faut-il pas, à l'exemple de M. Demours,
avoir tenté long-temps les injections légèrement résolutives par les points lacrymaux? Cet habile praticien
nous assure avoir guéri un grand nombre de tumeurs
lacrymales par les injections continuées long-temps. Je
dois dire aussi que ma pratique m'a offert également
d'heureux résultats obtenus par ce moyen ; je ne saurais donc trop engager les praticiens à l'employer avec
persévérance, s'ils veulent en obtenir les mêmes avantages : du reste, il ne peut en résulter jamais d'accidens fâcheux, et l'on peut guérir assez souvent, sans
avoir besoin de recourir à l'opération.

Lorsque l'opération est décidée, et le jour fixé, en
supposant que l'on a fait choix de la méthode par la-

quelle on rétablit le cours des larmes dans leurs voies ordinaires, il est encore utile et nécessaire de s'assurer,
avec la sonde, si les os voisins ne sont point affectés,
car s'il n'y a point de carie on doit procéder à l'opération de la manière suivante :

Le malade étant assis devant une croisée bien éclairée
et recevant le jour un peu obliquement, la tête appuyée
sur la poitrine d'un aide dont les mains lui embrassent le
front, tandis qu'avec les doigts il relève et tire en même-
temps la peau des paupières vers l'angle interne du
sourcil, afin de ne point gêner les mouvemens de
l'opérateur ; ce dernier prend de la main droite un
bistouri à lame étroite, et cependant assez fort, qu'il
tient comme une plume à écrire ; il l'enfonce immédiatement au - dessous du tendon du muscle orbiculaire, dans une direction un peu oblique de
haut en bas, de dedans en dehors, et d'avant en
arrière, afin de suivre la direction du conduit lacrymo-
nasal. Il doit avoir la précaution de tenir le dos du
bistouri du côté du nez; le petit doigt et l'annulaire de
la main qui opère seront appuyés sur le dos du nez du
malade, si la fistule est du côté droit, et sur la pommette
du côté gauche, si elle est à gauche ; tandis qu'avec l'indicateur de la main gauche placée au-dessous de la paupière inférieure, et le pouce sur le dos du nez, il tire la
peau en sens contraire de l'aide, si l'on opère sur l'œil
droit, *et vice versâ*, si l'on opère sur l'œil gauche. On n'a
pas besoin d'être ambidextre pour cette opération ; car
on peut toujours opérer de la main droite. Après avoir
pris les précautions nécessaires dont nous venons de
parler, l'opérateur plongera, en un seul temps, son bistouri dans le conduit lacrymo-nasal. Je me sers ordinai-

rement d'un bistouri cannelé sur les deux faces proche son bord non tranchant, et avant de le retirer j'introduis par sa cannelure antérieure une sonde légèrement convexe, terminée par un bouton adapté à un ressort de montre caché dans la cavité de la sonde, et que l'on peut pousser à volonté par un prolongement qui en dépasse l'extrémité supérieure. Il est bon de remarquer que le bouton qui termine le ressort s'adapte exactement à l'extrémité de la sonde, sans pouvoir s'y enfoncer, sans dépasser la circonférence de son ouverture inférieure. Après avoir observé les précautions nécessaires, j'introduis donc la sonde par la cannelure de mon bistouri, que je retire aussitôt qu'elle a pénétré dans le conduit lacrymo-nasal ; je finis ensuite de la pousser, dans la direction du conduit, jusques dans la fosse nasale ; en appuyant alors sur le ressort qui dépasse la sonde, son extrémité boutonnée se dégage aussitôt, et je la retire hors des fosses nasales pour y attacher un fil de soie ciré ; après cela je ramène le bouton du ressort dans la cavité de la canule, que je retire à son tour avec le fil auquel j'ai eu soin d'adapter auparavant plusieurs brins de charpie enduite de cérat. Si on procède de la manière que je viens de l'indiquer, l'opération est promptement faite, et cependant on n'a rien négligé pour remplir toutes les indications nécessaires, afin d'assurer le succès que l'on a lieu d'attendre. L'opération finie, on fixe au front, avec une mouche de taffetas gommé ou de diachylon, l'extrémité supérieure du fil de soie, tandis que l'extrémité inférieure, au contraire, doit être ramenée sur la tempe du même côté, ou fixée sur l'aile du nez, au choix de l'opérateur. Il n'est pas inutile de conserver l'extrémité inférieure du fil, puisque c'est

par elle qu'on retire plus facilement les brins de charpie dont nous venons de parler. On les renouvelle tous
les jours en augmentant progressivement leur nombre,
afin d'obtenir l'élargissement du canal dont l'obstruction avait déterminé la maladie pour la guérison
de laquelle l'opération a été faite. La charpie sera donc
après chaque pansement ramenée dans le conduit lacrymo-nasal, en la tirant par l'extrémité supérieure du
fil de soie. La plaie extérieure sera pansée simplement
avec une mouche de taffetas d'Angleterre, qui servira
à la recouvrir.

Lorsque l'on est parvenu à introduire facilement dans
le conduit nasal des brins de charpie, en nombre
suffisant pour former la grosseur d'une bonne plume
d'oie, on peut alors regarder la dilatation du canal
comme suffisante pour assurer le succès de l'opération. On retire les fils ; la plaie extérieure ne tarde
pas à se cicatriser, et les larmes reprennent leur cours
par les voies ordinaires.

Comme cette maladie est souvent exposée à la récidive, malgré les soins les mieux dirigés, et malgré
l'opération la mieux exécutée, je conseillerai, comme
l'a conseillé et comme l'exécute chaque jour M. le professeur Dupuytrin, de mettre à demeure dans le conduit lacrymo - nasal une sonde en or, configurée de la
même manière que ce conduit. La nature ne tarde pas
à s'habituer à la présence de cette sonde, et par ce
moyen on évite toute récidive. Cependant, comme
il pourrait arriver que la cavité de la sonde vînt à s'obs-
truer à la longue par le séjour des matières gluantes
et muqueuses, on évitera les suites qui pourraient en
résulter, en injectant de temps en temps, par son

extrémité inférieure qui s'ouvre dans les fosses nasales, un peu d'eau de plantain ou de roses ; on peut
même aussi en injecter par les points lacrymaux, après
avoir fait précéder l'injection par le stylet de Méjan,
que l'on dirige par ces mêmes points jusque dans la
cavité de la sonde, pour repousser les matières qui y
séjournent.

Si l'on n'avait pas le bistouri cannelé dont nous nous
servons, on pourrait remplir la même indication
avec un bistouri ordinaire en inclinant le manche un
peu en dehors, parce qu'alors on pourrait se servir du
dos de la lame pour conducteur de la sonde ; mais on
ne devra retirer le bistouri que lorsqu'on sera bien
certain qu'elle a pénétré dans le conduit lacrymo-
nasal.

L'opération de la fistule lacrymale, telle que je
viens de la décrire, est certainement très - simple et
très-facile, puisqu'il suffit, pour l'exécuter, d'avoir
un bistouri assez fort, à lame droite et étroite, et
une sonde un peu courbée en devant, dans laquelle
est passé un ressort de montre, terminé par un bouton
qui s'adapte hermétiquement à son ouverture inférieure, de manière à ne point en dépasser les bords.

Pendant le traitement on doit injecter de temps à
autre, par les points lacrymaux, des collyres toniques et légèrement astringens, afin de leur conserver
la faculté absorbante dont ils auront besoin par la suite.
Lorsque l'on cessera de dilater le canal nasal, il sera
bon également d'ordonner de temps en temps au malade des fumigations aromatiques et également astringentes, dont il recevra les vapeurs dans la fosse nasale
du côté opéré, en se servant d'un entonnoir renversé ;

enfin, on ne doit négliger aucun des moyens qui peuvent contribuer au succès de l'opération.

Comme la partie théorique de l'œil, qui regarde les maladies des voies lacrymales, a été traitée d'une manière très-lumineuse par presque tous les auteurs qui ont écrit sur la chirurgie, j'ai cru pouvoir m'abstenir de longs détails à ce sujet, puisqu'on les trouve partout.

Je ne remonterai donc pas à l'origine de telle ou telle méthode opératoire; je ne dirai rien non plus sur les différentes modifications qu'elles ont éprouvées jusques à nous; je me bornerai entièrement, dans ce chapitre, à la partie instructive et fructueuse, je ne rendrai compte de rien, si ce n'est des avantages que l'humanité peut retirer de tel procédé plutôt que de tel autre, en l'adoptant et en le conseillant comme le plus utile. Que mes lecteurs soient bien convaincus que j'ambitionne moins à faire des phrases qu'à chercher et à découvrir les moyens qui peuvent guérir et soulager les malades, et ils auront alors compris toute ma pensée.

On a méconnu pendant très-long-temps le siége, la nature et la véritable cause des fistules lacrymales, et c'est pour cela que les anciens, qui manquaient de connaissances exactes sur l'origine de cette maladie, ont tous erré sur le mode de traitement qui lui convient. Si quelquefois ils parvenaient à la guérir, ils devaient certainement moins leur succès à leur savoir, qu'au hasard qui les avait servis beaucoup mieux.

C'est en attribuant la fistule lacrymale, soit à un vice particulier des larmes, soit à une affection particulière du sac lacrymal, qu'ils regardaient presque toujours comme la cause de cet écoulement puriforme qui sort des parties ulcérées de ce sac, que, guidés par un faux raisonnement, ils employaient tantôt la compression lorsqu'il n'y avait pas encore d'ulcération, et tantôt la cautérisation, lorsqu'elle existait ; d'où il résultait nécessairement, après la guérison, un *épiphora* toujours incurable, parce qu'il n'était plus au pouvoir de l'art de rétablir le cours des larmes, détruit pour obtenir la guérison de la fistule.

Puisque tel était alors le mode d'opération adopté généralement pour le traitement de cette maladie des voies lacrymales, nous ne devons plus être étonnés aujourd'hui de le voir abandonné entièrement, depuis sur-tout que le flambeau de l'anatomie et de la physiologie est venu éclairer cette branche importante de l'art de guérir.

Le hasard, qui quelquefois sert les hommes au-delà de leurs espérances, en a souvent donné des preuves dans la guérison de la fistule lacrymale. Si, par exemple, à la suite des ravages d'une inflammation considérable, il vient à se former aux environs du grand angle de l'œil une suppuration assez abondante pour détruire les parois du sac lacrymal, attaquer les os voisins, tels que l'os unguis ou la branche montante du maxillaire supérieur ; si la carie en est la suite inévitable, elle détruira probablement une partie de ces os, et donnera, par une nouvelle voie, un libre cours aux larmes, dont l'obstruction du conduit lacrymo-nasal avait précédemment déterminé la stagnation dans le sac lacrymal. Des succès aussi peu attendus, et suivis de guérisons sans récidives, donnèrent l'éveil à des chirurgiens observateurs, qui firent de nouvelles recherches, se rendirent raison des phénomènes, et ne tardèrent pas à les faire tourner au profit de la science et à l'avantage de leurs malades. Ils tentèrent et firent avec succès l'opération de la fistule lacrymale par la perforation de l'os unguis ; mais l'on n'était pas plus avancé sur le cours ordinaire des larmes, que l'on ne l'était avant d'avoir pu trancher la difficulté.

L'opération de la fistule lacrymale par la perforation de l'os unguis, que le hasard a fait découvrir, est souvent la seule que doit pratiquer l'oculiste, lorsque différentes circonstances, dont je vais parler, militent en sa faveur, et s'opposent même à ce qu'il puisse pratiquer celle par laquelle on rétablit le cours des larmes par leurs voies naturelles. Nous avions oublié de dire que cette dernière méthode, est connue sous le nom de méthode de Jean-Louis Petit, fameux chirurgien, à qui nous en devons, sinon la découverte, du moins la simplification du procédé, et la meilleure description.

Mais revenons aux circonstances qui doivent déterminer l'oculiste à préférer la méthode des anciens par perforation de l'os unguis, à celle de Jean-Louis Petit, par les voies naturelles : la première qui se présente est la carie de l'os unguis ou de la branche montante du maxillaire supérieur ; la seconde est l'exostose des os formant le conduit lacrymo-nasal, lorsque la résolution n'a pu s'effectuer par un traitement convenable, etc. Dans la première circonstance, l'opération sera encore un moyen propre à contribuer à la guerison de la carie ; dans la seconde, la difficulté insurmontable de rétablir le cours ordinaire des larmes doit faire préférer la méthode par perforation, comme la plus sûre et la plus facile à exécuter.

Lorsqu'après avoir combattu les différentes maladies

qui ont donné lieu à l'exostose, sans cependant en
avoir obtenu la résolution , ou lorsqu'on a obtenu l'ex-
foliation des os attaqués de carie , soit par des injections résolutives et stiptiques, soit par les caustiques,
etc., si le malade est décidé à l'opération , on la pratiquera de la manière suivante :

Il sera placé comme pour être opéré par la méthode précédente , sa tête appuyée sur la poitrine d'un
aide, dont les mains lui entourent le front et servent encore à tendre la peau des environs de l'ouverture de la fistule ; l'opérateur passe ensuite par cette ouverture une canule en argent de la grosseur d'une
grosse plume à écrire, et la fixe sur la face externe de
l'os unguis, tandis que de l'autre main il fait entrer par les fosses nasales une plaque de bois ou de
métal, qu'il appuie sur la face interne du même os. Il
confie cette plaque à un deuxième aide intelligent;
il prend ensuite un bouton de fer rougi à blanc, et
monté sur un manche en bois, pour éviter pour lui-
même la chaleur ; il l'introduit le plus promptement
possible dans la canule , également montée sur un
manche, et dont l'extrémité antérieure se trouve évasée
en forme d'entonnoir, tandis que la postérieure, d'une
forme ronde et plus étroite, est adaptée parfaitement à la face externe de l'os unguis. Il lui fera parcourir en un seul temps toute la longueur de la canule,
et l'appliquera par ce moyen sur l'os unguis. Si cet
os n'est pas percé d'outre en outre par cette première
application, ce qu'il est facile de reconnaître , soit par
la sanie qui sort des fosses nasales, soit par l'odeur de
corne brûlée que sent alors le malade, soit enfin par
la pression que l'on exerce sur la plaque qui est confiée

à l'aide, et qui sert à préserver les' fosses nasales de l'effet du caustique; si, disons - nous, cette première application n'est pas suffisante pour obtenir la perforation complète de l'os unguis, l'opérateur devra ramener le bouton dans l'intérieur de la canule, qu'il retirera ensuite pour la tremper dans l'eau froide qu'il a dû, à cet effet, se procurer avant l'opération. Il introduira de nouveau, en observant les mêmes indications, un deuxième bouton de feu, ou un troisième même, s'il est nécessaire, pour finir l'opération. On se sert ensuite de la même canule pour faire pénétrer dans les fosses nasales un ressort de montre percé à l'extrémité inférieure en forme de tête d'aiguille, dans laquelle on introduit un fil de soie, avec lequel on ramène dans le nouveau trou que l'on vient de former une quantité plus ou moins considérable de brins de charpie enduite de cérat, et dont le nombre sera chaque jour augmenté, comme nous l'avons indiqué en faisant la description de la méthode précédente. On suivra du reste strictement les mêmes indications, quant à la fixation des fils et des pansemens suivans, pendant tout le temps que l'on jugera nécessaire pour la guérison.

Lorsque le nouveau conduit par lequel passeront à l'avenir les larmes se sera cicatrisé avec perte de substance, on n'aura pas à redouter une nouvelle oblitération, comme il n'arrive que trop souvent après l'opération par élargissement mécanique du conduit lacrymo-nasal.

Cette dernière méthode présente donc, à mon avis, un avantage bien marqué sur celle de Jean - Louis Petit. Si l'on m'objecte que l'on ne guérit par son moyen qu'en donnant au malade une nouvelle fistule, je me

contenterai de répondre qu'il importe fort peu à l'individu opéré qu'il lui reste une fistule ou non, pourvu
qu'il se trouve débarrassé de l'incommodité extérieure
pour laquelle il avait réclamé les secours de l'art, sur-
tout si les douleurs qu'il éprouvait auparavant ont entièrement disparu, et s'il ne lui reste enfin que la douce
satisfaction de savoir qu'il est pour toujours à l'abri de
toute récidive.

Nous en avons assez dit, ce me semble, sur une
maladie qui avait fait jusques au milieu du dernier
siècle le désespoir de la chirurgie, mais que des circonstances heureuses ont rendue accessible à ses ressources, puisqu'on peut aujourd'hui la combattre
par des moyens convenables, et la guérir par l'une
des deux méthodes dont nous venons de parler.

Mais avant de terminer cet article je me permettrai
quelques observations pour appuyer l'opinion de quelques auteurs, qui pensent avec raison que les causes
que l'on attribue généralement à la fistule lacrymale
ne dépendent pas toujours de l'obstruction du conduit
lacrymo-nasal, puisque des affections particulières du
sac lacrymal peuvent déterminer quelquefois des
accidens qui simulent les symptômes ordinaires de
la fistule au point d'en imposer à des observateurs même
très-éclairés.

Bien certainement le sac lacrymal n'est point à
l'abri d'une foule d'affections maladives qui peuvent
journellement l'affecter; certainement aussi il peut
arriver encore qu'à la suite d'une inflammation de
la pituitaire, son ouverture inférieure se boursoufle et s'obstrue, et, enfin, que les phénomènes
qui en seront la conséquence ne produisent bientôt

aussi l'amas et la stagnation des larmes dans la cavité
du sac lacrymal ; dès-lors cette stagnation ne tardera
pas à produire une vraie tumeur, suivie de fistule lacrymale, comme dans le cas d'obstruction du conduit
par oblitération. Dans cette circonstance comme dans
celle où il s'amasserait dans la cavité du sac lacrymal
des concrétions pierreuses ou albumineuses, ainsi que
dans celle où il se formerait dans son intérieur un
polype, par exemple, si l'extrémité nasale de ce sac
se trouve bouchée hermétiquement par quelque cause
que ce soit, il en résultera aussi des effets et des suites
en tout semblables à celles dont nous venons de parler.
Il reste donc démontré que les affections particulières
du sac lacrymal peuvent aussi donner lieu à la tumeur et à la fistule lacrymale ; mais s'il est également
hors de doute que des maladies particulières, ayant
leur siége dans le sac lacrymal, peuvent quelquefois
devenir la cause de la fistule, nous devons cependant
convenir qu'elles sont beaucoup plus rares que ne l'ont
pensé quelques auteurs.

Je crois devoir terminer ce que j'avais à dire sur les
maladies des voies lacrymales, par l'observation suivante, qui prouvera du moins, je le pense, que la fistule, ou ulcération du sac lacrymal, n'est pas toujours
la suite de l'obstruction du conduit lacrymo-nasal.

Madame L., âgée de trente-six à quarante ans,
vint me trouver le 17 décembre 1812 : elle avait au
grand angle de l'œil gauche une tumeur de la grosseur
d'une forte noisette ; cette tumeur, évidemment produite par la dilatation du sac lacrymal, était rouge et
enflammée, la malade y éprouvait beaucoup de douleurs. D'après les questions que je fis à madame L.,

et en réfléchissant ensuite sur le siége de la tumeur, je ne tardai pas à prononcer que la maladie pour laquelle elle réclamait mes soins était une tumeur lacrymale, prête à dévenir fistule, et que l'opération était, à mon avis, le seul moyen qui pût la guérir. Après avoir appuyé le doigt sur la partie affectée, je fis sortir par les points lacrymaux un pus grisâtre, qui me parut de mauvaise nature ; ce qui me porta à dire à la malade qu'il fallait se résoudre à l'opération le plus tôt possible, afin d'éviter les suites dangereuses qui pourraient résulter du moindre retard, par suite de la carie des os voisins. Madame L. , convaincue par mes raisons, consentit à l'opération pour le 23 du même mois. Il fut convenu entre nous que pendant ce temps elle prendrait quelques tisanes dépuratives, et qu'elle serait purgée le 20 ; que pendant tout cet intervalle elle mettrait soir et matin sur la tumeur un petit cataplasme fait avec de la farine de graine de lin et la décoction de morelle. Le 21, madame L. m'envoya chercher, et je me rendis chez elle dans la matinée.

A peine introduit auprès de ma malade, elle vint à moi en me disant qu'elle était guérie, et qu'elle n'avait plus besoin d'opération ; *que son mal, pour me servir de ses propres expressions, avait percé pendant la nuit, et qu'elle ne souffrait plus.* Mais avant d'examiner la tumeur, je fis mes efforts pour dissuader ma malade, en lui répétant qu'il était heureux pour elle sans doute que la rupture fût arrivée ; mais que je devais l'assurer en même-temps que la guérison ne pourrait avoir lieu sans le secours de l'art, et qu'il était absolument nécessaire qu'elle fût opérée si elle voulait se délivrer entièrement de sa maladie ; que l'ouverture qui s'était faite entre le bord libre des paupières, et proche l'angle qu'elles forment par leur réunion, ne se cicatriserait jamais sans cela. Après avoir pressé avec l'index de ma main droite sur la tumeur, je crus sentir une dureté qui me parut non naturelle, je fis l'introduction, par l'ouverture fistuleuse, d'une sonde cannelée, et je trouvai dans le fond du sac lacrymal une résistance avec un bruit semblable à celui que pourrait me faire entendre le contact de l'extrémité de ma sonde avec des petites pierres. Comme la malade souffrait beaucoup de la présence de ma sonde, je la priai de prendre un peu de courage en lui disant qu'il y avait là quelque chose qu'il fallait retirer. Après m'être bien assuré qu'il existait réellement dans le sac lacrymal des petites concrétions pierreuses, je retirai la sonde pour y introduire une petite pince à pansemens avec laquelle je me saisis de quelques pierres, et j'en retirai par différentes introductions cinq ou six de la grosseur d'un grain de millet et un peu plus. La résistance que j'avais éprouvée pour en faire l'extraction, me donna bientôt la conviction que ces petites pierres étaient enchatonnées ; mais leur position dans la partie inférieure du sac lacrymal me fit penser aussi que ces corps étrangers auraient bien pu intercepter le cours des larmes, sans qu'il y eût obstruction du conduit lacrymo-nasal. Dans cette idée je fis tous mes efforts pour bien enlever toutes les pierres ; après quoi j'injectai dans le sac lacrymal un peu d'eau tiède, dont j'eus le plaisir d'en voir sortir une petite quantité par la fosse nasale correspondante. Je dis alors à madame L. que l'opération était finie, et qu'à l'avenir tous nos soins se borneraient à faire des

pansemens extérieurs afin d'obtenir une prompte cicatrisation de l'ouverture fistuleuse.

Avant de quitter la malade je fis faire de suite, et en
ma présence, un cataplasme avec la farine de graine de
lin et une décoction de morelle ; je l'appliquai moi-
même sur l'œil, et principalement sur le grand angle,
afin de prévenir les suites de l'irritation que la présence trop prolongée des instrumens, dans le sac lacrymal, n'aurait pas manqué de produire. J'avais pris
soin auparavant de bien recouvrir la face antérieure de
l'œil avec de la charpie douillette, et d'en mettre quelques brins sur l'ouverture du sac lacrymal afin d'obtenir l'absorption du pus qui pourrait se former. Sur les
dix heures du soir, je fis renouveler le cataplasme avec
les mêmes précautions ; le lendemain, 22, mêmes
pansemens ; le 23, comme l'irritation avait presqu'entièrement disparu, j'injectai par les points lacrymaux
un peu d'eau de roses à une douce température, et
pansai la plaie avec un peu d'onguent de la mer étendu
sur un petit plumasseau de charpie, et fis recouvrir
l'œil avec quelques compresses fines : le soir, même
pansement. Le lendemain, 24, l'ouverture fistuleuse
avait considérablement diminué, et la malade pouvait moucher facilement, les larmes ayant repris leur
cours ordinaire.

Pendant tout le temps que la nature mit pour la guérison de l'ouverture extérieure du sac lacrymal (guérison qui fut complète le 12 du mois de janvier 1813),
je n'ai fait autre chose que d'injecter de temps à autre,
par les points lacrymaux, des collyres résolutifs et fortifians qui découlaient promptement par le nez, et de

panser l'ouverture fistuleuse avec un peu d'onguent de la mer étendu sur quelques brins de charpie en forme de plumasseau. Madame L. est ensuite partie pour la province, je n'ai point eu de ses nouvelles depuis, ce qui me porte à croire que la cure a été complète.

Avant de terminer cet article, je crois devoir dire un mot sur un procédé très-souvent employé aujourd'hui par nos meilleurs oculistes dans l'opération de la fistule lacrymale : ce procédé consiste à faire l'incision comme dans la première méthode, et d'introduire de suite, après l'extraction du bistouri, une bougie en plomb ou en or, qu'on laisse à demeure dans le conduit nasal tout le temps jugé nécessaire pour obtenir la guérison de la fistule.

La forme de cette bougie doit être telle, qu'elle puisse s'adapter facilement à la configuration du canal qu'elle doit maintenir dilaté. Son extrémité supérieure doit être un peu évasée, en forme de trompe, afin qu'elle soit retenue par ce moyen hors du sac lacrymal, et qu'on puisse la retirer facilement toutes les fois qu'il est jugé nécessaire. Les parties s'habituent bientôt à ce corps étranger, l'inflammation causée par sa présence est peu considérable et se dissipe en peu de jours, et les larmes passent facilement entre les parois du canal nasal et la surface de la bougie. Après deux ou trois mois de séjour on peut la retirer, la plaie faite à l'angle de l'œil se guérit bientôt, et les larmes reprennent leur cours ordinaire.

Végétation de la Caroncule lacrymale.

On ne doit pas mettre, selon nous, au nombre des maladies de la caroncule lacrymale, l'existence de ces petits poils que l'on remarque sur sa surface , quoique leur présence, lorsqu'ils sont un peu longs , détermine quelquefois des ophthalmies très-rebelles qui ne cèdent qu'après leur extirpation.

Mais lorsque la caroncule est affectée de l'espèce de végétation dont nous voulons parler , elle prend ordinairement un volume beaucoup plus considérable que dans l'état ordinaire. Les granulations de ce corps glanduleux participent également à cet état de turgescence , ce qui fait que la tumeur ressemble assez à une mûre par sa forme. La couleur qu'elle affecte le plus ordinairement alors est depuis le rouge jusqu'au plombé.

Si la tumeur est plus incommode que douloureuse, le danger n'est pas imminent , car l'on peut espérer d'en obtenir la résolution par des moyens très-simples et très-faciles , tels que des lotions faites soir et matin avec une décoction de quatre onces de guimauve , dans laquelle on fera dissoudre de cinq à six grains de muriate mercuriel oxigéné ; ce simple collyre m'a réussi deux fois comme par enchantement. On peut employer en outre tout autre collyre émollient et styptique, tels que les eaux de pavot , de roses et de plantain, avec addition d'un sel métallique quelconque.

Squirrhe et Cancer de la Caroncule lacrymale.

Le squirrhe et le cancer de cette glande ne diffèrent de la maladie précédente que parce qu'ils sont accompagnés des douleurs caractéristiques dont nous aurons occasion de parler plus au long en traitant du cancer de l'œil en général. Quant à celui de la caroncule, lorsqu'il existe, il ne faut pas attendre que les parties voi-

sines soient elles-mêmes cancéreuses , pour en faire
l'extirpation ; car si la glande seule se trouve affectée ,
on l'extirpera de la manière suivante : Après avoir
passé un fil de soie au milieu de la tumeur, on la tire à
soi par le moyen des deux bouts de fil , et avec un bistouri ou une forte lancette on l'incise à sa base en la disséquant jusques dans ses plus petites racines ; et s'il
existe encore quelques parties dures après l'opération ,
il faut les brûler avec le fer rouge ou avec les caustiques
liquides : les pansemens seront faits avec toutes les précautions nécessaires , afin de détruire pendant la suppuration toutes les petites granulations ou engorgemens
quelconques qui pourraient laisser quelques craintes
après la guérison.

SIXIÈME ORDRE.

Maladies des Muscles de l'Œil.

Du Strabisme.

On a disserté long-temps sur les causes qui pouvaient
donner lieu au strabisme ; parmi les anciens, les uns
l'ont attribué à une mauvaise configuration du cristallin , d'autres ont pensé qu'il dépendait d'une obli-
quité dans l'iris ; enfin , chacun a voulu expliquer à sa
manière, et tous se sont également trompés sur la véritable source de cette maladie.

D'autres, ensuite, ont pensé, avec plus de raison, que
puisque dans le strabisme l'œil se trouvait ramené d'un
côté plutôt que de l'autre, il fallait nécessairement que

les muscles qui servent à lui communiquer le mouvement fussent affectés d'une manière quelconque. C'est donc avec raison que tous les modernes attribuent la cause de cette maladie de l'axe de la vue, à un vice de concordance des muscles du globe, et non à la mauvaise configuration de ses membranes ou de ses humeurs, comme l'avaient pensé les anciens. Le défaut de concordance des muscles locomoteurs de l'œil, déterminé par leur paralysie partielle, leurs différens degrés d'irritabilité, de contractilité et de motilité, et enfin une force de contraction non proportionnée entr'eux, sont autant de causes qui doivent produire le strabisme, avec toutes les circonstances et les différentes modifications dont il est susceptible ; et puisque le strabisme est une maladie des muscles de l'œil, c'est sur ces muscles et non ailleurs que l'oculiste doit diriger les moyens par lesquels il veut corriger ce vice de l'axe visuel qui trouble non-seulement la vue de celui qui en est affecté, mais encore rend désagréables même les figures les plus régulières.

Malgré ce que nous venons de dire en faveur de cette dernière opinion, que je trouve très-plausible, il m'a toujours semblé que lorsque le strabisme n'existait que dans un seul œil, celui qui était affecté avait une force proportionnelle moindre que celui qui ne l'était point ; d'où je conclus que ce degré d'infériorité dans la force de perception visuelle de l'œil louche doit contribuer en quelque chose au strabisme. Cette remarque, qu'il est bon d'observer, ne laisse pas que de devenir de quelqu'importance pour le traitement de cette maladie.

Le strabisme, appelé vulgairement *yeux louches*, est donc cette affection de l'un des deux yeux ou de tous les

deux en même temps, qui, lorsque l'on fixe un objet,
s'éloigne de l'axe visuel en prenant une direction contraire à celle que l'on veut leur donner, d'où il suit que
la vision s'en trouve dérangée plus ou moins, parce
que la force de perception dont jouit chaque œil en
particulier se trouve dirigée sur des points différens
de l'objet fixé. De là l'explication de cette représentation double ou triple de ces mêmes objets que nous
fixons ; mais la raison que l'on peut donner de ce phénomène est prouvée par les simples lois de la physique :
puisque les rayons lumineux ne suivent pas la même
direction dans des yeux affectés de strabisme, et que
du reste ils partent de points et de situations différentes
de l'objet aperçu, la réfraction qu'ils éprouvent en traversant les humeurs de l'œil dans des directions si différentes, doit nécessairement en faire représenter des
images différentes sur des points également différens de
la rétine. De là encore quelquefois la multiplicité de
la représentation de l'objet, qui, bien loin de nous en
donner une idée plus nette et plus précise, ne fait
au contraire que nous brouiller la vue, et nous
rendre confuse l'image du corps représenté.

Cette maladie, rarement congéniale, est presque
toujours la suite de la négligence et du défaut de soins
de la part des nourrices pour les enfans qui leur sont
confiés, en les faisant coucher sans précautions dans des
lieux peu éclairés, de manière que le jour ne leur parvient qu'obliquement; et comme l'enfant placé dans cette
position fait des efforts pour chercher la lumière, il
exerce plus partiellement certains muscles de l'œil ;
d'où il en résulte par la suite une inégalité dans leur
force, qui occasionne le strabisme. Comme les mus-

cles de l'œil sont au nombre de six, qui tous, lorsqu'ils agissent séparément, le font mouvoir en des sens différens, l'on pourrait donc, à proprement parler, reconnaître six variétés du strabisme par vice de contraction musculaire, et même davantage, si l'on voulait multiplier deux à deux, trois à trois, les contractions de ces muscles; mais comme ces différentes variétés dépendent toutes des mêmes causes et des mêmes circonstances, les mêmes moyens suffisent ordinairement pour les guérir.

Lorsque l'on est appelé pour examiner un enfant qui louche d'un œil ou des deux, si l'on remarque que la mauvaise position par rapport au jour a pu y donner lieu, il faut ordonner que l'enfant soit mis dans une situation contraire; si au bout de quelque temps on s'aperçoit que le vice de la vision est presque ou entièrement corrigé, on mettra alors l'enfant en face le jour, afin d'éviter à l'avenir toute récidive.

L'enfant est-il un peu plus âgé, va-t-il seul, par exemple, il faut alors lui mettre au-devant des yeux des lunettes en carton, arrangées de manière qu'il ne puisse regarder que par l'ouverture pratiquée à l'endroit convenable, et faite de la grandeur que l'on a jugée nécessaire. L'enfant étant obligé alors de diriger l'axe visuel dans la direction que l'on a voulu lui donner, il s'y habitue insensiblement, et en prolongeant plus ou moins long-temps l'usage de ces lunettes, qui seront laissées à demeure même pendant le sommeil, l'on parvient quelquefois à corriger le défaut d'antagonisme des muscles, et par conséquent à guérir le strabisme.

Les personnes qui sont arrivées déjà à un certain

âge sans avoir louché, et qui le deviennent par circonstances maladives, guérissent ordinairement après que la maladie qui y a donné lieu a disparu. Si le strabisme dépendait de la paralysie de quelques-uns des muscles de l'œil, il faut tâcher de réveiller leur action en frictionnant les environs des paupières et des sourcils avec le baume de Fioraventi ; on peut même employer les dérivatifs, sans oublier de faire usage de tout ce qui peut contribuer à guérir la paralysie en général.

On a remarqué quelquefois que les enfans myopes, en prenant l'habitude de regarder les objets avec un seul œil, finissaient par rendre l'action de l'un des deux presque nulle, tandis que l'autre acquiert par l'exercice une force percevante bien supérieure. Sans qu'il y ait alors de vice de contraction dans les muscles de l'œil, il y a cependant strabisme : les moyens les plus efficaces dans cette circonstance se réduisent à de simples conseils pour les personnes raisonnables, et à forcer les enfans à lire à une certaine distance. Il est bon quelquefois de couvrir pendant quelque temps l'œil dont on a coutume de se servir, afin que l'exercice puisse donner à l'œil plus faible toute la force qu'il avait perdue par son inaction, et l'on réussit alors presque toujours.

SEPTIÈME ORDRE.

Maladies du Tissu cellulaire de l'Orbite.

De l'Exophthalmie.

Avant de passer à la description des maladies qui affectent particulièrement le globe de l'œil, je crois devoir parler de cette inflammation du tissu cellulaire et des parties voisines, connue sous le nom d'exophthalmie, dans laquelle cet organe se trouve comme jeté hors de son orbite.

Les causes qui peuvent donner lieu à cette maladie sont infiniment nombreuses; mais on doit compter particulièrement de ce nombre, et comme les plus directes et les plus ordinaires, la formation d'un abcès dans le tissu adipeux de l'orbite, la présence d'un polype dans les fosses nasales ou dans les sinus maxillaires, et enfin une inflammation considérable, tant du globe de l'œil lui-même que des parties qui l'environnent, sur-tout lorsque cette inflammation vient à la suite de fortes contusions reçues à l'extérieur de cet organe, soit par une chûte, soit par quelque corps contondant.

Il est toujours si facile de reconnaître cette maladie, qu'il est impossible que l'homme de l'art le moins exercé puisse s'y méprendre. Quoique le terme *exophthalmie* signifie la sortie complète de l'œil hors de son orbite, on doit cependant plutôt l'entendre au figuré qu'autrement, puisqu'il arrive rarement que l'œil soit chassé entièrement de sa fosse orbitaire.

Quant au traitement qu'il convient d'administrer dans cette maladie, il doit être relatif à la cause déterminante, et le médecin consulté devra toujours diriger ses soins de manière à pouvoir la combattre le plus promptement et le plus avantageusement possible. Ainsi, si l'exophthalmie est produite par la présence d'un polype dans l'une des cavités dont nous avons déjà parlé, il faut en faire l'extraction; et si on a le bonheur de réussir, l'œil reprendra bientôt sa première osition dans l'orbite. On ouvrira les abcès du tissu cellulaire ; on combattra les exostoses tant par les oyens qui conviennent tant à cette maladie en particulier, que par ceux qui sont capables de détruire l'afection dont souvent elle n'est qu'un symptôme. L'on fera usage des saignées tant générales que ocales, et plus ou moins répétées , lorsque l'inflammaion de l'œil et de ses parties voisines, suite de coups eçus sur cet organe , est sur le point de produire ou a déjà produit l'exophthalmie. La diète la plus sévère est lors indispensable ; les fumigations, les cataplasmes molliens souvent renouvelés , et enfin tout ce qu'un avoir éclairé peut inventer d'utile, doit être mis en usage fin de combattre avantageusement les symptômes 'une maladie dont les suites pourraient devenir des lus fâcheuses à cause de la proximité du cerveau , qui e tarderait pas à participer lui-même à l'inflammaion; le délire et les convulsions seraient les conséquences nécessaires de la phlegmasie de cet organe , resque toujours au-dessus de toutes les ressources de 'art. On doit donc s'appliquer sur-tout à combattre ette maladie dès son origine , si l'on veut se rendre aître des symptômes effrayans qui se succèdent pendant son cours, souvent avec une rapidité inconceable, et auxquels il serait presqu'impossible de reédier plus tard. Nous reviendrons sur cette maladie orsque nous traiterons de l'inflammation générale du globe même.

DEUXIÈME CLASSE.

Maladies qui attaquent le Globe de l'œil.

Dans la description des maladies du globe de l'œil je suivrai strictement la marche que je me suis imposée depuis le commencement de cet ouvrage : c'est ainsi qu'avant d'en venir à l'histoire de ses affections générales, je commencerai par faire la description de celles qui attaquent en particulier et séparément tantôt ses membranes, tantôt les différentes humeurs qui entrent dans son organisation. Nous verrons d'abord les maladies de la conjonctive oculaire, pour passer ensuite à celles de la cornée transparente, de-là à celles de l'humeur aqueuse, et ainsi de suite à celles de l'iris, etc. ; nous terminerons par celles de la sclérotique, sans nous écarter un instant de l'ordre que nous venons d'indiquer ; et après avoir parlé des maladies qui attaquent généralement et en particulier toutes les membranes et toutes les humeurs de l'œil, et avoir indiqué les moyens que l'on doit employer pour les traiter et les combattre, nous parlerons de l'usage des lunettes pour obvier au dérangement de la vue, et enfin nous consacrerons nos dernières pages à l'explication de l'opération nécessaire pour appliquer un œil de verre lorsque l'œil naturel est atrophié, ou lorsqu'il est trop difforme, et qu'il ne reste plus d'espérance de rétablir la vision.

PREMIER ORDRE.

Maladies de la Conjonctive oculaire.

Nous avons traité de l'ophthalmie et de ses différentes complications en parlant des affections des paupières, aussi nous abstiendrons-nous d'en parler de
nouveau dans ce chapitre, uniquement consacré aux
maladies de cette partie de la conjonctive qui recouvre
le globe de l'œil, et particulièrement la cornée ; maladies qui sont, à la vérité, presque toujours la
suite d'une ou de plusieurs phlegmasies de la con-
'onctive, mais qui ont aussi des caractères particu-
iers qui les distinguent de l'ophthalmie ordinaire.
Nous ne reviendrons pas non plus sur ce que nous
avons déjà dit du ptérygion, ou onglet, quoique cette
aladie appartienne à la conjonctive qui recouvre la
cornée. Nous ajouterons seulement que les anciens
reconnaissaient trois espèces de ptérygion ; savoir : le
membraneux, l'adipeux et le variqueux, dénominations
qu'ils lui donnaient selon les différentes couleurs sous
lesquelles il se présentait ; mais ces trois divisions
n'existent réellement pas. Quoi qu'il en soit, nous
avons démontré que le ptérygion est toujours formé
ar le gonflement variqueux de la conjonctive ; d'où
ous pouvons conclure, d'après ce qui s'observe journellement, que la couleur rouge plus ou moins foncée
que l'on remarque dans le ptérygion ne diffère que
par l'ancienneté de la maladie, son plus ou moins
de progrès, et enfin par l'état d'irritation qui contribue

à lui donner la couleur qu'il présente, puisque, du reste, le traitement est toujours le même.

Jusqu'à présent presque tous les oculistes avaient pensé que lorsque le ptérygion recouvre entièrement l'ouverture pupillaire, la cicatrice qui devait en résulter après l'extirpation, serait toujours un obstacle insurmontable à la vision, et que l'opération était alors inutile. Je serais cependant bien tenté de partager cette opinion, si l'exemple rapporté par M. de Wenzel, au sujet de l'hethmann des cosaques, que son père opéra avec succès à Saint-Pétersbourg en 1771, n'était une preuve bien convaincante de l'efficacité de l'opération, même dans les circonstances les plus désespérées et les plus fâcheuses en apparence; je dirai même que dans tous les cas possibles on doit la pratiquer, et que l'on peut espérer du succès, pourvu toutefois que la cornée transparente ne soit pas elle-même affectée.

Verrues de la Conjonctive oculaire, ou Excroissances charnues de cette Membrane.

Avant de faire la description du *nébulo*, ou nuage, qui est aussi une affection de la conjonctive qui recouvre la cornée transparente, je crois devoir dire un mot sur les végétations qui se forment quelquefois sur cette membrane.

Lorsqu'à la suite d'une ou de plusieurs ophthalmies il se forme des végétations en forme de verrues sur la conjonctive, quelle que soit la couleur de ces tumeurs, si elles ne présentent pas les symptômes des fonguosités cancéreuses, il faut les exciser avec des ciseaux courbes sur leurs lames, et détruire dans les pansemens suivans, avec le nitrate d'argent fondu, ce que l'instrument aurait épargné: quelques applications de ce caustique, faites avec prudence, suffisent ordinairement pour procurer la guérison. Il faut, du reste, se comporter dans cette circonstance de la manière que nous l'avons indiqué dans l'article du ptérygion, dont cette dernière maladie n'est, à proprement parler, qu'une variété.

Du Nébulo ou Nuage.

Le nuage dépend d'un engorgement lymphatique des vaisseaux de la conjonctive qui recouvre la cornée transparente: cette pellicule, légèrement obscurcie, gêne le passage des rayons lumineux, sans que le malade soit privé entièrement de la connaissance des objets qui l'environnent. Cette maladie, qui a beaucoup de rapport avec la précédente, se trouve, comme elle, tantôt déterminée par une ophthalmie, tantôt au contraire elle est le résultat d'une affection scrophuleuse ou vénérienne; quelquefois même elle est produite par la présence d'un ptérygion : dans ce dernier cas, le plus sûr moyen d'arriver à la guérison est d'enlever une petite portion de la conjonctive variqueuse, dans l'endroit qui correspond à l'union de la cornée transparente avec la sclérotique ; on laisse ensuite la plaie saigner, en facilitant même l'écoulement du sang par des lotions d'eau tiède faites avec un linge fin ou une éponge. J'observerai que la partie de la conjonctive que l'on enlève doit être incisée dans une direction oblique, de manière à présenter un segment de cercle concentrique à l'iris. L'on pratique cette petite opération de la même manière que celle du ptérygion, et l'on a soin d'observer les mêmes règles pour les pansemens qui doivent la suivre.

Si le nuage dépendait de causes scrophuleuses ou vé-nériennes, on devrait prescrire les moyens internes qui conviennent au traitement de ces maladies ; on se ser-vira en outre de collyres, faits, par exemple, avec une solution de quatre grains de muriate oxigéné de mer-cure, et autant de muriate d'ammoniaque, dans deux ou trois onces d'eau ; on use de ce collyre soir et matin, on en fait pénétrer une goutte ou deux dans l'œil malade ; on frictionne ensuite légèrement la partie affectée, en appuyant les doigts index et medius sur la paupière supérieure, afin que cette eau puisse porter une action plus directe sur le nuage, qui, combattu par de tels moyens, ne tarde pas ordinairement à dis-paraître. Ce collyre convient également lorsque le nuage se trouve produit par une inflammation chroni-que, c'est alors le meilleur résolutif que l'on puisse employer, et je m'en suis toujours très-bien trouvé.

La partie de la conjonctive dont nous décrivons les maladies, est souvent exposée à de petits ulcères qu'il est très-facile de reconnaître, et dont nous parlerons en faisant l'histoire des affections de la cornée trans-parente, parce qu'il est rare que ces ulcères aient leur siége spécialement dans le tissu de la conjonctive sans attaquer la membrane adjacente, et parce qu'en outre le même mode de traitement convient également aux uns et aux autres.

DEUXIÈME ORDRE.

Maladies de la Cornée transparente.

du Staphylôme.

Parmi les maladies qui affectent la cornée transparente, il n'y en a pas de plus dangereuse et de plus difficile à guérir que le staphylôme, qui est tantôt le produit du gonflement spongieux de cette membrane, comme dans celui qui arrive chez les enfans nouveau-nés, et chez lesquels la cornée molle et pulpeuse est plus exposée à cette espèce d'engorgement que dans les autres époques de la vie ; tantôt il est le résultat de l'amincissement de la cornée, usée soit par les progrès d'un ulcère à cette partie, soit enfin par toute autre circonstance maladive dont les causes inconnues dépendent d'affections éloignées, et que l'on ne peut cependant combattre qu'en les découvrant. Le staphylôme des enfans diffère donc de celui qui arrive chez les personnes plus âgées ; dans cette première époque de la vie les solides eux-mêmes sont en quelque manière pulpeux et comme gélatineux ; la cornée transparente qui, par les progrès de l'âge, prend de la consistance et de la densité, participe aussi, dans ces premiers momens de l'existence, à la flaccidité et à la mollesse générale ; c'est pour cela qu'à cette première période de la vie, la cornée, plus épaisse et moins dense, se trouve plus rapprochée de l'iris, et que la chambre antérieure

de l'œil est presque nulle. S'il survient alors une inflammation de la conjonctive, il est facile de concevoir que la cornée, dont le tissu est lâche et spongieux, doit contribuer beaucoup à ce développement
morbifique, appelé staphylôme, pour peu qu'elle vienne
encore à participer à l'affection générale inflammatoire: nous avons donc raison de regarder les ophthalmies puriformes des enfans comme la cause principale du staphylôme, qui se développe ordinairement
à cet âge.

Les moyens les plus prompts et les plus sûrs d'arrêter les progrès de ces espèces d'ophthalmie (causes
premières du staphylôme), consistent à faire raser le
dessus du front de la tête de l'enfant, dans l'étendue
d'une pièce de deux francs, et d'y appliquer un petit
vésicatoire, dont on entretient la suppuration pendant
quelque temps ; c'est un moyen sûr, je le répète, de
guérir presque toutes les ophthalmies des nouveaux-
nés et de faire disparaître le commencement des staphylômes qui en dépendent. Lorsque les symptômes
inflammatoires ont disparu, si la cornée reste boursoufflée, le staphylôme est alors incurable.

Chez les adultes, le staphylôme étant déterminé par
une cause contraire, c'est-à-dire par l'amincissement
de la cornée, l'humeur aqueuse la pousse en avant et
forme en même temps une véritable hernie des humeurs de l'œil. La conjonctive qui recouvre la cornée, irritée continuellement, prend de la dureté et
résiste encore ; si la maladie continue à faire des progrès, elle empêche bientôt la réunion des deux paupières, le sommet de la tumeur s'enflamme et s'abcède,
l'humeur qui sort par cette ouverture dégorge momen-

tanément le globe de l'œil, et le malade éprouve du soulagement ; mais la petite ouverture se cicatrise , et s'abcède encore de nouveau lorsque la tumeur a repris son premier volume.

Arrivé à un certain degré, le staphylôme a été regardé par un grand nombre d'auteurs comme incurable ; mais j'espère démontrer, à la suite des maladies de la cornée qu'il existe encore un moyen par lequel on peut guérir presque toutes les affections de cette membrane, même celle dont nous parlons. S'il arrive quelquefois que, malgré l'excellence du remède, dont la découverte appartient à un médecin oculiste de Montpellier, feu M. Pellier ; s'il arrive , dis-je , que le staphylôme affecte entièrement la cornée transparente , et si cette membrane se trouve alors presque entièrement désorganisée par les progrès de la maladie , il est malheureusement certain que les ressources de l'art sont insuffisantes pour rétablir la vision ; il faut se contenter, dans pareil cas, de pallier les douleurs, lorsqu'elles sont trop vives, en donnant issue aux humeurs de l'œil. On enlevera donc avec des ciseaux bien évidés et courbes sur leurs lames, le sommet de la tumeur dans l'étendue de deux à trois lignes : cette ouverture sera suffisante pour livrer passage aux humeurs qui s'écoulent insensiblement. L'on n'a pas lieu de craindre alors les accidens inflammatoires, que l'on prévient facilement par l'application des émolliens ; l'œil entier se fronce par suite de la suppuration, et il se réduit en un petit moignon sphérique qui conserve toute la mobilité de l'organe primitif , auquel on peut adapter un œil artificiel pour cacher la difformité apparente.

Les anciens distinguaient plusieurs espèces de staphylômes, selon la figure et la forme qu'ils présentaient: ainsi, appelaient-ils *raisinière*, celui qui ressemblait à un grain de raisin ; *pommette*, celui qui, étant plus volumineux, ressemblait à une petite pomme.

Mais heureusement toutes ces dénominations vagues, qui ne sont d'aucun avantage dans la pratique, ont presque entièrement disparu dans les Traités modernes.

Lorsque le staphylôme est abandonné à la nature, si les paupières ne peuvent plus le recouvrir, la conjonctive irritée s'enflamme, bientôt toutes les membranes participent au même état, les douleurs vont toujours croissant, le malade ne dort plus ni le jour ni la nuit, la tumeur se rompt, les humeurs de l'œil sortent avec précipitation de la cavité qui les contient, les souffrances diminuent rapidement, le malade soulagé reprend du sommeil, le globe vidé ne forme plus qu'un petit volume, ses membranes se cicatrisent ensuite, en suivant la même marche que dans le staphylôme opéré. Mais combien il est prudent d'éviter des tourmens si affreux, en se soumettant plus tôt que plus tard à l'opération, lorsque la maladie est jugée incurable!

Rupture de la Cornée sans déchirement de la conjonctive qui la recouvre.

Il peut arriver quelquefois que la sclérotique ou la cornée soient rompues par la violence d'un corps extérieur poussé avec force contre le globe de l'œil, sans qu'il y ait cependant de lésion à la conjonctive. L'observation suivante, rapportée par de Saint-Yves, montrera assez ce que l'on devra faire dans un pareil cas. « J'ai vu, » dit cet auteur, à l'occasion d'un coup reçu à l'œil à

» la partie supérieure du globe, à une ligne de la cornée
» transparente, arriver un staphylôme à la conjonc-
» tive. La violence du coup avait fendu la cornée
» opaque, sans endommager la conjonctive, et l'hu-
» meur aqueuse s'échappant par cette fente, soulevait
» la conjonctive, en manière de staphylôme. Je l'ai
» guéri par un bandage compressif appliqué (l'œil
» étant fermé), sur l'endroit de la paupière qui corres-
» pondait à la tumeur; ce qui fit repasser l'humeur
» aqueuse dans la cavité du globe, et donna lieu aux
» membranes de se rejoindre. » Je pense que le moyen,
aussi ingénieux que judicieux, employé et indiqué par
l'auteur de l'observation que je viens de rapporter, est
tout ce que l'on devrait faire dans un accident semblable.

Ulcères de la Cornée transparente.

Il n'y a rien de plus facile que de reconnaître cette
maladie, qui est presque toujours précédée par une inflammation aiguë ou chronique de la conjonctive;
d'autres fois elle survient pendant la période de suppuration de la variole. Lorsqu'il existe ulcération à la
cornée, l'impression de la lumière produit une irritation si vive sur l'œil affecté, que le malade le ferme
constamment, et que, pour l'ouvrir faiblement, il est
encore obligé de rester dans une chambre très-obscure.
Si l'on examine l'œil, l'on aperçoit un petit enfoncement plus ou moins large et d'une couleur grise. Après
avoir combattu les symptômes inflammatoires, comme
nous l'avons indiqué en parlant de l'ophthalmie en
général ou de ses différentes complications, je n'ai pas
trouvé de moyen plus efficace pour obtenir la cicatri-

sation de l'ulcère, que d'introduire deux fois par jour
dans l'œil malade une goutte ou deux du collyre
suivant : eau de chaux , deux onces, faites-y dissoudre
cinq ou six grains de sel ammoniac. C'est le meilleur
détersif que je connaisse , j'en ai souvent obtenu des
résultats si merveilleux , que je ne saurais trop le
conseiller dans le traitement des ulcères de la cornée.

Abcès de la Cornée transparente, appelé Hypopyon par les anciens et par quelques modernes.

Le siége de cette maladie est dans le tissu même de
la cornée , ce qui fait qu'elle diffère essentiellement du
nuage, qui n'affecte que la conjonctive qui la recouvre.
La première de ces maladies est déterminée par une inflammation chronique et rebelle ; il sera donc toujours
facile de bien distinguer ces deux affections l'une de
l'autre , pour peu que l'on fasse attention aux circonstances qui les accompagnent ou qui les ont précédées.
L'abcès de la cornée paraît d'abord sous l'aspect d'un
blanc laiteux, puis il brunit ensuite : quelquefois il disparaît avec l'ophthalmie aiguë qui lui a donné naissance,
d'autres fois (ce qui malheureusement est le plus ordinaire) il existe encore après la cessation des symptômes inflammatoires, et devient une cause de la perte
de la vue, s'il bouche la prunelle au point d'intercepter
le passage de tous les rayons lumineux.

Lorsque l'abcès n'est pas d'une grande étendue, et
que l'inspection annonce qu'il n'existe qu'une très-
petite quantité de matière purulente entre les lames de
la cornée , il faut en tenter la résorption par les collyres détersifs , résolutifs et astringens. On a remarqué

quelquefois, chez les enfans, que l'abcès dont nous parlons disparaissait presque spontanément et sans l'emploi d'aucun moyen; mais on ne peut se rendre compte d'une telle guérison qu'en l'attribuant à la vigueur dont jouissent les vaisseaux absorbans pendant cette première époque de la vie.

Lorsque l'abcès de la cornée est d'une certaine étendue, et que la matière purulente qu'il contient est en assez grande quantité pour soulever d'une manière sensible les lames de la cornée, presque tous les auteurs, alors, l'ont nommé *hypopyon*, nom qui ne conviendrait, selon nous, qu'aux abcès de l'intérieur de l'œil, et que l'on ne devrait pas donner indifféremment à ceux de cette membrane.

Lors donc que les lames distendues de la cornée annoncent, par une élévation blanchâtre, ou même grisâtre, qu'il y a dans leurs espaces un épanchement purulent, si tous les moyens résolutifs ont été employés sans succès, il faut, sans plus tarder, ouvrir l'abcès avec la pointe de la lancette ou avec l'aiguille à cataracte et donner issue au pus, injecter ensuite dans l'œil des collyres légèrement résolutifs et détersifs, les continuer pendant quelques jours, et les remplacer ensuite, jusqu'à parfaite guérison du petit ulcère qui résulte de l'ouverture de l'abcès, par l'eau de chaux ammoniacale, dont nous avons parlé plus haut.

Il est bon de remarquer que les abcès de la cornée ne sont pas toujours le résultat d'une affection locale ; que très-souvent ils reconnaissent pour cause un embarras dans les premières voies. J'ai observé alors que les vomitifs, administrés à propos, ainsi que les évacuations provoquées ensuite par quelques purgatifs, produisaient presque toujours de très-bons effets, faisaient promptement cesser les symptômes inflammatoires, et contribuaient beaucoup à la résorption de la matière purulente contenue dans l'abcès. Mais c'est à la sagacité du médecin consulté qu'il appartient de décider le temps favorable pour administrer ces remèdes avec avantage, et de juger en même temps les circonstances dans lesquelles ils seraient plus nuisibles qu'utiles. Il en sera de même pour les exutoires comme dérivatifs, tels que le séton ou le vésicatoire appliqué derrière le col ou derrière les oreilles. Le tout consiste, je le répète, à bien saisir le moment favorable.

De la Taie.

Cette maladie, qui a également son siége dans le tissu de la cornée, ne diffère des précédentes que parce qu'elle est, en quelque sorte, le résultat de leur guérison ; elle est une vraie cicatrice de l'ulcère de la cornée, déterminée par l'ouverture de l'abcès de cette membrane ou par toute autre cause.

D'après cela la taie ne serait pas, à proprement parler, une maladie digne de fixer notre attention, si elle ne gênait plus ou moins la vision, au point quelquefois de l'empêcher entièrement. L'on a cherché long-temps les moyens de la faire disparaître ou de la guérir. Presque tous les anciens auteurs conseillaient de gratter la surface extérieure de la cornée, et d'enlever ses lames les plus extérieures ; mais il en résultait ensuite une nouvelle cicatrice qui ne nuisait pas moins à la vision que la première ; d'autres ont proposé depuis, et obtenu quelques succès, en soul-

flant dans l'œil tantôt du sucre candi bien porphy-
risé , tantôt de l'alun calciné, etc. ; d'autres , enfin ,
se sont servis de différens collyres résolutifs et astringens , et ont obtenu également quelques avantages ;
mais tous ces moyens suggérés par des observations
de guérisons précédentes ont été souvent employés infructueusement ; dès-lors la taie était regardée incurable et on n'y faisait plus rien.

L'*Albugo* ou *Leucoma*.

L'albugo, ou leucoma, est toujours le résultat d'une ophthalmie plus souvent chronique qu'aiguë ; il a son siége
dans la cornée-transparente : on le reconnaît par une
tache inégalement blanchâtre ou grisâtre , quelquefois
fort large , et occupant presque la totalité de la cornée
transparente. Une matière visqueuse et blanche , ré-
pandue entre les lames de la cornée, paraît être la cause
de cette maladie, qui est toujours très-fâcheuse , parce
qu'elle intercepte le passage des rayons lumineux :
elle diffère de la maladie précédente parce que l'on
n'aperçoit aucune perte de substance dans la cornée.
Les collyres toniques et fortifians, le séton à la nuque,
et l'usage prolongé des anti-scrophuleux et des anti-
scorbutiques , produisent quelquefois de bons effets
lorsque le sujet est scrophuleux et d'un tempérament
lymphatique. Lorsque toutes les ressources de l'art ont
été mises en usage sans aucun succès , et si la cornée
ne conserve pas un peu de transparence dans quelques-
uns des points de sa surface pour pouvoir tenter l'opération d'une nouvelle prunelle , le malade a une infirmité incurable; et si les deux yeux se trouvent également

affectés, il sera privé pour jamais de la plus douce jouissance de la vie ; tout espoir de se mettre de nouveau en rapport avec les différens corps qui l'environnent lui sera interdit ; il ne pourra plus mesurer ni la distance ni juger de la couleur des objets ; en un mot il restera aveugle.

Une perspective aussi malheureuse que celle des individus qui sont affectés d'une infirmité aussi grande que celle dont nous venons de parler, a dû réveiller l'attention des vrais amis de l'humanité, elle a dû les encourager à consacrer leurs veilles et leurs travaux à la recherche de nouveaux moyens propres à la délivrer de l'une de ses plus grandes afflictions, et d'autant plus grande que tous les auteurs s'accordaient à la regarder comme incurable.

Feu M. Pellier, médecin oculiste de Montpellier, est le premier qui a trouvé la solution de ce problême désiré depuis si long-temps ; des observations multipliées lui ont démontré la vérité de sa première assertion, et les succès nombreux qu'il a obtenus dans sa pratique sont bien capables de convaincre les esprits justes et éclairés sur l'efficacité du moyen rationnel simple et ingénieux, qu'il a imaginé pour arriver à la guérison de presque toutes les affections de la cornée, dans lesquelles cette membrane a perdu sa transparence, et particulièrement dans les cas de leucome, d'albugos et de taies, réputés incurables jusqu'à lui.

J'ai fait moi-même l'expérience de ce moyen, j'en ai obtenu de très-grands avantages, même pour la guérison des staphylômes commençans, et j'ai guéri plusieurs albugos très - anciens, également réputés incurables. Dans les maladies que nous venons d'indiquer, M. Pellier propose de passer dans la substance même de la cornée un séton dont on doit entretenir la suppuration avec de l'onguent basilicum, jusqu'à la disparition entière de la taie ou de l'albugo, etc.

Les deux observations suivantes démontreront clairement la manière dont on doit pratiquer cette opération, et les circonstances dans lesquelles elle convient; l'une est tirée des observations de M. Pellier, communiquée au Cercle médical par M. Duffour, un de ses membres ; l'autre est prise dans ma propre pratique.

Je pense même que l'application du séton sur différens points du globe de l'œil lui-même pourrait aussi quelquefois concourir à la guérison de quelques-unes de ses autres maladies réputées également incurables, telles que l'opacité du corps vitré, la goutte sereine, l'hydrophthalmie, etc. ; et puisque dans ces derniers temps la cautérisation sincipitale a également réussi quelquefois dans les maladies les plus désespérées de cet organe, le séton, comme moyen local, n'agirait-il pas encore plus directement ? et s'il inspire moins de terreur que la cautérisation, quelque peu douloureuse qu'elle puisse être, ne devrait-on pas le compter pour quelque chose ? mais je dois avouer ici avec franchise, que je n'ai point encore employé le séton dans le traitement des maladies dont je viens de parler ; je ne fais que le proposer comme un moyen probable de guérison, d'après l'analogie de ce qui se passe ordinairement après son application dans les taches de la cornée. Je crois donc que son usage est susceptible d'extension, et qu'il mérite de fixer l'attention des praticiens éclairés.

PREMIÈRE OBSERVATION,

Rapportée par M. Pellier, de Montpellier, sur une tache à l'œil avec perte de perception visuelle.

Françoise Lemitre, demoiselle, âgée de 26 ans, demeurant dans un hameau près de Bayonne, douée d'une bonne santé et d'un tempérament sanguin, perdit un œil à la suite d'une inflammation, par une tache appelée *leucoma* ou *néphélion*, joint à plusieurs points blanchâtres, tenant à l'*albugo*, qui couvraient toute la surface de la cornée transparente ; s'étant confiée aux soins de M. Pellier, pendant son séjour à Bayonne, en octobre 1779, ce médecin oculiste prit la résolution d'établir dans la partie malade un séton bien délié, et il s'acquitta de l'opération de la manière suivante, en présence de MM. Darguibel, médecin, et Saiges, docteur en chirurgie. La paupière supérieure fut fixée par M. Saiges, et la main gauche de l'opérateur tenant la paupière inférieure abaissée en même temps qu'elle assujétissait le globe de l'œil, il plongea de la main droite, en ligne perpendiculaire, une des plus petites aiguilles à suture, aplatie d'un bout à l'autre, et munie d'un des bouts de fil moyen, d'un petit écheveau placé dans ses cheveux ; l'opérateur la fit pénétrer de haut en bas dans les lames de la cornée, à une demi-ligne environ de son limbe ; sa pointe, parvenue au-delà de l'extrémité inférieure de cette tunique, l'opérateur la saisit et en débarrassa bien vîte l'œil. Dès lors le fil prit sa place, et l'opérateur couvrit cet or-

gane d'une compresse légère et voltigeante, pour empêcher le contact immédiat de la lumière. Le pansement
qui eut lieu fut très-simple; il consista uniquement à tirer
de haut en bas un morceau de fil, et à le retrancher ensuite de manière à le laisser dépasser de douze à quinze
lignes. Après huit jours de pansemens M. Pellier crut à
propos de frotter légèrement la partie de fil passé dans
l'épaisseur de la cornée avec du baume d'*arcœus*,
pour accélérer la fonte. Ce traitement fut suivi l'espace
de six semaines, et la cornée malade avait repris en
bonne partie sa lucidité, puisque cette fille put distinguer assez les objets pour se conduire seule, comme si
elle n'avait eu que ce seul œil : il n'y eut que les petites
taches extérieurement blanchâtres de cette membrane
qui résistèrent au traitement, mais qui auraient pu,
d'après M. le docteur Pellier, se dissiper peu-à-peu,
si on avait entretenu plus long-temps le séton de l'œil,
à moins qu'elles n'eussent été le résultat de petites cicatrices. Ce succès partiel obtenu engagea M. Pellier à
renouveler ce premier essai. Afin de faciliter l'opération
il imagina, et fit fabriquer une aiguille plus propre à
emplir ses vues, parce qu'il avait remarqué que celle à
suture était sujette à trop de difficultés dans son usage,
1°. parce que la main de l'opérateur manque absolument de point d'appui, chose cependant bien essentielle dans les opérations à pratiquer sur l'organe visuel; 2°. que sa main l'empêchait de voir ce qui se passe
dans l'œil; 3°. que le trajet de l'instrument était trop
long à parcourir pour donner passage au séton.

Pour se mettre à l'abri des difficultés, voici la description de l'aiguille que cet habile oculiste fit construire
pour arriver plus sûrement au but qu'il s'était proposé.

Qu'on se figure une aiguille moyenne à coudre, un peu recourbée, et aplatie d'un bout à l'autre avec ses côtés bien tranchans, montée sur un petit manche avec cannelure sur ses faces, pour l'empêcher de glisser dans les doigts ; elle était aussi percée d'un petit trou à une ligne environ de sa pointe, pour recevoir le fil ou la soie. Par cette simple description on doit avoir, ce me semble, une idée assez précise de cet instrument aussi utile qu'ingénieux.

DEUXIÈME OBSERVATION.

Taches de la Cornée avec Albugo, compliquées de staphylôme.

M. Lebate, habitant ordinairement l'Auvergne, département du Puy-de Dôme, venait quelquefois à Paris pour des affaires de commerce. Ayant souvent été exposé aux intempéries des différentes saisons de l'année, pendant des voyages souvent très-précipités, il était sujet depuis plusieurs années à des ophthalmies assez graves qui avaient presque toujours cédé à l'emploi de moyens convenables ; mais à la suite d'une vive inflammation de ce genre, qui eut lieu pendant l'hiver de 1813, après un voyage de long cours, l'œil gauche resta couvert en grande partie de plusieurs taches blanchâtres qui interceptaient entièrement la vision de ce côté : la maladie sembla rester stationnaire pendant quelques mois ; mais une nouvelle ophthalmie survenue au printemps suivant, non-seulement aggrava l'état de l'œil gauche, mais encore il resta une petite tache blanchâtre un peu au-dessous du centre de la pupille de l'œil droit; cet état inquiétait beaucoup le malade, et d'autant plus, que tous les jours la cornée de l'œil gauche semblait plus proéminente.

Plusieurs médecins furent consultés : les avis furent différens sur le mode de traitement ; mais ils étaient unanimes sur la nature de la maladie et sur la difficulté d'obtenir un résultat favorable.

Je fus consulté les premiers jours du mois de mai 1814; le malade, d'un tempérament sanguin, était âgé de quarante-sept ans, et n'avait jamais eu d'autres maladies que les ophthalmies dont nous avons déjà parlé. Il y avait staphylôme à l'œil gauche, qui occupait les trois quarts inférieurs de la cornée ; il était proéminent de plus d'une ligne, et l'œil droit était aussi recouvert, comme nous l'avons dit, par une tache qui bouchait alors la moitié de la pupille. Le malade voyait à peine pour se conduire ; mais du reste il ne souffrait pas.

Je proposai le séton sur la cornée de l'œil gauche, et un traitement dépuratif et rafraîchissant pendant tout le temps que sa durée serait jugée nécessaire.

Le malade, désespéré sur sa situation, accepta tout ce que je lui proposai ; tout étant disposé pour cette opération, elle fut pratiquée le 9 mai suivant. L'aiguille adoptée par M. Pellier n'ayant pas sur sa face de cannelure pour loger le fil de soie, j'en ai fait construire une d'une bonne trempe, et percée d'une ouverture à une ligne de son extrémité libre. Par cette légère modification l'introduction du fil est plus facile, ce qui est déjà quelque chose dans une opération aussi délicate.

Du reste, le procédé décrit ci-dessus fut suivi de point en point ; l'opération fut prompte et très-peu douloureuse ; le fil, dirigé de haut en bas et de dedans en dehors, ne passait que sur le bord externe

de la pupille , et l'œil fut pansé chaque jour avec les précautions prescrites. Au bout de douze à quinze jours
il existait déjà une diminution de la tache blanchâtre,
la cornée était moins proéminente, et après deux mois
de patience le staphylôme avait entièrement disparu ;
le malade y voyait beaucoup mieux de cet œil que de
l'autre , dont la tache était à-peu-près dans le même
état. (Preuve bien évidente de l'utilité et de l'action du
séton dans les maladies de cette nature qui attaquent la
cornée.) La suppuration du séton fut encore continuée
durant un mois : pendant ce temps , la tache légère
qui avait résisté disparut entièrement et le séton fut supprimé. Deux mois plus tard le malade y voyait parfaitement de son œil gauche , mais il refusa de se soumettre à l'opération pour le droit, qui, du reste , sans
être guéri entièrement , était en meilleur état. J'ai su
depuis que M. Lebate jouissait d'une bonne santé , et
que sa vue était passablement bonne.

TROISIÈME ORDRE.

Affections de l'Iris et de ses dépendances.

De l'Iritis.

L'iritis , ou inflammation de la pupille , n'existe
presque jamais dans un état de simplicité ; presque
toujours elle est compliquée avec les autres phlegmasies des parties voisines , rarement passe-t-elle à l'état
chronique.

Les causes qui peuvent la déterminer sont en tout les mêmes que celles dont nous avons déjà parlé en traitant de l'ophthalmie ; mais on peut encore y ajouter les piqûres de l'iris, et la pléthore habituelle de ses vaisseaux chez quelques individus.

S'il est difficile de bien saisir la marche de cette maladie, qui est presque toujours compliquée, comme nous venons de le dire, il est cependant facile de concevoir que l'injection des vaisseaux et le rétrécissement de la pupille seront toujours d'autant plus apparens, que l'inflammation sera plus considérable, et la période de l'inflammation plus avancée.

Quel que soit l'état de complication ou de simplicité de l'iritis, les caractères que nous allons lui assigner serviront à la faire reconnaître des autres afféctions de l'organe de la vue : 1º. rétrécissement plus ou moins sensible de l'ouverture pupillaire ; 2º. injection des vaisseaux rayonnés; 3º. impression désagréable et quelquefois très-pénible par la moindre lumière, mais beaucoup moins que dans l'hypopion et la plupart des autres phlegmasies de l'œil ; 4º. lorsque le malade peut supporter l'impression d'une faible lumière sans en être trop fortement incommodé, les images des objets lui paraissent d'une bien plus petite dimension , et comme entourés d'un crépuscule circulaire. Si l'inflammation de l'iris est indépendante de toute autre phlegmasie des parties voisines, ce qu'il sera facile de reconnaître par la succession des symptômes que nous avons indiqués, et si les moyens convenables sont administrés à temps, la marche de cette maladie sera beaucoup plus rapide, et ses suites beaucoup moins fàcheuses.

Le médecin doit s'attacher d'abord à calmer les symptômes inflammatoires, et se servir, pour y parvenir, de ces médicamens dont l'action indirecte sur l'iris lui est bien démontrée par des expériences journalières qui ne laissent pas cependant que d'être très-curieuses, malgré la difficulté où nous sommes d'en expliquer tous les phénomènes.

L'instillation d'une solution d'extrait de belladona dans l'œil affecté, les collyres préparés avec les extraits d'opium, de ciguë, de pavot, sont les médicamens qui réussissent le mieux dans les affections inflammatoires de l'iris : les saignées par les sangsues, ou les ventouses scarifiées, sont aussi très-utiles ; mais il ne faut pas non plus négliger les bains de pied préparés avec la décoction de son, les lavemens émolliens, les doux laxatifs et les boissons rafraîchissantes. Le malade doit se garantir de l'impression de la lumière, en habitant pendant tout le traitement une chambre peu éclairée ; il est même prudent qu'il se serve d'un abat-jour, afin que les rayons lumineux ne puissent lui arriver qu'indirectement.

Après la cessation des symptômes inflammatoires, qui ne sont pas ordinairement de longue durée, la pupille se dilate, l'iris est moins injectée, l'impression de la lumière cesse d'être désagréable au malade ; c'est alors qu'il faut remplacer les opium et les narcotiques en lotions, par les collyres légèrement résolutifs d'eau de roses et de plantain, qui suffisent presque toujours pour obtenir une guérison complète.

Nous venons de voir que l'iritis est une maladie aussi simple dans sa marche que facile à reconnaître, lorsqu'elle se présente dépourvue de toute complication;

mais il n'en est pas ainsi lorsque cette phlegmasie de l'iris est accompagnée d'un état inflammatoire des autres parties intérieures de l'œil : l'iritis alors cesse d'être une maladie particulière à l'iris. Cette membrane affectée secondairement, ne peut pas être regardée comme le véritable siége d'une maladie bien plus grave, et qui trouvera naturellement sa place lorsque nous ferons la description des phlegmasies intérieures de l'organe de la vue, et des suites fâcheuses auxquelles elles peuvent donner lieu.

Il n'est pas sans exemple que l'inflammation de l'iris ne donne quelquefois lieu à la formation d'un petit abcès dans la duplicature de cette membrane ; mais ces sortes d'accidens sont extrêmement rares, et il est impossible au praticien le plus exercé de prévoir une terminaison de ce genre, et à plus forte raison de la prévenir.

Lors donc qu'à l'inspection on aperçoit sur un ou plusieurs points de la face antérieure de l'iris une petite élévation de couleur blanchâtre plus ou moins circonscrite, si l'iritis a précédé cette apparition, il est probable qu'il existe un abcès dans le tissu de la membrane qui a été et qui est encore le siége de la phlegmasie ; mais doit-on en faire l'ouverture, ou bien doit-on laisser à la nature le soin de se débarrasser elle-même, toutefois en l'aidant par quelques moyens rationnels ? Nous rejetons entièrement l'idée de porter un instrument tranchant jusque sur l'iris pour en ouvrir les abcès, moins par les difficultés à surmonter que par les accidens qui peuvent survenir après, telle que la formation d'une pupille artificielle, ce que l'on ne manquerait pas d'attribuer à l'opération ou à la maladresse de l'opérateur, bien que tout homme

de l'art, instruit, ne puisse pas raisonnablement faire
une application aussi fausse, et rendre l'opérateur res-
ponsable de ce qui naturellement serait arrivé sans
opération ; d'où nous concluons qu'il n'y a aucun
avantage d'ouvrir les abcès dont nous parlons ; que
nous devons au contraire en favoriser la résorption, en
prescrivant au malade, sur la fin de l'inflammation,
quelques collyres résolutifs et toniques.

Si le pus vient à s'épancher dans la chambre antérieure, il est ordinairement en si petite quantité qu'il
ne trouble pas même l'humeur limpide qu'elle contient ; l'iris ne tarde pas à se cicatriser, pourvu toutefois que la lame postérieure de cette membrane ne soit
pas elle-même détruite par la suppuration, car alors
une nouvelle pupille en serait le résultat inévitable.

Lorsque l'abcès de l'iris se fait jour par la chambre
postérieure, le médecin ne peut en avoir aucune connaissance positive, et dès-lors tous les moyens à employer
se réduisent aux secours généraux, qui seront continués jusqu'à ce que tous les symptômes inflammatoires aient disparu entièrement.

Il est infiniment rare de voir l'iritis simple passer à
l'état chronique, ce qui a fait croire à beaucoup d'auteurs que cette période de chronicité n'existait jamais
dans l'inflammation de l'iris ; moi-même je ne conce-
vais pas trop son existence, lorsque l'observation suivante, que j'ai recueillie dans ma pratique, est venue
me prouver que cet état, quoique très-rare, n'était
cependant pas sans exemple.

Madame C..., belle-mère d'un dentiste de Paris,
me fut adressée par son gendre, dans le mois d'octobre 1813. La malade souffrait médiocrement de son

œil droit à la lumière du jour, et presque pas dans l'obscurité ; mais elle pouvait à peine distinguer les objets de cet œil ; la vision, selon ses propres expressions, était troublée : cet état durait depuis plus d'un mois ; mais il avait été précédé par des douleurs beaucoup plus vives. L'œil examiné attentivement me présenta les symptômes suivans : rétrécissement considérable de la pupille, qui aurait à peine permis l'introduction d'une tête d'épingle, injection des vaisseaux rayonnés de l'iris qui était sans mouvement ; toutes les autres parties de l'œil, telles que la conjonctive, la cornée, l'humeur de la chambre antérieure, etc., étaient dans l'état sains et conforme, en tout à celles de l'œil gauche ; la malade était peinée de sa position, parce qu'elle avait déjà fait plusieurs remèdes qu'on lui avait conseillés, sans en éprouver aucun soulagement bien marqué ; elle craignait encore beaucoup pour son œil gauche, au point qu'elle se regarderait très-heureuse, disait-elle, si je pouvais trouver quelque moyen pour le garantir de la même affection, et qu'elle était prête à se décider à tout pour le conserver.

Après avoir bien réfléchi sur la nature de la maladie, sur les symptômes qui l'avaient accompagnée, et sur son siége actuel, persuadé, du reste, de l'état de chronicité de cette iritis, je crus devoir rassurer ma malade en lui promettant de la guérir. Les symptômes étaient trop marqués pour méconnaître une véritable inflammation chronique de l'iris, et malgré l'opinion des auteurs modernes sur l'insensibilité directe de cette membrane, il me fut cependant bien facile de me convaincre du contraire. *Prescription.* J'ordonnai à madame C.... 1°. quatre sangsues autour de l'orbite pour dégorger plus

directement les vaisseaux de l'iris ; 2°. quelques instilla-
tions avec la solution aqueuse d'extrait de belladona ;
3°. des fumigations soir et matin, faites avec une décoction de guimauve et de têtes de pavot, dont la malade
recevait les vapeurs à une douce température, par le
moyen d'un entonnoir renversé; 4°. le repos le plus
parfait dans une chambre peu éclairée ; 5°. des lavemens légèrement purgatifs, deux par jour ; 6°. enfin,
pour tisane, une légère solution de crême de tartre
dans une quantité d'eau déterminée. Tels furent les
moyens employés pendant les cinq premiers jours :
dès ce moment, diminution de la douleur par l'impression de la lumière, dilatation marquée de la pupille,
vision moins diffuse ; le sixième, je prescrivis des vapeurs aromatiques dirigées sur l'œil malade ; je les fis
renouveler plusieurs fois pendant la journée ; suppression de la solution d'extrait de belladona ; les lavemens
sont aussi suspendus, mais la crême de tartre est continuée, parce que la malade avait paru se bien trouver de
son usage : presque toujours constipée antérieurement, le
ventre était devenu libre par ce moyen. Le dixième jour
du traitement, la pupille avait déjà repris sa presque
contractilité ordinaire, et permettait à la malade de
distinguer passablement les objets. J'ordonnai alors
l'usage d'un collyre ammoniacal, que je fis continuer,
ainsi que la crême de tartre, jusqu'au vingtième jour.
Madame C... n'éprouvait alors aucune douleur et distinguait bien les corps les plus déliés ; la prunelle avait
presque entièrement recouvré son diamètre ordinaire
dans sa plus grande dilatation à l'obscurité ; la malade
me paraissant guérie, je fis cesser le traitement. Depuis
cette époque, j'ai eu occasion de voir plusieurs fois

madame C..., son œil droit est tout comme l'autre,
elle n'a éprouvé depuis aucune douleur, et n'est plus
décidée à aucun sacrifice.

Occlusion de la Pupille. Synezesis pupillœ.

L'occlusion de la pupille peut exister de deux manières :
1°. par l'existence de la membrane pupillaire, alors
cette maladie est toujours congéniale ; 2°. par l'oblitération parfaite de la prunelle, quelle que soit la
cause qui l'a produite. Dans cette seconde circonstance l'affection dont nous parlons est toujours accidentelle, et dans l'une et l'autre hypothèses le malade
est également privé de la lumière.

Lorsque la membrane pupillaire ne se trouve point
détruite avant la naissance, elle devient un obstacle
insurmontable à la vision, comme l'a prouvé l'expérience ; et l'enfant qui l'apporte en naissant restera
dans des ténèbres éternelles, si l'art ne vient au secours
de ce malheureux, en déchirant, comme le fit Chezel-
den, le voile membraneux qui s'oppose au passage des
rayons lumineux.

Nous ne remonterons pas à des considérations physiologiques sur l'époque précise de la vie du fœtus où
cette membrane se détruit d'elle-même par les seules
forces de la nature, seulement nous répéterons, avec
le plus grand nombre des anatomistes et des physio-
logistes, que rarement on la rencontre après le sixième
mois de la grossesse, et qu'elle existe presque toujours
avant le cinquième.

Si quelques auteurs, du reste très-recommandables,
ont nié son existence après la naissance à terme du
fœtus, c'est parce qu'ils n'ont jamais été à même de

l'observer ; mais il n'en est pas moins vrai que des faits bien constatés, et rapportés par des hommes dignes de foi, ont dû convaincre les plus incrédules. Du reste, nous conseillons à ceux de nos lecteurs qui désireraient avoir de plus longs développemens sur la physiologie de la membrane pupillaire, de consulter le Mémoire intéressant qu'a publié sur ce sujet M. le docteur Portal, premier médecin de S. M. le Roi de France, à la fin du quatrième volume de ses *Mémoires sur la nature et le traitement de plusieurs maladies.*

Il reste donc bien démontré pour nous que l'occlusion de la prunelle par l'existence de la membrane pupillaire après la naissance ne peut être détruite que par les secours de la chirurgie, en pratiquant une incision sur cette dernière membrane. Mais nous aurons bientôt occasion de décrire cette opération, lorsque nous parlerons de la prunelle artificielle.

Lorsque l'occlusion de la pupille survient à la suite des blessures ou des piqûres de l'iris, ou enfin à la suite de quelque contusion reçue sur l'œil, presque toujours il n'est plus temps d'y remédier lorsque le médecin s'en aperçoit, parce que les symptômes inflammatoires qui ont accompagné l'occlusion, ont captivé d'abord toute son attention : ici, comme dans le cas de l'existence de la membrane pupillaire, l'opération pour laquelle on pratique une nouvelle pupille est indispensable pour établir la vision. Mais si l'occlusion ne s'est formée que peu-à-peu, sans être accompagnée d'aucun symptôme inflammatoire extérieur, on peut espérer de combattre cette maladie, et même de la guérir en dirigeant les secours de l'art contre les maladies primitives qui sont présumées lui avoir donné

lieu. Par exemple, on conseillera les anti-syphilitiques,
les anti-scrophuleux, on cherchera à rétablir les évacuations supprimées, soit hémorrhoïdales ou mens-
truelles, etc., si un virus quelconque ou la suppression
de quelque évacuation est soupçonnée y avoir donné
lieu, ou même y avoir contribué. Toutefois, dans cette
circonstance, et malgré les moyens indiqués ci-dessus,
on ne peut raisonnablement espérer la guérison qu'autant que le bord de la petite circonférence de l'iris n'est
que juxtaposé avec lui-même sans être uni par la
continuation des vaisseaux de l'iris ; parce qu'alors,
après avoir détruit tout virus quelconque, ou rappelé
toute évacuation supprimée, il n'y aurait que l'opération déjà indiquée, capable de rétablir un passage pour
les rayons lumineux.

Tout ce que nous venons de dire sur l'occlusion de
la pupille, quelque fâcheux et quelqu'inquiétant que
cela puisse paraître, laisse encore beaucoup d'espoir,
sinon de guérison naturelle, du moins par les secours
de la chirurgie ; mais il n'en est pas de même lorsque
cette occlusion est accompagnée dans sa marche par
le changement de couleur de l'iris, par des céphalal-
gies, ou par la phthisie de l'œil, que l'on reconnaît à
la diminution de son volume, et par le peu de résistance qu'il oppose au doigt qui le presse. Tous ces
symptômes sont du plus fâcheux augure et laissent à
peine quelque lueur d'espérance. Les dérivatifs plus
actifs, tels que le séton à la nuque et le moxa sur la
branche frontale du nerf ophthalmique de Willis, les
pédiluves irritans, les collyres avec les eaux de Balaruc, les solutions métalliques, les eaux de plantain
et de roses, mêlées avec partie égale d'eau de Barrèges,

les sangsues appliquées au fondement de temps en temps et selon le besoin , un régime convenable , les dépuratifs crucifères , employés en tisane ou en sucs de ces plantes , etc. , tels sont les moyens , souvent infructueux , à la vérité , mais indiqués.

Le médecin ne doit jamais oublier que la prudence doit toujours lui servir de guide dans le traitement de cette maladie , comme dans toute autre , et qu'il ne doit pas tourmenter le malade en pure perte , lorsqu'il a acquis la triste conviction que toute espèce de moyen serait désormais inutile.

De la Mydriase.

La mydriase, ou *mydriasis* des Grecs, est une maladie qui a son siége dans l'iris , et qui se reconnaît par une dilatation extraordinaire , et contre nature , de la pupille , sans abolition de la vision du côté affecté; seulement alors cette fonction est plus ou moins confuse , le malade ne peut distinguer facilement les objets qui lui sont présentés que par le moyen d'un petit trou fait à une carte , en corrigeant ainsi le vice de la dilatation accidentelle de l'iris. Une des circonstances qui servent le plus à distinguer cette affection de quelques autres semblables en apparence , mais beaucoup plus graves quant à leurs effets , c'est que les deux yeux n'en sont jamais atteints consécutivement, comme il arrive presque toujours pour les autres maladies dont nous entendons parler. Mais nous aurons bientôt occasion de prouver la vérité de ce que nous avançons maintenant.

Les anciens auteurs qui ont traité de cette maladie se sont presque tous trompés sur sa véritable nature,

en prenant la dilatation symptomatique de l'iris pour
la mydriase, ce qui cependant est bien différent. Il est
vrai qu'ils ont fait une remarque assez judicieuse, qui
cependant n'existe pas toujours ; savoir : que les objets
examinés paraissent beaucoup plus petits. Oribase,
Paul-d'AEgine s'expriment à ce sujet de la même manière ; mais M. Demours, dont l'opinion doit faire
époque dans la médecine oculaire, en parlant de la
petitesse des objets, petitesse que les anciens regardaient comme un effet toujours constant dans cette
maladie, s'exprime ainsi : « Je l'ai rencontrée chez le
» tiers à-peu-près des personnes que j'ai traitées de cette
» maladie (1). »

Quelle que soit la cause déterminante de la mydriase,
lorsqu'elle se trouve dans son état de simplicité, il paraît qu'il y a toujours rétrécissement des fibres radiées
de l'iris, et relâchement des circulaires, ou plutôt privation de la faculté érectile de l'iris.

Cette dernière considération paraît d'autant plus vrai-
semblable qu'elle se rapproche le plus de l'expérience
journalière, basée sur l'analogie des tissus organiques
semblables, comme nous aurons bientôt occasion de
nous en convaincre. Si cette opinion si simple n'a pas
encore été admise et propagée comme elle devrait l'être,
nous en trouvons la raison dans les ouvrages de presque tous ceux qui ont écrit sur cette maladie : en effet,
presque tous l'ont confondue avec les dilatations symptomatiques de la pupille, et nous savons encore
que la mydriase a moins souvent été décrite par ces

_____

(1) *Traité des Maladies des yeux*, vol. **I**, pag. 439.

auteurs comme une maladie particulière , ayant également ses phénomènes particuliers , que considérée
comme un symptôme d'une autre maladie plus grave,
mais qui n'était point et ne pouvait pas être la mydriase.

De deux choses l'une : ou la mydriase est une maladie
de l'iris , comme je le pense, ou elle n'est qu'un symptôme d'une autre maladie ; dans cette dernière hypothèse elle ne mériterait donc pas de trouver place dans
le tableau des lésions du globe de l'œil , et nous aurions lieu d'être étonné que des médecins oculistes,
dont les connaissances sont si profondes et si étendues,
soient tombés dans une erreur aussi fâcheuse pour la
pratique que pour la théorie de l'art.

Tâchons donc de bien saisir les principaux caractères
de cette maladie en parcourant successivement, comme
nous l'avons fait pour toutes les autres que nous avons
décrites , les causes qui peuvent la déterminer, sa
marche particulière , ses signes et symptômes, et enfin
le traitement qu'elle réclame.

Une percussion exercée sur l'œil , mais point assez
forte pour endommager la rétine ou le nerf optique, telle
qu'un coup de pierre, de balle, de fleuret, etc. ; une
action spasmodique dans les fibres rayonnées de l'iris,
déterminée par une ophthalmie , soit interne , soit externe , etc., telles sont les causes les plus ordinaires de la
mydriase, dont l'invasion est toujours subite : la pupille acquiert son plus grand diamètre en un instant,
presque dans le moment même de l'action de la cause
déterminante; c'est aussi ce qui a fait penser , avec
raison, que la sortie du cristallin pendant l'opération

par extraction de la cataracte, pouvait donner lieu quelquefois à la formation subite de la mydriase.

Si cette maladie, comme nous venons de le voir, présente sur-le-champ son plus grand degré de développement, contre ce qui arrive presque toujours dans les autres maladies de l'œil, elle affecte aussi un caractère qui lui appartient exclusivement, car elle tend naturellement, et d'elle-même, à sa guérison ; à la vérité, sa diminution, qui est très-sensible dans les premiers jours, ne se soutient pas par la suite avec la même progression, puisque sa guérison est d'autant plus longue à se faire attendre, que les secours de l'art ont été négligés ou administrés inconsidérément, et pour ainsi dire sans connaissance précise de la maladie que l'on avait à combattre.

La personne affectée de mydriase ne voit que confusément les objets qui l'entourent ; mais elle peut distinguer, et même lire avec facilité, lorsqu'elle se sert pour l'œil malade d'un carton percé d'un petit trou à travers lequel elle regarde les objets ; si quelquefois les corps examinés lui paraissent plus petits que dans l'état naturel, d'autres fois aussi leurs dimensions lui paraissent plus grandes. Lorsque le médecin examine l'œil malade, il lui paraît quelquefois que la pupille est presque entièrement effacée, tellement son diamètre est grand. Les légers nuages qu'il aperçoit dans le fond de l'œil sont le résultat de la réflexion de la grande quantité de rayons lumineux qui se précipitent dans l'œil à travers cette énorme pupille, et non le commencement ou les signes précurseurs de l'opacité, soit du cristallin, soit des autres humeurs de l'œil, comme pourraient le croire des personnes peu exercées.

A mesure que cette maladie marche à sa guérison, non-seulement les objets sont distingués plus facilement, mais encore la tache ou les nuages disparaissent avec la même progression; ce qui certainement n'aurait pas lieu s'il y avait eu commencement de cataracte.

Ce que nous avons dit jusqu'à présent sur la mydriase, prouve assez par quelle raison cette maladie n'attaque presque jamais les deux yeux, et pourquoi elle se borne à un seulement; nous en tirerons aussi la conséquence, que la lésion ou paralysie des nerfs ciliaires n'est pas la principale cause de cette maladie, comme le pense M. Demours. « Il résulte, dit-il, pag. 443 du premier
» volume de son ouvrage, d'un examen attentif des
» différens cas de mydriase qui se présentent, que cette
» maladie est due à une lésion de nerfs ciliaires, soit
» que la cause se trouve précisément au point de leur
» épanouissement, comme lorsque la mydriase a lieu
» par une contusion, soit qu'elle se trouve entre la
» sclérotique et la choroïde sur leur trajet, ou dans
» l'épaisseur même de la première de ces deux membranes, que ces nerfs pénètrent au nombre de six ou
» sept, épaisseur dans laquelle ils se trouvent engagés
» sur une longueur de deux ou trois lignes auprès d
» nerf optique et du ganglion qui les fournit. La lésion
» peut avoir lieu dans ce ganglion même, ou dans l
» trajet des nerfs dont il est composé. » S'il en était
ainsi, la simple comparaison et l'analogie dans d
lésions d'organes semblables devraient, à quelque chos
près, prouver que la même marche et que les mêm

phénomènes se présentent toujours. Dans tous les cas, la mydriase n'arriverait pas en un instant à son plus haut degré de développement, et si une fois elle y était arrivée, la maladie ou serait incurable, ou ne céderait qu'avec des moyens rationnellement administrés, et, *à fortiori*, presque jamais aux seules ressources de la nature, qui cependant suffisent très-souvent pour arriver à sa guérison. Si quelquefois il y a lésion paralytique des nerfs ciliaires dans la mydriase, c'est alors une complication de la maladie primitive, et non le siége de la maladie. Nous avons vu que la marche ordinaire de la mydriase, prise dans son état de simplicité, a résolu ce problême qui n'en est plus un sur ce point ; mais il reste encore à déterminer comment et de quelle manière peut s'exécuter cette dilatation *contre nature* de la pupille. Le tissu spongieux et vasculaire de l'iris vient encore à mon secours, et par l'analogie des fonctions d'organes semblables je crois pouvoir en conclure naturellement que l'érection de l'iris est nulle dans la mydriase, quelle que soit la cause qui empêche, suspende ou modifie la circulation de ses vaisseaux capillaires ; de même aussi les corps caverneux de l'urètre ne peuvent être mis en mouvement par leurs muscles qu'autant qu'ils sont en érection. Cette vérité est connue de tout le monde, et tout le monde peut l'apprécier. Sans érection point de mouvement d'élévation ou d'abaissement des corps caverneux. Si donc dans quelques circonstances qui ne sont pas très-rares, la verge reste pour ainsi dire paralysée sous le point de vue de l'érection, pourquoi des circonstances, à quelque chose près semblables, ne présenteraient-elles pas les mêmes phénomènes sur des organes qui ont tant de rapports par l'analogie de leur organisation ?

Cette explication toute simple, que je ne fais cependant que proposer, quoiqu'elle me paraisse très-raisonnable, prouve assez la véritable nature de la mydriase et le genre de traitement qu'elle réclame. Par mon opinion j'explique également ce phénomène particulier qui ne s'observe que dans la mydriase, je veux parler de la facilité que l'on a de faire contracter la pupille à volonté, en instillant dans l'œil un collyre plus ou moins irritant. Si le rétrécissement que l'on obtient par ce moyen n'est que de peu de durée, du moins prouve-t-il que l'on a la possibilité de le faire, ce qui certainement n'arriverait pas si la mydriase dépendait de la paralysie des nerfs ciliaires. Elle prouve encore pourquoi cette affection n'attaque pas consécutivement les deux yeux l'un après l'autre, à moins, ce qui n'arrive presque jamais, que les causes, tant internes qu'externes, qui l'avaient d'abord déterminée sur le premier, n'agissent également et accidentellement sur le second.

Que l'on ne pense pas que ce soit sans preuves que nous avons avancé ce que nous venons de dire sur la théorie de la mydriase : si le lecteur veut bien faire attention que cette érection dont nous avons parlé est très-considérable dans le cas d'iritis, et s'il réfléchit qu'il peut également à sa volonté la détruire en faisant pénétrer dans l'œil un extrait liquide des substances que l'expérience a démontré ralentir par leur action la circulation, telles que la belladona, la jusquiame, l'opium, etc., n'aurons-nous pas trouvé la solution des questions proposées par M. Demours, à la fin de son article sur la Mydriase, tom. I, pag. 451?

« 1°. Pourquoi cette maladie, qui se forme tout-à-

» coup, commence-t-elle à diminuer dès les jours
» suivans ? »

C'est précisément parce qu'il n'y a pas de paralysie
des nerfs ciliaires, et que l'état passif d'érection, si je
puis m'exprimer ainsi, n'a pu avoir lieu qu'instanta-
nément et tout-à-coup, et non progressivement, ce
qui indiquerait la paralysie : car les fluides, chassés
des conduits spongieux de l'iris par la cause qui a
produit le mydriase, trouvent une résistance élastique
pour y pénétrer de nouveau, qui ne peut être sur-
montée qu'à la longue et insensiblement, à moins que
par l'irritation communiquée à l'œil il ne s'ensuive
une érection assez forte pour faire pénétrer les fluides
jusque dans les cellules les plus éloignées. Mais comme
il pourrait s'ensuivre une inflammation plus ou moins
considérable, qu'il ne serait pas toujours facile d'arrêter dans ses progrès, on ne peut et on ne doit employer ces irritans et excitans qu'avec ménagement et
avec la plus grande circonspection.

« 2°. Pourquoi ne la voit-on qu'à un seul œil ? »
Nous en avons exposé les motifs.

« 3°. Pourquoi par la suite, et après la guérison du
» premier, ne se forme-t-elle point au second œil,
» comme le fait quelquefois l'amaurose ? »
La maladie est purement locale : nous l'avons suffisamment démontré.

« 4°. Comment se fait-il que dans tous les cas de
» mydriase l'emploi, soit de l'électricité, soit d'une
» liqueur âcre, soit des frictions sur le globe de l'œil,
» fait subitement rétrécir la moitié de la pupille pen-
» dant une minute ou environ ? »
Tous ceux qui savent que tous ces moyens agissent

13*

également en augmentant l'action locale de la circulation capillaire, ne peuvent pas être étonnés de ce phénomène, qui n'en est plus un, et qui s'explique fort
bien par la théorie que nous avons proposée.

« 5°. Pourquoi ne la voit-on que très-rarement suivie
» d'amaurose? »

Si l'amaurose marche quelquefois à la suite de cette
maladie avec des symptômes et des signes qui lui sont
particuliers, quoiqu'elle soit déterminée également par
des causes qui ont attaqué et lésé des organes qui n'ont
aucun rapport de fonction ou d'organisation, on ne
peut pas raisonnablement la regarder comme une suite
consécutive de la mydriase. Il arrive alors ce qui peut
arriver dans toute autre circonstance, et rien de plus;
et, en un mot, parce qu'il est dans l'ordre des choses
possibles qu'une nouvelle maladie peut encore se déclarer pendant que celle dont nous sommes affectés tend
à sa guérison.

Puisque nous avons résolu toutes les questions proposées par M. Demours, et que la mydriase, dans son
état de simplicité, reste bien connue, nous allons voir
maintenant qu'avec bien peu de moyens médicaux il
sera toujours facile de la guérir plus ou moins promptement. En effet, tous les moyens internes, sauf un
bon régime, doivent être rejetés, sinon comme nuisibles, du moins comme inutiles ; point d'exutoires, tels
que sétons et autres, etc. Le malade portera habituellement une demi-lunette de carton, percée d'un petit
trou dans son centre, afin de corriger le vice de dilatation de l'iris ; soir et matin on lui instillera dans l'œil
quelques gouttes d'un collyre irritant, tel qu'une infusion de tabac, une solution de muriate d'ammoniac, de

sulfate de zinc, ou de tout autre semblable, etc.
Il n'en faut pas davantage, avec le temps et de la patience, de la part du malade, pour arriver à une guérison sûre et radicale, qui sera toujours hâtée par ces moyens lorsqu'ils seront bien dirigés.

Mais c'est à tort que l'on regarderait comme de vraies mydriases ces dilatations symptomatiques des pupilles qui accompagnent presque toujours la présence des vers dans le canal alimentaire, les accès épileptiques, histériques, ou toute autre convulsion : dans ces circonstances, les deux pupilles sont presque toujours affectées en même temps, tandis que la cause de leur dilatation plus ou moins éloignée n'est jamais locale, comme dans la maladie que nous venons de décrire.

Lorsque la mydriase se trouve compliquée de goutte sereine, de cataracte ou de glaucôme, en supposant, ce qui doit être infiniment rare, que cette complication ait pu avoir lieu au même moment, occasionnée par la même cause externe ou interne qui a déterminé cette maladie, la différence qui existe entre elles, tant dans leurs signes que dans leurs symptômes, ne peut manquer de les faire reconnaître ; et comme de toutes, la mydriase est la moins dangereuse, c'est d'elle que l'on doit le moins s'occuper dans le traitement que l'on aura à conseiller.

Nous avions oublié de dire que la mydriase n'est jamais accompagnée de douleurs orbitaires, sus-orbitaires ou occipitales. Lorsqu'elle a été produite par un coup porté sur l'orbite ou sur l'œil, c'est plutôt une sensation d'étonnement, accompagnée d'une vive lumière très-confuse, qu'éprouve à l'instant même le malade, qu'un sentiment de souffrances pénibles ou déchirantes, et la vue se conserve. Mais lorsque l'amaurose survient aussi rapidement, soit après une forte commotion extérieure ou après une attaque d'apoplexie, la vue est toujours perdue, et toutes les ressources de l'art ne réussissent presque jamais à la rétablir.

S'il pouvait exister du doute et de l'incertitude pour le diagnostic de ces deux maladies, la comparaison que je viens de faire pour les seules circonstances où il pourrait y en avoir, suffira, je pense, pour tranquilliser les praticiens à cet égard, et les convaincre qu'il n'est jamais possible de faire une telle méprise, pour peu qu'on veuille bien y porter un peu d'attention et réfléchir avant de prononcer.

OBSERVATIONS CLINIQUES DE MYDRIASE.

PREMIÈRE OBSERVATION.

Montpellier, le 26 octobre 1767.

« M. G*** de Saint-A***., âgé de trente-huit à qua-
» rante ans, a une mydriase de l'œil droit; il n'y a point
» d'opacité dans les humeurs; la vue n'est troublée
» qu'autant qu'il regarde des deux yeux; en fermant
» l'œil sain, il voit plus distinctement les objets, mais
» il ne peut lire que lorsque l'écriture est placée à huit
» ou dix pouces de son œil malade; mais à l'aide soit
» d'un verre convexe, soit d'une carte percée d'un petit
» trou, il peut lire à cette distance.

» Cet état existe depuis quatre ans. Un vésicatoire à
» la nuque, l'émétique et l'usage soutenu d'une tisane
» sudorifique purgative le soulagèrent considérable-
» ment. A la suite d'une maladie aiguë qui a eu lieu
» cette année, la maladie a fait de nouveaux progrès;

» la pupille, toujours très-dilatée, le malade ne pouvait
» s'exposer au grand jour, sur-tout au soleil, sans
» beaucoup souffrir de l'œil; des saignées, des bouil-
» lons rafraîchissans, un vésicatoire sur le sommet de
» la tête, et enfin des douches sur cette partie, prises
» aux bains de Balaruc, ont amélioré son état. Il ne
» souffre plus de l'impression de la lumière, la pupille
» est moins dilatée, mais il y a toujours confusion
» lorsqu'il regarde des deux yeux.

» La maladie avait été précédée d'un flux hémor-
» roïdal périodique qui a cessé il y a quatorze ans, et
» qui a été suivi d'un cours de ventre habituel qui dure
» encore.

» MM. Demours et Deshaisgendron sont priés de
» donner leur avis sur cette maladie. »

Réponse. — « Nous supprimons ici la dissertation
» physiologique qui précède l'avis donné par les con-
» sultés.

» Cette maladie ne dépend que de l'atonie partielle
» de l'iris.

» Revenir aux eaux de Balaruc, y ajouter quelque-
» fois un peu d'émétique; un vésicatoire entre les deux
» épaules, pendant six semaines; petit lait pendant la
» durée du vésicatoire, ensuite purgation. (1) »

Réflexions. — Un régime convenable, des frictions
locales, l'instillation de quelques gouttes d'un collyre
irritant dans l'œil affecté, auraient guéri la mydriase
en deux ou trois mois au plus, et le malade n'aurait
pas été martyrisé par une foule de remèdes, sinon nuisibles, du moins très-inutiles.

---

(1) M. Demours, ouvrage déjà cité, vol. III, pag. 178.

DEUXIÈME OBSERVATION.

Le 26 février 1817, le sieur Luni, conducteur de chevaux, demeurant rue des Bons-Enfans, reçut un coup de fouet sur l'œil gauche ; la douleur qu'il sentit ne fut pas très - vive, seulement il éprouva une espèce d'étonnement mêlé d'un trouble lumineux. Cette dernière sensation continuait d'avoir lieu quelques instans après le coup, et troublait la vision. Le malade vint me consulter le soir même, la pupille de l'œil malade était fortement dilatée ; il me fut donc facile, d'après les renseignemens ci-dessus, de reconnaître une mydriase bien caractérisée. Du reste, le sourcil et la face externe de la paupière supérieure présentaient une petite ecchymose linéaire de haut en bas, ce qui annonçait visiblement que la pointe du fouet n'avait touché que ces parties. Le malade distinguait facilement les objets à l'obscurité, tandis qu'au grand jour il les voyait troubles. Je fis l'expérience de la carte percée d'un petit trou, ce qui contribua encore à m'affermir dans mon opinion. L'instillation d'une solution légère de sel marin dans l'œil fit promptement rétrécir la pupille ; mais cet état ne dura pas une demi-minute. Cependant cette seule solution rendue de jour en jour un peu plus forte, m'a suffi, sans autres moyens, pour guérir complètement cette mydriase en quinze jours. Deux grains de sel marin pour chaque once d'eau, et portés progressivement jusqu'à six grains pour la même quantité d'eau, tel est le collyre que j'ai employé, et qui m'a réussi.

En réfléchissant sur la marche rapide de la mydriase, et sur les phénomènes qu'elle présente, j'ai conçu l'idée

que l'on pourrait, dans bien des circonstances, la guérir
sur-le-champ, et comme par enchantement, en appliquant une ventouse à pompe sur l'œil malade, recouvert par la paupière supérieure. J'ai pensé que ce moyen
pourrait réussir, mais je dois avouer que je n'ai pas
encore eu l'occasion de l'employer pour me convaincre
de son utilité, je ne fais donc que le proposer à la sagacité des praticiens.

Hernie, Végétation, Staphylôme de l'Iris.

Ces trois différentes dénominations, adoptées par les
auteurs anciens, pour définir, selon eux, des maladies
différentes de l'iris, ne sont plus admises aujourd'hui
qu'il est démontré pour nous qu'elles ne sont que des
degrés différens de la même maladie, qui reconnaissent toutes les mêmes causes, et présentent également les
mêmes symptômes. En effet, on ne peut pas supposer
une hernie de l'iris sans déchirement de la cornée
transparente ou de la sclérotique; il en est de même
de sa végétation; enfin, il ne peut exister un staphylôme
de l'iris sans déchirement ou sans perte de substance
de l'une des deux cornées.

Puisqu'il reste démontré que la sortie de l'iris, sous
quelque dénomination qu'on la présente, est toujours
la même maladie, accompagnée de circonstances plus
ou moins graves, il est vrai, mais qui n'en changent
pas la véritable nature, voyons quelles sont les causes
de cette affection, et à quels signes et à quels symptômes on peut la reconnaître.

Parmi les causes les plus ordinaires de la sortie de
l'iris, on doit mettre au premier rang les grandes bles-

sures de la cornée transparente, et quelquefois de la sclérotique, parce qu'alors l'humeur aqueuse des deux chambres de l'œil venant à s'épancher au dehors, les autres humeurs de l'œil doivent nécessairement pousser l'iris en avant, et d'autant plus facilement que le corps tranchant ou contondant aura agi avec plus de force, et si par sa commotion il a encore décollé une partie de la grande circonférence de l'iris, ou déchiré une partie de sa substance. Viennent ensuite les accidens qui surviennent pendant ou après l'opération de la cataracte par extraction, soit que le cristallin trop volumineux ne franchisse qu'avec difficulté le passage pupillaire, soit que, se précipitant dans la partie la plus déclive de la chambre postérieure, il pousse et entraîne avec lui l'iris à travers l'ouverture faite à la cornée transparente, soit enfin, lorsque le cristallin est extrait, si des symptômes nerveux se manifestent avec le vomissement, et si les humeurs de l'œil, poussées au dehors, déplacent l'iris et l'entraînent en sortant.

Une des causes qui rendent la sortie de l'iris des plus fâcheuse, et contre laquelle les ressources de l'art sont les moins efficaces et les plus incertaines, est bien certainement le déplacement de cette membrane par suite de rupture du staphylôme de la cornée transparente; presque toujours alors l'iris se présente à l'ouverture, et forme une espèce de digue momentanée aux humeurs de l'œil qui tendent à s'échapper.

Si le déchirement de la cornée est peu considérable, il arrive quelquefois après l'évacuation de l'humeur aqueuse de la chambre antérieure, que l'iris vient se présenter à l'ouverture en forme de bouchon, retient les autres humeurs de l'œil, et contracte ensuite une adhérence avec les bords de l'ouverture survenue ou faite à la cornée. La face antérieure de l'iris s'habitue assez promptement à l'impression de l'air avec lequel elle se trouve en contact. Si la chambre antérieure de l'œil reste aplatie par suite de la privation de l'humeur aqueuse, et si l'ouverture pupillaire est presque toujours difforme, ces inconvéniens sont bien peu de chose en comparaison des suites les plus ordinaires du staphylôme. Ne doit-on pas alors regarder cette terminaison comme la plus favorable? Ce que nous osons avancer est tellement vrai pour nous, que, lorsque nous sommes consulté pour des cas analogues, nos conseils tendent toujours à prévenir un déchirement ultérieur de l'iris. Lorsque le déchirement de la cornée est considérable, si l'iris s'engage dans l'ouverture, trop faible pour résister long-temps à l'action expulsive des humeurs situées derrière elle, elle ne tarde pas à se rompre; l'œil se vide alors plus ou moins, la vue est perdue sans ressource, et la difformité est toujours très-considérable; le globe se dessèche bientôt, et forme un moignon qui servira par la suite à fixer un œil de verre, dernier moyen pour cacher la difformité repoussante d'un semblable accident.

Nous venons de voir quels sont la marche, les symptômes, les signes et les causes des déplacemens accidentels de l'iris, cherchons maintenant par quel moyen nous pouvons espérer de les combattre avantageusement avec les secours ordinaires de la médecine ou de la chirurgie oculaire.

Lorsque l'iris forme hernie à la suite des déchiremens de la cornée, ou lorsque cet accident survient après l'opération de la cataracte par extraction, le plus sûr moyen d'arrêter les suites fâcheuses qui pourraient avoir lieu, est de tenir l'œil fermé par le rapprochement des paupières; cette compression naturelle suffit presque toujours pour empêcher la sortie d'une plus grande quantité de l'humeur aqueuse, et celle de l'iris, qui revient alors insensiblement dans sa position primitive, à mesure que la cicatrice de la cornée s'opère. Dans le cas où il y a inflammation plus ou moins considérable, il faut la combattre par tous les moyens que l'expérience a démontrés les plus sûrs et les plus prompts dans ces sortes de circonstances. Ainsi, la saignée locale par le moyen des sangsues appliquées autour de l'orbite, les bains de pied, les lavemens émolliens, la diète, les boissons rafraîchissantes, etc., sont ordinairement ceux qui agissent avec le plus de succès. Lorsque le déchirement de la cornée par une cause violente a précédé la sortie de l'iris, les antispasmodiques, la saignée, une position convenable, la tranquillité d'esprit et de corps, sont indiqués conjointement avec la compression par le rapprochement des paupières, de même que lorsque la sortie de cette membrane a suivi l'opération de la cataracte par extraction, sur-tout encore si des spasmes, des vomissemens, en ont été la suite.

Si, malgré toutes les précautions que nous venons d'indiquer, l'iris forme toujours saillie à l'ouverture de la cornée, il n'y a pas de danger alors de la toucher légèrement avec le nitrate d'argent (pierre infernale), et de faire en même temps usage de collyres toniques et astringens, dont la force devra toujours être proportionnée au degré d'irritabilité de l'œil et de l'inflammation plus ou moins aiguë ou chronique dont il est encore affecté. Une conduite sage et prudente, nous ne saurions trop le répéter, surmontera très-souvent des difficultés jugées d'abord insurmontables. On n'aura pas lieu de se repentir d'avoir temporisé, puisque des observations très-multipliées en sont la preuve irré-cusable.

Lorsqu'un staphylôme de la cornée a déterminé la sortie de l'iris, si le déchirement a été considérable, presque toujours l'iris se rompt dans le même moment, et toutes les humeurs de l'œil s'échappent par cette ouverture. Il n'y a donc ici rien autre chose à faire que ce que nous avons déjà indiqué en parlant du staphylôme. Si, au contraire, la cornée n'a été déchirée que dans un point de peu d'étendue, et si l'iris vient à former hernie par cette ouverture, elle empêchera la sortie des humeurs de l'œil, et laissera quelque espoir de conser-ver une partie de la vision; mais il faut, comme nous l'avons déjà dit et comme je le répète encore, se hâter de combattre la cause probable ou connue qui a dé-terminé le staphylôme, en faisant usage des moyens que nous avons conseillés en traitant de cette maladie. Il n'est pas rare de voir la cornée s'unir intimément avec l'iris dans les blessures de la première de ces mem-branes; mais il est bien plus rare de voir cesser entiè-rement la petite fistule de l'humeur aqueuse qui s'é-chappe en filtrant entre l'iris et la face postérieure de la cornée, dans le cas de staphylôme déchiré avec hernie de l'iris. Comme cette espèce de guérison est plus souvent l'effet de circonstances favorables imprévues que celui de la combinaison d'un traitement bien di-rigé, il est facile de concevoir combien nous devons être réservés sur les espérances que nous pouvons raisonnablement donner au malade. Si l'on a le bonheur de réussir quelquefois en employant les moyens que nous avons conseillés, conjointement avec la compression par le rapprochement des paupières et de légers attouchemens avec la pierre infernale, bien certainement c'est une raison péremptoire de les tenter dans l'occasion ; mais en même temps elle nous impose le devoir de nous abstenir de donner trop tôt au malade une certitude que nous ne pouvons jamais avoir nous-mêmes qu'après parfaite guérison.

Des Excroissances charnues de l'Iris.

La maladie dont nous entendons parler est heureusement infiniment rare, car, lorsqu'elle existe, les moyens que nous pouvons employer pour la combattre se réduisent à si peu de chose, que la guérison est toujours très-incertaine.

Le tissu érectile de l'iris prend, dans quelques circonstances, un développement végétatif en forme de champignon ou de verrue plus ou moins injectée ; tantôt cette espèce d'excroissance, qui n'est autre chose qu'une prolongation des vaisseaux sanguins, se fait remarquer sur la face extérieure de l'iris et occupe la chambre antérieure ; d'autres fois elle se forme sur la face postérieure, ou bien à sa grande ou à sa petite circonférence. Dans tous les cas, il est toujours plus facile de suivre les progrès de cette maladie lorsqu'elle paraît sur une partie visible de l'iris, qu'il n'est possible d'en deviner les causes. Cependant on peut soupçonner qu'un corps contondant qui a fait éprouver à l'œil une percussion violente, sans en déchirer les parties extérieures, peut bien aussi avoir endommagé le tissu de l'iris au point de déterminer cet allongement, d'abord forcé, de son tissu vasculaire, qui, par la suite, prendra une organisation vicieuse, causée par une aberration vitale consécutive. Telle est l'explication la plus raisonnable que nous puissions donner sur la formation des excroissances de l'iris. Quant à leur développement progressif, il doit suivre, et il suit effectivement la marche ordinaire des végétations semblables sur les autres organes de l'économie animale.

Comme il est de toute impossibilité d'appliquer directement sur le lieu affecté les médicamens qui seraient jugés nécessaires, il faut donc se contenter des dérivatifs, et parmi ceux-ci la saignée locale par le moyen de sangsues appliquées aux angles de l'œil affecté, dès le commencement de la maladie, suffisent quelquefois pour la guérir, ou du moins pour en diminuer considérablement les progrès. Des collyres fortifians, avec les eaux de fenouil, de lavande, peuvent ensuite être employés avec avantage, pourvu toutefois que l'irritation locale ne soit pas trop considérable.

Lorsque la maladie est plus avancée, si déjà l'excroissance occupe la totalité ou la plus grande partie de la chambre antérieure, il y a encore bien moins de chances de succès : il ne reste d'espoir que dans un traitement dépuratif, qu'il convient d'employer au plus tôt. Les anti-scorbutiques, les anti-scrophuleux, composeront ce traitement ; toutefois il sera modifié avec avantage par les dérivatifs, tels qu'un vésicatoire derrière les oreilles ou à la nuque, ainsi que par les purgatifs fondans employés par intervalles.

Arrivées à un certain degré de développement, nous le répétons, les excroissances de l'iris sont bien diffi-

ciles à guérir, car il ne reste presque toujours alors
que la perspective bien fâcheuse, sans doute, de voir
augmenter le mal sans pouvoir le combattre. Souvent
encore ces végétations insolites peuvent passer à l'état
cancéreux : mais alors le cancer est précédé et accompagné par les douleurs les plus fortes et les plus aiguës.
Le globe entier ne tarderait pas à participer à l'affection que son extirpation, faite à temps, peut seule prévenir. Elle garantit ainsi les jours du malade, qui suc-
comberait bien certainement à la diathèse cancéreuse.

De l'Absence de l'Iris.

Les fastes de la médecine oculaire ne contenaient
point encore d'observation sur l'absence de l'iris, lorsque
M. le docteur Morison, de Londres, a envoyé au
Cercle médical, au mois de septembre 1819, une observation par laquelle il faisait part à la Société d'un fait
aussi extraordinaire que curieux, dont voici les principaux détails.

« L'enfant qui en est le sujet, fils d'un sellier des environs de Londres, présente, dit M. Morison, deux
énormes pupilles qui s'étendent de toutes parts vers la
sclérotique, et laissent à l'observateur la possibilité
d'apercevoir les vaisseaux du fond de l'œil. Le malade,
qui distingue passablement les objets lorsqu'ils ne sont
pas par trop éclairés, porte cette infirmité depuis sa
naissance. La vive lumière le fatigue toujours plus ou
moins, et trouble beaucoup sa vision, qui est alors très-
embrouillée ; mais il n'en éprouve du reste aucune
douleur vive, et sa santé est bonne sous tous les
autres rapports. »

Tels étaient les détails donné par M. Morison sur

cette maladie, pour laquelle il avait conseillé de faire porter habituellement au jeune malade un abat-jour, afin d'éviter l'action directe des rayons lumineux sur les rétines trop exposées à leur influence, regardant du reste avec raison la maladie comme incurable.

Mais ces renseignemens n'ayant pas paru suffisans à la Commission chargée de faire un rapport à la Société sur le Mémoire présenté, cette Commission, dont j'étais membre et rapporteur, a demandé de nouveaux renseignemens à M. Morison, pour constater d'une manière plus évidente le fait qu'il avait rapporté. En attendant, elle n'a cru voir dans l'observation qui lui a été soumise, qu'une mydriase très-considérable qui affectait les deux yeux au lieu d'un, comme il arrive ordinairement dans cette maladie, et pour laquelle, en la supposant incurable, des lunettes de carton percées d'un petit trou dans leur centre rempliraient plus directement l'indication, et perfectionneraient beaucoup mieux la vision du malade que l'abat-jour, en formant ainsi une iris artificielle au-devant de chaque œil.

Si l'absence de l'iris, comme vice d'organisation de l'œil, peut se rencontrer quelquefois dans la pratique, tout en convenant que cette maladie est incurable par sa nature, nous pensons que les moyens palliatifs que nous venons d'indiquer seraient les seuls applicables, et nous les conseillons aussi comme devant remplir le mieux l'indication.

Opération de la Pupille artificielle.

En décrivant les affections de l'iris, nous avons, il est vrai, indiqué les moyens de les combattre ; mais nous avons également observé qu'il arrivait quelquefois, malgré la guérison des maladies qui avaient attaqué cette membrane, que l'ouverture pupillaire n'en restait pas moins bouchée, ou tellement rétrécie, que la vision ne pouvait plus avoir lieu. Nous avons vu qu'il en était de même lorsque la membrane pupillaire n'avait point été détruite avant la naissance, ou lorsque la cornée transparente, par suite d'une ophthalmie ou de toute autre maladie, restait couverte dans son centre d'un albugo ou d'une taie considérable, etc.

Dans toutes ces circonstances, comme les secours de la médecine sont insuffisans pour établir ou rétablir la vision, il faut, par une opération chirurgicale, ou déchirer la membrane pupillaire, ou rétablir la pupille, ou enfin en pratiquer une artificielle, correspondante à la partie saine et transparente de la cornée; car l'expérience, cette mère de la vérité, a démontré que dans quelque point qu'on pratique l'ouverture, si la cornée correspondante n'est point opaque en ce point, il y a toujours possibilité de rendre un peu de vue au malade. Ce point de vue sera proportionné sans doute à l'étendue de la partie saine de la cornée; mais il n'est point à négliger lorsqu'il n'y a pas d'autres moyens pour rétablir la vision.

Quelles que soient les circonstances qui nécessitent ou le déchirement de la membrane pupillaire, ou la formation d'une nouvelle pupille, ou l'agrandissement de l'ancienne, lorsqu'elle est trop resserrée pour livrer passage aux rayons lumineux, on y procédera selon l'indication et de la manière suivante : Le malade et l'opérateur étant placés réciproquement, comme pour l'opération de la cataracte, si c'est le déchirement de la mem-

brane pupillaire que l'on veut obtenir, il suffit d'introduire l'aiguille à cataracte dans la chambre antérieure,
en traversant la cornée transparente, par un point quelconque, au choix de l'opérateur, mais un peu éloigné
de l'axe que devrait avoir la pupille si elle existait.
Aussitôt que la pointe de l'aiguille est arrivée dans la
chambre antérieure, on peut la diriger d'autant plus
facilement vers le bord supérieur de la membrane pupillaire, que rien n'empêche de la suivre jusqu'à
ce point : arrivée là, on la fait ensuite pénétrer dans
cette membrane, de manière à pouvoir la déchirer facilement de haut en bas, et à-peu-près dans toute son
étendue, toutefois avec la précaution de ne pas trop enfoncer sa pointe dans la chambre postérieure, de crainte
de léser la membrane cristalline. Cette première incision
longitudinale une fois terminée, il faut exécuter la
même division transversalement, en reportant la pointe
de l'instrument dans le milieu de la longueur de la première incision. On observera les mêmes précautions en
divisant chaque lambeau séparément. Par ce moyen, la
membrane pupillaire se trouvera presque détruite, et
l'ouverture qui en résultera sera bien suffisante pour
livrer passage aux rayons lumineux, et donner la vision
au malade, sans craintes consécutives de cataractes, ce
qui ne manquerait pas d'arriver si le cristallin avait
été lésé pendant l'opération. C'est afin d'éviter cet accident, qui nous paraît assez grave pour mériter quelqu'attention, que nous préférons la méthode que nous
venons de décrire, à celle employée par Cheselden,
méthode qui consiste à faire pénétrer l'aiguille à cataracte par la sclérotique, pour de là aller déchirer la
membrane pupillaire d'arrière en avant, parce que l'on

14*

court alors les plus grands risques de déchirer la membrane cristalline, en dirigeant la pointe de l'aiguille dans des parties où on ne peut l'apercevoir en la ramenant vers la pupille. Nous ne pensons pas que ce soit ici l'occasion de préférer le procédé proposé par M. De Wenzel, qui consiste à faire une incision à la cornée comme dans l'opération de la cataracte par extraction, et de diriger la pointe du bistouri de manière à saisir la membrane pupillaire, de la traverser d'outre en outre, dans une étendue d'une ligne et demie à deux lignes, et d'obtenir ainsi un petit segment semi-elliptique, en tout conforme à celui de la cornée, mais beaucoup plus petit.

Ce procédé, quoique plus avantageux que la méthode de Cheselden, adopté par le célèbre Scarpa lui-même, nous paraît le céder de beaucoup à la méthode infiniment plus simple que nous avons décrite. Nous pensons même que lorsque la pupille est entièrement ou presque fermée par suite d'iritis ou de toute autre maladie de l'œil, il est également facile d'obtenir, avec l'aiguille dont nous nous servons, un déchirement quadrangulaire dans la partie centrale de l'iris ou dans tout autre point, si la partie correspondante de la cornée transparente était affectée d'albugo, de taie ou de leucoma, etc. Que l'on ne vienne pas nous observer que les lambeaux de l'iris, ainsi divisée, ne tarderaient pas à se rapprocher et à se réunir de nouveau pour former une nouvelle oblitération. Outre que l'expérience preuve journellement le contraire, un simple raisonnement suffit également pour démontrer toute l'absurdité d'une pareille hypothèse. En effet, ne savons-nous pas que le tissu érectile de l'iris se dilate, c'est-à-dire, entre en contractilité, lorsque nous sommes exposés à la clarté d'une vive lumière? Est-ce que nous ignorons qu'il se passe un phénomène contraire, lorsque nous sommes plongés dans un lieu obscur? Une fois convaincu de ces vérités, la méthode que nous préférons sera constamment suivie de tout le succès que l'on peut raisonnablement espérer, si après l'opération, toujours peu douloureuse, le malade est mis de suite dans une chambre privée de lumière, où il devra rester huit ou dix jours, temps bien suffisant pour que les angles de la division de l'iris s'effacent presque entièrement et se cicatrisent chacun séparément. Avec ces précautions l'ouverture pratiquée dans l'iris avec l'aiguille restera assez grande et sera assez régulière pour livrer passage aux rayons lumineux et pour rétablir la vision sans crainte de récidive par suite d'oblitération. Lorsque le malade a passé huit ou dix jours dans sa chambre, il est prudent de ne pas l'exposer de suite au grand jour, où il ne devra passer que progressivement, afin d'éviter pour la rétine une impression trop vive, qui pourrait ne pas être toujours sans danger pour la sensibilité d'une membrane dont les fibres sont si délicates.

Dans le cas, cependant, où l'opacité du cristallin compliquerait l'obstruction de la pupille, comme il serait nécessaire de faire une double opération, si l'on adoptait la méthode que j'ai proposée, il serait peut-être préférable alors d'inciser la cornée avec le bistouri à cataracte, selon le procédé de M. de Wenzel, de saisir d'abord l'iris avec sa pointe, de la pousser assez avant pour déchirer en même temps la membrane cristalline, et lui faire ensuite parcourir le trajet que nous avons indiqué plus haut, pour obtenir un segment *semi-elliptique* d'une ligne et demie à deux lignes ; et lorsque l'humeur aqueuse est écoulée , il faut aller saisir le lambeau de l'iris avec de petites pinces, et en faire l'excision avec des ciseaux minces et courbes vers l'extrémité de leurs lames ; après cela on fera quelques légères frictions sur la partie supérieure du globe , en appuyant légèrement sur la paupière ; on exercera ensuite une pression convenable pour faire sortir le cristallin , et lorsqu'il sera dehors , on pansera le malade avec les mêmes soins et avec les mêmes précautions qu'après l'opération de la cataracte ordinaire.

Dans l'opération avec le bistouri , comme l'humeur aqueuse s'écoule toujours après la section de la cornée, il est presque impossible de ne pas attaquer en même temps la membrane du cristallin lorsque l'on plonge la pointe de l'instrument dans l'iris , pour obtenir le segment dont nous avons parlé ; et comme les lésions de la membrane cristalline entraînent toujours aussi l'opacité de cette membrane ou celle du cristallin , c'est donc avec raison que les auteurs de ce procédé ont conseillé d'extraire en même temps le cristallin (altéré ou non), lorsqu'on pratique cette opération, afin de prévenir une maladie consécutive (la cataracte), qui en nécessiterait bientôt une seconde. Si l'on se sert de l'aiguille que j'ai conseillée, pour faire une prunelle artificielle , on n'a pas à craindre les mêmes inconvéniens, parce que, 1°. l'humeur aqueuse de la chambre antérieure ne s'écoule point pendant l'opération ; 2°. que les humeurs de l'œil restant dans leurs positions respectives , il est plus facile de suivre la direction que l'on a donnée à la pointe de l'aiguille ; 3°. enfin , lorsque l'on perce l'iris ou la membrane pupillaire , la pointe de l'instrument dirigée obliquement de bas en haut, ne pénètre jamais assez avant dans les différens mouvemens qu'on lui fait exécuter (si on y porte un peu d'attention), pour atteindre le cristallin, parce que la face postérieure de l'iris est encore à une certaine distance de la face antérieure du cristallin, dont elle est séparée par l'humeur aqueuse de la chambre postérieure.

Lorsque l'opacité de la cornée ne permet pas de choisir le lieu pour pratiquer l'opération d'une prunelle artificielle, si cette membrane conserve encore un peu de transparence dans quelque partie de sa surface, et si tous les moyens rationnels ont été employés infructueusement pour rétablir la vision ; comme le malade n'a plus alors aucune chance à courir, et que, du reste, il est voué à une obscurité éternelle, il faut le décider à l'opération que nous allons décrire, parce qu'elle peut rétablir en partie la vision ; parce que, du reste, elle n'est que peu ou presque point douloureuse, et parce qu'enfin elle ne peut entraîner aucune suite fâcheuse.

En supposant que la cornée ne soit transparente que dans un des points de sa circonférence, il faut, avec l'aiguille à cataracte, que l'on fait pénétrer dans la chambre antérieure par l'endroit le plus convenable, aller décoller, avec sa pointe, la circonférence de l'iris, correspondante à la partie transparente de la cornée, et obtenir ce décollement dans une étendue suffisante, afin d'éviter toute espèce de réunion future. Le décollement est encore ici préférable à l'excision d'un lambeau de cette circonférence, proposée par MM. Demours et Faure, quoique si heureusement exécutée par le premier, parce que cette excision ne peut s'effectuer qu'après avoir incisé la cornée dans le lien même où elle est encore transparente , lien qu'il est cependant bien nécessaire de conserver intact pour la réussite de l'opération.

Il arrive , après la dernière opération que nous venons de décrire , un phénomène qui ne laisse pas que de paraître extraordinaire aux personnes qui n'ont pas assez de connaissance sur l'organisation de l'œil et sur le rapport qu'ont entre eux ses différens corps transparens , c'est que le malade, lorsqu'il a le bonheur d'y voir, a besoin encore de se servir de lunettes à cataracte, quoique le cristallin n'ait été ni abaissé ni extrait. Mais on trouve l'explication de ce phénomène, sur-tout lorsque le décollement a été opéré dans la partie supérieure et extérieure de l'iris , parce que l'étendue et la position qu'occupe dans le globe la lentille cristalline , ne lui permettent pas de s'étendre jusqu'à la circonférence de l'iris, et encore moins vers sa partie supérieure externe, le cristallin étant naturellement un peu plus en dedans qu'en dehors. Dès-lors les rayons lumineux qui pénètrent dans l'œil par la pupille produite par le décollement de l'iris, ne rencontrant pas le cristallin sur leur passage , arrivent sur la rétine avant de s'être réunis en un seul faisceau , et rendent par cela même la vision diffuse ; vice qui, pour être rectifié entièrement, n'a besoin d'autres moyens , de la part du malade, que l'usage des lunettes à verres convexes , dites lunettes à cataracte.

Ici se termine tout ce que nous avions à dire sur les circonstances qui nécessitent l'opération d'une prunelle artificielle , sur le choix des moyens et des instrumens nécessaires pour la pratiquer avec le plus de probabilité de succès.

QUATRIÈME ORDRE.

Maladies de l'Humeur aqueuse des deux chambres de l'œil.

Trouble de l'Humeur aqueuse.

Peut-on raisonnablement qualifier du nom de *maladie*, le trouble qui se manifeste dans l'humeur aqueuse après ou pendant l'opération de certaines cataractes, par exemple de celles qui sont molles ou laiteuses ? Nous ne partageons pas l'opinion des auteurs qui l'ont admise, parce que ce trouble, purement accidentel, n'est point une maladie qui réclame d'autres moyens pour la combattre, que les soins que l'on donne ordinairement après l'opération de la cataracte, et qui seront indiqués lorsque nous traiterons de la cataracte en particulier, et de l'opération que cette maladie nécessite pour la guérir.

Hypopion, Abcès dans l'une des chambres de l'œil, ou véritable trouble de l'Humeur aqueuse.

L'hypopion n'est jamais une maladie primitive de l'humeur aqueuse, car la collection purulente que l'on remarque dans la chambre antérieure, et quelquefois dans la chambre postérieure, n'arrive jamais spontanément ; elle est toujours une des suites les plus fâcheuses de l'ophthalmie interne. En effet, s'il est facile de concevoir qu'une quantité de pus, plus ou moins considérable, a pu se former et s'amasser dans les chambres de l'œil, à la suite d'une inflammation des parties qu'elles contiennent, comment pourrait-on expliquer autrement l'apparition subite de la plus petite quantité de pus? Dira-t-on que le pus détermine par sa présence la vive irritation et la douleur insupportable que ressent le malade? Nous l'admettons, quant au fait; mais il n'en est pas moins certain que l'observation démontre journellement que le pus n'est jamais formé spontanément dans l'économie animale. Ne serait-ce pas un être de raison, de penser que la nature déroge, dans la formation de l'hypopion, à ses lois invariables?

D'après ce que nous venons d'exposer sur la formation de l'hypopion, nous devrions renvoyer la description de ce symptôme de l'ophthalmie interne au chapitre qui sera consacré à cette maladie; mais si nous réfléchissons que la chambre antérieure, et quelquefois la postérieure, renferment, dans le cas d'hypopion, toute la collection purulente; que l'humeur aqueuse, plus ou moins trouble, est chassée en partie du lieu qu'elle occupe ordinairement, nous suivrons l'exemple des auteurs qui nous ont précédé, et l'hypopion trouvera naturellement sa place dans l'article que nous consacrons aux maladies de l'humeur aqueuse.

Quoique par hypopion on entende généralement un amas de pus dans la chambre antérieure ou entre les lames de la cornée transparente, nous avons déjà exposé les raisons qui nous ont déterminé à consacrer cette dénomination exclusivement à l'abcès de la chambre antérieure.

Cette maladie étant une des suites les plus fâcheuses

de l'ophthalmie interne, et pour ainsi dire son dernier degré, nous pouvons dire avec raison que parmi les causes qui peuvent la produire, se rapportent naturellement toutes celles qui concourent à développer cette dernière affection. Ainsi donc les virus syphilitiques, scrophuleux, dartreux, qui occasionnent si souvent les ophthalmies internes les plus aiguës et les plus intenses, sont aussi les causes qui concourent le plus ordinairement à cette terminaison par suppuration qui constitue l'hypopion.

Cependant il ne faut pas exclure des causes de l'hypopion toutes celles encore, soit internes, soit externes, qui déterminent quelquefois, mais plus rarement, des accidens inflammatoires assez graves qui se terminent également par la suppuration. De ce nombre se trouvent naturellement la suppression d'une hémorragie habituelle, la saburre des voies digestives, une vive insolation, la présence de corps étrangers dans les membranes de l'œil, de fortes contusions sur cet organe par des corps contondans, etc.

Lorsque l'œil est affecté d'une ophthalmie dont les symptômes sont considérables, si, loin de diminuer après quelques jours de traitement et de soins assidus, ils ne font qu'augmenter, on a tout lieu de craindre la formation de l'hypopion. Si l'on examine l'œil avec attention au moment où la suppuration commence à se former, on aperçoit un trouble plus ou moins considérable dans l'humeur aqueuse; les souffrances du malade sont infiniment augmentées par la présence de la lumière qu'il ne peut supporter, tous les vaisseaux sanguins sont fortement prononcés, bientôt le pus suspendu dans l'humeur aqueuse se précipite

dans le fond de la chambre antérieure, et il apparaît
sous la forme d'un croissant, dont le bord convexe est
tourné en bas.

Si par la violence des symptômes qui accompagnent
l'ophthalmie interne on a lieu de soupçonner la formation de l'hypopion, il faut, autant que possible, le
prévenir par le traitement le plus convenable : la diète
la plus sévère, les bains de pied, sinapismes, souvent
renouvelés pendant la journée et même la nuit, les boissons délayantes, la saignée du pied, de la jugulaire,
et par-dessus tout l'acupuncture faite sur les muscles
sus-épineux, les ventouses scarifiées derrière les épaules,
les doux laxatifs employés à propos et selon le besoin,
tels sont les moyens généraux les plus ordinaires à employer, et ceux que l'expérience a démontrés les plus
efficaces, toutefois en leur associant les anti-scrophuleux, les anti-vénériens; les applications des sangsues
à l'anus, à la vulve, si la suppression des règles, des
hémorrhoïdes, ou la présence d'un virus quelconque,
ont concouru à développer les symptômes dont nous
avons parlé ci-dessus. Après l'extraction des corps
étrangers, les fumigations émollientes, les cataplasmes
de même nature, les collyres adoucissans et opiacés,
l'application de quelques sangsues autour de l'orbite
feront cesser les symptômes inflammatoires, et pré-
viendront l'hypopion dans le cas où cette cause existerait.

Après la formation du pus dans la chambre antérieure de l'œil, ce qu'il sera facile de reconnaître par
les signes que nous avons déjà indiqués, et par la continuation et la persévérance des douleurs éprouvées par
le malade, il est prudent de ne pas attendre une désor-

ganisation plus complète, et une abondance de pus plus considérable, pour évacuer la matière contenue dans cette chambre, seul moyen alors de calmer les souffrances les plus atroces et de prévenir les suites les plus fâcheuses.

Pour parvenir donc à l'évacuation du pus, il faut ouvrir la cornée transparente, en pratiquant sur cette membrane une incision, comme dans le cas d'opération de la cataracte par extraction. L'humeur aqueuse s'écoule ordinairement avec le pus ; mais dans le cas où sa densité viendrait à s'opposer à son expulsion à travers l'ouverture faite à la cornée, on doit la faciliter en introduisant une petite curette, car plus tôt le pus est hors de la chambre antérieure, plus tôt le malade est soulagé, et plus l'opérateur conservera d'espérance pour rétablir la vision.

Lorsque nous parlerons de l'opération de la cataracte par extraction, nous indiquerons le procédé opératoire le plus généralement employé pour ouvrir la cornée dans une étendue suffisante ; et comme l'on doit observer les mêmes règles et les mêmes précautions dans le cas d'hypopion, nous renvoyons à l'article de la cataracte tout ce qui concerne cet objet ; nous dirons seulement qu'après l'opération de l'hypopion on doit bien se garder de presser sur l'œil pour favoriser l'expulsion du pus, de crainte de provoquer la sortie du cristallin ; on doit se contenter seulement d'avoir recours à la curette, car la sortie de l'humeur aqueuse entraînera toujours avec elle le reste de la suppuration.

Les soins qu'il faut donner au malade après cette opération consistent à garantir l'œil du contact de l'air par le moyen d'une compresse fine, fixée au bonnet du malade.

Si après l'opération le malade éprouve un bien-être très-satisfaisant pour lui, le médecin, tout en partageant sa tranquillité, ne doit pas en rester là, trop de sécurité alors serait blâmable, et pourrait même occasionner des suites tout aussi graves que celles qu'il vient de combattre; c'est alors, au contraire, qu'il doit redoubler d'efforts pour attaquer par les ressources de l'art les causes de l'ophthalmie qui a précédé l'hypopion : dégagées d'un symptôme aussi grave, elles céderont plus facilement, et la cure deviendra promptement radicale.

Les anti-scrophuleux, les anti-dartreux, les anti-vénériens seront donc continués avec toutes les modifications que les circonstances rendent nécessaires; les évacuations supprimées seront rappelées; l'œil, débarrassé de la matière purulente contenue dans sa chambre antérieure, reprend en peu de temps sa transparence, et revient apte à la vision.

Quelque fâcheuses que soient les ophthalmies qui attaquent les organes de la vue, rarement sont-ils tous les deux affectés en même temps d'hypopion, presque toujours il n'y a qu'un seul abcès; cependant il n'est pas sans exemple de voir les deux yeux attaqués des mêmes symptômes, parcourir les mêmes périodes et arriver à la même terminaison. La maladie, quoique plus grave alors, n'est point changée de nature, elle ne réclame de plus qu'une double opération, puisque les mêmes moyens indiqués sont également applicables avant comme après l'incision des deux cornées.

Les anciens appelaient *empyesis*, *dyapyesis*, l'hypopion dont la collection de pus se trouvait renfermée entièrement dans la chambre postérieure; mais comme est presque impossible que le pus, dans l'hypopion, puisse occuper la chambre postérieure sans exister en même temps dans la chambre antérieure, et que du reste les indications à remplir sont entièrement les mêmes, nous n'avons rien à ajouter à ce qui a été dit précédemment.

L'abondance de l'humeur aqueuse chez certaines personnes que l'on dit vulgairement avoir des yeux de bœufs, ainsi que la diminution de cette humeur chez les vieillards, ne peuvent et ne doivent pas être regardées comme des affections maladives, car si l'une est un vice d'organisation au-dessus des ressources de l'art, l'autre est le résultat du dépérissement général, de la condensation et de la diminution des fluides, opérées par les suites nécessaires des progrès de l'âge, pour la régénérescence desquels nous serons long-temps à chercher la véritable fontaine de Jouvence, créée et si vantée par le délire poétique des anciens.

CINQUIÈME ORDRE.

Maladies du Cristallin.

De la Cataracte et de ses Complications.

La cataracte, appelée *hypochyma* par les Grecs, *gutta obscura* par les Arabes, *suffusio* par les Latins, est généralement reconnue aujourd'hui pour une affection du cristallin ou de sa capsule, devenus opaques de quelque manière ou par quelque cause que ce soit.

Dans cette maladie, les rayons lumineux trouvant un obstacle insurmontable après avoir traversé la chambre antérieure de l'œil, ne peuvent continuer leur route jusque vers la rétine, qui seule est chargée de nous donner la connaissance des objets qui nous environnent, et qui, par conséquent, doit être regardée comme le véritable sens de la vue.

Si l'on compulse les auteurs anciens qui ont écrit sur la cataracte, on est étonné de voir l'opinion qu'ils avaient sur cette maladie, qu'ils attribuaient généralement à la formation d'une humeur particulière en forme de pellicule, qui se formait dans l'humeur aqueuse entre le cristallin et la cornée, au-devant du trou de l'uvée ou de la pupille, selon quelques-uns, et derrière la pupille et au-devant du cristallin, suivant le plus grand nombre.

La cause d'une manière de voir aussi erronée se trouve facilement démontrée par l'opinion que l'on avait alors de regarder le cristallin comme l'organe immédiat de la vue.

Une chose qui doit étonner, et qui aurait dû éclairer les anciens sur la véritable cause de la cataracte, et qui cependant n'a pas été remarquée jusqu'à moi, je veux parler de ces déplacemens spontanés de la totalité ou d'une partie seulement du cristallin poussé dans la chambre antérieure au travers la pupille. De pareilles observations, qui de nos jours sont assez communes, et dont les auteurs nous citent une foule d'exemples, ne peuvent pas avoir manqué de s'être présentées quelquefois chez les anciens. Dès-lors, comment peut-on concevoir que ce qui naturellement devait se présenter à la pensée ait éprouvé autant d'opposition de la part de tant d'hommes instruits, qui savaient assez d'anatomie pour se convaincre qu'un cristallin chassé dans la chambre antérieure de l'œil ne devait pas présenter, à l'inspection la moins exercée, l'apparence d'une membrane formée spontanément, et encore de quelle manière? Il est vrai que lorsqu'on est aussi persuadé qu'ils l'étaient, que le cristallin est l'organe immédiat de la vue, il est bien difficile de revenir contre et de se rendre à l'évidence et à la raison. Ce qui était arrivé en 1708, époque où de Saint-Yves et Petit firent l'extraction d'un cristallin opaque passé à travers la pupille, en incisant la cornée transparente, ne s'était-il donc jamais présenté avant? Je ne partage pas cette opinion. Hippocrate et quelques-uns des observateurs après lui, tels que Gallien et Oribase, avaient rangé le glaucôme au nombre des maladies du cristallin, ce qui leur faisait aussi regarder cette maladie comme incurable, parce qu'ils attribuaient à cette lentille la propriété de la vision. Mais on trouve dans Gallien, Oribase et Hippocrate, qu'ils reconnaissaient également une cataracte, qui, selon eux, existait dans une pellicule formée accidentellement au-devant du cristallin : aussi avaient-ils pensé qu'elle pouvait être alors déprimée avec succès.

Celse lui-même, qui a si bien décrit l'opération de la cataracte par abaissement, en partageant l'erreur commune, croyait réellement ne déprimer qu'une membrane formée au-devant du cristallin.

Les mêmes principes ont été adoptés et suivis par tous les auteurs qui se sont succédés depuis Celse ; et si l'on a abandonné l'ancienne opinion de *Gallien* et d'*Oribase*, on n'en a pas moins partagé l'erreur de ces médecins sur les fonctions du cristallin, que l'on ne, croyait certainement pas déprimer par l'abaissement.

Plimpius, célèbre médecin d'Amsterdam, est le premier qui a avancé que le cristallin n'était pas un organe absolument indispensable à la vision, comme on l'avait pensé jusqu'alors (1). Mais bientôt éclairés par l'observation de Plimpius, Borelli, Quarré, Lanier, chirurgiens à Paris, Gassendi et Rohault, physiciens célèbres, qui vivaient dans le milieu du dix-septième siècle, adoptèrent cette manière de voir, conforme à la vérité, et la propagèrent. Quarré enseignait dans des cours publics, dès l'année 1633, que la cataracte avait son siége dans le cristallin, et que les anciens s'étaient trompés sur sa véritable nature. Mais il était réservé à Maître-Jean, chirurgien à Saint-Méry-sur-Seine, de démontrer jusqu'à l'évidence, par l'anatomie pathologique, ce qui d'abord ne lui avait été suggéré que par l'opinion de Plimpius sur les fonctions du cristallin. L'antériorité de cette découverte, réclamée par *Brisseau*, qui publia son ouvrage en 1709, n'est pas fondée, car elle appartient de plein droit à Maître-Jean, comme il est facile de s'en convaincre par ses réflexions au sujet d'une cataracte qu'il avait opérée en 1682, sur un nommé Thomas Charié, maréchal,

***

(1) Plimpius, *Ophthalmographia*, lib. iii, chap. xiv. Dicam ne verò etiam omnibus inopinatum quidpiam ? Aio enim verò cristallinum non nobiliori in oculo fungi officio, quàm aqueum et exempto cristallino, oppletoque loco ab humore vitreo visionem, nihilominùs celebratum iri : verùm non tam districtè, quàm nunc : confusa enim esset in retiformi pictura, nisi alio situ, quàm quem nunc obtinet, retiformis locaretur.

demeurant à Châtres - sur - Méry (1). Bientôt après
le hasard le favorisa tellement, qu'il lui fut facile
d'avoir la preuve de la vérité de son assertion :
« Quelque temps après, rapporte-t-il dans le même
» chapitre, 13ᵉ observ., pag. 122, un passant, auquel
» j'avais reconnu une cataracte à un des yeux, étant
» mort dans mon hôpital, je fis l'extraction de l'œil
» cataracté, et trouvai son cristallin altéré, et en tout
» semblable à celui qu'on aurait fait infuser dans une
» liqueur acide. » Cette vérité, démontrée pour lui
jusqu'à l'évidence, trouva cependant de nombreux
contradicteurs. L'Académie des Sciences regarda, en
1705, comme un paradoxe, l'opinion que Brisseau avait
émise à ce sujet dans un mémoire qu'il lui avait pré-

---

(1) Antoine Maître-Jean. *Traité des Maladies de l'Œil*, 1ʳᵉ part.
Réflexions sur la première Observation, imprimé à Troyes, 1722,
pag. 120 et suivantes. Cette observation a été la première qui
a commencé à me désabuser de l'opinion commune ; car je
raisonnais ainsi : Si la cataracte est une membrane qui s'en-
gendre entre l'uvée et le cristallin, étant séparée, elle ne
peut contenir un si grand espace, et on pourrait aisément la
loger au-dessous de la pupille sans qu'elle incommodât, et
d'ailleurs la vue serait aussi bonne comme elle était avant la
naissance de la cataracte. Si c'est une pellicule qui se détache
du cristallin, à la vérité la vue devrait être diminuée après
l'opération ; mais la pellicule ne devrait pas paraître sous un
aussi gros corps ; il faut donc, disais-je, que ce soit véritablement le cristallin altéré que l'on abaisse. Je n'avais point de
peine à concevoir comment on pouvait voir sans cristallin. J'en
étais déjà persuadé par raison d'optique, et par le sentiment
de Plimpius, rapporté au chap. 22, de la *Description de l'Œil* ;
mais ce qui m'embarrassait, c'était je ne sais quoi de blanc
que j'avais vu flotter dans l'humeur aqueuse.

15*

senté. La dispute s'engagea alors de part et d'autre avec chaleur. Voolhouse épousa chaudement l'opinion des anciens, tandis que d'un autre côté Maréchal, Petit et de Saint-Yves, cherchaient à s'éclairer par des expériences qui furent concluantes pour la nouvelle doctrine. Il aurait été-difficile qu'elles ne le fussent pas!... Il survint donc une foule d'écrits qui contribuèrent beaucoup à asseoir le diagnostic de cette maladie. Winslow, Bouquet, et après eux Tenon, ayant découvert un grand nombre de cataractes membraneuses dans lesquelles le cristallin avait conservé sa transparence, voulurent, mais sans succès, renouveler l'opinion des anciens, en avançant que la membrane capsulaire du cristallin était seule susceptible de se cataracter.

Toutes ces disputes ont produit cela d'avantageux, que maintenant on ne peut plus révoquer en doute l'existence de la cataracte dans le cristallin ou dans sa capsule, puisqu'il existe réellement des cataractes membraneuses et cristallines.

D'après ce que nous venons d'exposer, nous voyons que les uns ont démontré ce qui n'avait été regardé d'abord que comme probable par les autres, d'où nous pouvons conclure que l'extraction de cette lentille (du cristallin), dès son apparition, a été péremptoire et victorieuse pour la vérité, en jetant le plus grand jour sur la véritable nature de cette maladie, qui serait peut-être encore un sujet de dispute parmi les savans, si cette opération qui a convaincu les incrédules au *doigt et à l'œil* était encore à découvrir. Honneur, honneur soit donc rendu à Daviel, qui, le premier, en 1745, l'a exécutée avec autant d'habileté que de succès, puisque ceux qui en avaient parlé avant lui ne l'avaient jamais pratiquée sur le vivant.

Quelques auteurs, il est vrai, ont pensé que la coagulation de l'humeur de Morgagni, qui se trouve, après la mort, entre le cristallin et sa capsule, pouvait, en perdant sa transparence pendant la vie, donner lieu à une cataracte, qui, si elle existait, prendrait naturellement le nom de cataracte de l'humeur de Morgagni, sans rien changer à la conviction que nous avons des altérations, soit du cristallin, soit de sa membrane, qui peuvent avoir lieu simultanément, ou toutes les deux en même temps, pour constituer ce que nous appelons la cataracte; mais cette assertion soutenue par Tenon et par quelques autres, n'est pas suffisamment prouvée pour être regardée comme péremptoire; d'ailleurs, cette lymphe découverte par Morgagni n'est pas encore tellement démontrée, que l'on ne puisse bien, jusqu'à un certain point, nier son existence. J'ai donc cherché à me convaincre en disséquant les yeux des gros animaux, où, toute proportion gardée, elle devrait être plus abondante que chez l'homme, et j'ai toujours remarqué, en prenant un œil de bœuf pour sujet de mes recherches, qu'après avoir donné issue à l'humeur aqueuse par une incision faite à la cornée transparente, si on enlève ensuite toute cette membrane avec des ciseaux, on aperçoit alors l'iris, dont la pupille est de forme oblongue, s'appuyant sur la face antérieure du cristallin; et que, si cette dernière membrane est également enlevée à son tour, mais avec la précaution de découvrir en grande partie le cristallin sans endommager sa capsule, que l'on doit ouvrir horisontalement et de manière que le cristallin puisse être saisi et extrait

très-promptement avec une simple airine très-pointue,
ou avec tout autre instrument, il m'a toujours semblé
alors que dans la capsule vide il n'y avait d'abord point
de lymphe, mais qu'il en survenait ensuite, après quelques instans, ce qui m'a porté à croire qu'elle pouvait
bien avoir été fournie par l'humeur aqueuse retenue par
les parties voisines, malgré toutes les précautions prises
pour l'éviter. Pour m'assurer encore si l'opinion que je
m'étais formée était vraie ou non, j'ai renouvelé mes
expériences; en voici les résultats : Après avoir enlevé
la cornée transparente, si l'humeur aqueuse est ensuite
épongée avec un linge très-fin, et si on a la précaution
de ne pas déchirer la capsule cristalline, en gardant
l'œil dans cet état pendant dix - huit à vingt heures au
plus, et à l'obscurité, on aperçoit alors facilement la
face antérieure du cristallin unie intimement avec la
face postérieure de sa capsule, ce qui ne pourrait certainement pas avoir lieu s'il y avait eu une humeur quelconque entre cette lentille et son enveloppe ; parce
qu'alors, en supposant l'évaporation d'une partie du
liquide, par les lois mêmes de la pesanteur, le cristallin
chassant le reste du fond de sa capsule, le forcerait de
surnager et de faire saillie à sa partie la plus élevée;
ce que je n'ai cependant jamais remarqué. D'après
ces résultats, que tout le monde peut vérifier comme
moi, je suis en droit de conclure, des expériences que
j'ai souvent multipliées pour m'en convaincre, que l'humeur, dite de Morgagni, n'existe réellement pas dans
l'état de santé, et que l'humeur qui a été prise pour
elle par tous les anatomistes, jusqu'à ce jour, était ou
de l'humeur aqueuse qui avait pénétré dans la capsule
cristalline au moment où elle avait été déchirée pour

en faire sortir le cristallin , ou même une sérosité provenant de la rupture des petits vaisseaux lymphatiques qui vont de la capsule au cristallin, comme je le pense, contre l'opinion généralement admise, qui le regarde comme nageant dans l'humeur de Morgagni, et y prenant sa nourriture en forme d'imbibition, ce qui serait cependant si contraire aux principes d'une saine physiologie. Au reste, si, contre mon opinion et contre mes expériences anatomiques, l'humeur, dite de Morgagni, existe entre le cristallin et sa capsule, elle ne doit exister que comme sérosité limpide, de manière à lubréfier seulement les surfaces en contact; car elle ne peut jamais être en quantité suffisante pour représenter le plus petit volume lorsqu'elles cessent de l'être. Je suis donc porté à croire que Tenon, et tous ceux qui, comme lui, ont pensé que l'altération de l'humeur de Morgagni donnait lieu à la cataracte, se sont également trompés, en premier lieu par les raisons que je viens d'exposer, et qui sont péremptoires , et en second lieu parce que l'humeur de Morgagni, si elle existait réellement, ne pourrait jamais être altérée sans que la membrane qui la produit ne le fût également, et dès-lors il y aurait aussi cataracte membraneuse. Cette dernière assertion est fondée sur l'analogie des membranes séreuses entre elles; elle est encore prouvée par l'anatomie pathologique et le simple bon sens qui nous avertit qu'une sécrétion ne peut pas changer de nature sans que l'organe qui la produit n'ait éprouvé lui-même des changemens morbides. Mais c'est trop long-temps nous écarter de notre sujet.

Puisqu'il reste bien démontré que la cataracte a son siége dans le cristallin ou dans sa capsule, examinons maintenant quels sont les âges et les époques de la vie qui sont particulièrement disposés à cette maladie.

En ouvrant le grand livre de la nature, qui est aussi celui de l'observation, nous y voyons que des enfans sont venus au monde avec la cataracte ; nous la retrouvons encore plus multipliée dans l'âge avancé, et nous voyons enfin que les autres époques de la vie n'en sont point exemptes.

Si le lecteur veut bien se rappeler la structure du cristallin et celle de son enveloppe ou capsule, ses rapports avec les parties voisines, sa couleur, sa densité ou consistance, et enfin sa transparence et sa forme chez les différens âges, il pourra obtenir, ce me semble, en nous suivant dans nos raisonnemens, quelques données un peu moins obscures sur la véritable nature de chaque variété de la cataracte, à laquelle les différentes époques de la vie sont plus ou moins disposées. C'est parce que les auteurs qui se sont occupés de cet objet important ne nous donnent rien de bien satisfaisant, que nous sommes forcé de convenir que des recherches qui tendraient à ce but ne sauraient être infructueuses pour l'avancement de l'art et le traitement de cette maladie. Essayons donc de développer quelques principes sur ce point de la science, et espérons que s'ils ne remplissent pas le vide qui existe, ils pourront peut-être contribuer à faire naître des expériences plus fructueuses.

Le cristallin est beaucoup plus mou et beaucoup plus petit chez le fétus et le nouveau-né que chez l'adulte et dans l'âge avancé : voilà ce que nous démontre l'anatomie; voilà d'abord un fait incontestable.

Si le hasard a voulu quelquefois que l'on rencontre

dans la même famille et dans une suite de plusieurs générations non interrompues, des individus affectés de cataracte en naissant, comme *Sanders*, oculiste de Londres, en rapporte des exemples, nous ne voulons pas nier la véracité de l'auteur. « Il n'est pas » rare, dit encore le docteur Guillé, directeur de » l'Institution royale des Jeunes Aveugles, de voir des » enfans issus du même père, atteints de cette funeste » maladie, qui, sans enlever totalement la vision, » laisse ceux qui en sont affectés dans l'impossibilité » de se livrer à aucuns travaux. » Mais nous sommes cependant loin de partager cette opinion, qui nous paraît également contraire aux principes de la saine physiologie et de la raison. Pour que la chose fût ainsi, il faudrait supposer : 1°. ou que la cataracte congéniale est un vice d'organisation, et dans cette hypothèse l'observation a résolu la question. Jamais physiologiste (en adoptant dans toute son intégrité le système de Buffon sur la génération) n'a pu démontrer que le malheureux pied-bot ou manchot de naissance n'engendraient que des enfans atteints des mêmes infirmités. L'expérience journalière en a fait justice en prouvant le contraire. Ne pouvons-nous pas faire la même application, et avec le même succès, au sujet de l'opacité congéniale du cristallin, considérée comme vice d'organisation ?

2°. Ou la cataracte congéniale a été occasionnée ou produite pendant la gestation par une affection maladive qui a désorganisé ou affecté en totalité ou en partie le cristallin ou sa capsule, car nous savons tous que les enfans, dans le sein de leur mère, ne sont pas exempts de maladies; et parce que le cristallin a été atteint d'opacité, cette maladie, alors purement accidentelle, ne prouve rien encore pour l'hérédité de la cataracte congéniale.

3°. Ou la cataracte, dès les premiers momens de la conception, a été produite par une humeur particulière existante dans celles du père ou de la mère, et transmise par l'acte de la génération. Il est vrai que des parens dont la constitution a été altérée par des vices contagieux, ou affectée encore de scrophules ou de dartres, ont transmis à leur progéniture une santé souvent très-faible et très-délicate, qui par cette même raison, et seule raison, reste accessible à une foule de maladies qui peuvent prendre par la suite le caractère du scrophule ou des dartres, etc.; mais alors s'est-on jamais avisé d'en conclure que les mêmes glandes affectées chez les parens sont toujours celles qui le seront chez leurs enfans? Si l'on ne s'est jamais avisé de soutenir un tel paradoxe, à plus forte raison comment supposer un vice tellement ami du cristallin ou de sa capsule pour s'y attacher au moment même de la génération, sans faire de ravages nulle autre part? Une pareille absurdité ne devrait pas nécessiter une réfutation sérieuse : car, dans cette supposition, en adoptant le principe d'hérédité, il n'y aurait qu'un seul vice particulier pour le cristallin, qui serait toujours affecté de la même manière ; vice qui serait la seule et unique cause de toute espèce de cataractes ; ce qui, soit dit en passant, jeterait un très-grand jour sur la véritable nature de cette maladie, et nous donnerait certainement les moyens de la prévenir, du moins pendant toutes les autres périodes de la vie qui suivent la naissance.

Si j'ai donné à ce sujet un développement plus étendu qu'il ne semble en mériter, c'est parce que j'ai cru devoir détruire de fond en comble une erreur accréditée, et dont les conséquences, quoique très-dénuées de fondement, pourraient compromettre encore tous les jours la tranquillité ou le bonheur des familles qui ont le malheur d'avoir quelques-uns de leurs membres affectés de cataracte congéniale. Je puis assurer ici, avec cet accent de la vérité dont je suis vivement pénétré, que je ne balancerais pas un moment à donner ma fille à un gendre opéré avec succès de cataracte congéniale, et qui me conviendrait sous tous les autres rapports ; je n'aurais certainement pas la crainte de voir mes petits-fils hériter, en naissant, de la cataracte de leur père. De pareilles absurdités, je le répète, ne devraient jamais trouver place dans un ouvrage raisonnable et scientifique, que pour y être réfutées comme erreurs populaires. Les observations qui ont été faites, quoique vraies, ne peuvent donc et ne sauraient rien prouver pour nous convaincre sur la conséquence qu'on a voulu en tirer.

Si les observations rapportées par maître Jean, et toutes celles que beaucoup d'autres ont également rapportées après lui, nous apprennent que des personnes âgées, de la même famille, ont été affectées, par suite des progrès de l'âge, de cataractes, que ces auteurs ont cru devoir regarder comme héréditaires, parce que les pères ou les aïeux en avaient été affectés à un âge plus ou moins avancé, ces faits, quelque nombreux qu'ils soient, ne sauraient encore rien prouver, parce que la cataracte, comme nous le dirons plus bas, peut être occasionnée par des causes différentes qui agissent sur les membres d'une même famille, et que souvent, quoique influencées par les mêmes causes , il en résulte aussi des effets différens. Du reste, ces cataractes, occasionnées par les progrès de l'âge avancé , ne sauraient effrayer personne , car l'hérédité dans la vieillesse n'a jamais manqué et ne manquera jamais de partisans , au risque même d'être assujétis aux maladies et aux infirmités qui en sont les accessoires presque toujours inséparables. Si l'on veut voir une opinion contraire à la nôtre , on pourra consulter ce qui a été dit par maître Jean sur ce sujet (1).

Puisque nous avons prouvé jusqu'à l'évidence qu'il ne peut pas y avoir de cataractes héréditaires congéniales ou autres, nous n'aurons donc pas besoin d'y revenir ; mais avant toutefois de nous occuper des causes qui peuvent produire la cataracte pendant la gestation , époque où la nature élabore et travaille les sucs nourriciers qui viennent de la mère pour former nos organes et les rendre aptes aux fonctions auxquelles ils

---

(1) Maître Jean, *Maladies de l'OEil* , imp. en 1722 , chap. 14, obs. 8, pag. 212. Des observations qu'il a rapportées il conclut que l'on peut mettre les cataractes au nombre des maladies héréditaires , etc. Nous avons à répondre, que tant qu'il ne nous sera pas démontré que tel vice dans les humeurs , plutôt que tel autre , peut et doit produire la cataracte , et tant qu'il ne nous sera pas démontré encore que les personnes de la même famille, qui avaient éprouvé cette maladie, en étaient toutes également affectées , nous ne pourrons jamais être persuadé de son hérédité ; bien au contraire , nous continuerons à penser que dans l'âge avancé , comme pendant le temps de la gestation , cette maladie a des causes multipliées , et souvent inconnues , qui peuvent la produire , et qui sont toutes aussi étrangères à l'hérédité qu'il est absurde de croire que les fièvres, les phlegmasies, etc. , se communiquent par la génération.

sont destinés par elle, jetons donc un coup-d'œil sur la nutrition du cristallin dans les différentes époques de la vie.

Dans la jeunesse et l'âge adulte, les rouages qui ont acquis le plus grand degrès de perfection pendant la gestation, concourent aussi les premiers à donner de la force à notre constitution ; ils se fortifient encore par eux-mêmes, et se développent en même temps ; tous les organes accessoires ou secondaires participent bientôt à cette vitalité particulière ; le cristallin, mou et petit après la naissance de l'enfant, prend de la consistance et se développe à son tour ; sa vitalité, si je puis m'exprimer ainsi, s'accroît et se perfectionne à chaque instant pendant cette première période de la vie. Sommes - nous arrivés à l'âge mûr, nouveau changement dans les phénomènes vitaux : les organes ont acquis le plus grand degré de force qu'ils pouvaient avoir ; la circulation, cette fonction réparatrice du principe vital, va bientôt perdre de son activité et de sa force dans un âge plus avancé ; et malheur aux organes trop éloignés du centre de la circulation, parce qu'ils doivent les premiers éprouver les premiers symptômes de la déclinaison vitale vers la mort. Les cheveux blanchissent et tombent bientôt ; les aponévroses, les tendons deviennent osseux ; les os eux-mêmes perdent leur partie spongieuse qui faisait leur force. Tout a donc changé et change successivement ! Examinons aussi le cristallin : plus dur, moins transparent, il a subi les effets de cette révolution naturelle qui entraîne successivement tous les êtres dans le néant. Voyons maintenant, d'après les principes que nous venons d'exposer, si nous pourrons assigner les causes variées de ses maladies dans les différens âges, et si enfin nous saurons découvrir les causes naturelles de la cataracte. « Pourra-t-on alors trouver, dit M. De- » mours, l'explication des phénomènes que présente » cette maladie pendant et après sa formation, et con- » cevra-t-on pourquoi elle prend des apparences si dif- » férentes, selon le degré auquel elle est parvenue, » selon la nature de la cause à laquelle elle est due, » selon les différentes époques que nous avons indi- » quées ? » Ces différences, qui lui ont fait donner une si grande quantité de noms, presque tous inutiles dans la pratique, n'existent que parce qu'on n'a point fait assez attention aux époques de la vie où elles survien- nent le plus ordinairement. La cause de la cataracte, dit encore M. Demours, est une lésion de cette petite portion du système lymphatique qui fournit au cris- tallin sa nourriture en entretenant sa transparence. M. Demours n'a-t-il pas pris ici l'effet pour la cause ? et n'aurait-il pas encore trop généralisé, quand bien même il aurait raison ? Examinons d'abord ce qui se passe dans un cristallin soumis aux réactifs chimiques. Plongé dans un acide étendu d'eau, il perd sa transparence et se durcit ; soumis à la macération dans de l'alcool éga- lement étendu d'eau, même phénomème ; en le fai- sant bouillir pendant quelques minutes dans de l'eau, il éprouve les mêmes modifications ; par la macération plongé dans de l'eau simple, il perd sa transparence ; mais desséché à l'air libre, il ne la perd pas, comme l'ont annoncé presque tous les anatomistes et M. Boyer lui-même : A la vérité, son poids diminue, et il se casse alors assez facilement en segmens aussi brillans que les plus beaux cristaux de sulfate d'alumine ; mais son eau de cristallisation est encore beaucoup plus tendre et beaucoup plus agréable à la vue. Si quelques-unes de ses lames extérieures viennent à se séparer de la masse, elles perdent tout aussitôt toute leur transparence, de la même manière que les lames qui se détachent de la nacre de perle.

Mais, de cette série d'expériences faites sur le cristallin après la mort, devons-nous et pouvons-nous en tirer quelques conséquences sur les différens modes de lésions qui peuvent l'atteindre pendant la vie ? S'il en était ainsi, toutes les cataractes reconnaissant alors, comme le pense M. Demours, une lésion dans le système lymphatique qui entoure le cristallin (en détruisant cette lésion), toutes les cataractes devraient généralement céder aux moyens généraux et rationnels employés pour les combattre. Ce qui est applicable dans une certaine époque de la vie, comme nous le verrons plus bas, ne l'est pas également dans toutes. En effet, les causes accidentelles qui agissent directement et immédiatement sur le cristallin, le privent presque toujours de sa transparence, sans que l'on puisse en accuser une lésion dans le système lymphatique qui l'entoure.

Pourrait-on, avec plus de plausibilité, regarder la cataracte comme une nécrose de la lentille cristalline, comme le dit M. Delpech ? (1)

En examinant ce qui se passe dans la nécrose en général, pour en faire ensuite une application aux maladies du cristallin ou de sa capsule, nous voyons que dans la première de ces maladies, la nécrose, « la vie » est complètement détruite ; la partie malade desséchée, privée de sucs, est devenue un corps étranger » analogue aux escarres gangreneuses ; la nature fait

____

(1) *Dictionnaire des Sciences Médicales*, tom. 4, pag. 299.

» effort pour séparer cette portion morte, elle l'isole des
» parties adjacentes, de même que dans le sphacèle des
» parties molles elle pose une limite entre les organes
» frappés de mort et ceux qui ont conservé la vie. » (1)

Voyons maintenant si l'opinion de M. Delpech, partagée sur ce point par M. Demours, se trouve fondée par quelqu'analogie, et s'il y a quelque époque de la vie qui puisse lui prêter un appui favorable. Dans la cataracte qui arrive ordinairement par suite des progrès de l'âge, le cristallin perd insensiblement sa transparence, tandis que sa dureté ou sa densité augmente. S'il reste dans cet état de longues années, et s'il ne diminue pas de volume, on ne peut donc pas le regarder comme un corps étranger que la nature tend à expulser et à détruire; car s'il ne vit que faiblement, du moins vit-il encore. Est-il abaissé par l'aiguille, ou ses rapports avec les parties voisines sont-ils détruits par une cause quelconque, la nature détruit et use insensiblement ce corps devenu étranger; c'est alors seulement que commence la nécrose cristalline, que l'analogie des phénomènes des fonctions vitales se refusait précédemment d'admettre comme telle. Ce que nous disons ici du cristallin est également applicable à sa capsule.

Si dans la jeunesse et dans l'âge viril la nécrose cristalline ou capsulaire, telle que nous venons de la définir, peut exister et se présenter à l'observation un peu plus souvent que dans la vieillesse, nous ne pouvons pas non plus en conclure que les affections du cristallin, dans cette longue période de la vie, sont toutes des nécroses de cette lentille, comme le pense M. Delpech.

____

(1) M. Anth. Richerand. *Nosog. Chir.*, 1re. édit., tom. 2, pag. 88.

Si nous examinons enfin le cristallin chez le fœtus pendant la gestation, toute comparaison de ses affections maladives avec la nécrose est à plus forte raison sans fondement. Nous n'avons pas besoin de raisonnemens pour convaincre davantage le lecteur sur ce point, car son jugement, éclairé suffisamment par ce que nous avons dit ci-dessus, lui fera rejeter comme impossible une supposition qui n'a été présentée, à la vérité, par son auteur, que comme probable. En effet, penser et avancer que toutes les cataractes, depuis la conception (puisque nous en trouvons fréquemment de congéniales) jusques dans l'âge le plus avancé, sont autant de nécroses du cristallin, autant vaudrait soutenir que toutes les affections des os pendant les mêmes périodes de la vie sont toutes, sans distinction, des nécroses du tissu osseux. Une pareille définition, si peu conforme à l'observation, tout en simplifiant la classification générale des maladies, ne saurait être de bonne foi présentée pour certaine, et encore moins accueillie sans réfutation. Nous aimons donc à croire que M. Delpech, auquel nous nous plaisons à rendre justice comme bon écrivain et comme médecin éclairé et instruit, ne trouvera pas mauvais une réfutation que sans doute lui-même avait sollicitée par l'opinion même qu'il a émise. Voici ce que dit encore à ce sujet M. Demours, dont les connaissances transcendantes en médecine générale comme en médecine oculaire, lui ont mérité une réputation célèbre justement acquise (1) : « M. Delpech a fait une re-» marque très-judicieuse, en disant qu'il serait inté-» ressant de vérifier si les sujets peu avancés en âge,

____

(1) Demours, *Traité des Maladies des yeux*, tom. I, pag. 500.

» qui en sont affectés sans avoir été exposés à aucune
» des causes accidentelles connues, ne sont pas dans
» un état de vieillesse prématurée, soit par rapport à
» toute la constitution, soit par rapport aux yeux seu-
» lement, et en tenant compte des infirmités de la
» constitution primitive de ces organes. J'ai parcouru
» mes journaux, et j'ai trouvé que dans le plus grand
» nombre de cas les enfans cataractés jouissaient
» d'ailleurs d'une bonne santé, et avaient les yeux na-
» turellement bien constitués. »

D'après le relevé des journaux d'un homme qui a beaucoup vu et sur-tout bien observé, et d'après l'expérience journalière, il reste donc bien démontré, par les raisons que nous avons données plus haut, que la cataracte, dans aucune époque de la vie, ne peut être qu'accidentellement produite par la nécrose du cristallin ; que dès-lors la question proposée par M. Delpech se trouve résolue négativement. Puisque nous avons réfuté et combattu toutes les idées fausses ou conjecturales consignées tant dans les auteurs anciens que dans les modernes, sur le siége, la formation, l'hérédité et la nature de la cataracte, nous allons maintenant passer successivement en revue les différentes causes qui peuvent occasionner cette maladie dans le fœtus et pendant les autres époques de la vie.

Quoiqu'en général les causes qui agissent sur l'organisation du cristallin dans le fœtus soient très-obscures, puisque nous ne pouvons pas observer ce qui se passe sur un organe qui n'est alors accessible à aucun de nos sens, et qu'à peine nous pouvons explorer, même avec la pensée, cependant, après avoir démontré, par l'analogie des phénomènes, qu'il était absurde de penser que la cataracte chez le fœtus fût, dans quelques circonstances, le résultat d'un vice héréditaire, nous croyons pouvoir maintenant diviser ses causes, 1°. en vice d'organisation primitif; 2°. en causes maladives accidentelles. Dans le premier cas , ne devons-nous pas supposer avec quelque vraisemblance , que le cristallin et sa capsule sont, comme tous nos autres organes, susceptibles d'être influencés dès la création de l'embryon, par des circonstances que nous appelons fortuites, circonstances que nous ignorons à la vérité, mais dont l'observation nous prouve chaque jour l'existence par les nombreuses aberrations de cette nature auxquelles nos différens organes ont été nécessairement soumis dès le moment même de leur organisation primitive ? et si la chose se passe ainsi , comme je le pense , ne sommes-nous pas dès-lors suffisamment autorisé à croire que toutes les parties de l'organe de la vue sont également exposées aux mêmes altérations dont nous parlons ? Dans cette hypothèse , qui est autant prouvée qu'elle peut l'être , nous concevons donc la possibilité de voir naître des enfans avec des cataractes parfaites ou imparfaites, et chez lesquels il y aura, selon les cas , privation entière de la vision , ou conservation de quelques points de vue plus ou moins sensibles, tantôt sur un œil , tantôt sur tous les deux , etc. Et si quelquefois les jeux de la nature nous paraissent bizarres, c'est parce que nous ignorons ses moyens, qui sont tous , comme elle, à l'infini.

2°. Quant aux causes maladives accidentelles qui peuvent, dans le fœtus, occasionner la cataracte du cristallin ou de sa capsule, quoique nous ne puissions pas les déterminer avec précision , cependant nous sommes encore fondé , par analogie , à les admettre comme certaines. Dans cette seconde hypothèse, les causes, quelles qu'elles soient, qui ont déterminé la cataracte en agissant directement sur un cristallin mou, pulpeux et comme en bouillie, n'ont pu lui donner une consistance qu'il n'avait pas ; de-là , ce me semble, la raison pour laquelle toutes les cataractes cristallines des nouveaux-nés, dépendantes de ces secondes causes, sont toutes de nature laiteuse , affectent la totalité de la lentille et interceptent jusques aux plus petits rayons de lumière. Si les causes maladives ont respecté le cristallin et attaqué seulement sa capsule, ce qu'il est toujours très-difficile de connaître pendant la vie , la cécité n'en est pas moins complète, lorsque la totalité de cette membrane a perdu sa transparence, et le diagnostic en est tout aussi obscur. Quant au traitement , nous verrons, quand il en sera temps , s'il doit être différent, et quelles seront en outre ses probabilités de succès.

Depuis la naissance jusqu'à l'âge de quarante-cinq à cinquante ans , la cataracte est assez rare ; cependant, comme elle existe quelquefois, voyons quelles sont les causes qui peuvent aussi la produire. Beaucoup d'auteurs ont pensé que les personnes dont les yeux sont exposés à une chaleur vive et continue, ou à une lumière trop forte pendant des intervalles trop prolongés, sont, toutes choses égales d'ailleurs, plus exposées à la cataracte, parce que, disent-ils, la lymphe qui se porte au cristallin est plus promptement desséchée. Pour détruire cette assertion, il suffit d'examiner avec attention les individus que leur profession expose long-temps aux causes ci-dessus. En prenant au hasard, par exemple, deux ou trois mille forgerons, rôtisseurs, boulangers, etc., tous âgés de quarante à cinquante ans, et en supposant que dans ce nombre il s'en trouve deux ou trois de cataractés, on en trouvera certainement le même nombre, et peut-être plus, dans pareille quantité d'hommes pris indistinctement dans d'autres professions également utiles, tels que tanneurs, corroyeurs, cordonniers, marchands, etc. Cette assertion, quoique répétée par presque tous les auteurs, ne me paraît donc pas suffisamment prouvée pour l'admettre comme cause efficiente, ni même comme cause prédisposante. En effet, on conçoit que la chaleur et la lumière ne peuvent dessécher la lymphe cristalline qu'autant qu'elles auraient pu, avant tout, altérer la qualité ou diminuer la quantité de l'humeur aqueuse que contiennent les deux chambres de l'œil. Nous dirons encore que le cristallin, pendant cette époque de la vie, sur-tout pendant la jeunesse, n'est jamais rien moins que desséché, soit qu'on le considère en état de santé, ou bien lorsqu'il est cataracté ; la raison en est si évidente, qu'elle n'a pas besoin d'être démontrée, parce que, pendant cette période d'accroissement des forces vitales, la nature conserve tous ses droits jusque dans les organes les plus éloignés du centre de la vie.

Mais nous mettrons en première ligne de causes des cataractes qui surviennent à cet âge, les coups portés sur la tête et sur l'œil, l'action des instrumens tranchans ou piquans, qui, après avoir pénétré dans la chambre antérieure de l'œil, sont arrivés jusqu'au cristallin lui-même, qu'ils ont attaqué en déchirant sa capsule et sa propre substance : sont aussi de ce nombre les chutes sur la plante des pieds, dont les contre-coups se font particulièrement sentir au cerveau et à tous les autres organes de la tête ; et en un mot, toutes les com-

motions, de même que toutes les fortes contusions sur
la tête ou sur l'orbite, qui par cela même qu'elles
peuvent quelquefois faire rompre en partie ou en totalité
les vaisseaux infiniment fins qui se distribuent au cristallin ou à sa capsule, peuvent également devenir
causes plus ou moins promptes de cataracte accidentelle.

Nous placerons en seconde ligne la répercussion des
virus scrophuleux, dartreux, etc., qui, en altérant plus
ou moins les produits des organes qu'ils affectent, peuvent également contribuer, de même que le virus syphilitique, à faire perdre la transparence de la membrane capsulaire ou du cristallin. Beaucoup d'auteurs
très-recommandables citent des observations si précises
à ce sujet, que l'on ne peut pas révoquer en doute la véracité des guérisons qu'ils ont obtenues. Nous citerons encore les vives affections de l'âme, telles que la peur, la
colère ou la joie, qui agissent quelquefois d'une manière
si puissante sur tout le système moral, qu'elles changent presque en un instant les produits organisés, et
qu'elles déterminent même des cataractes spontanées,
comme il n'en existe malheureusement que trop d'exemples dans les fastes de l'art. Nous ne devons pas omettre
du nombre de ces causes les veilles prolongées, pendant lesquelles on s'applique à de sérieuses méditations
ou bien à la lecture, sur-tout si celui qui s'y livre est
affecté de quelque vice dans les humeurs ; nous n'omet-
tons pas non plus toutes celles qui peuvent déterminer des ophthalmies internes, dont le foyer d'irritation est toujours assez près du cristallin et de sa capsule, sinon pour les faire participer à l'inflammation,
ce qui serait très-probable, du moins pour qu'ils en
éprouvent une lésion assez forte, capable de déter-

miner par des causes secondaires l'opacité de l'un ou de l'autre, ou de tous les deux en même temps.

Dans la vieillesse, le cristallin acquiert de jour en jour plus de consistance ; il prend naturellement une teinte tirant sur le jaune ; il tend enfin, comme nous l'avons vu précédemment, à son dépérissement, en suivant la loi générale des corps organisés. C'est aussi à cet âge que la cataracte, beaucoup plus commune, semblerait être l'un des plus tristes apanages qu'entraîne à sa suite l'âge avancé ; tandis que dans les autres périodes de la vie, les causes qui la déterminent le plus ordinairement semblent, au contraire, être le résultat soit d'une aberration tout opposée aux fonctions naturelles, soit enfin celui d'une cause purement accidentelle, indépendante et hors le cercle des phénomènes vitaux ordinaires.

Comme nous venons de le voir, la cataracte ou la perte de transparence du cristallin, est, dans la vieillesse, une suite nécessaire du dépérissement général ; mais elle n'est point une nécrose de cet organe.

D'après ce principe, celui qui vivrait assez long-temps serait presque toujours, selon nous, affecté de cataracte vers la fin de sa carrière. C'est aussi par cette même raison que nous mettons en première ligne de causes l'âge avancé lui-même, et comme secondaires toutes celles qui peuvent la déterminer dans la jeunesse et dans l'âge viril, en retranchant toutefois la répercussion des virus syphilitiques, scrophuleux et dartreux, dont la malignité, quelque forte qu'elle soit alors, ne saurait déjà plus atteindre un organe presque privé de vie. Nous en dirons de même des vives affections morales, dont l'action est désormais trop affaiblie pour déterminer à cet âge des cataractes spontanées. Mais nous

ne devons pas omettre , parmi les causes prédisposantes qui doivent nécessairement accélérer la formation de cette maladie dans la vieillesse , les veilles
prolongées , les travaux assidus du cabinet , les con-
centrations morales, les lectures à une vive lumière;
tandis que les ophthalmies chroniques et autres affections des paupières , en servant de dérivatifs et d'exutoires , peuvent au contraire , dans certaines circonstances , retarder les progrès de la cataracte , particulièrement dans les cas de vice goutteux, arthritique ou
rhumatismal , dont les effets pourraient encore concourir au développement de l'opacité du cristallin, et
particulièrement de sa membrane , s'ils venaient à s'y
fixer.

Développement et Marche de la Cataracte; Signes et Symptômes de cette maladie.

Dans le fœtus, que la cataracte soit constitutionnelle
ou accidentelle , nous n'avons aucune donnée sur sa
marche et sur son développement : l'analogie seule
peut nous faire présumer ce qui doit se passer alors
dans le cristallin. Les seuls signes que nous avons de
l'existence de cette maladie sont l'opacité de tout ou
partie du cristallin ou de sa capsule , opacité qu'il est
facile de reconnaître après la naissance , par une tache
blanche ou grise qui se remarque derrière la cornée , à
l'endroit que doit occuper la pupille. Il est sur-tout
bien essentiel , dans ces premiers momens de la vie,
d'examiner avec la plus scrupuleuse attention les yeux
des nouveaux-nés qui présentent le caractère que nous
venons d'indiquer , afin de ne pas confondre l'affection
du cristallin ou de sa capsule avec une lésion de même
couleur de la cornée transparente , qui est alors , toute

proportion gardée , plus épaisse et plus molle qu'elle ne
le sera par la suite. Ajoutez encore que la chambre antérieure de l'œil, presque nulle alors, ne contient qu'une
très-petite quantité d'humeur aqueuse ; que la face antérieure de l'iris et la face postérieure de la cornée
transparente sont très-rapprochées. Ce n'est pas qu'à
cet âge, où il n'y a ni opération à faire, ni traitement
à conseiller, une pareille méprise puisse devenir bien
fâcheuse ; mais il est toujours du devoir et de la prudence d'un médecin éclairé et instruit de ne pas s'exposer, par trop de précipitation, à porter un jugement
faux sur lequel il serait obligé de revenir.

La cataracte congéniale par vice d'organisation ou
par cause accidentelle maladive peut se présenter avec
l'opacité complète du cristallin ou de sa capsule, ou
bien cette opacité n'est que partielle, et laisse une petite partie de la vision s'effectuer, comme l'observation
le démontre assez souvent. S'il est toujours facile de
s'assurer, dans les cataractes congéniales, si la cécité
est complète ou non, il n'en est pas de même lorsque
le médecin veut prononcer sur sa nature, en adoptant
une des causes que nous avons indiquées. Essayons
cependant de jeter quelques lumières sur ce sujet ;
et si nous n'arrivons pas au but que nous nous proposons, espérons du moins que la sagacité des praticiens, réveillée à cet égard, pourra plus tard, peut-
être, démontrer la vérité que nous cherchons et que
nos assertions auront provoquée : car cette découverte
serait beaucoup plus précieuse qu'on ne le pense généralement, pour arriver au traitement curatif de cette
maladie. Lorsque la cécité est complète au moment de
la naissance, ce dont il est toujours facile de se convaincre par l'opacité bien caractérisée du cristallin, je

conçois alors qu'il est très-difficile, pour ne pas dire impossible , de déterminer la cause immédiate qui l'a produite. D'ailleurs , cette connaissance est d'autant moins précieuse , qu'elle ne pourrait en rien servir pour éclairer le traitement ; mais il n'en est pas de même si la cataracte est imparfaite , si, par exemple , l'on n'aperçoit que de faibles nuages sur la capsule ou sur le cristallin , ou si cet organe , affecté d'une opacité bien marquée dans presque toute son étendue , laisse cependant voir un point quelconque de transparence à travers lequel la vision peut s'exécuter encore, mais faiblement. Dans cette dernière circonstance , qui m'a paru d'une assez haute importance pour mériter une sérieuse attention , si la vue, ou plutôt la transparence du cristallin ou de sa capsule , reste stationnaire pendant plusieurs années, et si, toutes choses égales d'ailleurs, l'enfant jouit d'une bonne santé, je pense alors , avec quelque fondement , que la cataracte ne doit être attribuée qu'au seul vice d'organisation primitif dont nous avons déjà parlé , et que toutes les autres ressources de l'art, autres que l'opération, si toutefois rien ne s'y oppose , sont nécessairement de toute inutilité. Si, au contraire, on s'aperçoit, quelque temps après la naissance, que la tache , d'abord légère , prend chaque jour plus de consistance, et si le point ou les points transparens sont remplacés insensiblement par l'opacité , je suis persuadé alors que la cause de la cataracte purement accidentelle céderait peut-être à des moyens dirigés avec prudence , moyens qui , dans aucun cas, ne nuiraient en rien à la santé du jeune malade , et qui , en supposant toute espèce d'insuccès, rendraient infailliblement l'opération plus certaine , lorsque le temps jugé nécessaire pour la faire serait arrivé.

Dans la jeunesse et dans l'âge viril, lorsque le cristallin, ou sa capsule, commencent à s'obscurcir, une gaze légère semble envelopper d'abord les objets fixés par le malade, sur-tout lorsqu'ils sont fortement éclairés ; mais à l'obscurité cette gaze est moins apparente, et le malade voit mieux de près que de loin ; sa vue, bonne précédemment, semble être devenue myope. Comme c'est ordinairement par son centre que l'opacité commence, tous ces phénomènes s'expliquent facilement par la dilatation de la pupille à une faible lumière qui permet le passage d'une plus grande quantité de rayons lumineux divergens, tandis que sa contraction à une vive clarté force les seuls rayons parallèles à se présenter sur le centre de la lentille, dont l'opacité commençante est un obstacle à leur passage ; bientôt tous ces symptômes augmentent, la gaze devient chaque jour plus épaisse, des corps voltigeans se présentent continuellement à la vue, tels que des flocons de neige, des ailes de mouches, etc. ; encore quelque temps, les couleurs même ne peuvent déjà plus être distinguées, et le cataracté ne conserve seulement que la faculté de distinguer le passage de la lumière à l'obscurité la plus parfaite. Telle est la marche simple et ordinaire de cette maladie, qui met plus ou moins de temps à se former, mais toujours beaucoup moins que dans la vieillesse, comme nous le verrons bientôt. Quelquefois des douleurs de tête plus ou moins vives précèdent, accompagnent et suivent même les symptômes que nous venons de décrire. Ces douleurs se font particulièrement sentir à l'occiput et au fond des fosses orbitaires, de manière qu'il semble à celui qui les éprouve, que l'œil va être expulsé de son orbite ; et si des battemens pulsatoires sont très-souvent alors les compagnons de la douleur, les insomnies sont presque toujours aussi un résultat nécessaire de cet état pathologie.

D'autres fois, à la suite d'une ophthalmie interne, lorsque l'inflammation a parcouru toutes ses périodes, soit qu'un abcès ou la résolution l'aient terminée, il n'est pas rare d'apercevoir alors la pupille terne et presque opaque, preuve bien évidente que le cristallin ou sa capsule n'ont pas été étrangers à l'état inflammatoire des parties qui les avoisinent ; mais tous les symptômes de l'inflammation étant calmés, la vue reste tellement embrouillée, qu'autant vaudrait que la cécité fût complète, parce que l'ophthalmie interne n'attaque que rarement les deux yeux en même temps, et que dès-lors l'œil qui en a été exempt remplit à lui seul plus facilement ses fonctions lorsque son antagoniste est entièrement cataracté, que lorsqu'il ne l'est qu'imparfaitement.

Lorsqu'à la suite d'une chute ou d'une percussion violente sur la tête ou sur les orbites, l'œil ou les yeux commencent à se cataracter, les progrès de la maladie sont toujours alors plus ou moins rapides, puisque quelques jours suffisent souvent pour que la vision soit entièrement interceptée ; cependant sa marche est presque constamment la même que dans les autres circonstances. Si un corps étranger a pénétré jusque dans le cristallin, comme un abcès dans cet organe peut en être la suite, et que cet abcès peut donner lieu à son tour à une suppuration partielle, ou bien à la fonte générale de ce corps, il en résulte quelquefois une espèce de cataracte, avec laquelle il existe en même temps une faible partie de la vision. D'autres fois, lorsque le cristallin est déplacé par la commotion qu'il a éprouvée , devenu dès ce moment corps étranger, il est soumis à l'action des absorbans, il diminue insensiblement de volume, et il finit par se précipiter de lui-même dans le fond de la chambre antérieure, en laissant un libre passage aux rayons lumineux. Ce genre de cataracte est assez multiplié, et il n'est pas rare d'en rencontrer de fréquens exemples dans la pratique. Mais comme une inflammation plus ou moins grave a toujours lieu après de semblables accidens, le malade et son médecin ne s'aperçoivent ordinairement de la perte de la vue que lorsque tous les symptômes fâcheux sont calmés.

Plusieurs auteurs, comme Tenon et quelques autres, ont rapporté des exemples de cataracte dont la marche a été si rapide, qu'un instant, selon leur rapport, avait suffi pour déterminer la cécité la plus complète. Nous ajouterons encore que les affections morales qui sont assez fortes pour faire blanchir les cheveux en un instant, peuvent aussi, selon nous, déterminer des cataractes spontanées. En effet, si d'autres causes moins actives ont pu occasionner de semblables cataractes, à plus forte raison pent-on concevoir qu'elles peuvent être le résultat d'un trouble général dans tout le système nerveux ; mais il appartient à l'observation d'éclairer par de nouveaux faits bien constatés ce point encore obscur de la théorie des cataractes, quoique nous en concevions facilement les résultats.

La marche de la cataracte, dans l'âge avancé, est beaucoup plus lente, et les symptômes que nous venons de rapporter sont aussi beaucoup plus marqués : à cet âge, nous le répétons, la cataracte est moins une maladie que la suite d'une opération naturelle déterminée par les changemens que doivent réciproquement éprouver toutes les parties de nos organes.

Si l'on examine avec attention un œil qui commence à se cataracter, on aperçoit à la place de la pupille quelques petits points obscurs, disséminés çà et là ; ces points font insensiblement des progrès, et représentent bientôt un nuage plus foncé. Lorsque la cataracte est entièrement formée, si l'œil est examiné de nouveau, il présente derrière la pupille une tache grisâtre, blanchâtre, verdâtre tirant sur le jaune, et quelquefois, mais très-rarement, la tache est de couleur noirâtre. Presque toujours la tache formée par la cataracte est immobile; d'autres fois, ce qui est très-rare, elle est mobile : ce dernier état, lorsqu'il existe, constitue la cataracte branlante occasionnée ordinairement par la fonte des lames les plus extérieures du cristallin à la suite d'une suppuration dans son tissu, mais qui, quelquefois, est aussi déterminée par l'action d'un corps étranger qui a lézé directement cette lentille dans une époque de la vie où la force vitale dans les parties éloignées du centre de la circulation était encore assez forte pour opérer le changement dont nous parlons, ce qui n'aurait pu avoir lieu si le cristallin avait déjà acquis une densité telle qu'on la remarque dans l'âge avancé.

Ce que nous venons de dire explique suffisamment la raison pour laquelle cette variété de la cataracte ne peut avoir lieu que pendant la jeunesse ; et si l'observation démontre que dans cette maladie le cristallin nage pour ainsi dire dans l'humeur aqueuse de la chambre postérieure, et qu'il y est encore soutenu par quelques filamens qui le retiennent et l'empêchent de se précipiter dans la partie inférieure de cette chambre, comme il arriverait nécessairement sans cela , n'est-ce pas là encore une nouvelle preuve bien convaincante que le cristallin reçoit sa nourriture par les voies ordinaires de la circulation , et qu'il n'a pas une vie particulière qui lui soit propre , telle que celle par imbibition, par exemple ? Dans la cataracte branlante , les petits filamens qui retiennent la lentille , désséchée et diminuée de volume , sont certainement les vaisseaux qui servent à nourrir cette portion restante, de même qu'ils y contribuaient auparavant conjointement avec ceux qui ont été infailliblement détruits par la suppuration qui a précédé la fonte de la plus grande partie de cet organe.

Puisque l'opacité du cristallin ou de sa capsule peut être bien reconnue par les signes , la marche , les causes et les symptômes que nous venons de décrire , il ne nous reste donc maintenant qu'à savoir si d'après ces connaissances préliminaires il nous sera toujours facile d'indiquer le traitement qui doit convenir à la cataracte en général, et si nous devrons en même temps tenir compte de quelques-unes des variétés de cette maladie , en ayant égard toutefois à l'âge et au tempérament des personnes qui en sont affectées.

Nous suivrons scrupuleusement la marche que nous nous sommes tracée , parce que nous la regardons comme très-utile pour bien entendre notre sujet , ainsi que toutes les conséquences que nous espérons en tirer pour la pratique. Dans les cataractes congéniales, l'œil étant bien conformé d'ailleurs, si l'opacité est complète au moment de la naissance , j'ai la persuasion que tout moyen médical est alors absolument inutile, et qu'il faut attendre l'âge de dix à douze ans pour pratiquer l'opération. Si, au contraire, l'opacité, d'abord imparfaite, fait des progrès de jour en jour, et finit, au bout d'un certain temps, par couvrir toute l'ouverture pupillaire, et si en même temps l'iris jouit de toute cette contractilité que nous lui connaissons, nous ne devons pas désespérer de faire rétrograder cette maladie, par cela même que ses progrès ont continué depuis la naissance. A cet âge, le système absorbant est encore vierge, il jouit d'un suprême degré de vitalité, si je puis m'exprimer ainsi; profitons-en donc, il en est peut-être temps encore, car la maladie n'étant point dans ce cas un vice d'organisation, si une cause maladive a pu la déterminer, une méthode curative bien dirigée, en détruisant cette cause, pourra, plus que dans toute autre époque de la vie, en faire rétrograder les effets. Comme l'expérience a démontré qu'un agent dérivatif appliqué au sommet de la tête, chez les nouveaux-nés et les enfans en bas-âge, détourne presque toujours les fluxions qui se portent sur leurs yeux, ne serait-ce pas ici l'occasion d'appliquer un vésicatoire sur cette partie, et d'en entretenir la suppuration pendant long-temps ; ce qui n'empêcherait pas de prescrire les amers à l'extérieur, tels que les infusions de houblon, le sirop anti-scorbutique, mêlé de temps en temps avec partie égale de sirop de rhubarbe et de chicorée? En un mot, tous ces moyens, ainsi que beaucoup d'autres, que la sagacité et la prudence du médecin doivent lui suggérer, selon l'occasion, lorsqu'ils sont mis en usage pendant une époque de la vie où toute opération de cataracte est contre-indiquée, ne

peuvent que fortifier la santé du jeune sujet, en gué-
rissant souvent encore la maladie principale, comme
nous en rapporterons une observation très-remarquable
à la fin de ce chapitre.

Si la cataracte du nouveau-né présente quelques
points transparens, et si ces points se conservent dans
le même état pendant quelques années après la naissance, tout porte à croire alors que cet état sédentaire
n'existe ainsi, que parce que la presque cécité dépend
d'un vice d'organisation du cristallin, contre lequel
les moyens ordinaires seraient vainement employés.
Mais en supposant, ce qui est très-facile à concevoir,
que la capsule du cristallin soit seule atteinte d'opacité
congéniale, dans une circonstance semblable à celle que
nous venons d'indiquer, serait-il possible d'y pratiquer
une ouverture dans son point central, au moyen de laquelle la rétine pût recevoir quelques faisceaux de rayons
lumineux ? Cette ouverture serait - elle indiquée dans
quelques circonstances particulières ? Pourrait-elle même
présenter quelqu'apparence de succès ? M. Guillié, que
nous avons déjà cité, conclut pour l'affirmative, en
nous donnant à entendre d'une manière un peu équi-
voque, à la vérité, que non - seulement il a jugé la
chose possible, mais même qu'il l'a tentée sur des
jeunes aveugles de son établissement, auxquels il pré-
tend avoir rendu la lumière *par cette opération, aussi
habilement qu'heureusement exécutée par lui - même.*
Cependant, comme le fait ne nous est point assuré
avec cet accent de la vérité qui est toujours péremptoire lorsqu'il est prononcé sans hésitation, nous nous
permettrons d'exposer nos doutes à ce sujet.

Il est possible, sans doute, d'exécuter cette opération en déchirant avec une aiguille, ou avec tout autre instrument, le centre de la capsule cristalline ; mais cette membrane le sera-t-elle toujours seule et sans lésion du cristallin ? On me permettra encore de faire plus que de douter. En supposant même que cette nouvelle *keratonixis* soit aussi bien faite qu'on peut le désirer , c'est-à-dire sans léser le cristallin , l'expérience et l'observation n'ont-elles pas démontré irrévocablement que tous les déchiremens de la capsule cristalline entraînaient toujours l'opacité du cristallin lui-même, quand bien même la capsule n'aurait été déchirée que dans une très-petite étendue, et qu'elle se serait cicatrisée ensuite ? A quoi donc, je le demande , servirait alors une opération dont l'opacité du cristallin serait une consé-quence nécessaire ? Y a-t-il de la bonne-foi à la conseiller ? et n'y aurait-il pas de la témérité à l'exécuter ?

Les cataractes occasionnées par des corps étrangers qui ont pénétré jusques dans la capsule du cristallin, sont, ce me semble assez nombreuses pour nous servir de preuves incontestables à cet égard ; à plus forte raison encore la cataracte cristalline surviendrait - elle, si la capsule a été déchirée dans une étendue plus ou moins grande et en sens différens. D'après les explications que je viens de donner , le déchirement de la capsule du cristallin, exécuté dans l'intention de livrer passage aux rayons lumineux à travers cette lentille, me paraît , si jamais il a été tenté dans cette vue , n'avoir jamais atteint le but qu'on s'en était proposé ; d'où je conclus que puisque aucune chance de succès n'a pu raisonnablement déterminer à l'entreprendre jusqu'à présent, on doit encore la rejeter, sinon comme nuisible, du moins comme absolument inutile. Au reste, il n'est pas aussi facile qu'on pourrait le penser d'abord, de reconnaître, même avec l'inspection la plus sévère et la plus exercée, l'opacité de la capsule, et de la distinguer par des signes certains d'avec celle du cristallin. Celui qui a une mauvaise vue ne voudrait-il pas convenir qu'il est sujet à se tromper sur l'éloignement et sur les couleurs? aurait-il par hasard la prétention de mieux y voir et de mieux juger que les autres? Nous savons, il est vrai, qu'il existe dans Paris des aveugles assez intelligens pour en conduire d'autres dans les rues de cette vaste capitale : mais si dans cette circonstance le proverbe se trouve en défaut, je ne saurais jamais en conclure que nous pouvons avec toute sûreté livrer notre vue aux soins de ceux qui sont eux-mêmes affectés de lésion grave dans la vision.

Dans la jeunesse et dans l'âge viril, lorsque la cataracte a été produite par des coups portés sur les orbites ou sur la tête, ou par un instrument piquant ou tranchant qui a pénétré dans l'intérieur de l'œil; toutefois après avoir combattu les symptômes inflammatoires existans, il n'est pas rare de voir la vision se rétablir d'elle-même par les seuls efforts de la nature, toujours si puissante dans les premières années de la vie. Il survient alors ou une destruction insensible du cristallin et de sa capsule, par une espèce de suppuration lente, que les absorbans de la chambre postérieure transmettent progressivement dans le torrent de la circulation; ou bien, d'autres fois, le cristallin, chassé de sa capsule, se précipite dans le fond de la chambre postérieure, et livre ainsi passage aux rayons lumineux qui avaient été interceptés d'abord par sa présence derrière la pupille.

Lorsque l'opacité est commençante, si elle est accompagnée de douleurs sus - orbitaires ou occipitales, de dilatations progressives de la pupille, avec diminution sensible de son irritabilité, il n'y a pas un instant à perdre ; c'est dans ce moment que des soins bien dirigés peuvent encore procurer la guérison, et préserver en même temps d'une maladie qui deviendrait bientôt incurable. Les dérivatifs, le séton à la nuque, la cautérisation sincipitale conseillée et employée par le docteur Gondret, le régime selon le vice interne jugé prédominant, l'extrait de ciguë, etc., tous ces moyens ont été souvent très-fructueux, et l'on conçoit qu'ils peuvent le devenir encore lorsqu'ils seront dirigés par des mains habiles. Je ne saurais trop répéter que c'est à cet âge que le médecin doit faire particulièrement une médecine active, et redoubler d'efforts pour arrêter les progrès de cette fâcheuse maladie. Le système absorbant, même le plus reculé du centre de la vie, jouit alors de toutes ses forces ; il faut donc en profiter en employant, avec méthode et persévérance, tous les moyens rationnels que l'art nous indique. A-t-on lieu de soupçonner que des vices scrophuleux, dartreux, syphilitique, arthritique ou rhumatismal, ont déterminé les symptômes du commencement d'opacité, c'est dans leur source qu'il faut aller les combattre, qu'il faut aller chercher leur guérison et celle de la cataracte. Des observations de guérison ont été constatées par des hommes dont la véracité n'est point douteuse ; Sauvages en rapporte des exemples ; Lafaye, Storck et beaucoup d'autres tout aussi croyables, Celse lui même parmi les anciens, et M. Demours parmi les contemporains en citent également. Si le malade a perdu entièrement la lumière, de manière à ne pouvoir plus rien distinguer, il serait alors inutile de tenter la résolution des cataractes qu'il est toujours beaucoup plus sûr et beaucoup plus avantageux pour le malade lui-même d'opérer par une des méthodes usitées. Dans les cataractes spontanées, produites par des affections vives de l'âme ou par toute autre cause, il serait encore inutile, pour ne rien dire de plus, de chercher à les combattre par les moyens que nous avons indiqués ci-dessus. Quant à celles qui sont le résultat d'une inflammation interne, si une opacité légère du cristallin ou de sa capsule était la seule et la plus fâcheuse terminaison de la phlegmasie qui a précédé, il faudrait encore tâcher d'obtenir la fin de cette résolution par l'application de ventouses sèches ou scarifiées aux épaules, à la nuque; par l'usage des bouillons de veau rafraîchissans et diérétiques, par l'emploi des pédiluves, etc.; mais dans le cas où cette opacité serait assez considérable pour intercepter entièrement la vision, comme il serait alors presque certain que l'inflammation qui l'a déterminée a presque toujours aussi endommagé les parties voisines au point de désorganiser l'iris ou de former un abcès dans la chambre postérieure ou antérieure, toutes les ressources de l'art deviennent donc infructueuses; il faut se borner seulement aux moyens indiqués par la circonstance, et se contenter de combattre les symptômes les plus urgens.

Autant nous avons conseillé, avec espérance de succès, l'emploi des moyens médicaux pour combattre les cataractes commençantes et même très-avancées, arrivées pendant l'enfance, la jeunesse et l'âge viril, autant, d'après nos principes sur la nature et les causes de la cataracte dans les différens âges, serons-nous réservés sur l'emploi de ces mêmes moyens, considérés comme curatifs, dans le traitement de celles qui surviennent pendant la vieillesse.

Si beaucoup d'auteurs, du reste très-recommandables, ont révoqué en doute la guérison de certaines cataractes commençantes bien caractérisées, c'est parce qu'ils ont négligé sans doute de faire attention que ces succès obtenus, l'avaient été sur des personnes jeunes et chez lesquelles, comme je l'ai déjà dit, le système capillaire le plus éloigné jouit à cet âge de son plus haut degré de vitalité, tandis que la tentative des mêmes moyens, administrés avec toute la prudence possible chez des individus avancés en âge, n'a jamais dû, par la seule raison du défaut de vitalité locale dans l'organe affecté, avoir contribué à aucune amélioration sensible. De-là la divergence d'opinions parmi des hommes éclairés, sur cette partie de la thérapeutique oculaire; mais il suffit, pour accorder tous les praticiens sur ce point, de savoir à quelles époques de la vie les observations qu'ils rapportent ont été faites.

En général, dans l'âge avancé, lorsque la cataracte se développe sans causes particulières connues, nous devons considérer les changemens qui s'opèrent alors dans la transparence du cristallin ou de sa capsule comme un des effets naturels à la vieillesse, contre lequel toute espèce de moyens deviendraient inutiles, et qui ne feraient que tourmenter pendant long-temps, et sans le plus léger succès, celui qui en serait affecté. C'est aussi par cette raison que les dérivatifs, et la cautérisation sincipitale, si vantée par notre collègue M. Gondret, ne doivent pas être employés chez les individus affectés de cataracte, même commençante, lorsqu'ils sont âgés de cinquante-cinq à soixante ans, à moins que des maladies compliquant la cataracte n'en exigent impérieusement l'usage , comme nous aurons occasion de le voir en parlant de l'amaurose. A plus forte raison , regardons-nous l'opération comme toujours indiquée , lorsque les cataractes, chez les vieillards , sont arrivées à cette période appelée par les oculistes , de même que par les autres médecins , *maturité de la cataracte,* soit que cet état de maturité soit arrivé lentement , comme il survient le plus ordinairement , soit que la marche en ait été presque spontanée. L'exemple rapporté par Tenon , qui assure avoir connu un portier qui , étant entré dans un four encore chaud , en était ressorti avec les deux yeux cataractés , ne saurait être ici très-concluant , puisqu'il ne parle pas de l'âge du sujet ; car , selon nous , pour qu'une aberration vitale d'un corps aussi éloigné du centre de la vie pût s'effectuer en si peu de temps , il aurait fallu nécessairement que le sujet fût encore jeune ou dans la force de l'âge ; sans cela , nous ne saurions jamais expliquer ni concevoir un *changement aussi prompt et aussi subit.* Le docteur Valantin , digne émule de Louis à l'ancienne Académie de Chirurgie , et qui m'honore de son amitié , m'a répété bien des fois avoir retardé des cataractes bien prononcées chez des sujets déjà avancés en âge , par l'usage des émétiques souvent réitérés. Il m'a assuré aussi avoir guéri dernièrement par ce seul moyen un de ses amis qui n'y voyait déjà plus pour se conduire. Je ne me permettrai aucune réflexion à ce sujet , et je laisserai à l'expérience le soin de prononcer sur les avantages que l'on peut retirer de l'émétique dans le traitement de la cataracte , chez les vieillards ou dans toute autre époque de la vie.

Mais avant d'en venir à la description des différentes méthodes qui se disputent des avantages dans l'opération de la cataracte ; jetons d'abord un coup-d'œil rapide sur les signes visibles et occultes qui font présumer favorablement pour la réussite de cette opération, et voyons ensuite si les nombreuses divisions admises par les auteurs, et si les différens noms qu'ils avaient l'habitude de donner à la cataracte, selon sa couleur plus ou moins foncée, peuvent être de quelque utilité dans la pratique, et si, enfin, de ces différens signes qui les accompagnent il ne peut pas en résulter de méprises fâcheuses, en faisant confondre la cataracte avec d'autres maladies réputées incurables, avec lesquelles elle peut avoir quelques rapports ; et en supposant qu'ils existent quelquefois, faisons tous nos efforts pour les faire connaître et pour faire éviter de semblables méprises, pour l'avenir.

Lorsque l'on est bien convaincu de l'inutilité de toute espèce de moyens rationnels pour guérir la cataracte, il faut donc se décider à l'opération, qui seule est capable de rétablir la vision, en faisant cesser l'obstacle que les rayons lumineux ne peuvent vaincre pour arriver jusqu'à la rétine et y peindre les objets que nous regardons. Mais vainement cet obstacle, lorsqu'il est occasionné par la cataracte, aurait-il cessé d'exister : si l'œil n'a pas les qualités requises pour y voir, si l'opération ne présente aucune chance de succès, il est donc très inutile de l'entreprendre.

Mais il y aura réunion de toutes les qualités requises pour décider le médecin-oculiste ou le chirurgien à entreprendre l'opération de la cataracte, si l'œil du malade (n'importe quel soit son âge) présente derrière la pupille une tache blanche, grise, brune, ou enfin une des variations de couleur depuis le blanc mat jusqu'au gris-noirâtre, si cette tache est circonscrite par le petit cercle de l'iris, si la pupille se resserre à la lumière, si elle se dilate à l'obscurité, si le malade a la connaissance du jour, si la main passée devant ses yeux lui fait éprouver la sensation d'un corps obscur, si les symptômes qui ont précédé la formation entière de la cataracte n'ont point été accompagnés de douleurs de tête plus ou moins vives, si la cornée n'est point affectée de taie, d'albugo ou de leucoma, et si enfin l'œil se trouve dans un état de santé parfaite : tout alors, je le répète, doit faire bien augurer du succès de l'opération, qui ne saurait être différée lorsque le malade y est décidé.

La privation de quelques-uns des signes que nous venons d'indiquer ne saurait contre-indiquer l'opération ; mais alors le pronostic, plus difficile à porter, ne présente pas une chance aussi favorable. Ainsi donc, la cataracte bien reconnue, s'il y a immobilité et dilatation de la pupille, si de fortes douleurs de têtes ont existé avant et pendant sa formation, on peut, on doit même présumer qu'elle est compliquée avec la paralysie de la rétine. L'opération, alors, serait moins que douteuse : on ne doit l'entreprendre que lorsque le malade la désire impérieusement, et après lui avoir fait part de toutes ses craintes et de la grande incertitude du succès ; car mieux vaudrait, si la personne cataractée est encore jeune, commencer d'abord le traitement conseillé pour combattre l'amaurose. Outre les moyens ordinaires généralement employés dans pareille circonstance, je pense que l'on pourrait encore tirer quelques avantages soit de la cautérisation sincipitale, soit d'un exutoire établi à cette partie de la tête,

et par lequel on aurait soin , par-dessus tout , de déterminer pendant long-temps une abondante suppuration.
Si l'on était alors assez heureux pour faire cesser la paralysie , quand bien même le cristallin n'aurait pas repris sa transparence , on pourrait cependant le déprimer ou l'extraire avec espérance de succès ; mais , je
le répète , avant de s'y déterminer , il faudrait avoir
acquis des signes assez certains, tels que la contractilité
de la pupille et la connaissance du passage de la lumière à l'obscurité , etc.

Peut-on raisonnablement admettre comme autant
d'espèces particulières de cataractes , toutes les variétés que présente et que peut présenter cette maladie,
tant dans ses différentes couleurs que dans ses différentes complications ? Je m'explique : si les cataractes
laiteuses, membraneuses, casseuses, pierreuses, grises,
jaunes, brunes, verdâtres , noirâtres , adhérentes ou
non , etc. , ne sont que des variétés de la même maladie , et qui ne diffèrent que dans la forme , la couleur,
la densité et l'adhérence contre nature avec les parties
voisines ; si les mêmes causes, selon les différens âges,
peuvent également les déterminer toutes , comme nous
l'avons démontré , il est donc de toute inutilité,
pour la pratique comme pour les progrès de l'art,
d'en faire , selon les auteurs anciens , autant d'espèces séparées. C'est parce que nous le pensons ainsi,
que nous ne croyons pas devoir nous en occuper
séparément, afin de ne pas multiplier à l'infini des répétitions très-ennuyeuses, sur lesquelles nous ne nous
sommes déjà que trop appesanti : toutefois , comme
cette variété de la cataracte, appelée *noire* par les uns,
et *noirâtre* par les autres , à cause d'une tache noirâtre

qui se présente derrière la pupille de ceux qui en sont affectés, a pu donner lieu à des erreurs commises par des hommes de l'art peu exercés, ou peut-être jouissant eux-mêmes d'une mauvaise vue (infirmité qui est toujours très-fâcheuse pour le médecin qui s'occupe des maladies des yeux, et qui doit l'exposer souvent à faire des méprises, pardonnables sans doute, quant à l'intention, mais qui peuvent être du plus funeste résultat pour le malade), nous croyons devoir nous en occuper un moment. Mais avant de traiter la question sous le point de vue qu'elle mérite, commençons d'abord par la poser.

La variété de la cataracte connue vulgairement sous le nom de *cataracte noire* a-t-elle des signes particuliers qui puissent la faire distinguer de l'amaurose ou du glaucome, par exemple?

La cataracte, comme nous l'avons déjà vu, a une marche bien capable de la faire reconnaître, car la vue dans cette maladie ne se perd qu'insensiblement. Il n'y a point, ou presque point de douleurs de tête pendant sa formation; le malade aperçoit d'abord les objets couverts d'un voile; des corps voltigeans lui semblent exister dans l'atmosphère; en un mot, il perd la vue graduellement, et, après l'avoir perdue, il peut encore distinguer la lumière de l'obscurité, et la pupille conserve sa contractilité. Tous ces symptômes sont également communs à la cataracte soi-disant noire; seulement, au lieu d'apercevoir une tache blanche ou grise derrière la prunelle, l'oculiste qui jouit d'une bonne vue, et qui est exercé dans son art, aperçoit toujours derrière la pupille une tache de couleur noirâtre, à la vérité, mais bien caractérisée et bien reconnaissable. Je veux bien

admettre (ce qui doit n'arriver que très - rarement)
que l'ancienneté de la cataracte, ou son adhérence
avec l'iris, s'opposent aux mouvemens de la pupille,
exposée alternativement au jour et à l'obscurité. Je
veux bien aussi que l'impression de la plus vive
lumière soit absolument nulle pour le malade ; mais
enfin toutes les circonstances antécédentes, je le répète, ainsi que la tache pupillaire, qui est certainement visible pour celui qui jouit d'une bonne vue,
serviront toujours à éclairer le jugement de l'homme
de l'art instruit consulté en pareille circonstance ; d'où
je conclus qu'il est tout aussi facile de reconnaître,
avec le même degré de probabilité de succès par l'opération, la cataracte de couleur *noire* que celles des autres
variétés dans la même maladie, et qu'il est de plus impossible, à moins de se refuser à l'évidence, de la
confondre avec d'autres lésions de l'œil, telles que
l'amaurose ou le glaucome, etc. ; d'où nous concluons encore que tout ce qui a été dit dans ces derniers temps sur cette variété de la cataracte appelée
improprement cataracte noire, a été avancé un peu
légèrement et sans preuves suffisantes. Il est bien
vrai qu'à l'étalage de l'érudition qui se rencontre à
chaque page dans une brochure intitulée : *Nouvelles*
Recherches sur la Cataracte noire et la Goutte sereine,
par le docteur Guillié, directeur-général et médecin en
chef de l'institution royale des Jeunes Aveugles de Paris,
médecin-oculiste de S. A. R. Madame, duchesse d'An-
goulême, exerçant la même fonction auprès d'un grand
nombre de princes, de princesses, de colléges et de
lycées royaux, etc., j'avais pensé qu'un auteur *qui s'an-*
nonce si profond dans la connaissance des langues

grecque, latine, allemande, arabe, anglaise, italienne, française, etc., pourrait me donner quelques idées nouvelles, mais justes, sur la nature et le traitement de ces deux maladies, d'après l'assurance qu'en donne sur ce point au lecteur M. Guillié, dans la préface de son ouvrage : j'ai lu son livre avec toute l'attention dont je suis capable, et, je dirai plus, avec cet intérêt qu'inspire naturellement le désir de s'instruire.

Malgré les plus séduisantes promesses de la part de l'auteur, mes espérances ont été cruellement trompées de le voir accoucher si laborieusement d'une opinion surannée, et présentée par maître Jean il y a plus de cent vingt ans.

« En effet, beaucoup d'auteurs, dit M. Guillié, ont » parlé de la cataracte noire, néanmoins on a long- » temps révoqué en doute son existence , etc. » C'est donc pour nous en convaincre qu'il a pris la plume et l'engagement de nous dire de ces choses vraies et nouvelles de plus d'un siècle, dont il voudrait en même temps s'approprier la découverte.

Si du moins M. Guilli nous avait donné dans son livre les moyens de reconnaître et de distinguer toujours la cataracte noire de l'amaurose , avec laquelle elle a été et est encore, dit-il, confondue (erreur qu'il est cependant si facile d'éviter, comme nous l'avons démontré), le lecteur lui serait du moins redevable de quelque chose ; et pour l'intéresser, M. Guillié n'aurait pas eu besoin de se donner tant de peine pour rajeunir à son profit de vieilles observations connues de tous ses confrères, pour en former une opinion nouvelle , aussi éloignée de l'exacte vérité. Nous n'en voulons d'autres preuves que celle que nous allons prendre

dans l'ouvrage de M. Guillié, pag. 64 ; elle ne saurait
être ni douteuse ni récusable.

« Maître-Jean , dit-il , avait reconnu l'existence de
» ces cataractes noires , dès l'année 1698 ; il opéra un
» homme qui avait l'œil gauche cataracté , et qui n'y
» voyait pas non plus de l'œil droit , quoique la pu-
» pille eût la couleur noire qui lui est propre. Après avoir
» opéré l'œil gauche avec succès, la famille et le malade
» firent des instances si pressantes pour qu'il opérât
» l'œil droit (ce qu'il n'avait pas voulu faire d'abord,
» ne croyant pas à l'opacité du cristallin) , qu'il se
» décida enfin à examiner plus attentivement l'état de
» cet œil , et il crut remarquer que la couleur du cris-
» tallin était plus terne qu'elle ne doit l'être : il pra-
» tiqua l'opération en présence de M. Potier, chirur-
» gien ordinaire du Roi ; le cristallin fut difficile à dé-
» primer, il remonta plusieurs fois ; mais au bout de
» quinze jours il était entièrement précipité , et le ma-
» lade vit beaucoup mieux de cet œil que de l'autre. »

Puisque Maître-Jean , dans l'observation que nous
venons de citer, après avoir examiné de nouveau le
cristallin , *mais avec plus d'attention* , reconnut qu'il
était plus terne qu'il ne doit l'être dans l'état de santé,
nous n'en demandons pas davantage ; car nous sommes
dès ce moment d'accord sur ce point avec M. Guillié,
même sans qu'il s'en doute. En effet , si l'existence de
la cataracte véritablement noire est rejetée , comme ne
se rencontrant jamais dans la pratique , on sera donc
forcé de convenir que la couleur, plus ou moins noirâtre , que présente , dans quelques circonstances , le
cristallin cataracté , est tout aussi facile à distinguer,
en y apportant un peu d'attention, que les autres teintes

moins foncées qu'il affecte dans les cataractes les plus communes ; dès-lors il est donc inutile d'en faire une espèce particulière , et de crier si haut à la découverte.

Mais ne doit-on pas plutôt chercher la cause du grand nombre de cataractes noires que M. Guillié annonce avec tant d'emphase avoir rencontrées dans sa propre pratique *de si fraîche date* , dans une de ces circonstances indépendantes de sa propre volonté, et qui lui feront toujours confondre les cataractes de couleur grise , au point de les prendre pour des cataractes *du plus beau noir*? Si cette cause est trouvée , si elle est vraie , il est donc facile de se rendre compte des observations rapportées par M. Guillié, et de savoir en même temps quel est le degré de croyance qu'on peut et qu'on doit raisonnablement leur accorder.

Je terminerai cette digression sur la cataracte noire , en rapportant ce que dit à ce sujet M. Demours, dont l'opinion et la longue pratique doivent compter pour quelque chose dans la balance de la solide instruction et du vrai savoir. « J'ai fait une quantité immense » d'opérations de cataractes, dit-il (1), notamment » lorsque j'ai été appelé hors Paris ; j'en fais un grand » nombre habituellement , et jamais je n'ai rencontré » celle qui a été désignée par quelques auteurs sous » le nom de *cataracte noire*. »

Comme cette autre variété de la cataracte , connue sous la dénomination de *cataracte branlante* , par rapport aux différens mouvemens que le cristallin opaque et presqu'entièrement détruit par une suppuration interne précédente , exécute dans la chambre posté-

______

(1) *Traité des Maladies des yeux* , imp. 1818, t. I, pag. 534.

rieure, lorsque l'on remue la tête, est presque toujours la suite d'une affection grave qui a détruit la vision de l'œil ainsi cataracté (car je ne connais pas d'exemple qui constate que les deux yeux en aient été atteints en même temps), outre qu'il est presque toujours inutile alors d'en faire l'extraction, et que du reste la dépression en est impossible, on doit s'abstenir encore de toute opération, à moins que par une cause accidentelle le cristallin n'ait été poussé dans la chambre antérieure, et que sa présence, devenue douloureuse, ne nécessite son extraction, comme dans l'observation rapportée par M. de Saint-Yves (1).

« Je fis l'opération, dit-il, en 1707, en présence de
» M. Méry, de l'Académie des Sciences, à un mar-
» chand de Sedan, lequel vint à Paris à l'occasion d'une
» cataracte branlante qui avait passé par le trou de la
» prunelle dans la chambre antérieure de l'humeur
» aqueuse. La cataracte pressait tellement l'iris, qu'elle
» causait au malade une douleur de tête très - consi-
» dérable, avec une insomnie qui durait depuis trois
» mois. Je n'avais jamais entendu parler d'une sem-
» blable opération (il veut parler de l'extraction); mais
» faisant réflexion que j'ouvrais bien la cornée, pour
» vider la matière d'un abcès qui se trouve derrière,
» je tirai la conséquence que je pouvais le faire égale-
» ment pour un corps solide, et j'opérai de même. »
C'est-à-dire, en incisant la cornée avec une lancette,
à-peu-près de la même manière qu'on le pratique aujourd'hui pour l'opération de la cataracte par extraction.

Cependant il n'est pas généralement vrai que l'œil

______

(1) *Traité des Maladies des yeux*, pag. 304.

atteint de cataracte branlante soit entièrement privé de
la vision. J'ai vu un chirurgien d'armée, affecté d'une
cataracte de cette nature à l'œil droit, et y voir cependant assez pour se conduire, l'œil gauche ayant été
perdu à la suite d'un coup de feu. J'avais conseillé l'extraction, comme devant rendre la vue plus libre; mais
le malade, qui pensait que toutes les cataractes bran-
lantes étaient incurables et au-dessus des ressources de
l'art, ne voulut jamais s'y décider, dans la crainte,
me dit-il, de perdre le peu de vue qui lui restait. Je
crois cependant, dans ce cas, que l'extraction ne pouvait pas avoir des suites fâcheuses, et je suis persuadé
que le malade y aurait vu beaucoup mieux après; car
sa vue était si troublée à chaque mouvement un peu
rapide qu'il faisait avec la tête, pour la tourner d'un
côté ou de l'autre, qu'il avait pris l'habitude de regarder en haut et en dehors, en l'appuyant sur
son épaule gauche.

Des différentes Méthodes pour opérer la Cataracte.

Lorsque le médecin-oculiste a jugé l'opération de la
cataracte nécessaire, il doit d'abord y préparer son malade par tous les moyens capables d'assurer le succès
qu'il désire. Par exemple, s'il existe quelque fluxion su
la conjonctive, sur la cornée, ou sur d'autres parties de
l'œil, il faut, avant tout, la combattre par les secours
qui, selon la circonstance, doivent être les plus efficaces,
tels que le régime, les vésicatoires derrière les oreilles
ou au col, le séton à cette partie, les ventouses sèches
ou scarifiées sur les épaules, l'acuponcture avec la

ventouse faite aux mêmes lieux , les bains de pieds , les bains généraux , les purgatifs doux ou drastiques , les collyres émolliens , résolutifs et astringens , la saignée générale ou locale par les sangsues , etc. En un mot on fera un choix parmi tous ces moyens, selon les causes de la fluxion.

Toutes les précautions qui sont de rigueur ayant été prises , les fluxions détruites, ou tellement diminuées d'intensité , qu'il ne peut plus y avoir de craintes sur les suites de cette complication avec la cataracte que l'on veut opérer, il est néanmoins prudent d'y disposer encore, le malade quelques jours d'avance par de légers laxatifs et un régime plus doux et plus rafraîchissant. Ce que nous disons ici trouve également son application lorsque l'on doit opérer des sujets chez lesquels le globe ainsi que les paupières sont dans le meilleur état possible. Ces précautions , dont à la rigueur on pourrait bien se passer dans ce dernier cas , ne sauraient jamais nuire, et peuvent au contraire, en procurant un calme général , en facilitant toutes les évacuations et toutes les sécrétions, empêcher des accidens qui surviennent quelquefois après l'opération , tels que la fièvre , les vomissemens , et bien d'autres encore, qu'il est toujours très - avantageux d'avoir su prévenir. Je le répète , toutes ces précautions ne sauraient passer pour trop minutieuses, lorsqu'il s'agit non-seulement de la santé , mais encore du rétablissement de l'organe par lequel nous éprouvons les plus douces jouissances de la vie, et comme tel le premier de nos organes pour notre bonheur , sur-tout encore lorsque l'on réfléchit qu'il peut en résulter des suites très-fâcheuses, faute de ne les avoir point observées.

Nous ne reviendrons pas sur ce que nous avons déjà dit au sujet de la complication de la cataracte avec la goutte sereine ; il est inutile de répéter jusqu'à satiété que lorsque cette complication existe, l'opération ne saurait réussir avant que cette terrible maladie n'ait été d'abord combattue avantageusement. Il est également inutile de dire que cette opération ne sera suivie d'aucun succès, si la cornée transparente est opaque dans toute son étendue, ou même dans sa plus grande partie, et sur-tout dans son centre. Je dois dire dans sa totalité ou dans sa presque totalité, parce que tous les hommes de l'art savent maintenant que l'on peut, en pratiquant une prunelle artificielle, faire pénétrer par le point transparent de la cornée des rayons lumineux jusqu'à la rétine, et par ce moyen rétablir en partie la vision. C'est donc en supposant une circonstance où l'opacité du cristallin serait un obstacle au rétablissement de la vue par ce point transparent, que l'opération de la cataracte deviendrait et serait tout aussi nécessaire que l'opération de la prunelle artificielle elle-même. Mais avant d'exposer les avantages et les inconvéniens que présentent en particulier chacune des trois méthodes employées par les praticiens modernes pour opérer la cataracte, nous allons d'abord les décrire successivement, en commençant par la plus ancienne, et ainsi de suite. Nous croyons devoir faire observer en passant, et sans sortir de notre sujet, que le médecin qui se livre à la pratique des maladies des yeux, doit connaître toutes ces méthodes, et qu'il doit en outre s'être exercé à leur pratique, afin de pouvoir les employer au besoin lorsque des circonstances particulières le portent à croire avec fondement qu'il pourrait obtenir plus de succès et surmonter un plus grand nombre de difficultés, en adoptant telle méthode plutôt que telle autre.

La première, l'opération de la cataracte par abaissement, la plus ancienne des trois méthodes, semble avoir été pratiquée dès les temps les plus reculés de l'antiquité, car sa découverte se perd dans la nuit des temps. Il est certain que les Egyptiens, les Grecs, les Latins et les Arabes, connaissaient une méthode d'opérer la cataracte avec l'aiguille, et nous trouvons encore dans Celse une description de cette opération aussi exacte que nous pourrions la donner de nos jours (1). En effet, dit-il : « Post
» hæc in adverso sedili homo collocandus est loco lu-
» cido, lumini adversus sic, ut contrà medicus paulò-
» altiùs sedeat : à posteriore autem parte caput ejus
» qui curabitur, minister contineat, ut immobile id
» præstet; nam levi motu eripi acies in perpetuum po-
» test. Quin etiam ipse oculus qui curabitur, immo-
» bilior faciendus est, super alterum lanâ impositâ et
» deligatâ (curari verò sinister oculus dextrâ manu,
» dexter sinistrâ debet). Tùm acus admovenda est,
» acie acutâ, ac fortis aut certè non minimùm tenuis;
» eaque demittenda, sed recta est per summas duas
» tunicas medio loco inter nigrum oculi et angulum
» tempori propiorem è regione mediæ suffusionis sic;
» ut ne qua vena lædatur. Neque tamen timidè dimit-
» tenda est, quià inani loco excipitur. Ad quem quùm
» ventum est, ne mediocriter quidem peritus falli po-
» test, quià prementi nihil renititur. Ubi ergo eò ven-
» tum est, inclinanda acus ad ipsam suffusionem est;
» leviterque ibi verti et paulatìm eam deducere infrà

_____

(1) *Celsus, de Re Medicâ.*

» regionem pupillæ debet , ubi deindè eam transiit ve-
» hementiùs imprimitur, ut inferiori parti insidat. Si
» hæsit , curatio expleta est ; si subindè redit, eadem
» acu magis concidenda, et in plures partes dissipanda
» est, quæ singulæ et faciliùs conduntur, et minùs
» quam latæ officiunt. Post hæc educenda acus recta
» est , imponendumque est lanâ molli exceptum ovi
» album, et suprà , quod inflammationem coërceat,
» atque ità devinciendum, etc. » Il est facile de s'apercevoir par le passage que je viens de citer, que la description de l'abaissement par Celse ne laisse rien à désirer,
et que les médecins de son temps qui ont pratiqué cette
opération de la manière qu'il l'a décrite, devaient certainement aussi avoir beaucoup de succès, quoique la
véritable nature de cette maladie leur fût entièrement
inconnue.

Cette méthode long-temps la seule connue, et par
conséquent la seule mise en usage , compte encore
aujourd'hui de zélés partisans parmi les hommes
célèbres du siècle, et les modifications légères et presque
nulles qu'elle a éprouvées seulement dans la forme de
l'instrument dont on se sert aujourd'hui pour l'exécuter, est bien certainement le plus sûr garant que
nous puissions rapporter en sa faveur. L'aiguille des
anciens était droite et pointue : *Acie acutâ, sed acus
recta ac fortis, non minimùm tenuis debet.* Celle dont
nous nous servons le plus ordinairement en France est
appelée aiguille de Scarpa. Cet habile médecin de Pavie,
auquel nous sommes redevables d'un grand nombre
d'observations dans le traitement des maladies des yeux,
est un de ceux qui ont certainement contribué le plus, par
leurs travaux, à l'avancement de la médecine oculaire.

Son ouvrage sur les maladies des yeux, répandu dans les mains de presque tous les praticiens de l'Europe, est un de ceux qui ne vieilliront jamais ; car c'est un guide sûr pour tous ceux qui veulent se livrer à la connaissance des maladies des yeux, et un miroir fidèle des phénomènes variés de la nature malade, et des moyens qu'il convient d'employer pour la guérir.

Pour opérer l'abaissement du cristallin cataracté, une seule aiguille nous suffit : aplatie et tranchante vers sa pointe, elle doit être arrondie dans le reste de sa longueur, montée solidement sur un manche à facettes, soit en bois, soit en ivoire, mais le plus ordinairement en ébène, des points blancs ou noirs doivent indiquer l'aplatissement de sa pointe, afin d'éviter toute erreur de la part de l'opérateur, lorsqu'elle est introduite dans l'œil. Tous les oculistes emploient généralement aujourd'hui l'aiguille aplatie vers sa pointe en forme de langue de carpe, et tranchante sur ses bords; ils la préfèrent avec raison à celle adoptée par les anciens, dont la forme était celle d'une aiguille à coudre ordinaire. Avec la nouvelle aiguille on pénètre plus facilement dans la chambre postérieure, parce qu'elle coupe en divisant, tandis que l'aiguille ronde divise sans couper ; mais une fois arrivée au-dessus du cristallin, nous verrons, quand il en sera temps, quels sont encore les avantages de celle des modernes. L'aiguille de Scarpa ne diffère de cette dernière que parce qu'elle est un peu recourbée à sa pointe en forme de crochet, ce qui la rend à la vérité un peu plus difficile à introduire lorsque l'on n'est pas très-habitué à s'en servir ; mais aussi jouit-elle, selon nous, de deux avantages bien grands, 1°. parce qu'elle peut facilement s'adapter par sa face concave sur le bord supérieur du cristallin, ce qui facilite beaucoup son abaissement; et 2°. parce qu'il est toujours plus sûr d'éviter de blesser l'iris avec elle qu'avec l'aiguille droite. Ces deux avantages peuvent donc, et doivent, ce me semble, contrebalancer avantageusement le léger inconvénient qu'elle présente au moment de son introduction dans la chambre postérieure.

Mais il est temps d'en venir à la description de cette opération, qui se pratique de la manière suivante : L'oculiste fait asseoir le malade en face d'une croisée bien éclairée; il couvre d'un bandeau l'œil qui doit être opéré le dernier, après quoi il lui fait appuyer sa tête sur la poitrine d'un aide placé derrière lui. Cet aide tient la tête fixée avec ses deux mains, et sur l'invitation de l'opérateur il doit, avec adresse, relever la paupière supérieure avec les doigts index et médius, n'importe de quelle main, dont il engage la pulpe au-dessous de l'arcade orbitaire, de manière à ne presser que légèrement la paupière, ainsi relevée sur le globe de l'œil : ce moyen de fixer l'organe, en faisant relever la paupière supérieure par un aide, dit M. le professeur Richerand (1), tandis qu'on abaisse soi-même l'inférieure avec la main dont on n'opère pas, est bien préférable à l'emploi de tous les *speculum oculi*, ophthalmostases, dont les anciens faisaient usage, et qui ont été inventés par Palucci, Panard, Richter, Demours, Pellier, etc.; je dois dire, en faveur de l'opinion de M. Richerand, qu'un aide, même très-peu intelligent, m'a paru encore toujours préférable, ne dût-il que tenir

____

(1) *Nosographie Chirurgicale*, tom. I.

la paupière supérieure relevée sans fixer l'œil, parce que la main qui n'opère pas l'assujétit assez pour que l'on puisse exécuter facilement l'introduction de l'aiguille ; on n'incommode point alors le malade par l'action d'un corps étranger, dont la présence sur la conjonctive est toujours plus ou moins douloureuse et sans avantages réels ; et si l'on est aidé dans cette opération par une main exercée, comme il est presque toujours possible de l'être en pareil cas, quels ne seront pas alors les avantages que l'on doit en retirer tant pour la promptitude que pour la facilité dans son exécution !

Celui qui opère doit tenir l'aiguille à cataracte comme une plume à écrire, avec les trois premiers doigts de la main droite, si l'on commence par l'œil gauche, *et vice versâ*, si c'est par le droit. Il approche ensuite la main de l'œil cataracté ; il appuie le petit doigt et l'annulaire, le premier sur l'angle externe et supérieur de la pommette, le deuxième sur la tempe ; les autres doigts tenant l'aiguille doivent être dans une flexion proportionnée à l'étendue de l'espace à parcourir ; le pouce fixant le manche sur les deux autres doigts sera appuyé sur la face de ce manche où se trouve incrusté la marque blanche ou noire dont nous avons parlé, correspondant à la face convexe de l'extrémité de l'aiguille, si c'est celle de Scarpa dont on se sert, ou correspondant simplement à l'une des deux faces de l'extrémité, si l'on veut opérer avec l'aiguille ordinaire. Toutes ces dispositions une fois prises, ce qui doit se faire le plus promptement possible, on enfonce alors perpendiculairement la pointe de l'aiguille dans la sclérotique, à deux lignes environ de son union avec la cornée, vers l'extrémité externe du diamètre transversal du globe ; on

traverse du même temps la conjonctive, la sclérotique, la choroïde, la rétine et le corps vitré; l'on
pénètre de suite dans la chambre postérieure de l'œil;
mais lorsqu'on aperçoit la pointe de l'aiguille par l'ouverture pupillaire, on la dirige un peu en arrière, et
en même temps on fait exécuter au manche de l'instrument un quart de mouvement de rotation de dehors
en dedans, par ce moyen on tourne en bas la face concave de l'aiguille, que l'on adapte alors au bord supérieur convexe du cristallin, afin qu'agissant sur ce
corps par une plus large surface, il soit plus facile de le
déplacer. Après avoir exécuté ce que nous venons de
dire, l'opérateur détache le cristallin par de légers
mouvemens, puis il le déprime en élevant le manche
de l'instrument et en le portant ensuite un peu en
avant. Ce corps est donc poussé par cette manœuvre
en bas, en arrière et un peu au-dessous de l'humeur
vitré. Le cristallin ainsi abaissé, il faut le maintenir
dans cette position pendant quelques secondes, et en
même temps ne pas oublier de dire à l'opéré de regarder en haut. Cette précaution est beaucoup plus
nécessaire qu'on le pense, afin de fixer le cristallin le
plus possible au-dessous du corps vitré et de l'empêcher
de remonter ensuite après l'opération, comme il n'arrive que trop souvent lorsqu'on la néglige. On retirera
ensuite l'aiguille en lui faisant exécuter une marche
en sens contraire de celle qu'on lui avait fait parcourir
pour l'introduire.

Telle est la manière dont on exécute l'opération de la
cataracte par abaissement, lorsqu'il n'arrive aucune
particularité remarquable pendant qu'on la pratique.
Nous allons voir maintenant ce que l'on doit faire,

lorsqu'il se présente quelques difficultés dépendantes d'un état pathologique du cristallin et de sa capsule, ou, déterminées par leur adhérence avec les parties voisines.

Lorsque l'opérateur cherche à abaisser une cataracte, s'il arrive qu'après avoir exercé les petites secousses nécessaires pour y parvenir, la capsule du cristallin se déchire et qu'il en sorte une humeur blanchâtre ou laiteuse qui trouble la transparence de l'humeur aqueuse en se mêlant avec elle, il faut toujours tâcher de déprimer dans la partie la plus déclive de la chambre postérieure toutes les pellicules membraneuses et tous les morceaux de cataracte qui seraient encore accessibles à la vue, et se reposer ensuite sur les soins de la nature pour dissoudre et résorber ce que l'aiguille n'aurait pu abaisser ; car l'expérience a prouvé que la transparence de l'humeur aqueuse ne tarde pas long-temps à revenir à son état primitif. Si, après avoir déprimé le cristallin, on s'aperçoit que sa capsule déchirée est encore un obstacle à la vision, il faut tâcher encore de saisir avec l'aiguille, le mieux qu'il est possible, les lambeaux de cette capsule pour les faire pénétrer ensuite par la pupille dans la chambre antérieure, où ils se fondront à la longue, et disparaîtront à mesure que l'humeur aqueuse se renouvellera.

Si la cataracte est adhérente à la face postérieure de l'iris, ce que l'on aura déjà pu soupçonner par avance, sur-tout lorsqu'il y a immobilité de la pupille, qu'il y ait irrégularité ou non, c'est encore ici qu'il faut redoubler d'attention lorsque l'aiguille est sur le point de parvenir à la prunelle et qu'elle est encore derrière la face postérieure del'iris ; car si l'on éprouve alors une certaine résistance , ce qui s'annonce toujours par les mouvemens que l'on communique , et dont on a connaissance , soit par de nouvelles dimensions dans l'ouverture de la pupille , soit par des tractions de l'iris elle-même , on doit, je le répète , y porter une grande attention, en faisant glisser la pointe de l'aiguille entre la face postérieure de l'iris et la face antérieure du cristallin , afin de vaincre l'obstacle et de diviser en même temps les vaisseaux qui les unissent, sans attaquer l'iris. Avec ces précautions, si l'on ne se presse pas par trop , la pointe de l'aiguille arrive facilement au-devant de la pupille , et l'on peut la diriger au-dessous du cristallin, en suivant la marche que nous avons indiquée. L'on exerce ensuite sur ce corps des mouvemens doux et réitérés, jusqu'à ce qu'enfin on s'aperçoive que toutes les adhérences sont rompues; ce qu'il est toujours facile de reconnaître , parce que l'iris qui d'abord suivait les mêmes mouvemens que le cristallin , reste alors entièrement à sa place en conservant encore la forme de la pupille. L'opération sera enfin terminée de la manière que nous l'avons décrite ci-dessus.

Lors même que dans les mouvemens que l'on a été obligé de faire exécuter à l'aiguille pour détruire les adhérences de la cataracte, la pupille a été endommagée dans quelques-uns de ses diamètres , lors même qu'elle a été déchirée dans un ou plusieurs de ses points, si une ouverture assez grande pour donner passage aux rayons lumineux est conservée , la vision pourra en souffrir légèrement , il est vrai , mais elle aura lieu , et sans crainte de la voir éprouver par la suite d'autres inconvéniens graves , à moins que d'autres maladies nouvelles ne les déterminent.

C'est avec des précautions, il est vrai, que l'on parvient souvent à vaincre des difficultés que l'on pourrait croire d'abord insurmontables ; mais il ne faut pas non plus trop se roidir contre ces difficultés, lorsqu'elles paraissent de nature à entraîner des suites toujours plus ou moins graves, dont la continuation de la cécité ne serait que le moindre résultat. Par exemple, si l'on avait à opérer cette espèce de cataracte dans laquelle le cristallin, en perdant progressivement sa transparence, a acquis un volume très-considérable et hors de toute proportion avec son état naturel, état que les anciens appelaient improprement glaucôme, et maître Jean, protubérance du cristallin : dans cette maladie, l'iris est toujours déjetée en avant, l'ouverture pupillaire dilatée l'est souvent irrégulièrement, par rapport aux bosselures qui se rencontrent parfois sur le cristallin. Si, malgré tous ces symptômes fâcheux, on se décidait pour l'opération, on ne devra l'entreprendre que lorsque la vue est entièrement perdue des deux yeux, et lorsqu'enfin le malade a été instruit du peu de succès qu'on a lieu d'en espérer. Il est très-rare, du reste, que cette espèce de complication de la cataracte se rencontre en même temps dans les deux cristallins du même sujet. L'observation suivante, rapportée par maître Jean (1), servira peut-être à indiquer, mieux que je ne l'ai fait, la marche que l'on devrait suivre pour surmonter des difficultés que cet auteur regarde lui-même comme tellement péremptoires, qu'il avait jugé alors la maladie incurable et au-dessus de toutes les ressources de l'art. «Il y a quelques années, dit-il,

----

(1) Ouvrage déjà cité, pag. 133.

» qu'un pauvre homme aveugle me vint trouver pour
» lui apporter quelques secours ; son œil gauche était
» perdu depuis un long temps , à cause d'un ulcère
» dont il avait été travaillé , qui avait laissé une cica-
» trice qui occupait toute la cornée transparente , et
» son œil droit était travaillé d'une maladie semblable
» à celle décrite, il y avait environ un an. Ayant
» reconnu la maladie pour incurable , je lui dis qu'on
» ne pouvait lui rien faire. Lui, au contraire, me
» sollicita fortement de lui mettre l'aiguille dans l'œil,
» sur ce qu'un opérateur-coureur, qu'il avait ren-
» contré dans un village voisin, comme il venait me
» trouver, lui avait dit que c'était une cataracte, et
» qu'il le guérirait. Ne pouvant le dissuader, et voyant
» qu'il était résolu de se mettre entre les mains de cet
» opérateur, et d'ailleurs considérant que l'observa-
» tion que je ferais pourrait un jour être utile au pu-
» blic, sans que ce pauvre homme courût aucun péril,
» je condescendis à sa forte volonté.

» La maladie n'était pas encore dans son plus haut
» degré de perfection : le malade voyait une faible
» lueur, et distinguait les ombres des corps opaques
» situés entre son œil et le grand jour ; mais l'uvée
» était immobile, ayant son trou fort dilaté et extrê-
» mement rond.

» Je me proposai de déchirer la membrane du cris-
» tallin , pour ensuite tâcher de le détacher et de l'a-
» baisser au-dessous du trou de l'uvée, s'il n'était pas
» fortement attaché aux lieux où il était naturellement
» situé.

» Pour cet effet, je me servis d'une aiguille un peu
» plate et tranchante ; que j'introduisis à l'ordinaire

» et quand je fus parvenu entre l'uvée et le cristallin,
» et que je vis la pointe de l'aiguille par-delà les deux
» tiers du trou de l'uvée, je la haussai et abaissai sans
» remarquer aucune adhérence du cristallin avec l'uvée,
» quoiqu'il fût fortement appuyé dessus. Je m'efforçai
» ensuite de rompre la membrane du cristallin, mais
» en vain : ce qui m'obligea d'appuyer bien fortement
» la pointe de l'aiguille à la partie supérieure du cris-
» tallin, pour voir si je ne pourrais point le détacher
» en l'abaissant. Pendant cette action je m'aperçus
» que j'amenais le cristallin en bas, et le malade me
» disait qu'il distinguait mieux la lumière ; et, effecti-
» vement alors, quelques rayons de lumière pouvaient
» passer au travers du corps vitré, qui se présentait un
» peu vis-à-vis de la partie supérieure de la prunelle
» en suivant les mouvemens du cristallin ; mais je re-
» connus bientôt qu'il ne se faisait aucun dérangement
» du cristallin, et que ce mouvement forcé que j'im-
» primais à ce corps ne faisait qu'affaiblir l'uvée, dont
» je voyais le trou changer de figure ; le cristallin re-
» montant aussitôt que je relevais la pointe de l'ai-
» guille, ou qu'il s'échappait de lui même. Enfin, après
» plusieurs tentatives vaines, je cessai mon travail et
» je pansai mon malade, qui fut entièrement guéri
» de la piqûre de l'aiguille huit jours après l'opération,
» dont je ne retirai aucun profit, l'œil, au reste, se
» trouvant dans le même état qu'il était auparavant. »

D'après cette observation, ne paraît-il pas probable que le malade y aurait vu, s'il avait été possible
de déplacer le cristallin d'une manière quelconque,
puisque pendant l'opération il avait pu distinguer
un peu, au moment où le cristallin, déprimé en

partie, avait laissé libre le bord supérieur de la pupille ?
Il me semble qu'en pareille circonstance ce serait le
cas, ou jamais, de tâcher de diviser le cristallin opaque
avec l'extrémité tranchante de l'aiguille, de manière
qu'en détruisant ainsi la vitalité du cristallin, ses lambeaux divisés pussent être insensiblement absorbés, et
leur résidu précipité dans le fond de la chambre postérieure, comme il arrive assez ordinairement par suite
de lésions de cette lentille. Dès-lors, une maladie réputée
incurable cesserait de l'être, et la vision, pour se faire
long-temps attendre, n'en arriverait pas moins, à la
grande satisfaction de l'opéré et de l'opérateur.

Dans l'observation qui suit celle que nous venons
de rapporter, maître Jean cite encore l'autopsie de
l'œil d'un chien, affecté de la même maladie. En
comparant cet œil, dit-il, avec l'autre, qui était sain,
il avait trouvé le cristallin du premier plus d'une
fois plus gros que celui de l'autre, ayant une bosse
inégale au-devant de sa membrane capsulaire, qui,
plus épaisse et plus forte, le tenait fortement attaché
au corps vitré (sans doute par le moyen des vaisseaux
qui vont de la capsule au cristallin.)

Ce qu'il importerait particulièrement de connaître
dans cette maladie, serait, ce me semble, de déterminer jusqu'à quel point la membrane cristalloïde,
qui recouvre la partie antérieure du corps vitré, peut
être aussi affectée ou privée de sa transparence ; car
il est bien certain que ne pouvant la détacher du corps
qu'elle enveloppe, l'opération, quelque bien faite
qu'elle puisse être, en suivant le procédé que nous
venons d'indiquer, ne donnerait aucune chance de
succès, puisque les rayons lumineux, en cessant d'être

arrêtés par l'opacité du cristallin *protubérant*, trou-
veraient encore un obstacle insurmontable dans cette
partie de sa capsule , qui est inaccessible aux moyens
chirurgicaux. Mais en attendant la solution de cette
question , il nous paraît , je le répète , dans l'ordre des
choses possibles d'opérer avec espérance de succès cette
variété de la cataracte toutes les fois que d'autres circonstances plus fâcheuses encore ne viennent pas s'y
opposer, en compliquant un état pathologique déjà
si fâcheux par lui-même.

Ainsi donc, si l'opération de la cataracte doit réussir,
après avoir retiré l'aiguille de l'œil , le malade doit
apercevoir et distinguer confusément les objets qu'on
lui présente ; mais il faut être très-réservé sur cette jouissance prématurée, qu'il ne faut pas permettre au-delà
de quelques secondes , ou tout au plus d'une demi-
minute , temps plus que suffisant pour s'assurer du
succès de l'opération ; car l'action trop prolongée d'une
vive lumière sur la rétine , privée depuis plus ou moins
de temps de tout contact avec ce fluide , pourrait
tellement irriter la sensibilité de cette membrane que
la paralysie en deviendrait peut-être le résultat fâcheux,
comme cela est arrivé déjà quelquefois par suite de
négligence ou d'imprudence semblable de la part d'opé-
rateurs peu instruits.

Lorsque l'opération est achevée, on doit panser le
malade. Ce pansement, qui consiste en très-peu de chose,
s'exécute de la manière suivante : On recouvre d'abord
l'œil opéré d'une compresse très-fine, qui sera assujétie
par un tour de bande passé autour de la tête, mais bien
peu serré ; le malade est mis de suite au lit , la tête
suffisamment élevée par des oreillers ; sa chambre doit

être obscure , et ne recevoir que quelques rayons de lumière à travers les volets entr'ouverts ; tous les jours on étuve les paupières avec un peu d'eau tiède ou une légère infusion de sureau également tiède ; on continue ainsi jusqu'au septième ou huitième jour, en ayant soin, à chaque fois, d'augmenter progressivement la quantité de lumière qui doit pénétrer dans la chambre. A cette époque tous les accidens inflammatoires , qui sont ordinairement peu de chose, sont calmés ; la petite plaie faite à la sclérotique est entièrement cicatrisée. Alors seulement on peut permettre au malade de regarder la lumière, et si l'opération est couronnée d'un entier succès, l'œil a repris tout son brillant et a recouvré la faculté de distinguer les objets : en cessant dès ce moment les pansemens, on doit cependant encore, par précaution , recouvrir les yeux avec un abat-jour bleu ou vert; l'appartement ne sera aussi que faiblement éclairé, jusqu'à ce que le malade se soit habitué insensiblement à la lumière , afin qu'il puisse supporter ensuite le grand jour sans en être incommodé et sans crainte d'accidens. Lorsqu'il sortira il devra faire usage de lunettes à cataracte, pour suppléer, par ce moyen, à l'absence du cristallin , et afin de rendre sa vue meilleure.

Le régime du malade pendant tout le temps qui suit l'opération sera doux et rafraîchissant; la liberté du ventre sera aussi entretenue par de légers laxatifs , tels que manne , casse , etc., ou par des lavemens légèrement purgatifs, en se conformant toujours à l'indication momentanée qui en réclame l'usage.

Survient-il, après l'opération que nous venons de décrire, des accidens plus ou moins fâcheux, tels que des vomissemens ou une fièvre aiguë, le médecin , sans négliger les précautions que nous avons indiquées, doit diriger particulièrement tous ses efforts pour les faire cesser le plus tôt possible. On fera donc pratiquer, selon le besoin, une saignée du pied ou du bras, on insistera également sur les pédiluves; si les symptômes de la fièvre sont inflammatoires, on prescrira à l'intérieur des boissons rafraîchissantes et acidulées, telles que limonades, eau de groseille, bouillon de veau ou de poulet, etc.; mais on calmera assez promptement les vomissemens en donnant une boisson abondante de tilleul ou de feuilles d'oranger, édulcorée avec les sirops de capillaire, de violette ou d'éther, selon ce qui sera jugé nécessaire, lorsque la personne opérée est très-nerveuse. Mais le moyen le plus sûr et le plus prompt pour faire cesser les vomissemens qui se renouvellent sympatiquement, à des intervalles plus ou moins éloignés, chez les personnes opérées de la cataracte, est certainement les frictions sur la région épigastrique avec la pommade ammoniacale. J'en ai éprouvé deux fois de si bons résultats dans des circonstances semblables, que je ne saurais trop les conseiller ici. Les frictions faites avec cette pommade sur la région épigastrique déterminent en quelques instans une rubéfaction assez forte, avec un peu d'irritation locale, qui fait cesser sympatiquement et en bien peu de temps tous les spasmes qui provoquaient le vomissement.

Lorsque, le huitième ou le neuvième jour après l'opération, on veut s'assurer de son succès, si l'on s'aperçoit que la pupille est de nouveau obstruée en partie par le cristallin remonté et dégagé de dessous le corps vitré, où il avait été placé avec l'aiguille, si ce corps, en revenant occuper sa première position dans la chambre postérieure, a laissé de libre la moitié ou le tiers au moins de la pupille, la vision peut encore avoir lieu; car le temps fera dissoudre une partie du cristallin, et ce qui en restera se précipitera ensuite naturellement sans qu'il y ait besoin de nouvelle opération, comme l'expérience l'a déjà prouvé bien des fois. Si, au contraire, on trouve le cristallin entièrement remonté, quand bien même on serait presque assuré (parce qu'il est devenu alors corps étranger par suite de l'opération qui a détruit tous ses rapports avec les parties voisines) qu'il devrait être à la longue résorbé en partie, ou même en totalité, par l'action des absorbans; comme cette terminaison (quelqu'heureuse qu'on pût la supposer) se ferait nécessairement attendre plus ou moins de temps, en raison de la densité du cristallin cataracté et de l'âge du sujet, nous pensons que l'opération doit être de nouveau pratiquée avec les mêmes précautions; mais en insistant particulièrement sur ce point, de tenir le cristallin abaissé au-dessous du corps vitré pendant quelques secondes, afin d'éviter et de prévenir toute récidive future.

Lorsque tout a annoncé un succès complet pendant les premiers jours qui ont suivi l'opération, si la membrane cristalline, qui jusque-là avait conservé sa transparence, vient ensuite à s'affecter d'opacité, ce qu'il sera facile de reconnaître par une tache comme floconneuse qui se présente de nouveau derrière la pupille, et qui s'agrandit de jour en jour, en devenant plus terne et plus opaque, c'est alors une véritable cataracte membraneuse secondaire, puisque le malade, qui avait d'abord joui du bonheur que procure la vision, la reperd dans très-peu de temps. Faut il introduire de nouveau l'aiguille pour saisir et déchirer la capsule opaque, afin d'en faire pénétrer les lambeaux dans la chambre antérieure de l'humeur aqueuse, comme nous l'avons déjà indiqué en parlant de la complication de la cataracte cristalline avec la cataracte membraneuse, et comme le conseillent très-judicieusement un grand nombre d'auteurs très-recommandables? Si l'on se décide pour l'affirmative, on devra l'exécuter de la manière que nous l'avons décrite; dans le cas contraire, on fera l'extraction de cette membrane par l'ouverture de la cornée.

Que devient le cristallin après l'opération par abaissement?

Quelques auteurs pensent qu'il reste stationnaire, sans éprouver la moindre diminution dans son volume. M. de Wensel (1) est fortement de cet avis. Mais si nous portons notre attention sur ce qui se passe ordinairement dans les cristallins qu'une cause accidentelle a déplacés, lésés dans leurs rapports, ou endommagés dans leur substance, ne voyons-nous pas tous les jours les cataractes qui en sont la suite se fondre insensiblement, et le malade y bien voir ensuite? Dans l'opération par abaissement les lambeaux de la capsule, poussés dans la chambre antérieure, ne finissent-ils pas par être absorbés et par disparaître? N'en est-il pas de même du cristallin divisé dans l'opération de la keratonyxis, lorsque ses lambeaux ont été ramenés dans la chambre antérieure? Si l'on n'est pas tenté de réfuter ce qui se passe sous nos yeux, je ne pense pas qu'on puisse, avec de bonnes raisons, se refuser d'ad-

____

(1) *Manuel de l'Oculiste.*

mettre l'analogie d'un phénomène semblable, parce qu'il se passe et qu'il s'opère au-delà de la portée de notre vue. Si l'on examine, après la mort, des yeux qui avaient été opérés de la cataracte par abaissement, quelques années auparavant, presque tous les observateurs, tous les anatomistes, n'assurent - ils pas que l'on trouve et qu'ils ont toujours trouvé le cristallin considérablement diminué de volume, et d'autres fois (selon l'espace de temps qui s'est écoulé depuis l'opération) presque entièrement absorbé et réduit presque à rien ? Quoique je n'aie pas encore été dans la position de vérifier par moi-même ce fait sur le cadavre, cette vérité me paraît suffisamment démontrée par ce qui se passe journellement dans certains cas de cataractes déterminées par l'action d'un corps étranger qui a pénétré jusque dans le cristallin, tels que ciseaux, aiguilles, etc., pour l'admettre comme vraie. Passons maintenant à la description de la cataracte par extraction.

De l'Opération de la Cataracte par extraction.

Lorsque l'opinion de Plimpius sur la véritable fonction du cristallin eut prévalu sur celle des anciens, il était encore nécessaire, pour convaincre les incrédules sur une vérité que nous regardons si simple aujourd'hui, mais qui était restée si long-temps ignorée, de leur mettre jusque dans la main le cristallin lui-même, pour qu'ils ne pussent plus en douter : il était donc réservé à l'opération par extraction de résoudre affirmativement un problème qui n'en était déjà plus un pour tous ceux qui possédaient des connaissances étendues tant en physique qu'en anatomie et en physiologie ; mais une erreur sanctionnée pendant tant de siècles, propagée et partagée par les hommes les plus instruits des beaux temps de la Grèce et de Rome, ne devait pas manquer d'être soutenue avec chaleur, même par quelques anatomistes et quelques physiciens du dix septième et du commencement du dix-huitième siècle. Il est même probable que l'opinion de Plimpius serait tombée aussi dans le néant, sans les nombreuses opérations par extraction auxquelles elle a donné lieu. Cette opération, que nous pouvons appeler toute française, fut proposée par Méry, en 1706, et dès 1707 de St.-Yves exécuta sur un marchand de la ville de Sedan l'incision de la cornée transparente, pour extraire le cristallin d'une cataracte branlante, qui, par un effort qu'avait fait le malade, était tombé dans la chambre antérieure. Mais Daviel est le premier qui, en 1745, exécuta cette opération sur le cristallin resté en place. On peut voir à ce sujet le mémoire inséré dans le deuxième volume de l'Académie de Chirurgie, où cet habile oculiste a exposé son procédé opératoire, qui fut bientôt ensuite abandonné et perfectionné par celui de Lafaye, que l'on trouve également décrit dans le même volume.

Le procédé de Lafaye, extrêmement simple, puisqu'il ne faut que deux instrumens pour l'exécuter, est encore celui qui est le plus généralement employé aujourd'hui, toutefois cependant avec les modifications avantageuses que lui ont fait subir successivement MM. de Wenzel père et fils, ainsi que M. Demours. Voici de quelle manière cette opération doit être exécutée, toutefois cependant après avoir pris les précautions nécessaires pour en faciliter et assurer le succès. Ces moyens antécédens consistent à employer, en sus de ceux que nous avons déjà indiqués au sujet de l'opération par abaissement, pendant quelques jours avant l'opération, des lotions sur les paupières et sur les yeux, faites avec une décoction de belladona, dont l'expérience a démontré la propriété sur la dilatation de la pupille, dilatation qu'il est nécessaire d'obtenir la plus grande possible, afin de faciliter par une large ouverture le passage du cristallin dans la chambre antérieure de l'humeur aqueuse.

Lorsque toutes ces précautions ont été prises, avant de commencer l'opération, on doit encore se pourvoir de tous les instrumens nécessaires, afin de les avoir à sa portée en cas de besoin. Ces instrumens sont les suivans : un ou deux bistouris, modifiés, à la volonté de l'opérateur, selon M. de Wenzel ou selon M. Demours. Celui de ce dernier oculiste ne diffère essentiellement de celui du premier, que parce que son extrémité est tranchante des deux côtés dans l'étendue de deux lignes et demie à trois lignes au lieu d'une et demie. Ce bistouri, dont la lame a la forme d'une lancette, est aussi un peu moins large. Montée solidement sur un manche à facettes, pour indiquer plus facilement sa position dans l'œil, cette lame, dont le tranchant se continue jusqu'à trois ou quatre lignes de son manche, ne doit, du côté de son talus, présenter tout au plus que de deux à trois lignes de tranchant vers sa pointe, afin de faciliter la section de la cornée transparente, dans le sens que l'opérateur veut l'exécuter. Au reste, ces bistouris, quels qu'ils soient, doivent être d'un acier très-fin et bien trempé ; la lame doit en être ordinairement droite, à moins que l'enfoncement de l'œil ne nécessite de lui faire subir quelques légères modifica-

tions. C'est par cette raison que celui qui se livre particulièrement à la pratique des opérations sur l'œil, doit
toujours avoir des bistouris pour tous les cas qui peuvent se présenter dans sa pratique.

Il faut aussi se précautionner, 1°. d'une aiguille tranchante et aplatie à son extrémité, qui doit être légèrement recourbée comme l'aiguille à cataracte modifiée par Scarpa; 2°. d'une autre aiguille à crochet;
3°. d'une curette; 4°. enfin de petites pinces très-
déliées.

Une fois muni de ces instrumens, et tout étant bien
disposé, l'opération sera pratiquée de la manière suivante : On commencera par poser une compresse sur
l'œil qui doit être opéré le dernier ; elle sera assujétie
par une bande roulée autour de la tête; le malade sera
assis sur une chaise un peu basse et en face d'une
croisée médiocrement éclairée, de manière à ne recevoir le jour qu'un peu obliquement; il aura également,
comme dans l'opération par abaissement, la tête appuyée sur la poitrine d'un aide, qui passera une de
ses mains au-dessous de son menton, tandis que,
de l'autre, avec les doigts index et medius, il relevera
la paupière supérieure en l'appuyant légèrement contre
l'arcade orbitaire, de manière cependant à fixer suffisamment l'œil dans son orbite et à prévenir en même
temps ses mouvemens. Le chirurgien devra s'asseoir en
face de son malade sur une chaise un peu plus élevée, et
assez près de lui pour pouvoir exécuter facilement son
opération; il devra aussi entrelacer ses jambes avec celles
du patient, de manière que la jambe qui se trouve
en face de l'œil qui doit être opéré le premier, soit toujours en dehors et libre à la volonté du chirurgien, qui

l'élevera encore en plaçant son pied sur un tabouret d'une hauteur proportionnée à l'élévation du malade et à la grandeur de l'oculiste. La main qui doit opérer doit toujours être celle qui correspond à la jambe en dehors ; le chirurgien tient de cette main, comme une plume à écrire, le bistouri avec lequel il doit faire l'incision, le tranchant regardant en bas, le coude sur le genou du même côté, les doigts annulaire et petit doigt ayant un point d'appui sur la pommette et sur la tempe du malade ; il abaissera ensuite la paupière inférieure en la renversant en dehors avec l'index de la main dont il n'opère pas, il porte en même temps le doigt medius sur le globe, entre la cornée et la caroncule lacrymale, en invitant le malade à tourner l'œil vers la fenêtre, qui doit se trouver du côté de l'œil à opérer. Aussitôt que l'on s'aperçoit d'un moment de tranquillité, qui est toujours l'instant favorable, il faut sans plus tarder plonger le bistouri vers la partie supérieure externe de la cornée, à un quart de ligne de son union avec la sclérotique, de manière que la lame de l'instrument soit dirigée obliquement de haut en bas et de dehors en dedans, en lui faisant suivre une direction parallèle à celle de l'iris; il faut aussi qu'elle traverse toute la chambre antérieure en un seul temps. On doit faire sortir la pointe du cératotome à l'extrémité opposée de la cornée, de manière qu'en continuant de pousser l'instrument dans une direction favorable, cette membrane soit incisée dans la moitié de sa circonférence; mais nous ferons observer que cette incision de la cornée doit être également distante, par tous ses points, de la sclérotique. « Lorsque l'ins-
» trument, après avoir percé la cornée, arrive à la

» pupille, dit M. De Wenzel (1), en élevant légère-
» ment la main, la pointe se plonge dans cette ouver-
» ture, et en la dirigeant imperceptiblement on at-
» teint la capsule du cristallin, on la coupe, ou plutôt
» on la déchire, puis on dégage la pointe du cérato-
» tome de la pupille; l'instrument remis dans sa pre-
» mière place, c'est-à-dire dans le plan de l'iris, en
» continuant de le pousser on le fait parvenir au côté
» opposé à celui par lequel il est entré; on perce la
» cornée de part en part, en suivant la même direc-
» tion relativement au plan de l'iris, etc. » L'opération
est ensuite achevée comme nous l'avons vu ci-dessus.
Malgré la facilité apparente de déchirer la capsule du
cristallin avec la pointe du bistouri, au moment où
elle passe au-devant de la pupille, nous pensons que
cette pratique n'est pas toujours sans inconvéniens,
sur-tout lorsque l'on n'a pas cette habitude de M. de
Wenzel, habitude bien capable sans doute de faire
surmonter beaucoup de difficultés, mais qui, je le répète, ne saurait être prise pour règle générale dans
une opération aussi délicate et qui demande tant de
précautions. Si nous nous conformons ici à l'opinion
pratique de beaucoup d'autres praticiens tout aussi recommandables que M. de Wensel, c'est parce que
nous pensons avec eux qu'il est généralement plus
prudent de continuer l'incision de la cornée comme
nous l'avons décrite. Mais lorsqu'elle est terminée,
il faut introduire l'aiguille dont nous avons parlé,
nommée *kystitome*, dans la chambre antérieure, en dirigeant sa pointe du côté de la cornée; et aussitôt qu'elle

____

(1) *Manuel de l'Oculiste*, article Cataracte.

est parvenue vis-à-vis de la pupille , on doit la retourner
en arrière et l'enfoncer dans la capsule du cristallin, que
l'on déchire alors plus ou moins, et autant que peut le
permettre la mobilité de l'œil. Cela fait, on retire le
kystitome avec les mêmes soins que l'on a pris pour
l'introduire ; lorsqu'il est retiré , la plus légère pression
exercée sur la partie supérieure du globe à travers la
paupière suffit ordinairement pour chasser le cristallin opaque de sa capsule; ce corps passe bientôt au travers
de la pupille , sort par son bord inférieur de la chambre
antérieure , et tombe presque en même temps sur la
joue du malade.

Lorsque le cristallin est hors de l'œil, si l'opération
doit réussir, l'opéré apercevra et distinguera les objets
qui lui seront présentés ; mais il est bon d'user promptement des mêmes précautions qui ont été indiquées après
l'opération par abaissement. Du reste, le malade sera
pansé de la même manière, et mis au lit la tête plus
basse que le reste du corps, s'il peut supporter cette
position ; et s'il n'y a qu'un œil d'opéré , il se cou-
chera sur le côté opposé. Cette situation est d'autant
plus favorable , qu'elle neutralise presque toutes les
causes, même les plus fortes , qui pourraient provoquer la sortie du corps vitré , qui fera d'autant moins
d'efforts pour sortir de l'œil, qu'il aurait à lutter davantage contre son propre poids. Dans le cas où l'opération
viendrait à ne pas réussir par suite de l'écoulement de
l'humeur vitré , que n'aurait-on pas à se reprocher
si l'on avait négligé cette si simple précaution ?

L'éclairage de la chambre , les moyens médicaux,
le régime et les pansemens seront absolument les mêmes
que ceux employés après l'opération par abaissement,

et, toute chose égale d'ailleurs, les mêmes symptômes qui se présenteront seront combattus par les mêmes moyens. Au huitième ou au neuvième jour, en examinant l'œil opéré, si l'opération est couronnée de succès on doit trouver la cornée cicatrisée, et l'humeur transparente qui s'était échappée après son incision, entièrement régénérée. L'œil, enfin, a repris tout son brillant; le malade, qui distingue les objets qui l'entourent, s'accoutumera insensiblement à l'action d'une lumière plus forte, et des verres à cataracte lui rendront la vue aussi bonne qu'il peut l'avoir.

Telle est la manière d'exécuter l'opération de la cataracte par extraction, lorsqu'il ne se présente aucune difficulté; voyons maintenant de quelle manière l'opérateur devra les surmonter lorsqu'il en surviendra.

Dans tous les cas, l'incision de la cornée devra toujours être plutôt plus grande que plus petite, afin de faciliter la prompte sortie du cristallin hors de la chambre antérieure. Cette observation, qui est beaucoup plus importante qu'on ne pourrait le penser d'abord, ne peut jamais avoir d'inconvéniens. « Mon opinion, » dit à ce sujet M. Demours (1), est que sur vingt » yeux perdus après l'opération de la cataracte par ex- » traction, dix-sept verraient, si l'incision placée con- » venablement avait eu une ligne de plus de largeur. » Celui qui fait son incision trop petite, peut difficile- » ment introduire le kystitome destiné à ouvrir et à » déchirer la capsule : il éprouve la plus grande diffi- » culté à retirer les débris laissés par le cristallin, et il » y en a précisément d'autant plus à ôter, que ce corps » a eu plus de peine à sortir. »

____

(1) Ouvrage déjà cité, tom. I, pag. 511.

Nous n'avons pas besoin de dire non plus que le choix des instrumens est très-important, surtout du bistouri, qui doit toujours être bien évidé et bien confectionné.

La première difficulté qui se rencontre à surmonter, lorsque l'humeur aqueuse, en partie échappée après la ponction de la cornée, a diminué par son évacuation l'intervalle qui sépare la cornée transparente de l'iris, c'est lorsque cette dernière membrane vient à se présenter au-devant du tranchant de l'instrument, parce qu'il faut sur-le-champ faire de légères frictions sur le globe de l'œil à travers la paupière supérieure, afin de l'éviter. L'aide, chargé de relever la paupière pendant l'opération, pourra les faire aussi facilement que l'opérateur lui-même, qui ne peut pas abandonner la paupière inférieure sans s'exposer à la faire blesser par le tranchant de l'instrument, et sans s'exposer à d'autres inconvéniens qui pourraient en résulter aussi, telle qu'une nouvelle irritation de la conjonctive, lorsqu'il faudrait de nouveau renverser cette paupière et fixer l'œil, pour rendre l'opération plus facile à être continuée. En exécutant ces frictions, l'aide tiendra toujours la tête fixée sur sa poitrine, et tout restera dans les mêmes rapports; au lieu qu'il n'en arriverait pas ainsi, comme nous venons de le voir, si elles étaient faites par l'opérateur. N'avons-nous pas lieu d'être étonné qu'une précaution si naturelle et cependant si utile n'ait pas été faite ni même remarquée avant nous? En effet, on ne trouve nulle part, et dans aucun auteur, que l'aide chargé de tenir la paupière supérieure relevée, doive aussi, dans la circonstance dont nous parlons, abaisser cette paupière sans la désemparer, afin d'exercer plus sûrement les légères frictions que l'opérateur lui indique de faire sur le globe de l'œil.

Aussitôt que l'iris s'est retirée, le chirurgien fait relever de nouveau la paupière supérieure, et fixer l'œil sans le presser; il continue ensuite l'incision de la cornée, comme nous l'avons décrite ci-dessus. L'aide ne devra abandonner la paupière, qu'il tient relevée, que lorsque l'opérateur la reprend à son tour pour exercer sur elle la pression légère que nous avons indiquée, pour expulser le cristallin.

Si la pupille était trop étroite pour livrer passage au cristallin, M. Demours, à l'exemple de Daviel, conseille d'inciser alors l'iris depuis son bord pupillaire jusques et près le bord inférieur de sa grande circonférence. En pareille circonstance, je pense également qu'il n'y a pas d'inconvénient à faire cette incision; mais qu'il y en aurait beaucoup, au contraire, à ne pas la faire, surtout si ce rétrécissement, combattu avant l'opération par les applications plus ou moins réitérées de décoction de belladona, se trouvait encore compliqué par l'adhérence de la face postérieure de l'iris avec le cristallin. Mais cette dernière circonstance est facile à reconnaître par l'irrégularité que présente aussi le cercle de la pupille.

On exécute l'incision du rayon inférieur de l'iris, en introduisant par l'ouverture de la cornée de petits ciseaux, dont une des branches est boutonnée, tandis que l'autre, très-pointue, est tranchante à son extrémité, qui se trouve comme enchassée dans la branche boutonnée qui est plus longue; arrivé à une demi-ligne de l'attache inférieure de l'iris avec la sclérotique, on écarte légèrement les branches des ciseaux, on fait pénétrer la branche tranchante à son extrémité dans e tissu de l'iris, et lorsqu'elle l'a traversé (ce qu'il est toujours très-facile de reconnaître et d'exécuter), on continue l'incision sans obstacle, jusqu'à la petite circonférence de l'iris qui se trouvera également incisée, en ayant la précaution de faire dépasser légèrement ce bord par le bouton dont nous avons parlé ; et en rapprochant ensuite les deux branches avant de retirer les ciseaux, on n'aura couru aucun risque de blesser la face postérieure de la cornée, et l'iris aura été incisée avec la plus grande facilité. C'est pour surmonter les difficultés que j'avais prévues pour un cas semblable, que j'ai fait exécuter depuis ces ciseaux, que je conseille aujourd'hui comme bien préférables à tous les autres instrumens qui ont été employés jusqu'à ce jour pour exécuter l'incision dont nous venons de parler.

Lorsqu'il existe des adhérences entre le cristallin et la face postérieure de l'iris, il faut d'abord commencer par les détruire, en portant la curette entre cette membrane et le cristallin ; et si après lui avoir fait exécuter avec précaution les différens mouvemens nécessaires, si le cercle de la prunelle s'est agrandi suffisamment pour livrer passage à la cataracte, il faut de suite chercher à y parvenir, en faisant de légères pressions sur le globe, à travers la paupière supérieure. Mais lorsque l'ouverture ne s'élargit pas assez, c'est alors qu'il faut de toute nécessité recourir à l'incision de l'iris ; et comme il est probable qu'il existe encore quelques adhérences dans cette partie inférieure, parce qu'il n'a pas été possible d'y faire glisser la curette, il est donc prudent de l'introduire de nouveau dans la chambre antérieure, de la faire pénétrer par le centre pupillaire alternativement sous chaque lambeau de l'incision ; mais une fois toutes les adhérences qui existaient encore, détruites, la capsule cristalline ouverte et déchirée par le kystitome, le cristallin sera facilement expulsé par la légère pression que nous avons indiquée. Dans ce cas d'adhérence, si la capsule a perdu sa transparence (et l'on conçoit comment cela peut arriver souvent), puisque cette enveloppe seule peut contracter adhérence avec les parties voisines, à moins de doubles adhérences entre le cristallin et sa capsule avec la face postérieure de l'iris ; et s'il y a encore opacité et adhérence de la partie postérieure de cette capsule avec la membrane hyaloïde, la position du malade est alors tellement grave, qu'il faut, ou renoncer à l'opération, ou trouver des moyens capables de la surmonter, autres que ceux que nous connaissons et que nous avons décrits. Mais lorsque le cristallin a été expulsé, on ne doit pas tenir l'opération comme achevée, il faut encore examiner de nouveau le centre de la pupille, car si l'on aperçoit (comme il arrive presque toujours selon moi, quand l'adhérence a existé aussi forte que nous venons de le supposer) que la capsule est opaque, ou comme il peut arriver aussi, quoique bien plus rarement à la vérité, après une opération ordinaire où il n'y avait point d'adhérence, il faut aller saisir avec les petites pinces *ad hoc* les lambeaux de la capsule, les détacher doucement par de petites secousses dirigées dans des sens opposés à la résistance, les extraire ensuite successivement jusqu'à ce que la pupille soit aussi nette qu'on peut le désirer. En cas d'impossibilité d'extraire tous ces lambeaux sans inconvéniens fâcheux, ou bien sans s'exposer à la sortie du corps vitré, par exemple, il vaut beaucoup mieux se

contenter de les détourner le plus possible du centre
de la pupille, en laissant à la nature le soin de les ré-°
sorber par la suite ; car alors, en supposant même
qu'ils ne le soient pas entièrement, la membrane capsulaire, presque détruite, laissera toujours passer suffisamment des rayons lumineux pour que la vision puisse
s'exécuter en partie. Mais il n'en serait pas de même,
si la partie postérieure de la capsule opaque est adhérente à la membrane du corps vitré, sur-tout s'il est
impossible de l'en détacher, parce que cet obstacle,
lorsqu'il est au - dessus des ressources de l'art, rend
incurable la cataracte qui en résulte.

Nous venons de voir de quelle manière l'oculiste
peut surmonter les difficultés qui se présentent lorsque
la cataracte est adhérente, ou lorsque la pupille est
trop étroite pour lui livrer passage. Examinons donc
maintenant ce que l'on devra faire, si après avoir ouvert
la capsule du cristallin, il en sort une humeur blanchâtre et comme laiteuse, soit en grande, soit en petite
quantité. Quand l'humeur qui sort de la capsule déchirée est en assez grande quantité pour faire présumer
que la totalité du cristallin se trouve ainsi dissoute, il
faut successivement introduire la curette dans la chambre antérieure, afin de l'extraire en totalité, si faire se
peut, ou du moins jusqu'à ce que la couleur blanche
qui occupe la pupille ait entièrement disparu et qu'on
n'en n'aperçoive plus de vestige ; si la capsule paraît
alors, comme c'est le plus ordinaire, atteinte d'opacité, il faut aussi, sans plus tarder, en faire l'extraction.
Mais, si après l'évacuation d'une petite quantité de
cette humeur, la pupille reprenait promptement sa
transparence, faudrait-il alors regarder la cataracte

détruite momentanément comme une de celles que
•Tenon et plusieurs autres ont décrites ou regardent
encore comme dépendantes de l'opacité de l'humeur
de Morgagni, humeur dont la quantité se serait également
ment accrue? Cette supposition, quelque bien fondée
qu'elle soit en théorie, ne nous paraît pas suffisamment
démontrée, malgré les opinions d'auteurs infiniment recommandables sans doute. Mais comme nous avons
déjà exposé notre manière de voir à cet égard, nous
prions le lecteur de vouloir bien se la rappeler.

En effet, pourquoi n'arriverait-il pas quelquefois aussi
que les couches les plus extérieures du cristallin soient
seules affectées de cette dégénérescence purulente,
sans que ses couches les plus antérieures aient été lé-
sées dans leur transparence? Nous ne voyons rien
ici qui soit contraire à la saine physiologie, puisque
le résultat de l'opération semble encore le confirmer.
Lorsque l'humeur qui s'échappe après le déchirement
de la capsule cristalline est en petite quantité, quoique la pupille recouvre promptement sa transparence,
l'oculiste ne doit pas s'en laisser imposer par un succès
que l'expérience a démontré ne pas être de longue
durée ; il faut au contraire qu'il presse légèrement sur le
globe de l'œil de la manière et avec les précautions
que nous avons indiquées, et il ne tardera pas à voir
tomber sur la joue du malade un cristallin beaucoup moins gros qu'il ne doit l'être ordinairement, ce
qui indique assez que ses couches les plus extérieures
ont fourni à elles seules, et sans participation de l'humeur dite de Morgagni, le liquide blanchâtre qui s'é-
tait d'abord écoulé après le déchirement de la capsule
du cristallin. Mais puisque ce corps ainsi extrait se

présente avec sa transparence, ce serait ici le cas, ou jamais, de dire que la nécrose du cristallin a produit la cataracte, selon l'opinion de M. Delpech, parce qu'il est bien certain alors qu'il existait une partie saine du cristallin qui s'était séparée de la partie privée de la vie. C'est aussi la seule circonstance où je trouve juste l'application de l'opinion émise par notre honorable confrère.

Si l'oculiste, dans une semblable circonstance, s'en laissait imposer par les apparences, et si, au lieu d'extraire la portion saine du cristallin, il cessait l'opération qu'il aurait regardée comme achevée, pour panser et mettre ensuite au lit son malade, il apprendrait bientôt, et à son grand regret, que pour rétablir la vision interceptée de nouveau par cette portion restante du cristallin devenue consécutivement opaque, il serait encore nécessaire de recommencer l'opération pour l'extraire. L'expérience de tous les praticiens s'accorde sur ce point : il faut de toute nécessité extraire le cristallin après l'épanchement dont nous avons parlé, parce que, laissé en place, je le répète, il perd toujours sa transparence et produit de nouveau la cataracte.

Lorsque le cristallin, comme enchatonné dans sa capsule, ne semble changer de place que pour pousser l'iris en avant, sans qu'on s'aperçoive qu'il va franchir l'obstacle de la prunelle en présentant son bord inférieur à la partie la plus déclive de cette ouverture, il ne faut pas s'exposer à des suites fâcheuses et toujours très-graves, en appuyant davantage sur le globe de l'œil; l'on doit au contraire cesser toute pression pour avoir recours alors à l'aiguille à crochet en forme d'*hameçon*, dont se sert si avantageusement M. de Wenzel. On l'introduit donc, avec les précautions nécessaires, dans la

chambre postérieure ; on enfonce sa pointe dans le corps
de la cataracte , et lorsqu'elle est prise et harponnée,
pour ainsi dire , par le crochet de l'aiguille , on tâche
de la retirer en lui faisant exécuter les différens mouvemens que l'opérateur croit les plus convenables , tant
pour détruire ses adhérences , s'il en existe encore, que
pour lui faire franchir sans accident le détroit des deux
chambres ; car une fois cet obstacle surmonté , l'opération, ou plutôt l'extraction , est bientôt terminée. On
doit se servir également du même moyen , lorsque, par
suite d'une légère pression , ou même sans qu'il y ait
eu de pression exercée précédemment sur l'œil , une
partie du corps vitré vient à s'échapper en passant entre
le cristallin cataracté et le cercle de la pupille. Mais
comme il y a à craindre alors qu'une plus grande quantité de ce corps ne sorte encore après l'extraction du
cristallin , il faut sur-tout redoubler de précautions et
de soins pour le retirer sans secousses et sans efforts.
Quant à la petite quantité du corps vitré qui s'est
échappée avant ou après l'extraction , il ne faut pas en
tirer un augure défavorable , car l'expérience , qui doit
être toujours notre guide , a démontré qu'une perte médiocre de l'humeur vitrée n'entraînait pas avec elle la
perte de la vision , mais que tout au plus elle pouvait
en être sensiblement diminuée.

Lorsque par suite de la pression exercée sur l'œil
pour faire sortir le cristallin , la circonférence de l'iris
vient à se décoller dans sa partie inférieure , il ne faut
pas faire de tentatives pour empêcher que ce corps
ne sorte par cette ouverture , car , outre qu'elles seraient
inutiles , il ne saurait résulter d'inconvéniens bien
fâcheux de l'expulsion de la cataracte à travers ce

décollement ; l'oculiste devra au contraire la favoriser en comprimant légèrement le globe à travers la
paupière supérieure. Si toutefois le bord de la cornée
attenant à la sclérotique était un obstacle à la sortie du
cristallin arrivé jusques à lui, c'est alors seulement qu'il
faut cesser la pression, qui devient inutile, pour cram-
ponner la lentille avec l'aiguille à crochet, et l'extraire
ensuite sans plus tarder.

Les inconvéniens qui peuvent résulter du décollement de l'iris ne sont pas eux-mêmes bien fâcheux,
car le malade en est presque toujours quitte pour un allongement de la prunelle, ce qui ne nuit pas sensiblement à l'acte de la vision. Quant au bord de cette circonférence, il finit toujours par se recoller à moins que
des accidens consécutifs, comme nous le verrons par la
suite, n'en décident autrement.

Si le cristallin cataracté présente un volume tellement disproportionné avec son état le plus ordinaire, que
dans ce cas il soit impossible de l'expulser, même par l'ouverture de l'iris dans sa plus grande dilatation possible,
et si après avoir, mais en vain, essayé le cramponnage
avec l'aiguille à crochet, circonstance qui doit être extrêmement rare à la vérité, mais qui cependant peut se
présenter, quelle sera la conduite de l'oculiste ? Nous
pensons que, dans une semblable position, l'opérateur
doit d'abord chercher à diviser avec l'aiguille à cataracte, ou avec le bistouri de Tenon, ce cristallin volumineux, et tâcher ensuite d'en ramener les débris dans
la chambre antérieure. L'on conçoit que l'opération
peut être longue ; mais aussi elle peut être suivie de
succès. Mais, si par la résistance qu'éprouvent les instrumens dans ce cristallin, toutes les tentatives en ce
genre sont jugées inutiles, devra-t-il alors se regarder

comme vaincu, et ne lui restera-t-il plus d'autres moyens à employer? Je proposerai alors les suivans ; et sans garantir qu'ils seront toujours suivis d'un heureux succès, du moins pouvons-nous être sûrs qu'ils peuvent être essayés avec quelque probabilié de réussite; et si l'on réfléchit qu'ils sont les seuls, peut-être même trouvera-t-on qu'ils ne sont pas si défavorables.

1°. Il faut agrandir l'incision de la cornée transparente, en la coupant avec des ciseaux convenables jusqu'à sa partie supérieure, afin de faciliter encore davantage, s'il est possible, la sortie du cristallin ; 2°. inciser ensuite l'iris avec les ciseaux dont j'ai donné plus haut la description, non-seulement depuis son bord inférieur jusqu'à son bord pupillaire, mais encore de ce bord jusques et près la partie supérieure de sa grande circonférence ; 3°. enfin il faut, suivant la même direction, introduire l'aiguille à crochet, saisir cette lentille, dégager adroitement son bord intérieur, en lui faisant exécuter une espèce de mouvement de demi bascule, car, une fois ce bord dégagé, l'opération doit être regardée comme finie, puisque l'ouverture à la cornée sera toujours assez grande pour livrer passage au cristallin. Toutes ces précautions nous paraissent de nécessité, afin de moins fatiguer l'œil et de prévenir par là la sortie du corps vitré, qui, trouvant jour par une si large ouverture, sortirait promptement de la cavité qui le contient, pour peu que le globe fût exposé à quelques mouvemens, ou qu'il éprouvât la plus légère compression pour en faire sortir le cristallin.

Une fois l'opération achevée, il faut avoir soin de maintenir les paupières rapprochées, et de conduire promptement le malade à son lit, en lui recommandant de renverser la tête en arrière, et de la tenir penchée du côté opposé à l'incision de la cornée. C'est ici sur-tout qu'il est nécessaire d'avoir la tête plus basse que le reste du corps, et de prévenir, par tous les moyens possibles, les accidens inflammatoires, dont les résultats seraient infailliblement la perte de la vue. La diète la plus sévère, les boissons rafraîchissantes et acidulées, la saignée du bras répétée aussi souvent qu'elle sera jugée nécessaire ; sur-tout les ventouses derrière l'oreille, du côté de l'œil opéré, afin d'éviter et de prévenir toute espèce de fluxion ; les saignées locales par le moyen des sangsues appliquées à la tempe ou bien à l'aile du nez, et enfin tout ce qui est capable de prévenir l'irritation inflammatoire de l'œil opéré doit être mis en usage. Les laxatifs et les lavemens ne doivent pas être non plus oubliés. Si le malade arrive sans accidens au quatrième ou au cinquième jour, l'on doit avoir tout espoir de succès, et l'on pourra alors seulement se relâcher insensiblement sur la sévérité de la diète, jusqu'à ce que la cicatrice de l'iris et de la cornée nous annonce qu'il n'y a plus de danger à courir. Il faut sur-tout bien se garder d'examiner l'œil avant le onzième ou le douzième jour, à moins que des symptômes particuliers, soit d'inflammation locale, soit de la sortie du corps vitré, ne rendent cette exploration plus tôt nécessaire.

Dans tous les cas d'opération de la cataracte par extraction, quelle que soit la facilité avec laquelle elle aura été faite, l'opérateur doit toujours, et particulièrement, s'attacher à éviter la sortie du corps vitré, qui serait suivie inévitablement de la perte totale de la vue et de l'atrophie de l'œil. Puisque nous avons indiqué les moyens généralement usités comme préservateurs de

ces accidens, nous ajouterons encore que l'on doit combattre tous les symptômes inflammatoires et autres qui
peuvent également survenir, en suivant ce qui a été dit à
ce sujet lorsque nous avons décrit l'opération par abaissement. Quant aux rapports du malade avec la lumière,
et quant aux pansemens qui lui seront faits chaque
jour, tout rentre aussi dans les préceptes généraux que
nous avons déjà tracés dans le même chapitre.

Lorsque l'on examine le malade le neuvième ou le
dixième jour, si la cornée n'est pas encore cicatrisée
dans toute son étendue, si l'iris décollée s'engage entre
les deux bords de son ouverture, et si enfin la pupille
se trouve tirée en bas, quels seront alors les moyens à
employer pour obvier à tous ces accidens? Aucuns. Mais
nous allons bientôt voir que les conséquences n'en seront pas aussi fâcheuses qu'on pourrait le croire avant
d'avoir réfléchi sur ce qui doit se passer par la suite.
En effet, lorsque l'œil est dans l'état que nous venons de décrire, la portion saillante de l'iris, comme
étranglée par les deux bords de la cornée, est d'abord
un peu irritée par le mouvement des paupières et par
l'action de l'air ; mais elle éprouve bientôt sans douleur leur contact. Cette membrane remontera ensuite
insensiblement (comme l'a fort bien observé M. Demours), la tumeur extérieure diminuera dans les
mêmes proportions, et la cornée ne présentera bientôt
dans toute son étendue qu'une cicatrice aussi impercep-
tible à l'endroit où l'iris formait hernie, que dans tous
ses autres points. Il est vrai qu'il restera toujours un
alongement de la pupille ; mais, je le répète, la vision
ne saurait en souffrir d'une manière marquée.

Si, quelque temps après l'opération de la cataracte

par extraction, la capsule cristalline, qui d'abord était transparente, devient opaque à son tour, la vision se trouvera une seconde fois interceptée, et il sera nécessaire de recourir de nouveau à la même opération ; mais, heureusement, ces cataractes membraneuses secondaires sont ordinairement très-rares. Cette opinion, partagée par tous les auteurs, prouve combien peu l'on doit avoir d'inquiétude sur la récidive de la maladie, lorsque l'opération a été suivie d'un entier succès.

Nous avons dit, en parlant de l'opération par abaissement, que le cristallin pouvait quelquefois, lorsque l'ouverture pupillaire était trop dilatée, traverser la pupille et pénétrer dans la chambre antérieure ; dans cette circonstance, comme dans celle où une cataracte abaissée depuis quelque temps viendrait à remonter et à passer ensuite dans la chambre antérieure, il faut promptement en extraire le cristallin, afin de faire cesser les accidens, tels que les douleurs plus ou moins vives et l'inflammation qui entraînerait infailliblement la perte de la vue. Mais le seul moyen d'y parvenir est certainement l'incision de la cornée, non pas comme elle a été décrite plus haut et conseillée par presque tous les auteurs qui nous ont précédé, parce que la présence du cristallin dans la chambre antérieure rend son exécution très-difficile, pour ne pas dire impossible, et parce que d'ailleurs des accidens plus ou moins graves, tels que le refoulement de l'iris ou le déchirement de cette membrane, en seraient presque toujours la suite inévitable. Pour parer à tous ces inconvéniens, qui me paraissent mériter quelque attention de la part du praticien, je proposerai alors, lorsque le bistouri a pénétré dans la chambre antérieure, de le retirer pour le remplacer par des ciseaux boutonnés et courbes sur l'extrémité de leurs lames, afin d'exécuter l'incision plus facilement et sans crainte de blesser l'iris ou de la refouler par le cristallin. L'incision étant faite de cette manière, la lentille sortira promptement de la chambre antérieure, et l'opération sera terminée.

« Il est quelquefois nécessaire, dit M. De Wenzel(1), » de pratiquer l'incision de la cornée d'une manière » inverse à celle que nous venons de décrire, ce qui se » fait en tournant le tranchant en haut ; de sorte que » cet instrument incise cette membrane dans sa partie » supérieure et presque latérale interne, plus du côté » du grand angle. Les lèvres de la plaie de la cornée » se trouvent, en suivant cette méthode, entièrement » cachées par la paupière supérieure. »

Voyons donc maintenant dans quelles circonstances l'incision par en haut est préférable. Elle est particulièrement utile, dit encore M. de Wenzel, p. 126, lorsque la cornée est affectée de taches ou de cicatrices dans sa partie inférieure ou latérale, parce que, dit-il, il convient d'éviter l'augmentation de ces taches par de nouvelles cicatrices qui auraient lieu, si on pratiquait une incision sur ces parties altérées. Avec toute la déférence que nous devons à M. De Wenzel, il nous semble que, pour éviter de nouvelles taches ou cicatrices à la cornée, il est bien plus naturel de pratiquer une incision là où il y a déjà de l'opacité, que de s'exposer à en faire naître là où il n'y en a pas, en pratiquant une incision pour éviter d'augmenter l'étendue d'une cicatrice déjà existante, parce que, je le répète, je ne vois

---

(1) *Manuel de l'Oculiste*, tom. I, pag. 125.

pas la nécessité d'en déterminer là où il n'en existe pas
encore. Je pense, au contraire, que lorsqu'il existe une
tache ou cicatrice dans la partie inférieure de la cornée,
c'est une raison de plus pour y pratiquer l'incision,
parce que d'abord on ne court pas risque de rendre opaque une membrane qui l'est déjà; parce que ensuite
l'incision non-seulement n'augmentera pas l'étendue de
la tache, comme semble le craindre M. De Wenzel,
et que, bien au contraire, elle peut même contribuer
à la diminuer en la circonscrivant à l'endroit de l'incision. Je m'explique : la cornée étant un composé de
lames fibreuses adossées les unes aux autres par un
tissu cellulaire très-fin et très-rapproché, il arrive presque toujours que les taches dont elle est souvent affectée ne sont autre chose qu'une sérosité plus abondante, et, pour ainsi dire, épanchée entre ses lames,
comme le prouvent l'expérience et l'observation. Ainsi
donc, si par l'incision, comme c'est très - probable,
l'épanchement qui se trouvait entre plusieurs lames de
la cornée vient à s'y faire jour, la sérosité ramassée ou
s'épanchera d'abord dans l'incision, ou bien l'irritation communiquée par l'incision réveillera l'activité
des absorbans, et la tache, dans le principe très-considérable, diminuera beaucoup, et finira peut - être
même par disparoître entièrement, comme cela arrive
tous les jours lorsque nous passons un séton dans le
tissu de cette membrane pour faire résoudre les taches
qui la recouvrent. Ces raisonnemens, conformes aux
principes d'une saine physiologie, sont également d'accord avec la théorie que nous appliquons journellement
au traitement des maladies en général, et de plus ils
sont confirmés par l'expérience.

« Cette manière d'opérer *par en haut*, *dit encore*
» *M. De Wenzel*, est sur-tout indispensable, *et nous*
» *sommes ici de son avis*, lorsque le cristallin est pres-
» qu'entièrement dissous et renfermé dans son enve-
» loppe particulière. Celle - ci est dégagée de toute ad-
» hérence, et représente une petite boule presque ronde,
» lisse et molle. (*la cataracte branlante, connue générale-*
» *ment sous cette dénomination.*) Le cristallin contenu
» dans l'intérieur de cette petite vessie, est presqu'entiè-
» rement réduit en pulpe, et nage pour ainsi dire dans
» la matière qui la remplit; dans cet état du cristallin,
» l'humeur vitrée est libre, et peut s'échapper aussitôt que
» le corps opaque, qui lui sert de digue, sera extrait.
» C'est aussi pour cette raison que, si on pratique la
» section de la cornée de la manière ordinaire, l'hu-
» meur vitrée sort en même temps que le cristallin,
» quelque adresse qu'on apporte à cette opération, et
» quoiqu'on abaisse subitement la paupière supérieure
» à mesure que cette lentille s'extrait. La seule ma-
» nière d'empêcher cet écoulement, quoique la vue n'en
» soit pas toujours diminuée, c'est de pratiquer l'inci-
» sion de la cornée dans la partie supérieure de cette
» membrane, par la méthode que je viens d'exposer,
» ou par toute autre qu'on voudra employer, mais
» toujours par en haut. » Je partage entièrement l'opinion de M. De Wenzel sur ce point, lorsque l'on veut
extraire une cataracte *branlante* qui est encore dans la
chambre postérieure ; mais cette extraction n'est indiquée seulement que lorsque l'œil qui en est affecté
donne, ce qui est encore très - rare, quelqu'espoir de
guérison. On ne doit pas se dissimuler que dans cette
circonstance, pour extraire ce cristallin, que l'on a à combattre contre sa propre pesanteur, qui tend à le faire

descendre dans la partie la plus déclive de l'œil, ce qui rend, tout balancé entre les inconvéniens et les avantages, cette opération moins facile à exécuter qu'on pourrait le penser au premier aperçu, et avant de l'avoir tentée soi-même sur le vivant.

Mais lorsque ce cristallin ainsi dégénéré, a été chassé dans la chambre antérieure, je regarde alors l'incision ordinaire par en bas comme de beaucoup préférable, et l'on ne doit pas, ce me semble, balancer un moment sur le choix, puisque l'expérience a depuis long-temps résolu ce problême d'une manière positive, tant par l'observation déjà citée, et rapportée par de Saint - Yves, que par beaucoup d'autres exemples semblables rapportés par différens auteurs depuis lui.

De l'Opération de la Cataracte par la ponction de la cornée, appelée keratonyxis.

Toutes les données que l'on peut recueillir sur l'époque à cette opération a pris naissance, ne remontent pas au-delà du milieu du dix-septième siècle. C'est en Anleterre qu'une oculiste fit, en présence de mylord Reich, une semblable opération sur le fils du comte de War- rich (1). Cette femme perça la cornée au moyen d'une aiguille, l'humeur aqueuse s'écoula et le malade y vit bien. Mais, à proprement parler, la ponction de la cornée, pratiquée d'abord pour donner issue sans doute à du pus épanché dans la chambre antérieure, semble avoir été exécutée pour la première fois en France pour opérer la cataracte (2). Dans l'observation rapportée, la ponc-

(1) *Theod. Mayerne Turquet*, Praxis Medica. Lond. 1690, in-8.
(2) *An Oculi punctio cataractam præcaveat? Præs. Pet.* choc. resp. *A.*, *t.* Leo. Col. de Villars, *in A. Haller.*, *Disputat.* chirurg. Lausann., 1755, 4°. tom. II, pag. 157.

tion fut pratiquée avec l'aiguille à la partie inférieure de la cornée transparente, et sa pointe dirigée ensuite de bas en haut jusqu'à la pupille. En un mot un militaire des Invalides dut sa guérison à cette méthode. Bien que Mauchart et Richter aient parlé de cette opération, on ne peut certainement pas les regarder comme les premiers qui l'ont pratiquée. Au surplus, comme elle avait resté ignorée et abandonnée pendant plus de soixante ans par tous les praticiens, ce n'est donc que depuis 1806 que cette opération d'abord abandonnée, et qui cependant avait été inventée et pratiquée en France pour la première fois, trouva une véritable résurrection sous le nom de keratonyxis, dans une savante dissertation publiée par le docteur *Buchhorn*, de Magdebourg. Quoique M. Buchhorn ne soit pas l'inventeur de cette opération, il peut être avec raison regardé comme son plus ferme défenseur, et comme celui qui a le plus contribué à l'accréditer en Prusse, en Bavière, en Saxe et en Hollande, où beaucoup de praticiens célèbres l'ont adoptée, en lui donnant même la préférence sur les deux autres méthodes que nous venons de décrire. Voici, du reste, la manière dont la pratique le célèbre professeur que nous venons de citer :

Il commence par dilater la pupille au moyen d'une solution d'extrait de belladona ou de jusquiame, dont il applique quelques gouttes sur le globe de l'œil ; il fait ensuite relever la paupière supérieure par un aide chargé de la maintenir ainsi avec la pulpe de ses doigts pendant qu'il prend l'aiguille diminuée de *Scarpa*, en la tenant comme pour la dépression ; tandis que ses trois premiers doigts tiennent l'aiguille ainsi fixée, les deux autres reposent sur la tempe du malade, presqu'à la hauteur de son œil : sa main étant ainsi affermie, il dirige l'aiguille

de manière que l'extrémité de son manche se trouve presque située sous l'oreille du patient, la pointe dirigée
contre la cornée vers le côté de l'angle externe de l'œil, la
face convexe de cette pointe tournée du côté de l'opérateur, et sa face concave vers la cornée ; saisissant alors
le moment où l'œil est en repos, il perce avec l'aiguille
la cornée elle-même, à une ligne environ de son union
avec la sclérotique. La pointe de l'instrument une fois
parvenue dans la chambre antérieure, il la dirige vers
la pupille en abaissant le manche, et il lui fait ensuite
exécuter les différens mouvemens que nous allons voir,
selon la nature de la cataracte.

M. Langenbeck, professeur à Gottingue, adopta
bientôt cette nouvelle méthode, et publia en 1811 une
dissertation sur la keratonyxis, où il fit subir quelques
changemens à l'aiguille, mais de peu d'importance ;
après lui M. le docteur Benedict en fit autant, mais
tous ces changemens qui consistent tous dans la forme
ou la longueur de l'aiguille, seraient bien peu de chose
pour assurer le succès de l'opération, si elle ne présentait pas d'autres avantages plus utiles et plus sérieux.

Mais si nous considérons la keratonyxis sous le point
de vue des avantages qu'elle peut présenter pour le malade, les trouverons-nous réellement ?

Nous allons tâcher de résoudre cette question.

En thèse générale, toute opération chirurgicale,
selon nous, ne doit être considérée et proposée que
sous le point le plus important de tous, qui est toujours celui des avantages que doit en retirer l'opéré,
puisque l'habitude, la dextérité et les connaissances
ont surmonter à l'homme de l'art les plus grandes
difficultés avant même qu'il s'en aperçoive.

C'est aussi par cette raison qu'il n'y a rien de plus

malheureux pour la société et pour la science elle-
même, que certaines innovations dans les méthodes
d'opérer, innovations dont la simplicité apparente semble lever tout obstacle et encourager, par ce moyen, l'or-
gueil et l'ignorance à commettre avec une confiance
presque sans bornes, des fautes plus ou moins dangereuses et toujours blâmables ; mais nous ne devons
pas faire le reproche d'innovation aux nouveaux partisans de la kératonyxis, puisque nous avons démontré
plus haut que cette opération a été pratiquée avant même
l'extraction, pour rester ensuite oubliée jusqu'au second
lustre du dix-huitième siècle. Avant d'aller plus avant,
examinons maintenant si la nouvelle méthode d'opérer
la cataracte par la ponction de la cornée transparente,
appelée kératonyxis, est une découverte utile à la société et avantageuse pour la science et pour l'individu
opéré, considérée sous les différens points de vue que
nous venons de poser en principe.

1°. Sous le rapport de l'utilité.

Si la kératonyxis était la seule méthode connue
pour opérer de la cataracte, certainement on ne pourrait pas lui refuser, ni même discuter sur son utilité,
puisque, malgré ses inconvéniens, elle ne laisserait
pas que de devenir quelquefois infiniment précieuse :
Melius anceps quàm nullum, inquit Hippocrates. Mais
vouloir donner la préférence à cette méthode, qui a
été plutôt le fruit d'une imagination pressée par le besoin du moment, que le résultat d'une mûre réflexion
et d'un profond savoir, serait aller et se décider contre
le bon sens et la saine raison. En effet, si l'on examine
avec connaissance de cause, et sans partialité, les résultats de la kératonyxis avec ceux de l'opération,

par l'abaissement ordinaire ou par extraction, on sera
bientôt convaincu de la supériorité de ces deux der-
nères méthodes sur la première : dès-lors, que deviendra
son utilité ?

L'opération de la keratonyxis s'exécute en introduisant par la cornée transparente une aiguille à
cataracte, modifiée de telle ou telle manière, mais
toujours applatie vers son extrémité, qui se trouve terminée en pointe très-aiguë et à bords bien tranchans,
en introduisant, dis-je, cette aiguille, d'abord dans
la chambre antérieure de l'œil, et la dirigeant ensuite
jusques dans la chambre postérieure, en la faisant passer
par l'ouverture pupillaire dont on a obtenu l'ag-
grandissement du diamètre par des lotions antérieures
d'une solution d'extrait de belladona. Or, s'il ne fallait
qu'introduire l'aiguille de la manière que nous venons
de l'indiquer, pour avoir fini l'opération, certainement
cette nouvelle méthode mériterait la préférence sur les
deux autres ; mais ce n'est pas tout encore, il faut que
l'aiguille pénètre dans le cristallin, il faut l'y tourner en
différens sens, afin de le diviser, pour tâcher ensuite
d'en faire entrer les débris dans la chambre antérieure
de l'œil, réservant à l'absorption le soin et tout le
succès de l'opération.

En supposant toutefois que la cataracte soit susceptible de se laisser diviser facilement, ce qui, j'ose l'assurer, est infiniment rare, puisque c'est la densité
même du cristallin, qui constitue presque toujours la
cataracte chez les personnes avancées en âge. Et ne
savons-nous pas que cette maladie est une des infirmités attachées particulièrement à la vieillesse ?

D'après ce que nous venons de dire, si le cristallin a

acquis une certaine dureté, il faudra donc renoncer à l'espoir de le diviser, par l'impossibilité de trouver un point d'appui qui serait cependant si nécessaire pour faciliter cette division: car il ne faut pas avoir fait une étude particulière de la partie anatomique de l'œil, pour savoir que le cristallin une fois hors de la membrane qui le fixe aux parties voisines, pour savoir, dis-je, qu'il est comme vacillant, et si je puis m'exprimer ainsi, nageant dans l'humeur aqueuse, qui est elle-même incapable de lui prêter le moindre appui. Il faut donc très-souvent avoir recours à la dépression, qu'il est extrêmement difficile d'exécuter par cette voie : ajoutez à cela que presque toujours il faut la réitérer un grand nombre de fois successivement, et souvent infructueusement, par l'impossibilité dans laquelle on se trouve alors de déprimer la cataracte au-dessous du corps vitré, comme on le pratique dans l'opération par abaissement ordinaire. Il restera donc bien démontré que sous le point d'utilité, la kératonyxis est de beaucoup inférieure à l'abaissement ordinaire, auquel on est souvent obligé d'avoir recours après l'avoir tentée plusieurs fois infructueusement. Dans le cas où la division du cristallin est possible ou même facile, sans parler de la lenteur que met la nature pour absorber les lambeaux de la cataracte, n'en résulte-t-il pas aussi une foule d'inconvéniens qui devraient la faire proscrire et abandonner pour toujours? Et ne comptera-t-on pour rien l'adhérence de la face antérieure du cristallin à l'iris, lorsque cette adhérence existe? Pourra-t-on avec la pointe de cet instrument tranchant se déterminer à rompre ces obstacles sans crainte de blesser cette membrane? ou bien doit-on ne pas en tenir compte? Poursuivons :

2°. Sous le rapport des avantages que peut en retirer la science.

La keratonyxis a-t-elle donné lieu à des découvertes utiles sur le mécanisme de la vision? a-t-elle donné lieu à de nouveaux moyens pour remédier plus sûrement et plus promptement à ses dérangemens? Rien de tout cela; bien au contraire, elle semble ouvrir, je ne saurais trop le répéter, une nouvelle carrière à l'ignorance et à l'impéritie, en leur cachant les difficultés et les suites fâcheuses de l'opération, sous l'espoir trompeur d'un succès toujours dangereux, quant aux conséquences, comme ont pu s'en convaincre tous ceux qui ont voulu la pratiquer sur le vivant.

Nous voilà enfin arrivés au point le plus essentiel, que bien certainement on ne saurait contester. Je veux parler des avantages que doit retirer un malade de l'opération à laquelle il se soumet, après que son médecin l'a jugée nécessaire.

Entrons dans quelques détails, et voyons s'il n'y a pas de l'inhumanité et de la barbarie, de lui faire éprouver des douleurs plus ou moins fortes, plus ou moins vives; si l'avantage qu'il doit en retirer se trouve balancé par une foule de circonstances malheureuses, souvent impossibles à surmonter, et que l'on peut éviter, soit en pratiquant la cataracte par l'abaissement ordinaire, soit par l'extraction du cristallin, car, je le redis encore, la keratonyxis n'est pas aussi facile à exécuter que pourraient le croire au premier aperçu tous ceux qui, ne l'ayant point encore tentée sur le vivant, se sont laissé séduire par une description brillante de cette opération, où les auteurs, pour mieux faire ressortir les avantages de l'innovation qu'ils soutiennent avec chaleur, en ont soigneusement caché toutes les difficultés et tous les inconvéniens.

J'ai pratiqué plusieurs fois cette opération : une seule fois sur dix j'ai obtenu du succès, parce que j'ai pu diviser le cristallin, et qu'avec beaucoup de peine j'en ai ramené une grande partie dans la chambre anté-rieure de l'œil, où il a resté près de trois mois un obstacle pour la vision.

Pour moi, qui ne regarde une opération que sous le point de son utilité pour le malade, je pense que la keratonyxis, fût-elle mille fois plus facile à exécuter, on devrait encore l'abandonner entièrement, parce que souvent elle ne remplit qu'imparfaitement le but que l'on se propose, en exposant le malade à des récidives à l'infini ; ou lorsque l'opération réussit au gré de nos désirs (ce qui malheureusement est infiniment rare, puisque la cataracte n'arrive guère qu'aux vieillards, et que chez eux le cristallin a presque toujours acquis une densité telle qu'il est rarement possible de le diviser avec l'aiguille, par la raison que j'ai déjà indiquée ci-dessus), si, dis-je, l'opération réussit, il faut alors un temps si long pour que l'absorption des lambeaux de la cataracte soit opérée, que le malade est presque toujours privé pendant plusieurs mois du plaisir inap-préciable de jouir de la lumière. Et ne comptera-t-on pour rien de savoir, sitôt après l'opération, si elle réussira ou non ? Avantage qui est cependant nul dans le cas prévu, où l'opération de la keratonyxis pourrait rem-placer celle de l'abaissement ordinaire ou de l'extraction; d'où je conclus, sans aller plus avant, quoique j'en aie les moyens, que si les difficultés à surmonter, dont les résultats doivent être avantageux à l'individu opéré, ne sont pas capables d'intimider l'artiste expert et instruit, du moins sera-t-on forcé de convenir que ces mêmes difficultés sont une voie presque sûre d'ôter à l'ignorante témérité les moyens de devenir nuisible.

Ici devrait se terminer ce que nous avions à dire sur la keratonyxis, mais voyons encore dans l'ouvrage de M. Demours, tom. I, pag. 538 : « Je m'abstiendrai, » dit-il, de parler de la keratonyxis, ou de la dépression » de la cataracte en faisant pénétrer l'aiguille à travers » la cornée, parce que je ne crois pas à l'efficacité de » ce procédé ; j'en avais jugé autrement, et j'ai rap- » porté, dans le *Journal de Médecine, de Chirurgie et* » *de Pharmacie*, rédigé par M. Sédillot, des exemples » de succès ; mais j'ai reconnu depuis que la réussite » aurait été probablement plus complète par la mé- » thode d'extraction. On a puisé dans mon mémoire : » l'aveu que je fais ici prouve assez que je n'élève à ce » sujet aucune réclamation. » Je dois ajouter aussi, comme preuve de l'inefficacité de cette méthode d'opé- rer la cataracte, que les réflexions que je viens d'é- mettre à ce sujet sont écrites depuis 1813, et que je n'ai plus pratiqué depuis la keratonyxis. J'ajouterai même encore qu'à cette époque je fis part de ces observa- tions à M. Faure, médecin-oculiste de S. A. R. Ma- dame la duchesse de Berri, habile praticien et partisan de la keratonyxis, et qu'il eut la franchise de convenir avec moi « *que je pouvais avoir raison sur quelques points;* » *que, quant à lui, il avait souvent employé cette mé-* » *thode en Allemagne, en Hollande et en France, avec* » *beaucoup de succès.* » Telles furent ses propres expres- sions.

Si la keratonyxis, adoptée par un grand nombre de

praticiens célèbres de l'Allemagne, semble être plus souvent suivie de succès dans ces climats du Nord qu'en France, par exemple, ne pourrait-on pas penser (toutefois je ne fais que proposer un doute, sans lui donner plus d'importance qu'il ne mérite), ne pourrait-on pas penser, dis je, que cette différence de résultat, attestée par des hommes également instruits et dignes de foi, tient beaucoup à l'influence du climat, qui tend chez l'un à ramollir la cataracte au moment où elle se forme, et chez l'autre, au contraire, à la durcir ? En supposant que cette idée ne soit pas sans fondement, on pourrait alors expliquer en même temps l'opinion des uns et des autres sur la ponction de la cornée.

Puisque nous avons terminé tout ce que nous avions à dire sur la keratonyxis, nous allons maintenant jeter un coup d'œil rapide sur les avantages et les inconvéniens que présentent les deux méthodes précédentes.

On sait que la méthode par abaissement est exposée aux dangers de la récidive, puisque le cristallin, sitôt après l'opération, comme quelques jours plus tard, peut se dégager de dessous le corps vitré, reboucher de nouveau la pupille, et nécessiter un nouvel abaissement ; on sait qu'il peut encore, pendant comme après l'opération, passer par le trou de la pupille, et réclamer l'incision de la cornée pour l'extraire. Si la cataracte est membraneuse, outre qu'il est extrêmement difficile de faire pénétrer les lambeaux de la capsule déchirée dans la chambre antérieure de l'œil, ou de les déprimer, on sait encore que leur présence dans cette chambre trouble toujours plus ou moins la vision, et que leur résorption se fait long-temps attendre ; que dans

le cas d'adhérence, l'opérateur, avec toute son habileté
et toute son expérience, ne peut détruire quelquefois les
obstacles qui se présentent, sans danger de déchirer
ou de léser grièvement l'iris. Ajoutez encore que l'opération par abaissement est peut-être un peu plus douloureuse que l'extraction, mais non pas assez cependant pour déterminer des accidens inflammatoires
beaucoup plus graves.

Après l'opération par extraction, le corps vitré ne
trouvant plus d'obstacle capable de le retenir, malgré les plus sages précautions, sort quelquefois en si
grande quantité, que l'atrophie de l'œil en est une
suite inévitable. Les lésions de l'iris, en cas d'adhérence, sont encore plus fréquentes que dans l'abaissement, sur-tout lorsqu'il y a rétrécissement de la pupille,
parce qu'alors, pour finir l'opération, il est de toute
nécessité d'inciser le rayon inférieur de cette membrane.
Ajoutez que le décollement et les procidences de l'iris
peuvent être également la suite de cette opération,
et qu'elle peut aussi donner lieu à des hernies ou staphylômes de cette membrane, accidens qui, lors même
qu'ils disparaissent par la suite, laissent long-temps
la vision dans un état très-précaire.

Quant aux avantages particuliers que présentent ces
deux méthodes, comme elles ont toutes deux pour but
le rétablissement de la vision, et que l'on y parvient
également en employant l'une ou l'autre avec des
chances de succès à-peu-près égales, nous croyons
devoir nous abstenir d'en dire davantage sur ce point.
Que tout praticien adopte donc la méthode pour laquelle il aura le plus d'affection, et sur laquelle il se sera
le plus exercé, car nous devons rester bien convaincu

qu'il en est de même pour l'opération de la cataracte comme pour les autres opérations chirurgicales ; que l'habitude de l'opérateur lui fera toujours surmonter avec facilité les inconvéniens des procédés les plus défectueux ; mais puisque les deux méthodes dont nous venons de parler ont des avantages et des inconvéniens à-peu-près balancés , c'est avec plus de raison , ce me semble , que nous pourrions tenir ce langage au sujet de la machine de M. Guérin père , de Bordeaux. En effet, quelque défectueux que soit cet instrument , du reste très-ingénieux , nous ne devons pas être surpris qu'employé par un homme aussi habile , il ne paraisse au premier aperçu beaucoup plus avantageux qu'il n'est réellement. Au surplus, cette machine , comme bien d'autres en ce genre qui ont été inventées dans le but de simplifier les procédés opératoires dont se sert journellement la chirurgie, n'est presque plus employée que par son auteur , entre les mains duquel , je le répète , tous les moyens réussiraient également bien. On peut voir , si on le désire , la description de cette machine dans le *Traité de Médecine opératoire* de Sabatier.

Nous avons vu qu'avant de se décider à faire l'opération de la cataracte , il était , sinon nécessaire, du moins conseillé par tous les praticiens d'attendre que les deux yeux fussent entièrement cataractés : nous ajouterons que suivre une opinion généralement adoptée , n'est point se traîner servilement dans une routine purement oiseuse et sans avantages réels. Mais lorsque l'opération est jugée nécessaire et qu'elle est décidée (quelle que soit la méthode que l'on adopte), doit-on opérer immédiatement les deux yeux, ou doit-on mettre entre ces deux opérations un intervalle de quinze jours, d'un mois, ou de plusieurs mois, par exemple? cette question long-temps agitée *et adhuc sub judice lis est.* Quoique les opinions des meilleurs praticiens soient encore partagées sur ce point, nous pensons cependant qu'il n'y a rien de plus facile que de s'entendre et de se trouver tous d'accord. En effet, que veulent tous les praticiens? Certainement rétablir la vision et prévenir les accidens graves qui pourraient la détruire ou la rendre presque nulle lorsqu'on l'a recouvrée. Si l'on n'opère qu'un œil d'abord, et que l'opération réussisse, il faut renouveler les apprêts d'une seconde opération qui, quoique peu douloureuse, peut cependant effrayer des esprits faibles qui préféreront alors n'y voir que d'un œil, que de se soumettre une seconde fois à l'action des instrumens de l'opérateur pour y voir des deux. Si, au contraire, on opère les deux en même temps, et si des accidens fâcheux surviennent, et que la perte entière de la vue en soit la suite, l'opérateur alors n'aura-t-il pas à regretter de ne s'être pas conservé la chance d'une seconde opération? M. Demours est tellement persuadé des avantages de ce mode de différer, qu'il l'adopte presque toujours dans sa pratique; mais si l'on fait attention maintenant qu'il existe des circonstances tellement probantes pour un heureux résultat, qu'il y aurait plus que de la négligence de ne pas en profiter, tandis qu'il y en a d'autres, au contraire, tellement incertaines, que l'on ne saurait prendre trop de précautions pour n'avoir rien à se reprocher, ne pourrait-on pas alors se servir de cette démarcation comme d'une boussole sûre pour se guider et concilier en même temps l'opinion des différens auteurs? Par exemple, lorsque l'opération est exécutée sur un sujet bien portant, dont les yeux sont en bon état, et chez lequel le cristallin ou sa capsule ont été abaissés ou extraits avec facilité sur un œil, ne peut-on pas, ne doit-on pas alors, sans manquer de prudence, opérer immédiatement le second? comme aussi, lorsque le sujet jouit d'une santé éminemment détériorée par un vice particulier, ou lorsqu'il a les yeux habituellement affectés de fluxions, ou bien lorsque la cataracte est adhérente, ou, enfin, lorsqu'il est d'un tempéramnent nerveux très-irritable, et que des symptômes fâcheux se sont déjà manifestés ou présentés pendant comme avant la première opération, n'y aurait-il pas plus que de l'imprudence et de la témérité même à ne pas différer la seconde opération? Tel est du moins notre avis. Le problème ainsi résolu à la satisfaction de tous, avant d'en venir à la description des autres affections du cristallin, nous croyons devoir rapporter quelques observations de cataracte, afin d'appuyer par des faits la théorie nouvelle que nous avons développée sur la nature de cette maladie. Ces observations serviront à fixer dans la mémoire et à rendre plus concluans les principes que nous avons émis. De même que les gros instrumens à corde servent à fixer, par la gravité de leur son, celui plus aigu et, pour ainsi dire, plus aérien, des petits instrumens, et à rendre le concert plus agréable et plus harmonieux, de même aussi des observations bien constatées, dans la comparaison que nous voulons en faire, seront les sons graves qui doivent fixer à jamais dans notre mémoire les sons aériens et fugaces de la théorie; et nous dirons encore par cette raison, qui sera toujours pour nous péremptoire, que pour intéresser utilement et avec fruit, on doit constamment faire suivre l'exemple au précepte, et en médecine comme en chirurgie plus que partout ailleurs.

PREMIÈRE OBSERVATION.

Cataracte congéniale.

En 1811 je fus appelé pour donner mes soins à madame Pivir, demeurant alors rue de la Harpe, n°. 10. Cette dame, accouchée depuis deux jours, avait déjà tous les symptômes d'une péritonite. Après avoir ordonné pour la mère, une de ses amies qui avait soin de l'enfant, me pria de l'examiner, attendu, me dit-elle, *que ses yeux ne sont pas dans un état naturel.* J'examinai donc l'enfant, et voici ce que je remarquai : Paupières dans un bon état, les cornées transparentes un peu ternes et recouvertes d'une petite quantité d'humidité ; chaque iris était de couleur bleuâtre et rayonnée, se contractant et se dilatant assez facilement, selon que l'enfant était éloigné ou rapproché de la lumière ; les pupilles, au lieu d'être noires, comme dans l'état sain, offraient au contraire un corps blanc tirant sur le gris, qui en occupait toute l'étendue. Convaincu que cet état pathologique était une cataracte ; après m'être informé si l'enfant présentait les mêmes taches le jour de sa naissance, quoique ma curiosité ne pût être satisfaite sur ce point, je n'en pensai pas moins que l'opacité était congéniale, bien persuadé que l'enfant, qui se portait bien du reste, n'aurait pas pu, en si peu de temps, éprouver cette maladie si elle n'avait précédé l'accouchement. Mon avis fut qu'il n'y avait rien à faire pour le moment, et que l'enfant n'y verrait qu'autant qu'une opération jugée par la suite nécessaire, rétablirait la vision. Le lendemain, en allant faire ma visite à la mère, je proposai à M. Planty, mon ami, de venir voir cet enfant. Il jugea, comme moi, que les cataractes étaient congéniales et qu'il n'y avait rien à faire.

Cet enfant, qui se portait bien alors, ayant succombé quinze jours après, par suite de convulsions arrivées spontanément, j'aurais bien désiré examiner les cristallins; mais le corps avait été déjà enlevé lorsque j'en fus instruit.

DEUXIÈME OBSERVATION.

Cataracte accidentelle survenue par suite du déchirement de la cornée tranparente, suivie de guérison naturelle.

Je fus appelé, il y a un an, par mon collègue et mon ami le docteur Michu, pour voir un enfant âgé de dix à onze ans, rue d'Avignon, n°. 9, dont la cornée avait été déchirée perpendiculairement dans toute son étendue par un coup de pierre qui n'avait pas autrement lésé les parties voisines. Mon confrère, appelé dès les premiers momens de l'accident, avait employé tous les moyens rationnels indiqués en pareille circonstance. Lorsque je vis l'enfant, je trouvai, comme je viens de le dire, la cornée déchirée verticalement dans toute son étendue, ce déchirement se prolongeant encore à sa partie inférieure pendant près d'une ligne dans la sclérotique; la chambre antérieure, ouverte dans son plus grand diamètre, ne contenait et ne pouvait contenir d'humeur aqueuse : le cercle ciliaire de l'iris, détaché dans sa partie inférieure, était poussé en avant, et se présentait dans l'ouverture de la cornée en formant une petite tumeur de la grosseur d'un pois : la pupille, très-dilatée, était également poussée en avant par un corps tirant un peu sur le gris, que nous jugeâmes être le cristallin déplacé de sa position ordinaire et s'opposant ainsi à la sortie du corps vitré; du reste, immobilité absolue de la prunelle. Les bords de la cornée déchirée présentaient des inégalités, ils étaient boursoufflés et séparés l'un de l'autre de plus d'une ligne, mais entièrement transparens dans tous leurs points. Du reste, l'inflammation, qui avait été bien traitée, n'était que médiocre alors, mais cependant assez forte encore pour rendre l'impression de la lumière, même la plus faible, insupportable au malade. M. Michu et moi, après avoir bien examiné notre jeune malade, fûmes d'avis qu'il fallait se contenter, pour le moment, de combattre par des moyens convenables les symptômes inflammatoires encore existans, afin de prévenir la fonte de l'œil; ce qui était d'autant plus à craindre, que, si le cristallin qui s'opposait maintenant à la sortie du corps vitré, venait à changer de place ou à sortir de l'œil, cet accident était alors inévitable; et que dans le cas où il conserverait sa position, nous devions toujours nous attendre à une cataracte. Quatre à cinq jours après, nous revîmes ensemble le malade : l'inflammation et l'irritabilité étaient, à peu de chose près, dans le même état; mais l'intervalle des lambeaux de la cornée avait un peu diminué, ses bords étaient beaucoup moins boursoufflés, mais toujours transparens; la pupille dans le même état, le cristallin presque tout gris, mais au total un peu moins de douleur par l'impression de la lumière. Tels étaient les symptômes que nous crûmes remarquer. Outre les moyens ordinaires, l'eau de rose et de têtes de pavots fut conseillée en collyre, avec indication de la rendre d'ici à quelques jours plus résolutive en y ajoutant quelques gouttes d'acétate de plomb; toutefois, il fut conseillé d'avoir la précaution de tenir constamment l'œil fermé, et, surtout, de maintenir, par une légère compression, la paupière inférieure appliquée sur la tumeur dont nous avons déjà parlé. Huit jours après, le staphylôme avait sensiblement diminué; les bords de la cornée, réunis dans leurs trois quarts supérieurs, présentaient par cette réunion une petite ligne blanche de laquelle il semblait partir des petits filamens qui s'étendaient jusque sur l'iris et la face antérieure du cristallin qui était aussi plus blanche qu'auparavant. Un collyre résolutif, composé d'eau de rose et de plantain, avec addition de quelques grains de résine d'aloës, aidé encore par la douce compression dont nous avons déjà parlé, nous suffit pour obtenir, dans moins de cinq semaines, l'entière cicatrisation de la cornée et la réduction complète du staphylôme ou hernie de l'iris. Le malade était dans cet état satisfaisant, et pouvait déjà sortir avec un abat-jour, lorsqu'en jouant avec son frère il reçut sur le même œil un coup de baguette; la douleur fut vive, et l'inflammation se communiqua bientôt aux parties voisines; il y avait gonflement considérable des paupières, qui, sans doute, avaient garanti l'œil du coup. Les parens, effrayés, nous envoient chercher, M. Michu et moi. Arrivé le premier, je conseille sur-le-champ l'application de six sangsues autour de l'œil que je n'avais pas trouvé autrement endommagé, je tranquillise les parens sur les suites fâcheuses qu'ils redoutaient, et dès le lendemain les symptômes inflammatoires, considérablement diminués, nous ayant permis d'examiner l'œil avec plus de facilité, ce ne fut pas sans étonnement que nous ne vîmes plus les petits filamens dont nous avons parlé; car le cristallin, légèrement abaissé, permettait le passage d'une petite quantité de rayons lumineux, et le malade apercevait, mais faiblement, les objets qui lui étaient présentés. La cicatrice linéaire au milieu de la cornée n'avait nullement souffert de ce second accident; l'inflammation, entièrement dissipée en très-peu de temps, nous permit de voir chaque jour les progrès de la vision déterminés par l'abaissement du cristallin, et sans doute encore par la diminution de son volume.

Le malade était dans cet état prospère, d'autant plus favorable et d'autant plus curieux, que les exemples de ce genre se rencontrent rarement dans la pratique, parce que l'œil se vide presque toujours à la suite de semblables accidens, lorsque ce jeune enfant, qui avait conservé l'usage de cet œil presque miraculeusement pendant deux fois, fut atteint d'une petite vérole confluente dont les suites sont venues pour la troisième fois l'en priver pour toujours. Cet enfant est resté borgne.

TROISIÈME OBSERVATION.

Cataracte commençante compliquée d'albugo, guérie par un traitement anti-scrophuleux.

Mademoiselle B..... de Nantes, vint me consulter en 1813; sa vue s'était insensiblement affaiblie sans douleurs, au point d'y voir à peine pour se conduire.

Ses yeux , examinés avec la plus grande attention, présentaient l'état suivant : la córnée transparente de l'œil droit couverte en partie d'un albugo qui s'étendait du tiers inférieur de cette membrane jusqu'à la moitié du côté externe, et s'avançait près du bord de la pupille. La cornée de l'œil gauche était saine , du reste point d'ophthalmie pour le moment ; la malade, âgée de quinze ans, n'était point encore réglée, et assez grande pour son âge. La pupille de chaque œil, sur-tout du gauche, présentait un léger nuage qui pouvait être facilement découvert à l'œil nu; mais elle se contractait et se dilatait facilement: le teint rosacé, le gonflement de la lèvre supérieure ainsi que des ailes du nez, quelques glandes du cou engorgées , et enfin tous les signes qui caractérisent un état scrophuleux, se trouvaient réunis. Je fis part aux parens de cet état fâcheux, et en même temps du peu de succès que j'avais lieu d'espérer pour rétablir entièrement la vision , tout en cherchant à combattre le vice scrophuleux qui devait, selon moi, captiver d'abord toute notre attention et tous nos soins du moment ; mais que cependant nous n'étions pas tout-à-fait sans espoir, sinon de rétablir entièrement la vue, du moins pour l'améliorer sensiblement , si toutefois nous étions assez heureux pour arrêter les progrès des cataractes bien évidemment commençantes.

Dans son bas âge Mademoiselle B. . . . avait été atteinte de plusieurs ophthalmies qui toutes avaient cédé aux moyens employés pour les combattre , tandis que les accidens dont nous venons de parler s'étaient présentés insensiblement sans symptômes inflammatoires du moins apparens. Je conseillai un séton à la nuque, qui fut fait dès le lendemain; j'ordonnai une infusion de houblon pour tisane et pour boisson ordinaire avec le vin de Bordeaux pendant les repas, le sirop anti-scorbutique à la dose d'une cuillerée à bouche tous les matins, un bol purgatif aloëtique tous les huit jours, et des frictions sèches sur la colonne épinière dans l'intention de provoquer les règles, etc. Ces moyens n'avaient pas été continués pendant trois semaines, que déjà l'albugo du côté droit avait diminué de plus de moitié sans l'usage d'aucun collyre ni topique ; la vue, au dire de la malade, s'était sensiblement améliorée ; mais cependant il ne paraissait pas y avoir de diminution marquée dans les nuages gris que l'on apercevait derrière chaque pupille : deux mois après, la vue était presque bonne, et l'albugo avait aussi beaucoup diminué ; dès le troisième mois de traitement, menstruation ; au cinquième, le nuage des cristallins avait entièrement disparu, mademoiselle B..... y voyait très-bien, et les glandes du cou n'existaient plus depuis longtemps, ainsi que la tuméfaction des ailes du nez et de la lèvre supérieure. Le traitement, varié selon la circonstance, fut continué pendant dix-huit mois, et la suppuration du séton pendant deux ans. La malade, parfaitement guérie, s'est mariée en 1816; et comme je n'ai pas reçu de ses nouvelles depuis, j'ai lieu de croire qu'elle n'a pas eu de récidive.

QUATRIÈME OBSERVATION.

Cataracte de l'âge avancé.

J'opérai en 1812, étant à Manzat, lieu de ma naissance, un pauvre cultivateur des environs, âgé de soixante-douze ans, affecté de cataracte aux deux yeux: elles s'étaient formées insensiblement , et il n'y voyait plus depuis plusieurs années. J'adoptai la méthode par abaissement, et me servis, pour l'opération, de l'aiguille modifiée par Scarpa. Un maréchal du pays, faute de mieux, me servit d'aide , c'est assez dire que je fus obligé d'opérer d'une main et d'écarter les paupières de l'autre afin de fixer l'œil en même temps. Ayant commencé par abattre la cataracte de l'œil gauche, il me fut très-facile de lever la pointe de l'aiguille jusqu'au devant de la pupille , et au-dessus du bord supérieur du cristallin, en lui faisant exécuter le quart de mouvement de rotation indiqué. Je déprimai ensuite cette lentille au-dessous du corps vitré; mais au moment où j'allais retirer mon aiguille , je m'aperçus qu'elle remontait ; je la déprimai donc de nouveau et la tins ainsi abaissée pendant près d'une minute , le malade ne souffrant pas extrêmement. Je retirai enfin mon aiguille, et le cristallin restant abaissé , le malade put distinguer ma main. Ayant passé à l'opération de l'œil droit , il me fut très-facile également de déprimer son cristallin, qui ne remonta pas ; le malade distingua pareillement de cet œil, après quoi il fut pansé et mis au lit. Un régime convenable fut rigoureusement observé, et au bout de huit jours aucun accident ne s'étant manifesté , j'examinai les yeux et m'aperçus que le cristallin du côté droit était remonté en partie et obstruait les trois quarts de l'ouverture pupillaire. Quinze jours après, ce paysan y voyait assez pour se conduire, et distinguait parfaitement les objets un peu éloignés ; il voulait à toute force que je lui abaissasse de nouveau la cataracte de son œil droit ; mais l'ayant assuré que dans quelque temps il y verrait presque aussi bien que de l'autre, il cessa ses instances. Effectivement j'ai su depuis qu'il avait repris ses occupations ordinaires de laboureur, qu'il y voyait également bien des deux yeux. Cette opération, qui ne laissa pas que de faire du bruit dans un village où de mémoire d'homme on n'avait rien vu de semblable, fut cause qu'il s'en fallut de bien peu que ces bonnes gens ne me prissent pour un nouveau Messie. Car telle était leur admiration pour une chose cependant si simple en elle-même, que, pour me garantir de l'hommage superstitieux qu'ils étaient disposés à me rendre, il leur fallut toute leur mémoire pour se rappeler que c'était bien moi qu'ils avaient vu naître et élever ; et ce ne fut toutefois qu'après m'avoir bien touché auparavant, et à plusieurs reprises, ne voulant et ne pouvant en croire ce qu'ils voyaient.

CINQUIÈME OBSERVATION.

Cataracte Congéniale guérie par les dérivatifs et un traitement anti-scrophuleux.

Madame V......, rue Saint-Antoine, vint me consulter, il y a quinze mois, pour son fils alors âgé de trois ans, *qui était venu au monde,* me dit-elle, *avec des taches dans les deux yeux* : elle m'assura aussi que son enfant avait vu malgré ce, mais que depuis une année les taches avaient considérablement augmenté. En effet, il fut très-facile de me convaincre, par la plus légère inspection, que les deux pupilles étaient obstruées chacune par une tache de couleur blanchâtre bien prononcée ; du reste, contractions des

22*

iris très-apparentes, lorsqu'on exposait l'enfant au grand jour ; mais aussi l'engorgement des glandes du cou et le *facies* de l'enfant annonçaient bien évidemment une diathèse scrophuleuse.

Je prescrivis les amers et les anti-scorbutiques, et de plus un vésicatoire d'un pouce de diamètre au sinciput.

Après le premier mois de traitement, les taches avaient considérablement diminué, le jeune enfant commençait à distinguer les objets, et prenait même plaisir à s'amuser avec ceux d'une couleur éclatante, tel que le rouge, par exemple.

Six mois plus tard les cataractes avaient presque entièrement disparu.

Aujourd'hui 10 octobre 1819 on m'a ramené le jeune malade ; sa vue est bonne, ses pupilles sont parfaitement nettes, sa santé est brillante ; il a des couleurs, et tout annonce que le vice scrophuleux est détruit. Cependant j'ai conseillé de transporter le vésicatoire au bras gauche, et de continuer pendant deux ans au moins le traitement, afin de prévenir toute récidive.

Phlegmasies du Cristallin.

De tous les corps qui composent l'organe de la vue, aucun n'est moins exposé aux inflammations que le cristallin. Cependant, malgré le manque d'observations bien précises pour constater suffisamment les phlegmasies de cette lentille, nous ne pouvons pas non plus révoquer en doute leur existence, puisque l'anatomie pathologique a démontré que des foyers purulens s'étoient formés pendant la vie dans la substance même du cristallin ; car d'après ce principe, qui est de toute vérité, qu'un abcès n'a pu avoir lieu sans avoir été nécessairement précédé d'inflammation dans un lieu quelconque, le cristallin, en participant à l'influence générale, a donc dû subir la loi commune à tous les corps organiques susceptibles de devenir le siége d'un amas purulent, quelque petit qu'on le suppose.

D'après ce que nous venons de dire, l'on conçoit combien il est difficile de reconnaître l'inflammation du cristallin lorsqu'elle existe. Du reste, les moyens thérapeutiques rentrent nécessairement alors dans le nombre de ceux dont on fait usage pour combattre les phlegmasies des autres parties de l'œil ; et lorsque la suppuration en est la suite, la transparence de la lentille en est toujours troublée au point d'intercepter le passage des rayons lumineux, ce qui constitue une véritable cataracte contre laquelle les ressources médicales ordinaires sont bien peu efficaces. En effet, outre que l'absorption du pus est très-longue à se faire dans un organe qui ne jouit que d'un très-faible degré de vitalité, elle ne peut s'opérer jamais assez complètement pour rétablir la transparence de cette lentille et permettre à la vision de s'exécuter. L'on ne peut pas non plus conseiller de pratiquer l'ouverture de l'abcès pour favoriser l'écoulement du pus, puisqu'une opacité encore plus complète en serait également la suite inévitable.

Dans le cas d'abcès, ce qu'il est toujours très-difficile de reconnaître, pour ne pas dire impossible, il n'y a, selon nous, qu'un seul moyen de rétablir la vision, c'est de pratiquer l'opération de la cataracte, soit en abaissant, soit en faisant l'extraction du cristallin, qui, par cela même qu'il a perdu sa transparence, est dans un état de cataracte complète. Qu'il suffise donc au praticien de connaître et de savoir qu'il n'y a pas d'autre ressource que l'opération, pour qu'il se décide à la pratiquer le plus tôt possible, toutefois cependant lorsqu'il n'existe pas de contre-indication pour la retarder ou la faire juger inutile.

Vices de conformation ou plutôt de configuration du Cristallin.

Dans cette maladie, qui est infiniment rare, le cristallin n'ayant pas la forme qu'il doit avoir pour que la vision puisse s'exécuter sans obstacle, il arrive que lorsque les rayons lumineux ont traversé les deux chambres de l'œil, ils éprouvent des directions différentes en passant dans le cristallin mal conformé, et qu'ils ne peuvent se réunir ensuite sur un même point de la rétine, ce qui détermine toujours un trouble plus ou moins considérable dans la perception de l'objet que l'on regarde, et rend quelquefois même la vision presque nulle. Pour concevoir ce mécanisme vicieux, le lecteur n'a besoin que de se rappeler pour un moment la forme lenticulaire du cristallin, et de faire attention que dans le vice de configuration dont nous parlons, ce corps n'a pas sa forme ordinaire, et qu'il est dans ce cas plus applati dans le quart ou la moitié de sa surface, tandis que, au contraire, il est plus convexe dans l'autre moitié ou dans les trois-quarts restans. Telle est la cause et l'explication facile d'un phénomène d'autant plus incompréhensible auparavant, que l'examen de l'œil affecté ne présente aucun signe extérieur du vice d'organisation dont nous parlons, et qui souvent ne peut être reconnu qu'après la mort.

D'après ce que nous venons de dire, si l'on est

consulté pour un trouble semblable dans la vision, lorsqu'il n'y a ni altération du cristallin, ni soupçon de paralysie commençante, ni aucune autre maladie capable de produire l'effet dont nous parlons, l'on a tout lieu de penser alors que le vice de configuration de la lentille cristalline en est la seule cause, surtout si le malade assure avoir toujours été dans le même état. Mais les soupçons auront acquis le degré de certitude que nous pouvons désirer, lorsqu'après avoir fait essayer au malade des verres à foyer irrégulièrement configuré, on parvient à corriger en tout ou en partie le vice de la vision ; dès-lors il ne s'agit plus que de les rendre le moins imparfaits possible, en faisant correspondre les parties les plus saillantes du verre, aux enfoncemens présumés du cristallin. Tel est le seul moyen que l'optique fournit pour corriger ce vice de la vision, contre lequel les ressources de la médecine oculaire sont toutes impuissantes.

Si les deux cristallins sont affectés de ce même vice de conformation, ce qui est encore plus rare, il n'y a pas d'autre indication à remplir que celle que nous venons d'exposer ; car dans l'un et l'autre cas il faut toujours faire fabriquer des verres qui, convenant à chaque œil en particulier, puissent également corriger la direction des rayons lumineux dans tous les deux.

SIXIÈME ORDRE.

Maladies du Corps vitré.

Du Glaucome.

Depuis que les découvertes des modernes ont prouvé que la cataracte avait son siége dans le cristallin, le nom de *glaucome* qu'Hippocrate, Gallien, Oribase et tous ceux qui les ont suivis jusqu'au milieu du dix-sep- tième siècle, avaient donné à cette lentille, devenue opaque, cessant d'avoir une signification précise, les différens auteurs qui ont écrit depuis se sont emparés de cette dénomination, tantôt pour indiquer l'amau- rose compliquée d'un état pathologique du corps vitré, tantôt pour désigner une dissolution des membranes intérieures de l'œil et de ses humeurs ; mais on entend généralement aujourd'hui par glaucome, *glaucoma, glaucus*, cette affection particulière de l'humeur vitrée qui a perdu sa transparence de quelque manière que ce soit, et pouvant aussi se compliquer soit avec la cataracte, soit enfin avec la goutte-sereine, sans que ces différentes maladies puissent être confondues dans leur état de simplicité, comme nous ne tarderons pas à le démontrer.

Mais ce qui doit particulièrement nous étonner au- jourd'hui, c'est que des auteurs très-recommandables ayant connu la vraie nature de la cataracte, aient pu confondre pour ainsi dire avec elle le glaucome, en le regardant comme une altération particulière du cris- tallin, tandis qu'il diffère d'une manière si tranchante de l'opacité de cette lentille. « Le *glaucome*, dit maître » Jean, pag. 223, est une altération particulière du » cristallin, par laquelle il se dessèche, diminue en vo- » lume, change de couleur, et perd sa transparence en » conservant sa figure naturelle, et devenant plus so- » lide qu'il ne doit être naturellement ; et la suite de » cette altération est la perte, ou au moins une notable » diminution de la vue. »

Saint - Yves, en décrivant la marche et les symp-

tômes de cette maladie, ne me paraît pas avoir partagé entièrement la même erreur (1).

« On appelle, dit-il, ordinairement *glaucome*, cette
» maladie dans laquelle le cristallin paraît de couleur
» de mer. La pratique m'a fait connaître que cette cou-
» leur ne se rencontre que dans sa naissance, deve-
» nant ensuite d'une couleur blanchâtre ou grisâtre.
» Cette maladie a donné lieu à plusieurs opinions, tant
» par rapport à son origine, que par rapport aux diffé-
» rens siéges qu'on lui a donnés : les uns ont cru que
» c'est simplement une altération du cristallin, et d'au-
» tres de l'humeur vitrée, etc.

» J'ai remarqué dans l'examen des yeux des malades
» qui en étaient affectés, une espèce d'altération dans
» le cristallin, survenant après une paralysie des nerfs
» de la vision, laquelle paraît d'abord par une dilata-
» tion de la pupille. »

D'après ce que dit cet auteur sur ce sujet, il est facile
de voir que sans chercher à repousser les idées les plus
généralement reçues jusqu'à lui, il a cependant donné
assez à entendre, que son avis particulier n'était pas
de regarder le glaucome comme une maladie du cristallin, avec laquelle toutefois il pensait qu'elle pouvait
se trouver compliquée. La réserve de Saint-Yves nous
prouve encore que le vrai savoir s'abstient toujours de
prononcer d'une manière affirmative, tant qu'il n'a pas
des preuves suffisantes.

Parmi les auteurs modernes, M. de Wenzel (2) s'exprime ainsi : « Ce qu'on nomme glaucome me semble

(1) Saint-Yves, *Traité des Maladies des Yeux*, pag. 264.
(2) *Manuel de l'Oculiste*, tom. I, p. 321.]

» être une véritable maladie du nerf optique, laquelle
» altération se communique à la rétine, qui en est l'ex-
» pansion. Cette tunique paraît d'une couleur fort dif-
» férente de celle qu'elle a dans son état naturel : cette
» couleur s'aperçoit à travers tous les corps transparens
» qui constituent l'œil ; elle est telle que l'ont annoncée
» les anciens, et permet de voir jusqu'au fond de l'or-
» gane. Le cristallin et l'humeur vitrée sont à-peu-près
» dans leur état ordinaire : la pupille est immobile et
» dilatée ; elle laisse voir la couleur blanche et ver-
» dâtre de la rétine, qui paraît alors comme éclairer la
» cavité interne du globe.

  » L'espèce d'opacité qui a fait donner le nom de
glaucome à cette maladie, ne peut provenir du cristallin ; on voit aussi très-facilement, lorsqu'on veut y
faire attention, qu'elle n'est point davantage occasionnée par la perte de transparence de l'humeur vitrée :
et c'est par cette raison que l'abaissement ou l'extraction de la lentille cristalline ne rend point la vue au
malade, lorsque l'on opère dans cette situation de
l'organe. Le cristallin extrait conserve même sa diaphanéité naturelle, et alors la couleur de vert de mer
existe tout comme avant sa sortie de l'œil.

  » Cette maladie ne diffère donc que très-peu de la
goutte sereine : dans celle-ci, seulement, la rétine est
paralysée sans avoir éprouvé de changement dans sa
couleur ; tandis que, dans le glaucome, elle éprouve
ce dernier symptôme. Voilà ce qu'une pratique constante et des dissections m'ont appris. »

  Nous verrons plus tard si le glaucome est une affection de la rétine, ou bien une lésion du corps vitré ;
mais avant d'exposer notre opinion à ce sujet, exami-

nons quelles sont les causes, la marche et les symptômes de cette terrible maladie, que tous les médecins éclairés s'accordent à regarder comme une des plus fâcheuses pour la vision, et contre laquelle toutes les ressources de l'art ont été jusqu'à présent infructueuses lorsqu'elle est entièrement confirmée.

Dans le glaucome l'œil présente une couleur de vert de mer plus ou moins sensible, la vue est perdue en totalité ou il n'en reste que très-peu ; il y a en outre immobilité de l'iris, et très-souvent irrégularité de la pupille.

Les causes qui peuvent donner lieu au développement de cette maladie sont le plus ordinairement inconnues ; cependant elle se déclare quelquefois presque subitement, après quelques accès d'une fièvre de mauvais caractère, dès-lors elle semble être une crise favorable d'une autre maladie plus fâcheuse encore. D'autres fois une vive insolation, long-temps prolongée, peut aussi donner lieu à des symptômes maladifs dont le glaucome sera une suite inévitable, comme de Saint-Yves en rapporte un exemple dont un commandeur de Malte fait le sujet. D'autres fois, une inflammation interne des humeurs et des vaisseaux de l'œil donnera lieu, par ses suites, à cette maladie ; d'autres fois enfin, et c'est le plus souvent, les causes prédisposantes et excitantes nous sont entièrement inconnues. De même, cependant, que par suite d'une fièvre aiguë l'œil peut être affecté tout-à-coup de glaucome, de même aussi il nous semble que, par analogie des phénomènes qui se passent dans l'économie animale, nous pouvons encore penser, avec quelque fondement, qu'une répercussion lente, et pour ainsi dire insensible, des vices dartreux, scrophuleux, syphilitiques, etc., peut également donner lieu au développement de cette maladie. Cette opinion ne paraîtra pas si hasardée, si l'on veut bien faire attention qu'il est très-rare que cette maladie ne soit encore accompagnée de douleurs plus ou moins vives, ce qui annonce toujours une diathèse locale quelconque, et par conséquent un vice d'aberration nutritive et sensitive, aberration produite sans doute par une cause quelconque qui agit sur l'organe affecté en détruisant ses rapports naturels.

Si cette maladie est moins commune chez les jeunes gens, chez lesquels M. Demours assure ne l'avoir jamais rencontrée, ceci ne saurait détruire les principes que nous venons de poser, parce qu'à cet âge la nature est toute puissante pour obtenir, à elle seule et sans les secours de l'art, la guérison des métastases les plus fâcheuses. Quoi qu'il en soit, « lorsque le glaucome » est subit, *dit encore M. Demours* (1), il peut être » considéré comme une apoplexie du globe.

» Lorsqu'il se développe avec plus de lenteur, il a » d'abord beaucoup de ressemblance avec l'amaurose; » ainsi peut-on le définir : Une amaurose à laquelle » se joint une affection dans le système nerveux, et » dans les systêmes vasculaire, sanguin et lympha- » tique, tant des parties voisines de l'œil, que du globe » lui-même, et qui est suivie de désorganisation du » corps vitré et de l'opacité du cristallin.

Mais la suite de cet article nous apprendra jusqu'à quel point ces assertions peuvent être vraies, et dans quel sens elles trouvent une juste application.

---

(1) *Traité des Maladies des yeux*, tom. I.

Comme c'est par l'analyse, et abstraction faite de tout système, que nous pouvons, comme par degrés, nous élever jusqu'à la vérité, et que c'est toujours par des comparaisons judicieuses, et l'analogie des phénomènes, que nous pouvons marcher sans nous égarer (surtout dans la connaissance des sciences médicales, qui sont le fruit d'une saine observation), gardons-nous bien de confondre une maladie prise dans son état de simplicité, avec les différentes complications dont elle est susceptible. Une pareille méprise tournerait au détriment de la science, rendrait le traitement si incertain, que tout ne serait bientôt que conjectures, et que la vérité même nous échapperait malgré nous. La marche du glaucome est quelquefois si prompte, que nous avons des observations qui prouvent que cette maladie a, dans de certaines circonstances, déterminé un aveuglement complet en quelques jours, et d'autant plus au-dessus de nos ressources, qu'il a été plus complet. D'autres fois, au contraire, le malade ne perd qu'insensiblement la vue, et rarement des deux yeux en même temps. Quelles que soient les causes qui déterminent le glaucome, les signes et les symptômes qui servent à le faire reconnaître des autres maladies du globe sont les suivans : une couleur verdâtre de mer avec des nuances qui peuvent être très-variées, selon les différens sujets, se présente d'abord à l'œil du médecin qui examine celui du malade. Cette couleur, le plus ordinairement, semble ne pas troubler entièrement la transparence des humeurs de l'œil, et je ne puis pas mieux la comparer qu'à ce trouble transparent que nous font éprouver les différentes nuances des verres de bouteilles. La pupille est presque toujours

dilatée, et elle ne jouit plus de ses propriétés contractiles;
d'autres fois elle les conserve, mais faiblement. Le malade a perdu en totalité ou en partie la vision de l'œil
qui est affecté, à la suite de douleurs orbitaires très-
vives, revenant par intervalles, et parcourant une périodicité plus ou moins régulière. Si la marche est plus
lente, le malade menacé de glaucome, outre les douleurs dont nous venons de parler, qui existent alors plus
faiblement, éprouve encore les symptômes suivans :
sa vue est comme entourée d'abord d'une fumée; mais
bientôt des brouillards plus épais lui succèdent, qui se
dissipent quelquefois pour reparaître ensuite, soit dans
la même journée, soit à une époque plus éloignée.
Quelquefois il aperçoit à son réveil une poussière dans
sa chambre, qui disparaît après le déjeûner. D'autres
fois, en regardant une lumière, le malade voit un
brouillard qui l'entoure, et duquel s'échappent les
rayons colorés de l'arc-en-ciel. Il ne tarde pas à ne
pouvoir distinguer les objets que de côté, et encore
très-faiblement. La vue se perd enfin entièrement et
toujours sans ressources. Outre les signes et symptômes
que nous venons d'indiquer, il en existe encore un que
nous regardons avec raison comme le signe caractéristique du glaucome, lorsqu'il se trouve réuni aux précédens : je veux parler des vaisseaux variqueux d'un rouge
plus ou moins foncé, que l'on remarque dans cette maladie
sur la conjonctive et particulièrement sur la sclérotique.

Voyons donc maintenant si nous pourrons conclure,
sur les symptômes que nous venons d'exposer, quel
doit être et quel peut être le siége de la maladie que
nous décrivons. Il me semble qu'en nous rangeant de
l'avis de la majorité des praticiens, qui admettent que

le glaucome est une maladie particulière au cristallin,
nous ne le faisons toutefois qu'après en avoir acquis
nous - mêmes la conviction ; car si l'on veut bien se
dégager de tout esprit de prévention , on verra que
ceux qui jusqu'à présent avaient eu quelque raison de
regarder la couleur *de mer* qui s'observe dans cette maladie ; comme un changement survenu dans la couleur même de la rétine désorganisée (désorganisation qui, selon eux, devrait toujours être le véritable
glaucome , et non le défaut de transparence du corps
vitré , quoique ce corps soit seul affecté dans l'état
de simplicité de cette maladie) , ne sont nullement
fondés ; et la preuve de ce que nous osons avancer,
c'est que la vue presque perdue ne peut encore s'exécuter que de côté ; direction par laquelle les rayons
lumineux ont moins d'espace à parcourir dans le
corps vitré , et par conséquent trouvent moins d'obstacle de la part de ce corps ; ce qui n'arriverait pas
constamment si la désorganisation de la rétine était la
cause de cette maladie , parce qu'alors l'inverse devrait
avoir lieu nécessairement , puisque, d'après l'ordre des
phénomènes de la vie, les parties les plus reculées de la
rétine devraient être aussi les premières désorganisées.
En supposant même que , contre toute probabilité, il
pût arriver que le contraire eût lieu dans certaines
circonstances extrêmement rares, ces exceptions ne
rendraient que plus convaincantes les raisons que nous
avons données pour appuyer notre opinion. Au résumé, dans le glaucome , la vision , sur le point de
s'éteindre, ne s'exerce plus dans le centre ou plutôt
dans le fond de l'œil; mais elle a encore lieu de côté,
et nous en avons donné l'explication. Si la désorga-

nisation de la rétine produisait les symptômes qui ont précédé la cécité, il devrait précisément arriver le contraire : nous l'avons également démontré. Quant à la couleur de vert de mer, elle dépend, selon nous, du même état pathologique que l'on observe à l'extérieur de l'œil qui est affecté de glaucome. Cet état variqueux dans les vaisseaux imperceptibles du corps vitré doit nécessairement, en changeant les sécrétions qui séjournent dans ce corps, dénaturer et désorganiser ses produits ; et dès-lors cette couleur verdâtre si remarquable dans cette maladie, lorsqu'elle se trouve dans son état de simplicité, explique assez de quelle manière la vue doit en être détruite, et nous donne en même temps le pourquoi elle est incurable. En effet, si jusqu'à présent nous n'avons pas encore trouvé de moyens pour guérir les varices extérieures qui sont cependant visibles et palpables, à plus forte raison les ressources ordinaires doivent-elles échouer contre celles qui sont intérieures ; et de même que les varices extérieures disparaissent ordinairement après la mort, de même aussi, et par les mêmes raisons, l'autopsie doit-elle présenter le corps vitré de l'œil affecté de glaucome, dans un état presque naturel, circonstance vraie, mais qui a pu en imposer et faire prendre le change, comme nous l'avons déjà vu, et comme cela est arrivé à des praticiens du plus grand mérite et doués du reste d'une profonde sagacité.

Il reste donc maintenant bien démontré pour nous que le glaucome est une affection particulière au corps vitré, dans laquelle il a perdu sa transparence pendant la vie, pour la recouvrer en partie après la mort. Toutefois, comme cette maladie peut se compliquer avec la cataracte et l'amaurose, le diagnostic peut en être par cela même plus difficile ; mais le pronostic (une fois la maladie bien reconnue) n'en sera ni plus ni moins fâcheux.

Je n'ai plus qu'un mot à répondre pour réfuter complètement l'opinion avancée par M. de Wenzel, qui regarde la désorganisation de la rétine comme la véritable cause du glaucome. S'il en était ainsi , toutes les fois que les humeurs de l'œil auraient conservé leur transparence naturelle, on pourrait donc facilement reconnaître, à la simple inspection, les différentes couleurs que la rétine est susceptible de prendre dans les différentes maladies dont elle serait affectée , et à plus forte raison pourrait-on apercevoir, en examinant l'œil du bœuf, par exemple, le tapis colorié qui occupe près des trois quarts de la face postérieure externe de la rétine de ce quadrupède. Cependant j'ai inspecté un grand nombre d'yeux de ces animaux, tant sur le vivant que sur le cadavre , et je puis assurer n'avoir jamais rien observé ni rien vu de semblable.

Le traitement du glaucome doit être différent selon sa période plus ou moins avancée; mais lorsque l'invasion de la maladie est subite, comme il peut arriver à la suite d'une fièvre aiguë, le traitement se réduit alors à bien peu de chose; car, outre qu'il est presque toujours insuffisant pour en arrêter les progrès , on ne s'aperçoit guère de la maladie , que lorsqu'elle est déjà incurable. Cependant, tout en combattant les symptômes inflammatoires qui précèdent alors le glaucome , pour peu que quelques signes puissent faire soupçonner son existence et éclairer le jugement du médecin appelé en pareille circonstance , je pense qu'on ne saurait trop se hâter , en redoublant d'efforts et d'attentions, pour garantir, s'il en est temps encore, la vision si dangereusement menacée, en employant les dérivatifs les plus actifs, tels que le séton à la nuque, le moxa sur le trajet du nerf frontal, les ventouses et l'acuponcture sur les épaules, etc. Si la marche de la maladie est plus lente, il ne faut pas attendre non plus que le malade ne distingue plus les objets que de côté, pour avoir recours aux moyens qui sont indiqués. Hors, dès les premiers momens de l'apparition de ces nuages intermittens, et de ces auréoles dont nous avons parlé en traitant des symptômes du glaucome, soit que de vives douleurs dans le fond ou au-dessus de l'orbite, ou occipitales, se fassent sentir en même temps, soit qu'il y ait privation presque entière de douleurs, il n'en faut pas moins toujours dégorger d'abord localement les vaisseaux, avant qu'ils n'aient perdu entièrement leur propriété contractile, en appliquant quelques sangsues autour de l'œil ou même à la face interne des paupières. On devra renouveler ces applications aussi souvent qu'on le jugera nécessaire, mais avec la précaution de n'en mettre qu'une ou deux, et jamais plus de trois à chaque fois, afin de ne pas obtenir une trop prompte détente, dont les suites seraient tout aussi fâcheuses que celles que l'on aurait voulu prévenir, parce qu'il est généralement reconnu aujourd'hui que l'atonie des vaisseaux sanguins détermine le même résultat que leur engorgement. On ne doit pas non plus négliger les ventouses sèches ni l'acuponcture entre les épaules. La liberté du ventre sera entretenue par de doux laxatifs, tels que manne, casse, etc. : les bouillons de veau ou de poulet, rendus plus actifs par la pariétaire, la saponaire, le cerfeuil et l'euphraise, seront également con-

seillés comme diurétiques, rafraîchissans et dépuratifs ;
un vésicatoire derrière les oreilles ou au bras, un séton
à la nuque, dont la suppuration sera entretenue avec
la pommade de garou, agiront comme de puissans
dérivatifs, et ne doivent pas être oubliés. Dans le cas
de disparition des symptômes les plus alarmans, un
cautère au bras devra remplacer tous les autres
exutoires ; mais on le conservera long-temps, afin de
prévenir les accidens, bien plus fâcheux encore, d'une
récidive. Outre les moyens que nous venons de conseiller, toutes les fois que les ressources générales de
la médecine seront indiquées, il faut y avoir recours
et les employer; mais on ne devra aussi jamais négliger
un instant le traitement primitif, qui sera seulement
modifié selon les besoins momentanés, pour être ensuite
repris avec toute la régularité possible, aussitôt que les
symptômes de complication auront disparu. Tel est le
traitement que nous conseillons et proposons pour
combattre le glaucome dès son origine, parce que c'est
seulement dans ces premiers momens qu'il reste encore
quelqu'espoir de guérison.

Lorsque le glaucome est plus avancé, si la privation
de la vue est presque complète du côté affecté, il ne
reste déjà plus au médecin que le faible espoir de conserver l'autre œil, et c'est pour cette conservation qu'il
doit, avec prudence, diriger le traitement jugé nécessaire, afin de tâcher de le garantir s'il en est temps
encore ; car l'expérience n'a malheureusement que
trop souvent prouvé que les deux yeux, qui ne
s'affectent que rarement en même temps, finissent,
dans cette maladie, par éprouver successivement le
même sort dans l'espace de quelques mois, ou de quel-

23*

ques semaines, en raison de la gravité et de l'intensité des symptômes qui l'ont précédée ou qui l'accompagnent.

M. Demours, en combattant l'opinion de Saint-Yves, qui avait proposé l'extirpation du globe affecté, pour en préserver l'autre, avait toujours éprouvé, dit-il, quelque désir de faire fondre l'œil attaqué de glaucome, dans l'espoir de sauver le deuxième. C'est parce que nous avons également connaissance que l'extirpation proposée par de Saint-Yves a été exécutée sans succès, que nous restons bien persuadés que, quoique l'opération pour obtenir la fonte de l'œil ne soit presque point doulou-reuse en comparaison de celle de son extirpation, qui n'est jamais sans danger pour la vie du malade; et que, quoiqu'elle puisse être exécutée facilement et sans accidens graves, elle n'obtiendrait pas non plus un succès plus heureux, et que ce serait au contraire causer au malade, bien gratuitement sans doute, une diffor-mité qui ne pourrait être balancée par aucune chance favorable. En effet, puisque l'extirpation conseillée et pratiquée dans le but de garantir l'œil sain, n'a pas réussi, comment pourrait-on concevoir que la fonte de l'œil dût réussir davantage? Si, dans cette maladie on pouvait faire une juste application de ce principe, *sublatâ causâ, tollitur effectus* (en supposant toujours que la cause fût circonscrite), *à fortiori* devrait-il être applicable lors-que le globe entier est extrait de l'orbite. Mais l'appli-cation de cet argument *à fortiori* n'est pas plus admissible ici que dans le traitement de beaucoup d'autres maladies; parce que, en un mot, dans le glaucome les signes locaux ne sont pas les seuls, et que les symptômes généraux qui existent en même temps, prouvent assez que les causes qui ont concouru au développement de cette terrible maladie , ne sont pas seulement renfermées dans une seule cavité orbitaire au moment même de la première apparition de leurs effets.

Que la fonte de l'œil soit regardée dans cette circonstance comme exutoire et comme point dérivatif, elle ne me paraît pas devoir obtenir davantage la préférence sur ceux que nous avons indiqués, parce que la suppuration ne peut être entretenue sans danger sur ce qui restera des membranes de l'œil après l'évacuation de ses humeurs. La grande quantité de nerfs qui existent étant mis à nu , sans avoir été détruits , prouve assez la vérité de ce que j'avance. Je n'ai donc pas besoin de la démontrer par des raisonnemens, par cela même qu'elle est facile à saisir et facile à concevoir.

Au résumé, puisque nous venons de voir que l'extirpation ou la fonte de l'œil affecté de glaucome ne sauraient être des moyens suffisans pour obtenir le résultat qu'on se propose, il est donc de toute nécessité de se frayer une autre route plus conforme à l'expérience, et en même temps moins dangereuse. Ainsi donc , tous ceux que nous avons conseillés précédemment pour arrêter les progrès de la maladie commençante , doivent-ils être employés avec toute la régularité , toute la persévérance, toutes les précautions et toutes les modifications indiquées par la prudence selon le besoin. Nous ne saurions aussi trop répéter qu'ils sont les seuls que nous puissions raisonnablement proposer, d'après l'avis des meilleurs auteurs, parce que, dans l'état actuel de nos connaissances , le traitement touchant la curabilité du glaucome est très-incertain.

Lorsque la vision est perdue des deux yeux, lorsque

tous les praticiens sont d'accord sur l'incurabilité de la maladie, lorsqu'enfin le *rien à faire* a été prononcé généralement, faut-il garder un morne silence après cette décision des oracles? Ne pourrait-on pas, ne devrait-on pas encore chercher à rendre les augures plus favorables, en se frayant une route, nouvelle à la vérité, mais que l'analogie des phénomènes vitaux a quelquefois rendue fructueuse dans le traitement de quelques autres maladies du globe presque aussi fâcheuses que le glaucome? En un mot, la cautérisation principale, que notre collègue, le docteur Gondret, a employée avec tant de succès pour combattre des amauroses bien confirmées, pourrait-elle ici quelquefois réussir? L'application des caustiques dans pareille circonstance, outre qu'elle est par elle-même peu douloureuse, ne peut encore jamais avoir des suites fâcheuses lorsqu'un médecin éclairé présidera à son exécution. Le malade condamné à un aveuglement éternel n'aura pas non plus sa santé compromise par cette opération, et, si l'on a le malheur de ne pas réussir, du moins aura-t-on acquis la conviction de n'avoir rien négligé et de n'avoir rien à se reprocher. *Melius anceps quàm nullum.*

Si le glaucome se trouve compliqué avec l'amaurose, il est alors très-difficile de reconnaître cette double maladie par les signes extérieurs, qui restent absolument les mêmes que dans l'état de simplicité de l'affection du corps vitré; mais comme cette double indication n'ajoute guère à sa gravité, peu importe de se rappeler les symptômes qui ont précédé ou accompagné le développement de la maladie, quand bien même on devrait en recueillir quelques données capables d'éclairer le jugement de l'observateur, et de lui faire présumer avec quelque probabilité cette double existence.

Dans tous les cas, le prognostic sera toujours le même, et les moyens à proposer ne seront ni plus ni moins certains ; mais ils devront seulement être variés selon l'état plus ou moins avancé de la maladie, comme nous le dirons bientôt en traitant de l'amaurose et de ses complications.

Lorsque le glaucome est compliqué de cataracte, ce qui est toujours plus facile de reconnaître que lorsqu'il existe en même temps que l'amaurose, après l'apparition des signes et symptômes qui accompaguent, suivent ou précèdent l'opacité du corps vitré, on aperçoit ensuite, derrière la pupille, une tache d'abord d'un gris clair en forme de nuage, et toujours entourée de cette couleur de vert de mer plus ou moins sensible, et de dilatation de la prunelle. Cette tache ne tarde pas à devenir plus blanche et plus apparente. En un mot, comme la cataracte ne survient ordinairement qu'après que le glaucome est déjà très-avancé, il est presque toujours assez facile de reconnaître cette complication. Dans le cas contraire, on conçoit qu'il serait impossible de faire cette différence. Mais dans l'une et l'autre circonstance, il est également inutile d'opérer la cataracte, puisque cette opération ne rendrait pas la vue au malade. Il faut, au contraire, avoir recours aux moyens que nous avons conseillés et proposés, qui sont aussi les seuls qui conviennent pour le traitement des deux maladies réunies.

Et dans le cas où l'on pourrait, avec quelque probabilité, soupçonner, d'après les symptômes qui ont précédé la maladie dont nous parlons, et d'après les signes encore existans, la triple complication du glaucome avec la goutte sereine et la cataracte, le traitement serait encore le même, tant il est vrai de dire que, lorsqu'une maladie aussi grave que le glaucome se présente à combattre dans la pratique, toutes les modifications que peuvent lui faire éprouver d'autres maladies moins fâcheuses, n'ajoutent et ne retranchent rien au traitement qu'il convient d'employer pour la première, parce qu'elles ne sont en effet que des accessoires dont on ne peut, dont on ne doit s'occuper que comme renseignemens, jusqu'à ce que la maladie principale commence à diminuer d'intensité et à donner quelque espoir de guérison. Nous concluons de ce que nous venons de dire, que s'il était une fois bien démontré que le glaucome complet est une maladie tout-à-fait incurable par sa nature, qu'il fût alors compliqué de cataracte ou de goutte sereine, il n'en resterait pas moins au-dessus de toutes les ressources de l'art, et la vue serait perdue pour toujours, quand bien même on conserverait encore l'espérance de détruire ces deux dernières maladies par des moyens convenables.

Nous ne doutons pas que le corps vitré ne soit aussi sujet à quelques autres maladies ; mais, comme elles sont presque toujours compliquées avec des affections de quelques autres parties de l'œil, ou elles nous sont inconnues, et alors il nous est impossible de les combattre, ou bien nous aurons occasion d'y revenir lorsque nous traiterons des maladies qui attaquent tout le globe en général.

OBSERVATION.

Madame M..., âgée de cinquante à cinquante-cinq ans, éprouva, le 31 mars 1818, une ophthalmie très-vive

à l'œil gauche ; précédée de frissons : des bains de
pied sinapisés , l'application de dix sangsues au fondement , le petit-lait , l'eau de poulet et le régime
firent bientôt cesser les accidens. Dès le 5 avril suivant la
rougeur inflammatoire de la conjonctive avait disparu
en grande partie. Cependant des pesanteurs de tête et
des douleurs névralgiques dans le trajet du nerf frontal
se firent sentir périodiquement, tous les trois à quatre
jours, jusqu'au 26 du même mois ; ce jour - là , la
malade croit apercevoir , le matin, à son réveil , un
brouillard qui se dissipe bientôt après le déjeuner. Le
lendemain 27, même phénomène le matin ; le 28 ,
idem ; le 29 , pesanteurs de tête , douleurs profondes ,
comme affectant le périoste de l'orbite gauche ; pulsa-
tions dans la conjonctive , action de la lumière très-
pénible , l'œil ne peut la supporter et reste fermé ; la
rougeur paraît , et avec elle tous les symptômes de
l'inflammation , qui sont absolument les mêmes que
dans la première ophthalmie. Le 30 , moyens antiphlogistiques mis en usage , application de six sangsues
autour de l'œil , bains de pied sinapisés , bouillon de
poulet ; le 5 mai , l'œil s'ouvre facilement, l'inflammation est presque calmée , la rougeur de la conjonctive a disparu ; mais il reste des vaisseaux veineux engorgés et comme variqueux , la pupille me paraît plus
dilatée et moins contractile que celle de l'œil droit ; il
y avait aussi une légère différence entre la couleur des
deux prunelles ; la gauche, quoique transparente, affectait
une teinte verdâtre très-claire et bien fondue. Quoique
madame M..... vît moins bien de cet œil que de l'autre,
je ne voulus cependant pas l'effrayer ; mais reconnaissant alors la nature de la maladie et les suites fâcheuses

qui ne manqueraient pas d'en résulter si on abandonnait à la nature les soins de la guérison, je proposai, sous divers motifs, les moyens suivans : les ventouses scarifiées furent d'abord appliquées derrière le col et aux épaules, pendant huit jours, de jour à autre. Le 15 mai, je pratiquai un séton derrière le cou ; et comme la maladie avait déjà fait de nouveaux progrès, une poussière noire environnait presque tous les jours, le matin, les objets examinés du côté gauche ; la lumière était aperçue entourée d'une auréole rayonnée de différentes couleurs, avec des modifications très-variables ; la pupille, plus immobile encore et plus dilatée, était un peu irrégulière du côté interne ; les vaisseaux variqueux de la conjonctive étaient en plus grand nombre ; les douleurs frontales, orbitaires et occipitales, étaient presque permanentes ; la couleur verdâtre dont nous avons parlé n'avait cependant pas augmenté sensiblement. Le 16, une sangsue fut appliquée à la face interne de la paupière inférieure, qui avait été renversée pour cet effet. Le 17, bouillon de veau émétisé, évacuations alvines abondantes. Les jours suivans, tisane de chiendent nitrée, suppuration abondante du séton, quelques bains de pied sinapisés. Tous ces moyens sont continués avec de légères modifications jusqu'au 10 juin.

A cette époque les douleurs avaient sensiblement diminué, la conjonctive était moins variqueuse, mais les autres symptômes étaient dans le même état qu'auparavant. Le 11, application de ventouses scarifiées derrière l'oreille gauche ; le 12, émétique en lavage dans du bouillon de veau ; repos ensuite pendant quelques jours ; le 20, application de deux sangsues, une à chaque angle de l'œil ; le 21, suppuration du séton, augmentée par une pommade plus forte ; elle est entretenue ainsi jusqu'au 5 de juillet ; pendant ce temps, bouillons de veau apéritifs donnés pour tisane. Il n'y avait point eu de retour de l'ophthalmie, la pupille revenue régulière était aussi contractile que celle du côté opposé ; la couleur verdâtre était à peine sensible, les douleurs presque nulles, la vision meilleure, la conjonctive moins variqueuse, enfin il y avait une amélioration bien marquée ; seulement le disque rayonné de l'auréole lumineuse semblait résister davantage. Le 14, nouvelle application de deux sangsues ; le 15, petit-lait émétisé ; les jours suivans, légère décoction de saponaire édulcorée avec le sirop de violettes, suppuration du séton entretenue.

Etat de la malade au 31 août. Les pupilles étaient aussi claires et aussi transparentes l'une que l'autre, il n'y avait point de douleur, le disque rayonné n'existait plus ; mais il y avait encore quelques petits vaisseaux gorgés sur la conjonctive qui recouvre la sclérotique. La malade se croyait guérie ; mais sur mes instances le séton a été continué pendant six mois; un cautère au bras l'a remplacé pour être porté toute la vie. Quant aux autres moyens ils ont été variés et employés selon l'indication et selon le besoin.

Le 5 juillet 1819, madame M....., qui était à sa campagne un peu éloignée de Paris, m'écrivait qu'elle y voyait toujours bien, et qu'elle était entièrement décidée à conserver son cautère. Elle me demandait en outre mon avis sur le suc épuré des plantes que son médecin venait de lui conseiller ; je les ai approuvés. Tout porte à croire maintenant que cette guérison sera sans récidive.

SEPTIÈME ORDRE.

Maladies du Nerf optique et de la Rétine.

Exaltation de l'irritabilité de la rétine. — De la Nyctalopie.

Les personnes qui sont attaquées de cette maladie ne peuvent apercevoir les objets fortement éclairés, tandis qu'elles distinguent assez bien les mêmes objets lorsqu'ils ne réfléchissent qu'une faible lumière ; et, si nous voulons nous servir d'un langage conforme à la dénomination de la maladie, nous dirons que la nyctalopie est cette affection dans laquelle la sensibilité de la rétine étant exaltée, le malade y voit mieux la nuit que le jour.

Il ne faut pas confondre, cependant, la nyctalopie avec cet état qu'éprouvent les malades lorsqu'ils sont tourmentés, soit par une ophthalmie interne ou externe, soit qu'il y ait ou non une ulcération à la cornée, au bord libre des paupières, ou à la conjonctive. Il est bien vrai que dans toutes ces affections maladives dont nous avons déjà parlé, l'impression de la lumière la plus faible est souvent très-douloureuse ; mais alors, si l'obscurité cesse d'être pénible au malade, il n'en éprouve pas moins l'impossibilité de distinguer nettement les corps qui l'environnent. La différence qui caractérise la véritable nyctalopie est également très-sensible entre cette maladie et le commencement de la cataracte ou d'une mydriase confirmée. La description que nous allons en donner, et que l'on pourra comparer avec celle des maladies qui ont avec elle quelque ressemblance, suffira toujours, du moins nous le pensons, pour faire ressortir ses caractères particuliers, et pour empêcher que le praticien le moins expérimenté dans la connaissance des maladies des yeux puisse se méprendre et se tromper sur sa véritable nature.

« La nyctalopie essentielle, dit M. De Wenzel (1), » qui existe depuis la naissance, ou du moins depuis » long-temps, est une maladie qui résiste le plus sou- » vent aux remèdes réitérés et souvent les mieux in- » diqués. La rétine, comme desséchée et dans un état » de tension produite par une cause quelconque, est si » sensible, qu'il n'y a qu'une faible lumière qui lui » puisse convenir. L'œil, d'ailleurs, est dans son état » naturel, à cela près que les mouvemens de la pu- » pille paraissent un peu ralentis chez quelques per- » sonnes. »

Quelque déférence que nous devions avoir pour ce grand praticien, il nous semble que l'anatomie pathologique, ce véritable flambeau d'une saine observation, n'est point venue ici au secours du raisonnement de notre confrère. La rétine ne peut pas être plus desséchée dans la nyctalopie que dans toute autre maladie où cette membrane conserve encore sa faculté percevante. En effet, il serait difficile de concevoir que l'épanouissement nerveux qui forme la rétine, épanouissement si mou et de si peu de consistance, qui est en outre continuellement abreuvé par une quantité prodigieuse de vaisseaux de toute espèce, sans y comprendre l'humeur

____

(1) *Manuel de l'Oculiste*, tom. I, p. 443.

vitrée qui recouvre toute sa face interne., soit susceptible de se dessécher au point de ne pouvoir plus permettre la fonction de la faculté visuelle qu'à une très-faible lumière. S'il en était ainsi, ne devrait-il pas arriver précisément tout le contraire de ce qui a été avancé par M. De Wenzel, puisque la physiologie et l'anatomie nous apprennent que le tissu mou et pulpeux de la rétine est nécessaire pour lui faire éprouver cette vibration, capable de renvoyer au cerveau l'émotion que lui a procurée le contact d'un corps aussi incommensurable et aussi délié que la lumière ?

D'après ce qui vient d'être dit, nous pouvons avec de plus justes raisons penser que, dans la nyctalopie, la rétine n'a accru son degré d'irritabilité percevante, que parce que cette membrane, naturellement très-molle, a acquis encore un degré de plus de friabilité, si l'on veut bien nous permettre cette expression qui rend du reste parfaitement notre idée. De là, la possibilité à celui qui en est affecté, de distinguer passablement bien les objets dans un lieu obscur, parce qu'il n'est besoin que d'une très-petite quantité de lumière pour mouvoir et faire vibrer les fibres d'un organe devenu encore plus délicat par la maladie dont il est affecté, tandis qu'un rayon lumineux trop condencé ou trop fort, ce qui revient au même, en communiquant une vibration disproportionnée avec la force momentanée de l'organe, troublera nécessairement l'acte de la vision, au point de rendre si confuse l'image des objets, que le malade ne pourra absolument rien distinguer.

L'extrême sensibilité de la rétine, qui caractérise la nyctalopie, n'est jamais, chez l'homme, une maladie congéniale, comme elle l'est chez certains animaux fauves ou nocturnes, tels que la chouette, le chat-huant, etc. ; mais toujours accidentelle : elle est pro-duite ordinairement par la privation de la lumière pendant un temps plus ou moins long. C'est par cette raison que des prisonniers, plongés pendant plusieurs années dans des cachots très-obscurs, parviennent à pouvoir distinguer parfaitement bien les objets qui les entourent, tandis que, lorsqu'ils sont rappelés à jouir de leur liberté, l'action de la lumière leur devient si pénible et si douloureuse, qu'ils ne peuvent plus la sup-porter, ou, s'ils la supportent, qu'ils en sont éblouis au point de ne rien voir.

Mais, quelle que soit la cause qui a déterminé la nyc-talopie, il est toujours constant que la personne qui en est affectée distingue parfaitement pendant la nuit, tandis qu'elle ne jouit pas de la même faculté en plein midi ou dans un appartement éclairé par la combustion d'un grand nombre de bougies. Il est encore constant que cette exaltation de sensibilité de la rétine ne s'est opérée que peu à peu et insensiblement ; ce qu'il est bon de remarquer, afin de mieux diriger le traitement qui lui convient. Je ne pense pas qu'il existe dans cette maladie aucun symptôme d'*inflammation*, car, si l'on examine les yeux d'un nyctalope, on n'y aperçoit de particulier qu'une dilatation plus marquée dans la pu-pille, et tout au plus une contraction plus lente et plus difficile dans l'iris ; ce qui explique assez bien les phé-nomènes extraordinaires qu'éprouve le malade. En effet, n'avons-nous pas vu que le tissu érectile de l'iris est sus-ceptible de se paralyser, comme dans la mydriase, par exemple, et ne savons-nous pas encore que les organes vasculo-cellulo-musculaires perdent d'autant plus de

leur force et de leur contractilité, qu'ils restent plus long-
temps dans l'inaction ; tandis que le tissu nerveux, au
contraire, acquiert d'autant plus de propriétés sensitives
qu'il est exercé sur des objets moins matériels et plus
subtils, sauf toutefois quelques exceptions. Ces vérités
sont connues de tout le monde, et cette partie de la
physiologie est tellement positive, qu'il nous suffira
d'en rapporter un ou deux exemples, pour être compris
du lecteur le moins versé dans la connaissance des
sciences anatomiques et naturelles. En effet, nous savons tous que l'homme le plus fort et le plus robuste est
celui qui (toute chose égale d'ailleurs) s'est le plus
exercé à la lutte, à la course, à porter des fardeaux, etc.,
tandis que celui qui a moins de fatigues corporelles, et
qui n'exerce ses sens qu'avec ménagement et sur des
corps très-déliés, augmente leur irritabilité percevante,
toutefois en les rendant inhabiles à recevoir des sensations trop fortes, que leur extrême délicatesse de tissu
ne peut alors transmettre sans trouble jusques au
cerveau.

La nyctalopie affecte toujours les deux yeux en même
temps, et sa marche est toujours progressive et lente :
elle a besoin d'un concours de circonstances extraordinaires pour se développer, et les symptômes qui
l'accompagnent se bornent simplement à ceux que
nous avons déjà indiqués, puisqu'il n'existe aucune
trace d'inflammation, comme il arrive ordinairement
dans toutes les autres maladies, avec exaltation de la
sensibilité.

Lorsque nous avons supposé que le tissu de la rétine
devait être beaucoup plus mou chez le nyctalope que
dans l'état ordinaire de santé, nous avons été conduit

naturellement à le penser ainsi, par l'analogie des phénomènes semblables que l'on observe sur tous les corps
organisés. En effet, le végétal qui croît dans des lieux
obscurs, a-t-il jamais la consistance de celui de la même
espèce qui se développe au grand jour, et qui est exposé
au soleil? La fibre des animaux élevés dans les ténèbres
a-t-elle la même densité que lorsqu'ils n'y sont point
nourris? S'il est facile de répondre à toutes ces questions par une réponse négative, bien confirmée par
l'expérience, pourquoi l'épanouissement du nerf optique, soumis aux mêmes influences, n'en éprouverait-
il pas les mêmes effets? Il les éprouve sans doute, et
plus promptement encore que tous nos autres organes,
parce que son tissu est le moins consistant et le plus
délicat de tous.

Si l'on veut porter son attention sur la marche ordinaire de la nyctalopie, et sur les causes qui l'ont produite, il sera facile de concevoir que tout traitement interne est absolument inutile; que les collyres fortifians
ou anti-spasmodiques ne doivent pas mieux réussir,
mais que la véritable méthode du *modus curandi* réside
entièrement dans les précautions hygiéniques : ainsi,
donc, le malade sera remis à un régime convenable;
il ne sera qu'insensiblement, et par degrés presque imperceptibles, exposé à l'impression de la lumière pendant le jour; par ces seuls moyens, la rétine, qui était
devenue comme étiolée pendant que l'œil était resté
plongé dans l'obscurité, reprendra peu-à-peu sa consistance ordinaire, ainsi que l'usage facile des fonctions
auxquelles elle a été destinée par la nature de sa position et de son organisation.

Diminution de l'irritabilité de la rétine, sans causes ni symptômes de paralysie, ou Héméralopie.

L'héméralopie est absolument le contraire de la nyctalopie, puisque celui qui en est affecté ne peut distinguer aucun objet lorsque le jour est à sa fin, lorsqu'il est plongé dans un lieu mal éclairé, ou lorsqu'enfin la lumière n'est pas assez vive pour exciter sur les fibres de la rétine cette vibration nécessaire pour que l'acte de la vision puisse avoir lieu. L'héméralopie est donc une maladie de la rétine dans laquelle cette membrane a perdu une partie de son irritabilité, sans qu'il y ait lésion de ses fonctions. Il est vrai que sur ce point nous ne sommes pas d'accord avec le plus grand nombre des nosologistes et des auteurs qui ont écrit sur les maladies des yeux, parce qu'ils regardent presque tous l'héméralopie comme le premier degré de l'amaurose, et par conséquent comme un commencement de paralysie; mais il est facile de se convaincre que l'héméralopie ne peut être confondue avec la première période de l'amaurose, puisque ces deux maladies sont bien distinctes l'une de l'autre, tant par leurs caractères que par leurs symptômes.

Ce n'est aussi qu'insensiblement et par degrés que cette affection de la rétine arrive au point que nous venons d'indiquer. La fatigue excessive de la vue, les yeux fixés trop souvent et pendant trop long-temps sur des objets très-éclairés, telles sont, en un mot, les causes les plus ordinaires, et, selon nous, les seules qui peuvent donner lieu à cette maladie, parce qu'elles seules sont capables d'augmenter la consistance du tissu natu-

rellement très-délicat de la rétine, et par conséquent de
diminuer l'irritabilité dont jouit cette membrane, sans
altérer sa faculté percevante qui constitue l'acte de la
vision. Cette remarque est d'autant plus nécessaire,
qu'elle nous empêche de confondre l'héméralopie avec le
premier degré de l'amaurose, qui est toujours accompagné de diminution de la sensibilité, tandis qu'il y a
aussi augmentation de son irritabilité.

Dans l'héméralopie simple et sans complication de
paralysie, le malade n'éprouve aucune douleur sus-
orbitaire ni occipitale ; en un mot il néprouve aucun
mal de tête : la pupille jouit de toutes ses facultés de contractilité, l'œil n'est sujet à aucune fluxion, il n'existe
nulle trace d'inflammation ; les yeux sont absolument
dans leur état naturel, tous les deux sont affectés en
même temps, et la perte de la faculté de la vision au
crépuscule du jour, ou dans un lieu faiblement éclairé,
n'arrive qu'insensiblement, comme nous venons de le
voir ; ce qui nous indique assez la marche que nous
avons à suivre pour combattre cet état pathologique,
qui est bien plutôt une indisposition momentanée,
qu'une maladie dont les suites peuvent devenir fâcheuses.

Lors donc que l'on est consulté par une personne qui
se plaint de ne pouvoir distinguer les objets, même les
plus apparens, soit au commencement du jour ou à sa
fin, et toutefois après s'être fait rendre compte de toutes
les causes qui peuvent avoir donné lieu à ce phénomène,
on pourra facilement reconnaître l'héméralopie, et la
distinguer de toutes les autres maladies avec lesquelles
elle peut avoir quelques rapports, surtout si l'on veut
bien se rappeler les symptômes qui la caractérisent.
Dès-lors, le traitement que l'on a conseillé se réduit à faire

observer au malade qu'il a besoin de reposer sa vue et de veiller moins tard à la clarté des bougies. Un régime doux et humectant, les bains, et de temps en temps quelques légers laxatifs, tels sont les moyens hygiéniques et médicinaux, que l'on peut employer avec avantage pour traiter l'héméralogie simple. Nous sommes, du reste, bien convaincus que toutes les batteries des dérivatifs, des épuratifs et des excitans, dont on fait un si grand usage, et quelquefois avec succès, contre l'amaurose commençante, tourmenteraient ici le malade en pure perte; et en supposant même qu'ils ne puissent faire aucun mal, nous les rejetons encore comme contre-indiqués et comme absolument inutiles pour procurer la guérison de l'héméralopie.

De l'Amaurose.

L'amaurose, ou goutte sereine, appelée *gutta serena* par les Latins, *amaurosis* par les Grecs, a son siége dans le nerf optique, tantôt à son origine, tantôt dans son trajet, d'autres fois dans son épanouissement qui est la rétine; et enfin, elle peut attaquer en même temps ce nerf depuis son origine jusques à sa terminaison.

« Cette maladie, une des plus dangereuses de toutes celles qui attaquent l'organe de la vision, lorsqu'elle est complète, dit M. De Wenzel (1), prive les personnes qui en sont affectées totalement, de la faculté de voir aucun objet, même de discerner le jour d'avec les ténèbres. L'œil malade paraît, aux yeux des gens peu éclairés, dans son état naturel. Il est exempt de taches d'ophthalmie, et il présente un aspect très-brillant; son

____

(1) Ouvrage déjà cité, pag. 324.

volume est celui de l'organe sain. Les malades marchent avec assurance, et peuvent fixer le soleil impunément, sans en être blessés ; ce qu'on ne peut dans toute autre situation. »

Tels sont les vrais caractères de l'amaurose : tracés par main de maître, nous ne saurions rien y ajouter, ni rien y retrancher, parce que le tableau en est si frappant, que les praticiens les moins habitués à observer cette maladie ne pourraient s'y méprendre.

D'après le résumé que nous venons de faire, il est facile de concevoir que, puisque la goutte sereine a sou siége dans le nerf optique, elle n'est autre chose que la paralysie de ce nerf, de quelque manière que sa faculté de perceptibilité ait été détruite, quelle que soit aussi la cause qui ait pu la produire.

Hors, toute division de l'amaurose basée sur le genre des causes qui peuvent la produire, devient donc inutile et purement oiseuse, puisque la maladie est toujours une et que ses résultats sont toujours les mêmes. D'ailleurs, pense-t-on qu'il soit facile, même en adoptant la division proposée par Richter, d'éclairer davantage le traitement de la goutte sereine ? S'il est nécessaire de remonter aux causes de toutes les maladies pour diriger avec prudence et succès les moyens qui conviennent le plus pour les combattre, nous devons savoir également qu'une division basée sur des causes si multipliées ne ferait que surcharger la mémoire, sans avantages réels pour la science, et sans plus de certitude dans le traitement qu'il convient d'employer.

La seule division un peu raisonnable que nous pourrions proposer, serait celle qui, reposant sur des lésions différentes du nerf optique, produirait également l'abolition des fonctions percevantes de l'organe intime de la vue, parce que, alors, malgré l'analogie des symptômes et des signes qui auraient accompagné ces différentes lésions dans leur marche, l'organe affecté le serait réellement de différentes manières, et par conséquent il y aurait différentes maladies. Je m'explique : la paralysie du nerf optique constitue essentiellement l'amaurose : mais les vices d'organisation de ce nerf, soit congéniaux, soit accidentels, produisent encore une autre espèce d'amaurose qu'il est d'autant plus nécessaire de connaître, que les ressources de l'art sont insuffisantes pour la combattre. Quant à la désorganisation complète de la rétine, qui est toujours la suite d'une inflammation très-fâcheuse de l'intérieur du globe, on ne peut pas raisonnablement la regarder comme une goutte sereine, car la cause qui l'a produite n'a pas exercé ses ravages sur la rétine seule, puisque les humeurs et les autres membranes de l'œil en ont souffert également : la cécité qui résulte d'un semblable accident ne peut donc pas plus être réputée une amaurose, que l'exophthalmie ou le cancer de l'œil, qui entraînent aussi la perte de la vue.

Toute division de l'amaurose basée sur d'autres principes que ceux que nous venons d'exposer, en nous éloignant de la précision qu'il est si nécessaire d'apporter dans la description des maladies, ne pourrait nous donner que des idées fausses et compromettre en même-temps la science et la santé de celui qui en réclame l'application ; mais une fois les différences de lésion bien démontrées, on saura jusques à quel point on doit espérer ou craindre, parce que l'incertitude fera place alors à la vérité.

En attendant ces heureux résultats de l'anatomie pathologique, qui seule peut nous servir de guide dans la recherche de ces différentes lésions du nerf optique, espérons que des signes assez certains pourront, en attendant, nous indiquer les moyens que nous devons employer pour les combattre, et le point fixe où il est nécessaire de s'arrêter.

C'est dans l'examen des causes que nous devons chercher les moyens de surmonter les difficultés qui se présentent, si nous voulons arriver jusques à la vérité; et c'est après les avoir bien méditées, que nous pourrons diriger avec sûreté le traitement qui doit en être la conséquence.

Que la goutte sereine soit imparfaite ou complète, qu'elle affecte un œil ou les deux en même-temps, qu'elle soit spontanée, ou que sa marche soit lente et progressive, qu'elle soit compliquée de cataracte, de glaucome ou de toute autre maladie des organes intérieurs du globe, elle n'en est pas moins très-fâcheuse; mais elle réclame dans ses différentes périodes un traitement plus ou moins actif, qui sera, il est vrai, toujours subordonné aux causes probantes qui sont présumées avoir concouru à son développement.

Toutefois, nous ne devons pas confondre avec l'amaurose cet état sédentaire de l'affaiblissement ou de la faiblesse de la vue, qui est bien, à la vérité, une diminution de la sensibilité percevante de la rétine, mais qui, parce qu'elle est sédentaire, ne peut pas et ne doit pas, selon nous, être regardée comme une amaurose; expression qui veut dire perte totale de la vue, ou cet état dans lequel cette fonction est menacée irrévocablement d'être détruite par des causes particulières connues ou inconnues, à moins que des circonstances fortuites ou rationnelles n'en viennent suspendre et arrêter la marche et les progrès.

Une fois ces principes posés, il nous sera facile de marcher sans nous égarer, et d'arriver sans obstacle à la connaissance la plus précieuse qui doit toujours faire le principal but de nos désirs, je veux dire, du *modus curandi*; mais avant d'en venir à cette application, nous allons d'abord commencer par exposer les causes, la marche, les signes et symptômes de la maladie qui nous occupe.

Plus les causes de la goutte sereine sont nombreuses et multipliées, plus nous devons redoubler d'efforts pour chercher à les connaître, afin d'éclairer son diagnostic et nous mettre dans la possibilité de ne pas la confondre avec d'autres maladies de l'œil.

Parmi les causes internes qui concourent à produire l'amaurose, nous devons naturellement placer au premier rang ces congestions sanguines ou céreuses sur la masse encéphalique ou dans ses cavités, et particulièrement dans les ventricules latéraux qui sont formés par l'adossement des couches optiques; d'où nous concluons que l'apoplexie légère, lorsqu'elle n'est point assez forte pour détruire le principe vital, est la cause la plus fâcheuse de l'amaurose, parce qu'il sera alors d'autant plus difficile de la guérir que la cécité sera survenue plus promptement; et, malheureusement, l'expérience n'a appris que trop souvent, que l'abolition de la vision est presque toujours subite en pareille circonstance.

Après l'apoplexie viennent ensuite les métastases survenues pendant le cours des fièvres aiguës; la répercussion subite des vices particuliers, tels que le dartreux, le scrophuleux et autres; l'hidrocéphale, chez les enfans; les épanchemens de toutes espèces sur le cerveau ou dans ses cavités, soit primitifs, soit secondaires; l'inflammation des meninges dans la frénésie; la présence d'un foyer purulent dans les couches ou près des couches optiques, suite de phlegmasies partielles tant du cerveau que de ses membranes; une tumeur développée sur le trajet des nerfs optiques; la suppression des flux hémorroïdaux et utérins, des sueurs critiques et de la transpiration insensible; les passions vives de l'âme et long-temps prolongées, tels que les chagrins et la colère, parce que ces affections déterminent quelquefois une congestion sanguine dans tous les vaisseaux du cerveau. Lorsqu'un accès de colère a produit l'aveuglement, s'il n'y a pas d'autres causes plus fâcheuses, les symptômes de cécité momentanée sont trop peu de chose et cèdent trop facilement aux moyens les plus simples, pour qu'on puisse raisonnablement regarder la perte instantanée de la vue comme une véritable amaurose, en un mot comme une paralysie des nerfs optiques. Il arrive dans ce cas ce que nous observons tous les jours, par analogie des phénomènes, dans d'autres parties de notre corps sur lesquelles nous déterminons un engorgement momentané pour les priver de leur sensibilité. Si, par exemple, on exerce une forte compression sur le bras, bientôt il survient un engourdissement presque paralytique, qui cesse assez promptement lorsque la ligature est enlevée. C'est aussi par les mêmes raisons que, dans les forts accès de colère, qui doublent et triplent souvent l'action des artères sans que les veines participent à ce changement, les

vaisseaux qui entourent les nerfs optiques, et qui se répandent dans la rétine, se trouvant accidentellement
engorgés, causent sur ce nerf ou sur son épanouissement une compression assez forte pour interrompre
ses facultés percevantes et déterminer en même temps
un aveuglement momentané qui cédera, il est vrai, presque sans autres moyens que la tranquillité, le calme et le
repos. L'on ne doit certainement pas regarder comme
une amaurose cet état momentané, à moins que par
suite de l'engorgement dont nous venons de parler
il ne se soit opéré une métastase ou une crise presque
apoplectique, ce qui, heureusement, est extrêmement
rare en pareil cas, et ne peut guère arriver que lorsque
le sujet est déjà menacé de semblables accidens, soit par
sa constitution, soit par les virus ou les suppurations
éloignées dont il est encore affecté dans le moment de
l'accès de colère.

La présence des vers dans le canal intestinal ne
doit pas être regardée non plus comme cause directe
de l'amaurose, quoique la dilatation de la pupille soit
presque toujours le signe constant de leur existence.
En effet, lorsque les vers du canal alimentaire irritent
trop le système nerveux abdominal, ils donnent lieu,
surtout chez les enfans, à des convulsions dont les
suites peuvent occasionner, il est vrai, la paralysie du
nerf optique; mais c'est par cela même que la présence de
ces insectes dans le canal intestinal ne peut pas être regardée comme cause occasionnelle, mais bien comme
cause prédisposante de l'amaurose. Je rapporterai à ce
sujet qu'étant élève à l'Hôtel-Dieu de Clermont-Ferrand,
en 1804, un malheureux villageois, âgé de seize à
dix-huit ans, y fut conduit parce qu'on le soupçonnait

avoir été mordu par un chien enragé ; il avait la figure égarée et les pupilles très-dilatées ; il n'y voyait pas même assez pour se conduire , et il éprouvait par intervalles des symptômes de fureur, accompagnés de gonflement et d'injection des vaisseaux de la face , qui restait toujours, après, fortement colorée. Le chirurgien en chef et les élèves ne doutèrent plus qu'il ne fût enragé, quand les paysans qui l'avaient conduit eurent assuré qu'il avait été mordu par un chien atteint de cette maladie. Personne de nous n'osait en approcher , excepté le chirurgien-major, qui , aidé des paysans , le fit renfermer dans une chambre basse destinée aux malades de cette espèce. Ce malheureux , que l'on n'approchait qu'avec la plus grande circonspection , refusa constamment de prendre les boissons et alimens qui lui furent présentés , et poussait de temps en temps des cris épouvantables ; enfin il succomba dans la première nuit de son arrivée à l'hospice. Le lendemain , l'ouverture du corps fut faite en présence de tous les élèves ; tous les signes extérieurs du cadavre faisaient assez voir que des convulsions affreuses avaient dû précéder la mort : en effet, les bras et les jambes , éloignés du tronc , étaient dans des positions qui n'étaient rien moins que naturelles; les yeux étaient ouverts, et les pupilles , très-dilatées , laissaient à peine apercevoir un très-petit cercle de l'iris derrière la cornée transparente ; les vaisseaux de la face étaient très-engorgés ; cependant l'ouverture du cerveau ne présenta aucun épanchement , les méninges furent trouvées seulement un peu plus injectées que dans l'état ordinaire. L'ouverture de la poitrine n'offrit rien de particulier. Le ventre ayant été ouvert ensuite, les organes parenchymateux paraîssaient dans leur état naturel, tandis que les intestins, comme boursouflés, étaient légèrement ecchymosés dans quelques points de leur étendue. L'intérieur de l'estomac ne contenait aucune substance alimentaire (et il ne pouvait en contenir), il n'offrait du reste rien de particulier. La valvule du pilore fermait hermétiquement le passage de l'estomac au duodenum. A peine cet intestin fut-il incisé, que l'on aperçut plusieurs vers dans son intérieur ; ce qui fit porter les recherches jusqu'au rectum, en ouvrant successivement tous les intestins, dans l'intérieur desquels on trouva de cent soixante à cent quatre-vingts vers de la longueur de cinq à onze pouces. Les uns étaient encore vivans, mais le plus grand nombre étaient déjà morts. Du reste, point de matières fécales ni de sérosités dans tout le trajet du tube intestinal, dont la face veloutée était phlogosée çà et là. Il fut donc facile alors de reconnaître, mais un peu tard, que tous les symptômes nerveux qu'avait éprouvés le malheureux paysan, ainsi que l'amaurose dont il était en même temps affecté, n'étaient pas le résultat d'une cause rabique, mais bien celui de la seule présence des vers dans le canal intestinal, comme venait de le démontrer l'autopsie.

Il ne faut pas non plus confondre avec les causes internes de l'amaurose, les douleurs céphalalgiques auxquelles sont sujets presque tous ceux chez lesquels cette maladie a parcouru déjà ses périodes, parce que les douleurs de tête, qui surviennent alors avec une certaine périodicité, sont un symptôme et non une cause de l'amaurose. Quant à ces douleurs micraniennes et périodiques, appelées vulgairement migraines, malgré l'opinion contraire de quelques auteurs recommandables, nous ne pensons pas non plus qu'on puisse les regarder comme causes de l'amaurose, puisque le grand nombre d'observations que nous avons sous les yeux nous prouve journellement que des personnes ont été sujettes à ces mêmes indispositions pendant vingt à trente années de leur existence, et même plus, sans qu'aucune d'elles ait été affectée de goutte sereine. Nous devons donc tranquilliser sur ce point les personnes qui sont affectées de ces migraines périodiques depuis plus ou moins long-temps, sans diminution sensible de leur vue après les accès, et nous pouvons les assurer encore que les progrès de l'amaurose ne sont pas, à beaucoup près, aussi lents, et qu'elles n'ont rien à craindre pour cette fâcheuse maladie, à laquelle elles sont, par cela même, peut-être moins exposées que tout autre ; car, si nous voulions remonter aux causes prédisposantes, nous verrions que le tempérament nerveux n'est pas plus disposé à contracter la goutte sereine que les autres tempéramens, et qu'il l'est peut-être réellement moins que le tempérament mélancolique ou le bilieux. Quoi qu'il en soit, de fortes applications d'esprit souvent renouvelées, des occupations morales prolongées bien avant dans la nuit, des méditations à la lecture d'ouvrages scientifiques mal imprimés, l'exposition de la vue à à une trop vive lumière et en même temps à une forte chaleur, les chagrins, l'époque de l'âge critique chez les femmes, celle de la nubilité chez les filles, disposent particulièrement à cette maladie. Ainsi donc les hommes de cabinet trop passionnés pour l'étude et le travail, les cuisiniers, les horlogers, les graveurs, etc., y sont, toute chose égale d'ailleurs, beaucoup plus exposés que les autres hommes.

Si nous examinons maintenant quelles sont les causes extérieures de la maladie que nous décrivons, nous apercevons au premier rang les coups violens sur l'orbite ou sur la tête, les plaies qui en sont la suite, et particulièrement celles qui attaquent le sourcil et la branche frontale du nerf ophthalmique de Willis; viennent ensuite les ophthalmies externes, quelles que soient les causes qui les aient produites : les excès de la table, l'abus des plaisirs vénériens ainsi que la masturbation, les empoisonnemens, soit avec des substances vénéneuses ou corrosives, soit même avec des médicamens ordinaires, pris intérieurement ou appliqués extérieurement avec imprévoyance et inconsidérément ; le travail excessif physique; des excroissances charnues ou osseuses; des tumeurs dans l'intérieur des fosses nazales, dans les sinus frontaux et maxillaires, ainsi que dans les cavités orbitaires; l'insolation, la vue exposée trop long-temps à une vive lumière directe, réfléchie et réfractée, ou à l'éclat de corps éclatans, tels que la neige, le sable, un foyer ardent, etc. Je mets encore au nombre des causes extérieures l'action du virus vénérien. Je range pareillement de ce nombre l'abus que font certaines personnes des lunettes à foyers trop forts pour leur vue, ainsi que l'usage journalier des microscopes. Quelquefois la goutte sereine marche avec des progrès tellement effrayans, que quelques jours, un instant même, suffisent pour paralyser entièrement un seul ou les deux nerfs optiques en même temps. D'autres fois, et c'est heureusement le plus souvent, la maladie parcourt les différentes pé-

riodes que nous allons indiquer, et la vue ne s'éteint
que progressivement : quelquefois aussi sa marche
diffère peu de celle du glaucome, ou de celle de la cataracte, surtout de cette dernière, lorsque l'amaurose ne
fait que des progrès lents et insensibles, particulièrement s'ils ne sont point accompagnés des symptômes
fâcheux dont nous parlerons bientôt. Mais avant d'aller
plus loin, il est nécessaire de bien décrire la marche
progressive et presque insensible de l'amaurose, afin
de ne pas la confondre avec celle de la cataracte.

Dès le début de la maladie, les malades aperçoivent
des points noirs, des réseaux, des nuages de gaze, des
mouches disséminées çà et là dans le cercle visuel;
des douleurs sus-orbitaires ou occipitales suivent bientôt
ces premiers symptômes : elles sont continues ou in-
termittentes, mais elles ne tardent pas à être accompagnées par des étourdissemens, d'autres fois par des bour-
donnemens dans les oreilles. L'iris éprouve alors une
lésion sensible dans sa contractilité; la prunelle, beaucoup plus distendue, n'exerce plus que de faibles mouvemens, et malgré que la vue se perde de jour en jour,
on n'y aperçoit aucun changement de couleur. Pour y
voir, le malade a besoin de regarder les objets à une
très-vive lumière, et il n'en est point incommodé, quoique
la pupille reste dilatée. Dans la cataracte, au contraire,
outre les signes qui lui sont particuliers, le malade n'y
voit pas dans les lieux très-éclairés, tandis qu'il peut
encore se conduire et même distinguer la couleur des
corps à une faible clarté et dans les lieux sombres. En
supposant, ce qui cependant est infiniment rare, que
la pupille conserve ses mouvemens de dilatation et de
contractilité, ce que nous venons de dire touchant

la faculté de percevoir, ne suffirait-il pas encore pour éviter toute méprise de la part de celui qui ne veut pas porter un jugement au hasard et avec trop de précipitation? D'autres fois, et c'est le plus souvent, la vue ne s'éteint qu'après des insomnies déterminées par des douleurs cérébrales, profondes et plus ou moins vives, qui affectent tantôt l'occiput, tantôt la moitié de la tête; mais le plus ordinairement elles ont leur siége dans le fond de l'orbite. Les malades éprouvent alors, outre la douleur qui est très-forte, un sentiment pénible de répulsion du globe hors de la cavité orbitaire; ils définissent eux-mêmes très-bien ce sentiment, en disant au médecin qui les interroge, que la douleur qu'ils ressentent au fond de l'œil est la même que devrait faire éprouver un corps qui pousserait l'œil d'arrière en avant, en déchirant toutes les parties qui l'entourent.

Autant la marche que nous venons de tracer de l'amaurose, a été accompagnée de phénomènes douloureux, progressifs, dans son commencement, autant la diminution de ces mêmes symptômes est sensible, lorsque la vue est sur le point de s'éteindre; et lorsqu'elle l'est entièrement, si les douleurs se font encore sentir, elles sont beaucoup moindres et très-supportables, en comparaison de celles qui avaient précédé : bientôt aussi elles finissent par disparaître entièrement; mais cette sécurité apparente ne sera pas de longue durée; car si les secours de l'art ne viennent promptement y remédier, la même marche qui avait accompagné l'amaurose d'un œil, reparaîtra pour le second, qui perdra sa faculté visuelle de la même manière.

Parmi les signes et symptômes qui ont précédé, qui

ont suivi, ou qui existent encore après la perte totale de la vision, déterminée par la paralysie du nerf optique : outre ceux que nous avons énumérés en parlant de la marche ordinaire de l'amaurose, on peut y joindre encore ceux que nous indiquerons ci-après.

La goutte sereine étant la privation de la faculté percevante du nerf optique, déterminée ou par la paralysie de ce nerf, ce qui constitue l'amaurose proprement dite, ou par sa désorganisation accidentelle, ou par un vice d'organisation naturelle, ce qui constitue alors deux variétés de l'amaurose, toutes deux d'autant plus fâcheuses que tous les secours de l'art, inutiles pour les guérir, ne feraient que tourmenter à pure perte celui qui en est affligé, nous allons donc faire notre possible pour reconnaître ces deux variétés, afin d'éviter toute méprise funeste dans le traitement que nous aurons bientôt à proposer.

D'après ce que nous venons de dire, et d'après les explications que nous avons données précédemment, nous ne saurions admettre d'autre division de l'amaurose, dans son état de simplicité, soit que cette maladie affecte en même temps les deux yeux, soit qu'elle n'en affecte qu'un. Ainsi donc, lorsqu'il y a privation entière de la vision, nous reconnaissons la goutte sereine; mais tant que la maladie fait encore des progrès, c'est-à-dire, lorsque la vue diminue sans être éteinte, nous concevons de grands dangers, il est vrai, pour la perte totale de la vision, qui est l'amaurose; mais cette maladie n'existe point encore. Or, la division généralement admise par les auteurs, en goutte sereine imparfaite ou complète, nous paraît vicieuse, parce qu'elle est réellement opposée au véritable sens que

nous attachons tous à la signification d'amaurose;
ce qui n'est point sans inconvéniens dans la pratique, par rapport au traitement de cette maladie, car
si nous devons porter toute l'attention dont nous
sommes capables, à bien observer la marche de la
nature, nous devons pareillement nous garantir d'employer, dans nos définitions, des expressions vides de
sens, parce que c'est le seul moyen pour marcher avec
sécurité sur les traces de la vérité, et pour nous faire
éviter le sentier rapide de l'erreur. En effet, de même
que les vertiges, l'injection des vaisseaux de la face,
le trouble dans les idées, etc., sont des symptômes
précurseurs, et presque toujours certains, de l'apoplexie, sans constituer l'apoplexie elle-même, que l'on
peut encore prévenir, de même aussi les douleurs
fronto-occipitales, les insomnies, l'immobilité de l'iris,
la diminution de la faculté visuelle, etc., sont des
symptômes précurseurs de l'amaurose, et ne constituent point encore la goutte sereine, parce qu'ils ne
sont tout au plus que les premières périodes de cette
maladie.

Si l'invasion de l'amaurose est subite, elle a bientôt
parcouru toutes ses périodes, et la cécité en est presque
toujours le résultat, quelle que soit d'ailleurs la cause fâcheuse qui l'a déterminée. Dans cette circonstance,
comme dans celle où cette maladie n'a amené qu'insensiblement la perte de la vue, l'examen superficiel de l'œil
affecté ne présente d'abord aucune altération sensible
à l'observateur qui n'est point de l'art; mais si un
praticien expérimenté y fixe son attention, il ne tarde
pas à s'apercevoir que la pupille, parfaitement noire,
est souvent très-dilatée, et que, d'autres fois, si elle est

très-resserrée ou presque dans un état naturel, l'iris a
alors perdu ses facultés contractiles. Enfin, dans cette
maladie, qu'il y ait contraction, ou non, de l'iris, le
médecin instruit la reconnaîtra toujours, soit que l'ouverture de la pupille ait une forme irrégulière, soit
qu'elle ait été déjetée plus d'un côté que d'un autre,
parce que le malade ne distingue rien, et qu'il n'a aucune connaissance du passage de l'obscurité à la plus
vive lumière. Tels sont, je le répète, les signes certains
de l'amaurose dans son état de simplicité, qu'il sera
toujours facile de reconnaître et de distinguer des autres
maladies du globe avec lesquelles on pourrait la confondre, faute d'un examen assez réfléchi.

Puisque nous avons vu de quelle manière on pouvait, pour peu qu'on le voulût bien, ne pas la confondre avec la cataracte de la couleur même la plus
sombre possible, voyons maintenant s'il en sera de
même lorsque nous la comparerons avec le glaucome.

Dans le glaucome, la pupille, dilatée et immobile,
est presque toujours irrégulière, ce qui n'arrive pas
aussi constamment dans la goutte sereine. Dans la
première de ces deux maladies on aperçoit toujours,
à travers cette ouverture, une couleur verdâtre plus
ou moins foncée, ce qui n'arrive jamais dans la
seconde. Hors, comme ces caractères sont suffisans
pour bien distinguer ces deux maladies l'une de l'autre,
je n'ai jamais pensé et je ne pense pas encore que l'on
puisse leur opposer une réfutation tant soit peu raisonnable : cependant je la sollicite, et, si je me trompe,
je m'empresserai de rectifier mon erreur en me soumettant à la vérité sitôt qu'elle me sera démontrée.

Tels sont donc les signes qui servent à distinguer

la dernière période de l'amaurose, et qui doivent empêcher de la confondre avec les autres maladies qui privent également les yeux de leur faculté percevante. Mais avant de terminer ce que nous avons à dire à ce sujet, nous devons ajouter encore que tous les symptômes et signes antécédens sont également nécessaires au praticien pour qu'il puisse baser son jugement avec plus de connaissance de cause. Malgré le reproche que nous courons, sans doute, d'être accusés de répétitions à l'infini, ce ne peut être un motif pour nous faire négliger un moment la plus petite circonstance que nous croyons capable d'éclairer la pratique, afin d'habituer les jeunes médecins à ne rien laisser échapper pour se rendre utiles à leurs semblables et à la science. Or donc, en résumant ce que nous avons dit plus au long dans l'exposition de la marche de l'amaurose, nous avons remarqué des douleurs occipitales ou orbitaires profondes, dont l'augmentation est progressive, quelquefois avec rémission, et d'autres fois sans rémission ; des ophthalmies périodiques pendant lesquelles le malade ne peut pas supporter la lumière même la plus faible ; la diminution de la vue, la dilatation de la pupille, la perte insensible de la contractilité de l'iris ; des points noirs aperçus dans les premiers momens des symptômes ; des corps plus étendus, également opaques, vus plus tard ; la vision presque nulle dans les lieux peu éclairés, tandis qu'elle est encore passable à une vive lumière, mais sans presque de resserrement de l'ouverture pupillaire, ce qui n'arrive seulement que dans le début de l'amaurose : enfin, nous avons vu que la vue se perd de jour en jour davantage, et qu'elle finit par s'éteindre tout-à-fait.

D'après les causes, la marche, les signes et symptômes que nous avons exposés, nous ne devons pas
nous dissimuler que notre jugement sur l'amaurose sera
d'autant plus fâcheux que les causes qui l'ont produite
nous seront plus inconnues et auront déterminé la
cécité plus spontanément ; car l'expérience n'a que
trop souvent démontré que cette maladie est presque
toujours au-dessus des ressources de l'art, lorsqu'elle
survient tout à-coup et sans causes bien connues.

Ce que nous disons ici de l'amaurose n'est nullement
applicable à ces idiosyncrasies ou vésanies extraordinaires, rapportées avec emphase par les auteurs anciens et quelques modernes, dont les connaissances
dans les maladies des yeux sont aussi bornées que
leurs prétentions à la réputation sont peu fondées ; car
ce n'est pas en s'éloignant de la vérité que l'on peut arriver à des résultats certains. *Experientia est longa, inquit
Hippocrates.* Ce n'est pas non plus en voulant éblouir
par des observations qui n'ont aucun rapport avec la
maladie que l'on décrit, que l'on peut inspirer de la
confiance à des lecteurs judicieux, à moins qu'on ne
lui préfère l'approbation bruyante, et toujours émer-
veillée de l'ignorance. Que dirait-on, par exemple, de
cet auteur qui ne craindrait pas de mettre au nombre
de ses belles observations sur l'amaurose, une cécité
momentanée et sympatique, qui n'est rien moins à
mon avis qu'une amaurose? Le lecteur va en juger :

« L'observation suivante, dit-il, faite par un mé-
» decin de ma connaissance sur lui-même, m'a paru
» susceptible d'inspirer de l'intérêt aux personnes qui
» voudraient étudier cette nouvelle espèce d'amaurose
» *famélique* ; elle s'accorde d'ailleurs tellement avec

» celles que j'ai eu occasion de recueillir moi-même,
» que je n'ai pu résister au plaisir de la rapporter ici
» dans les mêmes termes dont ce médecin s'est servi :
» En fructidor an 10, après un mois de convales-
» cence, ayant recouvré toutes mes forces, je partis
» vers midi des Quinze-Vingts pour aller aux Incura-
» bles. Là, je commençai à éprouver le sentiment
» de la faim, que je ne cherchai point à satisfaire alors,
» parce que j'avais très-bien déjeûné le matin. Cepen-
» dant, en continuant ma route sur le boulevard neuf,
» ce sentiment devenait si pénible, que je fus plusieurs
» fois tenté d'entrer chez un traiteur ; ma vue alors
» était extraordinairement affaiblie. Arrivé rue Mouf-
» fetard, à peine pus-je voir à écrire deux lignes ;
» j'éprouvais une anxiété inexprimable ; il semblait
» qu'un poids énorme me comprimât les régions sus-
» orbitaires. Continuant mon chemin par le Jardin
» des Plantes, j'étais tout-à-fait aveugle lorsque j'arrivai
» à la grille, et ce ne fut qu'en tâtonnant que je m'in-
» troduisis chez le traiteur, où je demandai un bouillon
» et du pain que je pris avec le plus grand plaisir,
» et qui me rétablit promptement l'estomac et la
» vue, etc. (1) »

Que peut-on raisonnablement conclure de cette observation et de toutes celles semblables, sinon qu'il
existe des aveuglemens momentanés que l'on ne doit
pas confondre avec l'amaurose, parce que la lésion n'est
pas la même, et que les moyens de guérison sont aussi
très-différens? La syncope produit également un aveuglement, qui cesse avec le retour des autres sens.

____

(1) M. Guillié, brochure déjà citée, p. 99.

L'ivresse produit très-souvent les mêmes effets ; etc. Quel serait le praticien de nos jours qui prononcerait affirmativement pour autant d'amauroses sympathiques ? j'en laisse juge M. Guillié lui-même. Cette terrible maladie, contre laquelle les secours de l'art sont si souvent infructueux, céderait donc alors au repos, à la diète, aux alimens ? Ajoutez encore que quelques sels volatils, respirés au besoin et ordonnés à propos, seraient toujours de sûrs moyens pour la combattre et la guérir ; mais alors le plus grand nombre des malades, en pareille circonstance, ne vient pas réclamer nos conseils ; et les ivrognes de la capitale, comme ceux des départemens, avec un jour de diète et un peu de sommeil, recouvrent assez promptement la vue, sans avoir besoin de faire un pélerinage à l'hôtel de l'institution des Jeunes-Aveugles, rue Saint-Victor, à Paris. (1)

---

(1) Pour mettre le comble à l'inconvenance et pour se jouer publiquement de la crédulité bénévole de ses lecteurs, il ne manquait plus à M. Guillié que de vouloir enrichir le domaine de la science et de prétendre augmenter en même temps la sécurité des pauvres aveugles incurables, en faisant distribuer à chaque coin de rue, déposer dans tous les lieux publics de la capitale, et insérer dans tous les journaux du royaume, le prospectus *d'une Bibliothèque ophthalmologique*, dont l'utilité est si bien démontrée, puisqu'elle sera publiée par fascicules de trois feuilles, *pour paraître à des époques indéterminées* ; puis qu'elle sera imprimée par des aveugles et rédigée par leur directeur (*ce qui ne peut manquer, comme on le désire, de faire grand bruit et de captiver l'attention générale*).

Si des hommes justement vénérés par leur savoir ne nous promettaient *des notes et des additions* dans ces fascicules, nous n'aurions jamais pu penser qu'une clinique faite dans un établis-

Dans l'embarras gastrique, si la douleur sus-orbitaire est très-violente, la personne qui l'éprouve peut aussi perdre momentanément la faculté visuelle : une femme, dans les douleurs de l'enfantement, soit qu'il y ait convulsions ou non, peut encore éprouver un aveuglement instantané, qui cesse, il est vrai, presque aussitôt que l'accouchement est terminé ; beaucoup de phénomènes semblables se présentent journellement dans la pratique, produits par des causes très-différentes et très-multipliées, sans qu'il y ait cependant aucun symptôme d'amaurose, ni de craintes pour cette maladie. D'après ce, n'y aurait-il pas de l'inexactitude, pour ne dire rien de plus, à comprendre au nombre des symptômes de l'amaurose certains troubles momentanés dans la vision, tels que corpuscules voltigeans coloriés ou non, ou même cet état de la vue dans lequel on n'aperçoit que moitié ou partie des objets, puisque ces nombreuses anomalies de la vision, bien différentes sans doute de l'amaurose, dépendent d'un état patho-

---

sement où les maladies sont toutes incurables, pût fournir des observations assez curieuses, assez nombreuses, et surtout assez instructives pour mériter l'impression, *faire un gros volume*, et intéresser le lecteur en l'instruisant.

Mais dans un siècle de lumières comme le nôtre, pourquoi ne pas toujours croire sur parole, et pourquoi ne pas juger des couleurs comme les aveugles ? Pourquoi ne pas être obligés d'admettre des mystifications pour des vérités mathématiques ?

O tempora ! ô mores !

M. Guillié voudrait-il par hasard nous donner par-là un tour de gasconnade de sa façon ? il est vrai *qu'il a pris naissance* sur les bords de la Garonne ; mais comme celui-là sera un peu fort, nous l'attendons avec la plus vive impatience.

logique particulier des organes de l'œil, comme nous aurons bientôt occasion de nous en convaincre en faisant la description des maladies de la choroïde.

Si, malgré la fâcheuse conséquence qu'entraîne presque toujours l'amaurose, on ne perd jamais espoir de rétablir en partie la vision avant d'avoir employé les moyens rationnels conseillés en pareille circonstance, à plus forte raison doit-on espérer de leurs bons effets lorsque la maladie est encore à sa première ou seconde période, et surtout lorsqu'un œil seulement se trouve affecté. C'est alors que l'art a encore quelque puissance, et que la prudence d'un praticien éclairé est nécessaire plus que jamais. En effet, en ne perdant pas un moment, on peut arrêter souvent les progrès d'une maladie bien funeste, leur faire parcourir même une route rétrograde, et obtenir la guérison.

Après avoir établi le plus ou le moins de probabilité de succès que l'on peut raisonnablement espérer dans le traitement de l'amaurose, selon que les moyens nécessaires sont employés dès le commencement de cette maladie, ou lorsque l'aveuglement existe déjà depuis plus ou moins long-temps, voyons encore quelle doit être la nature de ces moyens, et de quelle manière ils doivent être employés selon les différens cas.

Lorsque l'amaurose est produite par une violence extérieure, comme elle se borne presque toujours à l'œil frappé, et qu'il n'y a point d'espoir de lui rendre la vision, tous les soins doivent donc être dirigés de manière à prévenir les suites fâcheuses de la commotion du cerveau et de l'inflammation locale. S'il y a déchirement des parties, il faut d'abord les réunir par première intention, si faire se peut, ou, dans le cas contraire, faciliter leur cicatrisation par des pansemens bien dirigés, et faits à propos.

Si la goutte sereine, produite par une percussion violente sur l'orbite, n'a déterminé qu'insensiblement la perte de l'œil, et si l'iris conserve encore de la contractilité, on ne doit pas abandonner tout espoir de guérison ; car les purgatifs hydragogues et un vésicatoire à la nuque ont quelquefois, alors, dans des mains habiles, produit d'heureux résultats , et la guérison même. Les phases de la médecine militaire nous en présentent des observations multipliées, et c'est particulièrement dans les auteurs, tels que MM. Desgenettes, Larrey, Percy, etc., que le lecteur peut puiser avec avantage sur ce sujet.

Lorsque la maladie dont nous parlons arrive à la suite d'une apoplexie ou pendant le cours d'une fièvre de mauvais caractère , il faut d'abord combattre l'apoplexie et la fièvre par les moyens convenables , sans négliger cependant l'amaurose ; mais après la guérison de la première maladie , si la vue est toujours dans le même état, l'espoir est si faible alors de la rétablir, que la paralysie du nerf optique peut être regardée, avec quelque raison , comme incurable.

Lorsque la syphilis , le scrophule , les dartres , sont présumés avoir donné lieu à la goutte sereine , le succès que l'on obtiendra en traitant la maladie principale (abstraction faite de la cécité), justifiera pleinement les probabilités qui auraient déterminé le jugement du praticien. Mais je ne saurais trop répéter que l'on doit s'abstenir de donner ici, comme ailleurs , pour certain , soit au malade , soit à ceux qui l'entourent, un espoir qui nous reste à la vérité , mais qui est toujours bien incertain. Il faut également rappeler les évacuations supprimées, par l'application des sangsues au fondement, au périnée, à la vulve, aux ailes du nez, si l'on présume que l'amaurose dépende de ces causes.

Si l'amaurose survient presque subitement après la disparition soit d'une dartre, soit d'un foyer purulent, la première indication qui se présente à remplir, est d'appliquer un vésicatoire sur le lieu primitivement affecté, afin d'y rappeler, si faire est possible, la dartre ou la suppuration qui y étaient auparavant. L'on fera ensuite tout ce qui sera jugé nécessaire pour combattre ces maladies.

Je dirai encore qu'il n'est pas rare de voir des personnes affectées de scrophule, et surtout des enfans, éprouver des aveuglemens périodiques qui doivent toujours faire craindre plus ou moins pour la perte totale de la vue; car, de même que ceux qui sont attaqués de cette maladie sont exposés à des engorgemens limphatiques externes qui cèdent momentanément pour reparaître ensuite, de même aussi, et par les mêmes raisons, doit-on présumer que ces aveuglemens intermittens, dont nous parlons, sont également dus à l'engorgement périodique des vaisseaux limphatiques qui entourent le nerf optique, ce qui explique suffisamment la série des symptômes qui s'observent en pareille circonstance. C'est aussi d'après cette comparaison que l'on peut juger du dangereux ennemi que l'on a alors à combattre, et avec quels soins on doit chercher à le détruire par tous les moyens que l'art met en notre pouvoir.

Lorsque les causes de la goutte sereine sont inconnues, si cette maladie, survenue presque spontanément, est déjà arrivée à sa deuxième ou troisième période, il faut sans perdre un moment la combattre et l'attaquer par toutes les ressources générales qui sont à la disposition de la médecine oculaire, toutefois en ayant égard aux modifications que peuvent réclamer, dans l'administration des moyens, l'âge, le sexe, le tempérament du sujet, et quelquefois même la gravité des symptômes existans.

Parmi tous les auteurs qui ont traité de l'amaurose, je n'ai trouvé nulle part une méthode rationnelle de traitement mieux détaillée et plus juste que celle adoptée par M. de Wenzel, et je pense ne pouvoir mieux faire pour mes lecteurs, que de rapporter presqu'en entier tout ce que cet habile praticien, qui a beaucoup vu et surtout bien observé, dit à ce sujet (1).

« Les moyens externes de traitement, dit-il, sont les saignées (*lorsqu'elles sont jugées nécessaires*), que l'on pratique avec succès à l'artère temporale avec la lancette, quand on peut surmonter la timidité des malades. J'ai répété cette expérience lorsque j'ai pu l'obtenir des malades et des personnes chargées de la pratiquer, et le plus souvent j'ai eu à m'en applaudir.

» Ce n'est point inutilement qu'on ouvre les veines jugulaires, celle du pied au défaut de l'artère temporale, plus rarement celle du bras.

» On est forcé quelquefois de tirer du sang avec les sangsues, qu'on place aux vaisseaux hémorrhoïdaux, à la vulve, selon les indications, mais plus fréquemment aux tempes et aux paupières inférieures, très-près des bords tarses ; ce qui rend l'évacuation de sang plus abondante. J'ai souvent obtenu de grands succès de l'application profonde des sangsues dans l'intérieur des narines. »

____

(1) *Manuel de l'Oculiste*, tom. I, pag. 330.

Nous ajouterons encore que les ventouses scarifiées par le moyen desquelles on retire facilement une once ou deux de sang en les appliquant soit aux tempes, soit derrière les oreilles, soit à la nuque, soit sur les épaules, nous ont réussi non-seulement pour arrêter les progrès et faciliter le traitement de l'amaurose, mais encore pour calmer promptement et comme par enchantement les douleurs parfois déchirantes et atroces qui accompagnent souvent cette maladie dans sa première et dans sa deuxième période : nous les regardons à juste titre comme un des moyens que nous ne saurions trop conseiller, et auquel nous accordons sur tous les précédens la préférence, toutes les fois qu'une évacuation sanguine est jugée nécessaire. Du reste, on ne tire que la quantité de sang que l'on veut, et il est facile de les renouveler en tout temps, en tous lieux ; car les malades n'éprouvent jamais de répugnance pour leur application.

M. de Wenzel fait judicieusement observer qu'il survient quelquefois, tout-à-coup, un état amaurostique après une saignée, qu'une seconde fait disparaître. Ce phénomène, qui heureusement est très-rare, doit cependant fixer l'attention des praticiens, car si l'atonie du système veineux peut déterminer ce état pathologique, on voit du moins qu'un nouveau dégorgement lui rend bientôt son état primitif.

Presque toujours, dans le traitement de l'amaurose, on doit conseiller les vomitifs après les évacuations sanguines ; mais ils doivent être donnés à une dose assez forte et choisis parmi les plus actifs. C'est par cette raison sans doute que l'émétique m'a toujours paru le plus efficace.

Parmi les dérivatifs les plus efficaces, on doit compter le séton à la nuque, après lui le moxa, sur le lieu même où a été fait le séton ; viennent ensuite les vésicatoires également à la nuque, derrière les oreilles, sur l'aile du nez, sur le trajet du nerf frontal de l'ophthalmique de Willis, ou sur le sinciput. Les vésicatoires peuvent être faits avec l'emplâtre ordinaire ou avec la pommade ammoniacale ; mais on ne devra les appliquer au bras que sur le déclin de la maladie, ou mieux vaudrait peut-être alors les remplacer par un cautère qui serait conservé encore long-temps après la guérison.

Après les dérivatifs viennent les frictions sèches et aromatiques, les frictions humides et rendues quelquefois vésicantes par les linimens ammoniacaux. L'emploi du galvanisme et de l'électricité, si vanté par quelques auteurs, et regardé comme nuisible, ou tout au moins comme de nul effet, par quelques autres, tient peut-être à la manière de s'en servir, et peut-être encore à la direction que l'on donne aux étincelles que l'on soutire ou que l'on communique au malade. Je pense donc que si l'on veut tenter ce moyen et en obtenir quelqu'avantage, il n'est pas inutile de savoir qu'après un bain électrique ou galvanique on ne doit jamais soutirer d'étincelles du pourtour de l'orbite ni des paupières; selon nous, car c'est à la nuque, au sinciput, aux épaules, à l'angle de la mâchoire et sur la colonne vertébro-cervicale, et non ailleurs, que l'on doit diriger le bouton métallique. La petite commotion qu'éprouvera alors le malade ne se passant pas directement sur le nerf optique, contribuera bien plus efficacement au but proposé, et rendra l'usage de l'électricité et du galvanisme plus fructueux dans le traitement de l'amaurose.

Les collyres toniques et fortifians, lorsqu'ils ne sont

pas capables d'enflammer les parties voisines par leur causticité, seront employés utilement dans la première période de l'amaurose. De ce nombre sont les eaux d'anis, de fenouil et de valériane, dans lesquelles on fait entrer quelques gouttes d'ammoniaque, etc. Les fumigations aromatiques, dirigées plusieurs fois dans la journée, pendant quelques minutes, sur l'œil malade ou sur tous les deux, par le moyen d'un entonnoir renversé, telles que celles qui se dégagent du café torréfié, ou qu'on obtient en jetant sur de la braise incandescente du sucre, de la myrrhe, du camphre, du fenouil, du romarin, des clous de girofle, des baies de genièvre, produisent très-souvent de bons effets sur-tout lorsque la maladie, arrêtée dans sa marche, reste pour ainsi dire sédentaire et ne fait point de progrès rétrogrades. Du reste, elles ne sauraient jamais nuire, lorsqu'elles sont conseillées avec discernement et employées avec prudence.

Quelquefois aussi les sternutatoires, tels que le tabac pour les personnes qui n'y sont point habituées, le suc de bette et autres, de même que les sialogogues, tels que la pyrèthre et toutes les autres substances qui provoquent la salivation par excitation, ne sont pas non plus à négliger, puisqu'elles produisent souvent, lorsqu'elles sont conseillées à propos, des améliorations bien sensibles, qu'on n'aurait peut-être pas obtenues sans leur secours.

Quant aux bains, il faut être très-circonspect sur leur emploi, parce qu'ils ne sont pas toujours sans danger, sur-tout pendant les premières périodes de l'amaurose. « Les bains, comme l'observe M. De-
» mours, à quelque température qu'on les prenne,

» gênent et ralentissent la circulation cutanée, et
» déterminent souvent l'engorgement des vaisseaux
» sanguins de la tête, ce que l'on doit particulièrement
» éviter dans le traitement de l'amaurose. » Les pédiluves irritans, comme dérivatifs, me paraissent donc
bien préférables aux demi-bains, et à plus forte raison
encore aux bains entiers. Cependant, si l'on se décidait
à les conseiller, soit à l'eau simple , soit avec les eaux
minérales toniques, tenant en dissolution des substances actives, il ne faudrait pas oublier, dans leur usage,
d'apporter beaucoup de prudence et beaucoup de soins.
Lorsqu'on préfère les douches minérales ou autres,
la distance de la chute de l'eau , ainsi que son volume,
devront toujours être proportionnés à l'état physique
du malade et à la ténuité de l'organe affecté ; ce qui
n'empêchera pas qu'elles ne soient encore modifiées selon la circonstance par le médecin chargé de suivre et
de surveiller le traitement.

Mais nous rejetons comme entièrement inutile et
comme barbare, l'extirpation de l'œil malade, conseillée
et pratiquée par quelques hommes de l'art, dans la vue
de conserver l'œil sain. Nous avons suffisamment
expliqué notre manière de voir à ce sujet, lorsque
nous avons traité du glaucome, pour que nous ne
soyons pas obligés d'y revenir ici, parce que les mêmes
conséquences sont également applicables aux deux maladies, quoiqu'affectant des parties différentes du même
organe.

Parmi les remèdes internes conseillés dans le traitement de la goutte sereine (outre ceux que nous
avons déjà indiqués selon les différentes causes de cette
maladie), les émétiques, administrés toutefois après

le dégorgement des vaisseaux, soit par la saignée générale, soit par une évacuation locale, sont encore ceux que l'expérience démontre journellement comme les plus efficaces ; viennent ensuite les purgatifs, pris par la bouche ou en lavement à des époques déterminées plus ou moins rapprochées : on devra choisir les fondans de préférence, tels que les préparations mercurielles et savonneuses : on usera de temps en temps aussi des purgatifs drastiques ; d'autres fois, mais plus rarement, on donnera la préférence aux sels d'Epsom, de Sedlitz, et autres de même nature, selon la résistance des symptômes et selon l'indication momentanée.

« Mais de tous les médicamens internes, dit M. de Wenzel, ceux dont les médecins les plus éclairés tirent le plus grand secours, sont les apéritifs et les incisifs, parmi lesquels la prééminence doit être accordée aux cloportes. » Bien certainement nous sommes loin d'aller contre la propriété apéritive et incisive que l'on attribue généralement aux cloportes ; mais avec toute la déférence que nous devons aux vastes connaissances et au profond discernement de M. de Wenzel, nous pensons que dans tous les cas où les apéritifs et les diurétiques sont jugés nécessaires dans le traitement de l'amaurose, on peut tout aussi bien employer, et avec autant de succès que les cloportes, les préparations nitrées pharmaceutiques, qui ont sur eux l'avantage d'une plus grande activité. Le quinquina, la pivoine, la valériane, la cascarille, la ciguë, l'euphraise et l'arnica, diversement combinés, peuvent produire souvent de bons effets ; mais nous nous contentons seulement de les indiquer à nos lecteurs comme des moyens qui ne doivent pas être négligés, et dont le succès est toujours plus ou moins incertain. Il en est de même des eaux minérales de Vichy, de Balaruc, de Cauterets, de Plombières, du Mont-d'Or ; mais un médicament qui me semble avoir été un peu trop négligé jusqu'à présent, et dont on pourrait, ce me semble, obtenir de bons effets contre l'amaurose, est la moutarde en graine, administrée à la dose de 10 grains tous les matins, en buvant pardessus une petite tasse d'infusion quelconque de camomille ou de tilleul : ce moyen, continué pendant deux mois, en augmentant progressivement la dose jusqu'à 20 grains par jour, m'a réussi dans un cas d'hémiplégie, suite d'apoplexie ; je pense donc (quoique je ne l'aie point encore expérimenté) que ce médicament pourrait également réussir contre la paralysie du nerf optique, dans des circonstances semblables.

Ce que nous venons de dire sur le traitement de l'amaurose prouve combien nous devons être circonspect sur l'efficacité des moyens que nous conseillons, puisque le grand nombre que nous avons indiqués, loin de prouver notre richesse médicale, ne fait, au contraire, que nous convaincre plus que jamais de notre ignorance pour la guérir. Cependant nous n'en devons pas moins faire usage de toutes nos connaissances acquises pour arriver au but que nous désirons.

Pendant tout le traitement il est nécessaire que le malade observe un régime exact : il devra respirer, par exemple, un air sec et tempéré ; il évitera surtout l'humidité ; il fera en même temps un exercice modéré ; et pour garantir ses yeux du contact du soleil et des autres corps trop brillans, il portera habituellement un garde-vue fait en étoffe noire.

Quant aux boissons et aux alimens, ils seront toujours

pris dans les classes de ceux qui coïncident le plus avec les moyens médicaux qui sont employés ; en général les alimens indigestes et les boissons échauffantes seront toujours exclues comme nuisibles ; dans tous les cas, la lecture, l'écriture, et enfin toute application morale, doivent être rigoureusement défendues, surtout le soir. Toutes les affections tristes seront éloignées autant que faire se pourra, tandis que la dissipation et toutes les impressions agréables de l'âme devront être recherchées plus que jamais par le malade et par ceux qui l'entourent.

L'amaurose congéniale dépend ou d'un vice d'organisation dans les nerfs optiques, et alors elle est au-dessus de toutes les ressources de l'art ; ou bien elle reconnaît pour cause une de celles que nous avons déjà indiquées, et dès-lors les moyens convenables pour la combattre sont encore les mêmes. Mais comme il est très-difficile, pour ne pas dire impossible, de distinguer l'amaurose congéniale qui dépend de l'une des deux séries de causes indiquées ci-dessus, tous les praticiens s'accordent également à la regarder dans tous les cas comme incurable, et d'autant mieux que, dans les premiers momens de la vie, on ne peut encore conseiller aucun traitement.

Il n'y a aussi rien à faire lorsque la privation de la vue survient après une inflammation vive de l'intérieur du globe, quelle que soit la cause qui l'a déterminée, parce qu'alors la désorganisation de la rétine, ainsi que celle des humeurs de l'œil, qui en ont été la suite, sont toujours un obstacle insurmontable pour toutes les ressources de l'art.

Si l'amaurose, telle que nous l'avons décrite précédemment, se trouve compliquée avec la cataracte, ce qu'il est facile de reconnaître par l'existence des signes qui appartiennent exclusivement à cette dernière maladie ; que la cataracte ait précédé, accompagné ou suivi l'amaurose, le prognostic que nous devons en porter n'en sera ni plus ni moins fâcheux, parce que l'opération de la cataracte ne saurait rien changer quant à la gravité de l'amaurose. Lorsque la cataracte ne survient que consécutivement, le diagnostic est plus facile à saisir, parce qu'alors il est impossible de se méprendre sur la complication de ces deux maladies ; si, au contraire, la cataracte marche en même temps que l'amaurose, les symptômes sont bien toujours les mêmes, il est vrai ; mais les signes ne sont pas à beaucoup près aussi certains, parce qu'ils se trouvent tous confondus : quoi qu'il en soit, on ne doit pas se décider à opérer la cataracte avant d'avoir combattu l'amaurose, et avant de s'être assuré, par les signes qui font ordinairement présager le succès, que cette opération peut être entreprise avec quelque probabilité ; car mieux vaudrait alors, comme dans le cas où tous les moyens ordinaires ont échoué contre cette maladie dans son état de simplicité, employer la cautérisation sincipitale, conseillée et employée avec succès par M. Gaudret.

Si l'amaurose se trouve compliquée de glaucome, ce que l'on reconnaîtra lorsque la dernière de ces maladies n'est arrivée que quelque temps après la première, il n'y a encore rien à faire, la maladie étant pour ainsi dire doublement incurable. Lorsque la paralysie des nerfs optiques a suivi la même marche et dans le même temps que l'opacité du corps vitré, il est presque impossible d'avoir la certitude de cette complication ;

mais comme il n'en résulterait pas un avantage réel pour le traitement, cette connaissance est donc par cela même presque insignifiante pour le praticien, puisque le malade n'en serait pas moins voué pour toujours à la privation absolue de la vue.

La complication de l'amaurose avec la cataracte et le glaucome en même temps, ne sera ni plus ni moins fâcheuse, quand bien même la cornée aurait encore perdu la totalité ou partie de sa transparence, parce que cet état pathologique, heureusement assez rare dans la pratique, est toujours incurable par sa nature. Mais, dans le cas où il existe encore un œil de bon, il faut redoubler de soins, et avoir recours promptement au traitement que nous avons indiqué pour le garantir; heureux encore si l'on arrive assez à temps pour joindre le but avant que la maladie n'ait apposé le sceau d'une obscurité éternelle.

OBSERVATIONS CLINIQUES SUR DIFFÉRENS CAS D'AMAUROSE.

PREMIÈRE OBSERVATION.

Madame Georges, âgée de trente-quatre à trente-six ans, demeurant rue du Mail, n°. 1, éprouvait les symptômes suivans, lorsque je la visitai pour la première fois dans les premiers jours de janvier 1812 : Douleurs au fond de chaque orbite, qui étaient survenues depuis plusieurs mois, sans cause connue, et qui avaient augmenté progressivement; la malade éprouvait de l'intermittence dans l'intensité des douleurs; par fois, mais très-rarement, l'occiput était le siége des souffrances : la vue, qui était bonne auparavant, avait faibli considérablement, et la malade se plaignait d'apercevoir des points noirs sur les objets qui l'entouraient; pour distinguer avec plus de facilité, elle avait besoin d'une vive lumière : elle était, du reste, assez bien réglée. En comparant cette série de symptômes avec l'examen des yeux, je fus bientôt à même de reconnaître par les signes suivans la première période de l'amaurose. En effet, la pupille fortement dilatée, même au grand jour, ne conservait que très-peu de sa contractilité ; toutes les humeurs des yeux étaient parfaitement transparentes et ne présentaient rien, de particulier : les voies digestives étant dans un état passable, je prescrivis pour le jour même l'application de quatre sangsues autour de chaque œil, et pour le lendemain matin deux grains d'émétique à prendre en trois doses. A ma seconde visite, comme le vomitif avait produit l'effet que j'avais désiré, je conseillai pour le jour même l'application d'un vésicatoire derrière le cou, et pour tisane une décoction de saponaire et de bardane. Dès ma troisième visite les contractions de l'iris étaient légèrement plus sensibles. La malade m'assura éprouver un soulagement bien marqué, tant par rapport à ses souffrances, que dans sa vue, qui était déjà un peu plus nette. La suppuration du vésicatoire fut entretenue. De temps en temps des ventouses scarifiées furent faites derrière chaque oreille ; l'émétique en lavage tous les quinze à vingt jours ; les vapeurs aromatiques de café et de genièvre, reçues sur les yeux plusieurs fois dans la journée, calmèrent bientôt toutes les douleurs. Après deux mois de traitement la vue était aussi bonne qu'avant la maladie. Un cautère au bras a remplacé le vésicatoire. J'ai vu, plusieurs années après, Madame G., elle avait supprimé son cautère, et sa santé et sa vue étaient très-bonnes.

DEUXIÈME OBSERVATION.

La femme Lesage, âgée de soixante-deux ans, demeurant rue Saint-Germain-l'Auxerrois, n°. 35, fut frappée d'apoplexie sur la fin de 1813. Tous les muscles soumis à la volonté étaient presque sans mouvement, la faculté de la vue était nulle. Après quelques jours de soins convenables, la malade avait repris insensiblement l'usage de ses facultés morales ; mais la vue restait toujours dans le même état. Je fus appelé huit jours après l'attaque. Il n'y avait point alors d'amélioration dans la vue, mais il existait des douleurs de tête épouvantables. Il fut convenu avec M. Schœk, chirurgien de la malade, et moi, que l'on pratiquerait de suite une forte saignée du bras, et que l'émétique serait administré le lendemain ; mais n'en ayant obtenu aucun avantage sensible, je conseillai un vésicatoire de sept pouces de diamètre, pour l'appliquer sur la tête rasée auparavant ; je prescrivis des bains de pied sinapisés, toutes les deux heures, pendant l'action du vésicatoire, et du bouillon de veau apéritif pour tisane. Tout ceci fut ponctuellement fait. Le vésicatoire resta huit heures sur le cuir chevelu, et à ma visite du lendemain les douleurs de tête avaient considérablement diminué ; le pouls, de dur qu'il était auparavant, était devenu souple et ondulant ; la malade distinguait parfaitement toutes les personnes qui l'entouraient ; les pupilles, qui avaient été très-dilatées et sans mouvement jusqu'alors, avaient déjà repris toute leur contractilité. Deux jours après, un second vésicatoire fut appliqué à la nuque et l'émétique administré en lavage ; la malade se sentit de plus en plus soulagée, et put descendre de son lit, sans secours, le sixième jour du traitement. Une tisane de chicorée sauvage, émétisée de temps en temps, la suppuration du vésicatoire du cou, entretenue pendant six semaines, ont confirmé et achevé la guérison.

Madame Lesage est âgée aujourd'hui de soixante-neuf ans : sa vue est assez bonne, mais il lui survient par intervalle des étourdissemens précédés et suivis de pesanteurs de tête, que l'application des sangsues au fondement, et les émétiques en lavage, aidés des pédiluves sinapisés, selon l'indication, font toujours cesser assez promptement, et sans qu'il soit arrivé depuis lors d'autres accidens.

TROISIÈME OBSERVATION.

M. Lesage, fils de la précédente, âgé de 29 ans, d'une forte constitution, le col court, fut frappé d'apoplexie le 15 mars 1815. Les pédiluves sinapisés, la saignée, firent disparaître les symptômes apoplectiques ; mais le malade resta dans un état d'idiotisme, avec perte de souvenir du passé ; les pupilles étaient fortement dilatées, avec privation de la vue. C'est dans cet état que M. L. me fut conduit, le 2 avril suivant. Les voies digestives étaient dans un bon état, et le malade, qui du reste était doué d'un grand appétit, oubliait souvent, en sortant de dîner ou de déjeuner, qu'il venait de manger, et aurait recommencé comme si de rien n'était, si on ne s'y fût opposé ; du reste il ne souffrait nullement et ne se plaignait de rien. Je fis pratiquer quelques saignées générales, appliquer des sangsues au fondement, des ventouses à la nuque, établir un séton derrière le col ; j'ordonnai, à plusieurs reprises, les émétiques en lavage, les fumigations aromatiques, et, malgré tous mes soins, sur lesquels je comptais peu à la vérité, le malade resta aveugle, et succomba, comme je l'avais prévu, à une seconde attaque d'apoplexie, qui eut lieu six mois après la première.

QUATRIÈME OBSERVATION.

Cette observation et la suivante sont prises dans les *Considérations sur l'emploi du feu en médecine*, par M. Gondret, pag. 47.

« Madame Thévenot, âgée de 39 ans, d'une bonne constitution, où semble dominer l'action des nerfs, n'avait eu aucun dérangement de santé considérable jusqu'à l'âge de 33 ans ; à cette époque, cinq semaines après une couche, madame Thévenot ressentit de grands maux de tête, qui depuis n'ont pas cessé de la tourmenter. Les fonctions propres au sexe ont lieu comme auparavant.

» Février 1814, cécité subite de l'œil gauche.

» Février 1818, l'œil droit ne distingue plus que les objets éloignés, sa force visuelle diminue tous les jours ; 3 mars, cécité complète. Les yeux sont beaux, mais un peu ternes ; les iris n'ont point de mouvement ; la tête est toujours douloureuse.

» On a combattu sans succès la céphalalgie et les maladies des yeux par les vésicatoires, les cautères au bras, les bains de vapeurs, et différens purgatifs, tels que la poudre d'Ailhaud.

» 3 mars, cautérisation sincipitale par la pommade ammoniacale.

» 4 mars, on aperçoit un peu de mouvement dans l'iris; la malade voit mieux la clarté du jour.

» 3o mars, les yeux ont acquis de l'éclat, mais la vision gagne peu : bien que les douleurs de tête aient diminué, elles se renouvellent avec force par intervalle; la malade se décourage et ne veut plus continuer le traitement. Je me repens de ne lui avoir pas proposé, dans le premier moment, l'ustion métallique, dont les effets sont beaucoup plus sûrs et plus étendus. L'horreur que m'inspirait à moi même ce mode de cautérisation, m'avait décidé à en employer un autre plus doux en apparence; mais l'expérience m'a démontré jusqu'à présent que nul autre moyen ne peut être mis en parallèle avec l'application du fer incandescent : la pommade ammoniacale n'atteint pas aussi bien le but, et cause une somme de douleurs bien plus considérable. »

CINQUIÈME OBSERVATION (1).

« Le nommé Ch. L. Hoyau, âgé de 4o ans, et d'une très-forte constitution, depuis un an est affecté de mydriase (2) sur les deux organes de la vision, et ne distingue pas le jour des ténèbres; les yeux sont sains

---

(1) Même auteur, p. 62.

(2) Cette observation n'est point une mydriase, mais bien, au contraire, une amaurose arrivée à sa dernière période. Ces deux maladies sont si différentes, elles ont des caractères si tranchans, qu'il sera impossible de les confondre l'une avec l'autre lorsqu'on voudra bien se donner la peine de comparer leurs causes, leur marche, leur terminaison, et, par-dessus tout, leur véritable siége.

extérieurement ; la pupille est tellement dilatée, que sa largeur égale presque celle de la cornée transparente ; elle est d'une immobilité absolue. Ce malade m'a été présenté par M. le docteur Gaudichon, de Versailles, le 14 octobre 1818. Je l'ai cautérisé en présence de ce médecin, avec l'aide de M. le docteur Newbourg. Hoyau a déclaré n'avoir pas souffert ; il a vu aussitôt le jour, mais le jour seulement. 22 novembre, à son réveil, le malade voit les meubles volumineux de sa chambre ; vers le milieu de la journée il voit assez bien les corps qui passent devant lui, mais il ne distingue que les objets blancs. La pupille est encore trop dilatée ; toutefois elle l'est beaucoup moins qu'avant l'opération ; il y a lieu d'espérer une amélioration marquée. Si je ne suis pas trompé dans mon attente, nous aurons surmonté une grande difficulté, cette espèce de cécité étant la plus rebelle, lorsqu'elle est arrivée, comme dans le sujet, à son entier développement. »

HUITIÈME ORDRE.

Maladies de la Choroïde.

Des Imaginations perpétuelles.

« Les *imaginations perpétuelles* (1) sont de certaines ombres comme des fils d'araignée, des points, des ailes de mouches, des flocons de laine et autres choses de cette nature, qui paraissent à une certaine distance

---

(1) Maître Jean, *Traité des Maladies des yeux*, pag. 279.

devant les yeux, sans qu'on remarque aucun vice au-dedans de leurs globes.

» Je les appelle *imaginations*, à cause de leur rapport à ces imaginations que présentent les cataractes ; et *perpétuelles*, parce qu'elles subsistent pendant tout le cours de la vie, sans être suivies de cataractes comme les autres. »

M. Demours les appelle filamens voltigeans, et personne avant lui n'a mieux décrit les phénomènes qu'éprouvent les personnes qui en sont affectées. C'est particulièrement dans le Mémoire qu'il a inséré dans son IIIe vol., p. 409, que l'on trouve tout ce que l'on peut désirer connaître sur cette maladie, plus singulière que dangereuse. J'espère donc que mes lecteurs me sauront gré de retrouver ici une partie de ce qu'a dit à ce sujet l'habile praticien dont nous parlons.

« Les personnes qui sont incommodées de ces sortes de taches, dit-il, rendent quelquefois différemment la manière dont elles les perçoivent. Ces taches paraissent aux unes comme des filamens ondoyés, aux autres comme des zigzags, des brouillards légers, des espèces d'étoiles avec des queues, des petits duvets de coton noir, des serpenteaux, des points noirs très-petits qui nagent lentement dans l'atmosphère, des globules, des petits rubans à demi transparens et qui forment comme des nœuds, de petites portions de gomme arabique à demi dissoutes dans l'eau : une légère différence de transparence les fait à peine distinguer du fond de l'air, lorsqu'on les examine dans un ciel serein.

» Toutes ces petites apparences montent lorsqu'on élève les yeux avec un peu de promptitude, par

exemple, de la pointe des pieds vers le ciel ; et, si alors
on fixe la vue sur un nuage ou quelqu'autre objet, elles
descendent lentement vers le bas de l'œil, et on cesse
de les apercevoir tant que les yeux restent fixés sur le
même objet. Mais au moindre mouvement des yeux
elles quittent l'endroit où leur pesanteur les avait en-
traînées, et on les aperçoit de nouveau. De toutes ces
taches, celles qui sont sous la forme de filamens sont
les plus faciles à apercevoir pour les personnes qui en
sont incommodées. Ces filamens ont des mouvemens
vagues, suivant les mouvemens de l'œil. Tantôt ils se
contournent, d'autres fois ils s'étendent ; puis, dans un
autre mouvement de l'œil, ils se ploient à certains endroits, et ces changemens de position sont surtout
distincts, lorsqu'ils passent en descendant devant l'axe
optique. Assez ordinairement il y en a deux ou trois
qui dominent sur les autres et qui sont plus apparens ;
mais il y en a souvent une infinité d'autres plus petits,
plus difficiles à apercevoir, et une multitude prodigieuse
de petits globules, les uns isolés et les autres par pa-
quets, qui, conjointement avec les filamens, paraissent
tomber comme une petite pluie extrêmement fine,
lorsque, après avoir élevé les yeux un peu rapidement,
on les fixe sur un endroit éclairé ; par exemple, sur une
muraille blanche, dans le ciel ou sur du papier blanc :
car il faut la présence d'une certaine quantité de lumière pour que l'ombre de ces petits corps puisse être
distincte sur la rétine, attendu qu'ils ne sont point
opaques et qu'ils tranchent peu sur la transparence des
humeurs de l'œil. Il y a aussi quelquefois comme de
petites grilles nageantes ; quelques-unes sont plus pe-
santes et paraissent descendre plus vite : en général,

les filamens sont les plus légers ; ils descendent toujours les derniers ; ils sont comme des tubes de baromètre contournés, à demi-transparens, dans lesquels il paraît des globules dont le milieu est un peu plus obscur, et qui ressemblent à des petites bulles de savon.

» Plus loin on voit peu toutes ces apparences dans une chambre médiocrement éclairée ; le soir, à la lumière, on est obligé, pour les voir, de les chercher avec beaucoup d'attention et à plusieurs reprises sur un papier blanc, et ils ne paraissent que comme de très-petites portions de fumée à peine sensible. On les voit, d'une manière à la vérité imparfaite, dans la flamme d'une bougie, en tenant les yeux à moitié fermés. On les aperçoit encore, quoique bien faiblement, en tournant les yeux vers le ciel, à un très-grand jour, et en les élevant à plusieurs reprises sans les ouvrir. Lorsqu'on les cherche dans un ciel serein ou couvert de nuages blancs, ou dans un autre endroit très-éclairé, on les aperçoit bien mieux en fermant les yeux à demi : ils paraissent alors plus brillans. On les voit d'une manière bien distincte dans le brouillard, le reflet de l'eau et sur la neige : le plus souvent on en voit des deux yeux. Quelques personnes cependant n'en aperçoivent que d'un seul, etc. Quelque variée que soit la forme des corpuscules dont nous parlons, leur dimension et leur grandeur ne l'est pas moins, selon la proximité ou l'éloignement des corps sur lesquels on les aperçoit. En effet, tel filament, examiné sur un papier blanc à la distance d'un pied, par exemple, qui ne paraît que de la longueur d'une demi-ligne, vu à plusieurs toises de distance, sur une muraille, paraîtra long d'un pied et plus. »

« Il est des individus (1) qui voient tous les objets dans un mouvement continuel , comme s'ils étaient sur un bateau qu'entraîne un courant rapide. Cette illusion , assez ordinaire quand on sort de toute espèce de voiture qui nous a transporté avec beaucoup de vitesse , existe en tout temps pour les malades dont il s'agit. »

Tels sont les signes qui servent à reconnaître cette maladie, si toutefois nous pouvons qualifier du nom de maladie un trouble dans la vision , que nous éprouvons tous plus ou moins lorsque nous avons fatigué notre vue soit à la lecture , soit à regarder des objets très-éclairés ou très-lumineux , etc. ; et s'il est bien constant , comme tout le monde peut en faire l'expérience en s'exposant aux causes que nous venons d'indiquer , que ce phénomène n'est extraordinaire que parce que différentes personnes l'éprouvent plus ou moins sensiblement , dans des circonstances de la vie indéterminées , sans qu'il en résulte précisément aucun autre accident pour la vision , ne devons-nous pas , avant tout, tranquilliser le moral des personnes que cet état afflige , parce que leur vue se trouve un peu plus voilée par ces corpuscules voltigeans que d'habitude.

Je suis loin cependant de partager l'opinion de M. Demours, qui pense que le siége de ces filamens voltigeans est dans l'humeur *dite de Morgagni* , humeur qui , selon cet habile oculiste , aurait acquis une densité , une réfrigérance plus considérable dans quelques-uns de ses points, sans perdre sa transparence, se basant sur ce qu'il arrive ordinairement aux personnes chez lesquelles cet état est plus marqué , lorsqu'elles fixent

______

(1) M. Richerand, *Nosographie chirurgicale*, tom. I, pag. 376.

un objet élevé , par exemple ; les corpuscules d'abord
en mouvement se précipitent insensiblement de manière que , si l'on regarde fixement pendant un
certain laps de temps, la vision redevient nette, et tous
ces corps finissent par disparaître, pour se représenter
de nouveau lorsque la personne exerce d'autres mouvemens rapides. Dans quelque sens qu'elle dirige l'axe
visuel, les filamens semblent toujours se précipiter
dans la partie de l'œil qui devient la plus déclive par
rapport à la position prise momentanément. M. Demours, qui avait d'abord pensé, comme de la Hire
et quelques autres physiciens, que l'humeur aqueuse
pouvait bien être le siége des filamens, s'est déterminé
à évacuer cette humeur sans obtenir aucun résultat. Les
filamens ayant reparu après la régénération du liquide
contenu dans les deux chambres de l'œil , il a cru
pouvoir en conclure que l'humeur de Morgagni devait
être le seul réservoir toujours prêt à nous fournir les
filamens dont nous parlons , parce que , dit-il , cette
humeur, devenue , par une cause quelconque , un *peu
trouble* (sans perdre cependant sa transparence) , explique suffisamment la facilité avec laquelle ces corpuscules tendent toujours à gagner la partie la plus
déclive de l'axe visuel.

Quand bien même l'humeur *dite de Morgagni* existerait réellement, ce que nous sommes loin d'accorder,
comme nous l'avons déjà démontré dans l'article Cataracte ; quand bien même cette humeur serait aussi
abondante que l'a trouvée M. Demours, dans quelques cas particuliers d'opération de la cataracte ,
où, après avoir ouvert la capsule cristalline , il a vu
s'écouler une et plusieurs gouttes de sérosité purulente

qui provenait, selon nous, de la décomposition des *pellicules* les plus extérieures du cristallin déjà en suppuration, et non de l'humeur de Morgagni, qui ne saurait jamais exister aussi abondante, en supposant même qu'elle existât réellement. Je le répète encore, serait-il plus certain et plus probable que les corpuscules qu'aperçoivent presque en tout temps certains individus, aient leur siége dans cette humeur devenue moins diaphane dans quelques-unes de ses parties? Non, sans doute : parce que, si la chose se passait réellement comme le pense M. Demours, il n'y aurait que ceux chez lesquels ce vice de transparence de l'humeur de Morgagni existerait, qui seraient seuls exposés aux sensations appelées *imaginations perpétuelles* ; et M. Demours convient lui-même que beaucoup de personnes, qui ne s'en doutent même pas, éprouvent ces sensations en fatiguant leur vue à une vive lumière. Nous allons plus loin encore, nous disons, nous, que nous les éprouvons tous plus ou moins en nous soumettant aux influences que nous avons indiquées. Aurions-nous donc tous ce vice de diaphanéité dans *cette humeur de Morgagni?* Quoique cette objection soit péremptoire, nous voulons bien encore admettre que cette humeur *morgagnienne* puisse, dans quelques circonstances particulières, éprouver un changement; mais, par cela même que c'est un changement, il n'a dû s'opérer que par une affection maladive, dont la nature peut bien, il est vrai, arrêter les progrès dans quelques circonstances ; mais le plus souvent, comme le prouve l'expérience journalière, dans de semblables fonctions d'organes, le trouble commencé, la maladie, continuant à dénaturer les produits, conduit progressivement, et par une conséquence nécessaire et naturelle, de la diaphanéité à l'opacité. La perte de la vision, qui arriverait alors, ne serait pas plus extraordinaire, et serait tout aussi facilement explicable que la cécité déterminée par la cataracte cristalline, qui commence du reste avec des phénomènes à-peu-près semblables. Cependant tous les praticiens s'accordent également à regarder les *imaginations naturelles* comme nullement dangereuses, l'expérience leur ayant à tous démontré que les personnes qui en avaient été le plus affectées n'avaient jamais perdu la vue par cette cause.

Est-il plus probable que *ces imaginations* soient le résultat d'une lésion de la rétine, telle que de la paralysie de quelques-unes de ses fibres, ou d'une aberration dans sa sensibilité, comme le pensent certains auteurs?

Outre que l'on ne conçoit pas comment une paralysie partielle peut avoir lieu dans le tissu de la rétine, sans que cette membrane ne le devienne bientôt entièrement; s'il en était ainsi, la forme des filamens aperçus serait toujours la même : ils seraient encore immobiles; et il n'arrive rien de tout cela.

Nous savons, il est vrai, que la sensibilité de la rétine est susceptible d'une infinité de perversions qui appartiennent toutes à cette classe nombreuse de vésanies, qui affectent tantôt le système nerveux en général, et tantôt certains nerfs en particulier.

« Un prêtre, furieux par excès de continence (1), voyait, dans son transport, toutes les femmes lumineuses et comme enveloppées de feux électriques. « Une » personne, après avoir cueilli des fraises au soleil, a vu,

---

(1) M. Richerand, *Nosogr. chirur.* tom. I, p. 357.

» pendant plus de deux mois une fraise voltiger devant ses yeux (1).» On ne finirait pas, si l'on voulait rapporter toutes les observations singulières de l'aberration de l'organe de la vision, produite par des causes souvent très-éloignées de la vue. En effet, dans les transports au cerveau, dans les inflammations des meninges, etc., le système nerveux, exalté dans sa sensibilité générale, ne détermine-t-il pas presque toujours des sensations visuelles, toutes plus ou moins extraordinaires, qui sont autant de véritables *imaginations*? Les malades n'assurent-ils pas voir des fantômes horribles, des ombres affreuses et surtout de ces filamens voltigeans diversement coloriés, et de figure non moins mobile? C'est surtout dans les symptômes précurseurs de l'apoplexie, où le malade conserve encore toute sa raison, que des étincelles de feu, des filamens diversement contournés se présentent et repassent sans cesse devant ses yeux à chaque mouvement de tête un peu brusque qu'il exécute en voulant diriger l'axe visuel de tel côté ou de tel autre.

Dans les circonstances que nous venons de rapporter, les fantômes, les corps voltigeans, cessent toujours quelque temps après ou même avec les causes éloignées qui les avaient produits. Mais on ne peut pas confondre ces aberrations diverses de la sensibilité percevante de la rétine, avec ces phénomènes qu'éprouvent les personnes qui aperçoivent ce grand nombre de filamens voltigeans, au point d'en être légèrement incommodées pendant le cours de longues années, sans causes maladives connues et sans suites fâcheuses pour la vision.

____

(1) Saint-Yves, *Traité des Maladies des Yeux.*

27*

Ce n'est donc pas dans les aberrations de la sensibilité de l'organe immédiat de la vue , que nous devons trouver le véritable siége *des imaginations perpétuelles.* C'est dans les vaisseaux sanguins de la choroïde et des autres menbranes ou humeurs de l'œil , que traversent ou sur lesquels viennent se perdre les rayons lumineux qui arrivent dans l'œil, que nous trouvons la véritable et la seule cause probable de ces phénomènes extraordinaires : par-là s'explique naturellement cette disposition que nous avons tous pour apercevoir presqu'à notre volonté ces *filamens voltigeurs ;* par-là s'explique encore pourquoi les personnes qui en voient un grand nombre , au point d'en être incommodées , ne courent aucun danger de perdre la vue ; par-là on peut se rendre raison de l'effet extraordinaire de la précipitation de ces corpuscules dans la partie la plus déclive de l'œil , effet que l'on éprouve après avoir exécuté un mouvement un peu brusque de la tête dans tel ou tel sens. En effet , cette précipitation des objets aperçus, qui avait fait penser à M. Demours que l'humeur *de Morgagni,* légèrement altérée , était le siége de ces *imaginations perpétuelles,* pourrait bien paraître assez ingénieuse d'abord ; mais il est également facile de se rendre raison de cette précipitation, pour peu que l'on fasse attention que par le mouvement même que l'on exécute on embarrasse plus ou moins la circulation veineuse, et que par conséquent ces petits vaisseaux doivent toujours éprouver d'autant plus de difficulté à se dégorger, qu'ils s'approchent davantage de la partie la plus déclive. Et maintenant, si l'on conçoit qu'il peut exister certaines circonstances pendant la vie , capables de faire augmenter leur volume primitivement imper-

ceptible, et si elles arrivent, on devra alors éprouver,
selon nous, les *imaginations perpétuelles réelles*. Si, au
contraire, l'engorgement n'est que momentané et presque à notre volonté, on explique encore les phénomènes à-peu-près semblables que nous éprouvons tous
plus ou moins, mais que nous nommerons *imaginations
volontaires*, pour les distinguer des précédentes. Nous
trouvons donc facilement la solution de la question, en
même temps que nous sommes forcés de convenir que
cet état nullement dangereux, ne peut avoir jamais
de suites fâcheuses, parce que toutes les humeurs et
toutes les membranes de l'œil jouissent en même temps
de toutes les qualités requises pour que la vision s'exerce
sans aucun obstacle de leur part.

Si l'on examine avec une scrupuleuse attention
les yeux des personnes qui se plaignent le plus de
cette vision *fantasmagorique*, ils paraissent aussi brillans que dans l'état ordinaire, la pupille conserve
toutes ses propriétés de contraction et de dilatation.
Presque toujours les deux yeux en sont également
affectés en même temps, et il est infiniment rare qu'il
n'y en ait qu'un seul; ce qui n'est cependant pas
sans exemple.

Ceux qui commencent à en être incommodés d'une
manière sensible, aperçoivent d'abord des corps mou-
vans un peu diaphanes, plus tard ils deviennent plus
sombres, et ne disparaissent que très-rarement; ils
restent alors dans cet état pendant tout le cours de
la vie, sans être suivis de cataractes ou d'amauroses,
et aucune douleur de tête ne les a précédées, ni ne les
accompagne.

Il n'y a ordinairement rien à faire pour guérir de

cette indisposition. Cependant, modérer l'étude du cabinet, éviter la lecture à la bougie, ne point se fatiguer la vue en regardant le soleil ou tout autre corps
trop éclairé, tels sont les conseils que nous avons
à donner à ceux qui éprouvent d'une manière trop
sensible les *imaginations perpétuelles* : mais pardessus
tout, et avant tout, nous devons les rassurer, en
leur répétant que l'expérience de tous les siècles recueillie avec soin par tous les hommes de l'art, a prouvé,
mieux que je n'aurais pu le faire 'par tous les raisonnemens, que cet état de la vision n'est jamais suivi de
cécité, comme cela ne manquerait pas d'arriver, si
les *imaginations* étaient des symptômes précurseurs de
cataracte ou de goutte sereine, avec lesquels il est
impossible de les confondre, surtout lorsqu'elles durent
depuis un certain temps. Si ces dernières maladies
surviennent quelquefois aux personnes qui aperçoivent ces corps voltigeans, c'est parce qu'elles dépendent
alors d'une tout autre cause.

NEUVIÈME ORDRE.

Maladies de la Sclérotique.

Plaies de la Sclérotique.

Les solutions de continuité qui surviennent à cette
membrane ne sont pas toujours suivies de la sortie
des humeurs de l'œil, et dans ce cas il reste encore
l'espérance de le conserver, surtout si la choroïde
et la rétine sont restées intactes.

Quelles que soient les causes et la circonstance qui ont déterminé, précédé et accompagné le déchirement de la sclérotique, la gravité des accidens consécutifs sera toujours en raison de l'étendue de la blessure, de la compression et de la commotion qu'a dû en éprouver l'organe visuel : ainsi donc, lorsqu'à la suite d'une forte contusion sur le globe de l'œil il s'est opéré un déchirement de la sclérotique, quoique ce déchirement ne soit pas très-considérable, les suites qui peuvent en résulter seront toutefois bien plus à craindre que lorsqu'un instrument tranchant, agissant sans secousse, a divisé la sclérotique même dans une bien plus grande étendue.

Lorsqu'à la suite d'une plaie survenue ou faite accidentellement à la sclérotique, l'œil vient à se vider sur-le-champ, la vue étant alors perdue pour toujours, on doit se borner à calmer et à prévenir les symptômes inflammatoires par tous les moyens que l'art indique en pareille circonstance : ainsi, les saignées générales ou locales, les cataplasmes émolliens souvent renouvelés, et appliqués sur l'orbite, la diète, le repos et les boissons délayantes, tels sont ceux qui peuvent être employés le plus avantageusement. Bientôt tous les accidens que l'on avait à craindre, ou qui étaient déjà survenus, finissent par s'évanouir ou par disparaître, la plaie de la sclérotique se cicatrise : l'œil, considérablement diminué de volume, est à la vérité inhabile à la perception de la vision ; mais il sera facile par la suite de lui adapter un œil de verre, seul moyen de faire disparaître la difformité accidentelle.

Dans le cas de déchirement de la sclérotique, déterminé par une des causes dont nous venons de parler,

si la conjonctive oculaire, ou la choroïde, sont encore
intactes et se sont opposées à la sortie des humeurs de
l'œil, il y a certainement beaucoup d'espoir de le
conserver ; mais il faut promptement calmer et prévenir l'inflammation par tous les moyens indiqués.
On couvrira l'œil avec une compresse fine ; les paupières seront maintenues rapprochées l'une de l'autre,
afin que la compression qu'elles exerceront naturellement sur le globe soit encore un obstacle à la sortie des
humeurs qu'il contient.

Si le déchirement de la sclérotique est également accompagné de celui de la conjonctive, de la choroïde
et de la rétine, si ce déchirement est peu considérable,
s'il n'y a eu que peu ou point d'humeur vitrée de sortie
par l'ouverture, si enfin l'œil n'est pas très-applati, on
a encore un peu d'espérance de le conserver; mais il
ne faut pas non plus perdre un temps précieux en temporisant trop long-temps. Employer tous les moyens
déjà indiqués, maintenir les paupières rapprochées
l'une de l'autre, couvrir d'un bandeau l'œil sain, soumettre le malade à la diète, le faire rester au lit, le
condamner au repos le plus parfait, n'éclairer que faiblement la chambre qu'il habite, etc., tel est le traitement auquel on doit l'assujétir, et que l'on doit continuer jusqu'à entière cicatrisation de cette membrane.

Des Végétations charnues de la Sclérotique, ou des Excroissances qui se développent sur cette membrane.

Comme toutes les membranes fibreuses, la sclérotique est susceptible de donner naissance à des

végétations charnues , dont les formes peuvent être plus ou moins variées : tantôt ces excroissances représentent la figure d'une mûre, d'une framboise ou d'une fraise, etc. ; toujours granuleuses , rarement sont-elles très-sensibles à l'action des corps irritans que l'on applique sur elles pour les détruire. S'il est très-difficile de reconnaître les causes qui peuvent les produire, il ne l'est pas moins de trouver le remède propre à les combattre. Toutefois , l'on peut présumer qu'une contusion faite sur la sclérotique, après en avoir ramolli le tissu, peut bien devenir une cause prédisposante de cette maladie , mais non pas toujours la cause occasionnelle.

Lorsque tous les moyens rationnels , tels que les résolutifs excitans, stiptiques et autres , ont été employés sans succès pour résoudre ces espèces de tumeurs, il ne faut pas trop insister sur l'emploi des irritans , de crainte de déterminer une dégénérescence cancéreuse ; mais on doit avoir recours sans plus tarder à l'excision , comme étant *ultima ratio artis*.

Pour faire cette opération avec plus de facilité, on doit passer un fil de soie au-dessous de la tumeur , le plus près possible de la sclérotique : retenue ainsi, on la dissèque ensuite en la séparant des parties voisines; mais il faut avoir la précaution de tout enlever afin d'éviter la récidive d'une végétation nouvelle. L'opération terminée, on étuvera avec de l'eau de guimauve un peu tiède ; l'œil sera couvert d'un bandeau et d'une compresse fine ; le malade ne sortira pas de quelques jours; les lotions d'eau tiède seront renouvelées trois ou quatre fois dans la journée, pendant tout le temps qui sera jugé nécessaire ; mais elles seront ensuite remplacées, quelques jours après l'opération, par des collyres légèrement astringens , préparés avec les eaux de rose et de plantain , tenant en dissolution quelques-uns des sels métalliques usités , pour être continués jusqu'à parfaite guérison.

DIXIÈME ORDRE.

Vices de proportion des humeurs de l'œil.

De la Myopie.

La myopie est un vice de proportion des humeurs de l'œil, dans lequel celui qui en est affecté ne distingue que facilement les objets très-rapprochés de l'axe visuel et ne peut lire un caractère ordinaire *cicéro*, que le livre appuyé pour ainsi dire sur la pointe du nez.

Les caractères extérieurs qui servent à distinguer ce vice de la vision , sont difficiles à reconnaître : car si la protubérance extraordinaire de la cornée transparente en est ordinairement le signe le plus ordinaire , son absence ne suffit pas toujours pour assurer que le vice dont nous parlons n'existe pas , puisque l'expérience démontre journellement que des personnes qui n'ont rien de saillant dans la cornée n'en sont pas moins myopes à ne pouvoir lire sans lunettes très-concaves.

Quelque peu certains que soient les signes extérieurs qui peuvent faire présumer la myopie chez celui qui en est affecté , est-il vrai cependant qu'il n'y a qu'un vice de proportion dans les différentes humeurs de l'œil, qui puisse occasionner un phénomène qui doit paraître si extraordinaire pour celui qui n'a aucune connaissance du mécanisme de la vision ? En effet, si nous supposons qu'un ou plusieurs des différens corps que doivent traverser les rayons lumineux avant de venir peindre sur la rétine l'objet regardé, présentent à ces mêmes rayons une convexité ou une densité plus grande qu'ils ne doivent avoir naturellement, nécessairement l'acte de la vision en sera troublé plus ou moins ; et plus ces différens milieux présenteront de convexité ou de densité, plus la myopie sera forte.

Si le lecteur veut bien se rappeler ce que nous avons déjà dit lorsque nous avons expliqué le mécanisme de la vision, et s'il veut bien en faire l'application maintenant à l'objet dont nous nous occupons, il saura que les rayons lumineux qui partent du corps que l'on examine, et qui doivent traverser les différentes humeurs de l'œil, se rapprocheront trop promptement de la ligne perpendiculaire dans le cas de myopie, en sorte qu'étant réunis sans être arrivés au fond de l'œil, ils seront obligés de diverger de nouveau avant d'arriver sur la rétine où ils doivent peindre l'image de l'objet. Or donc, plus l'objet regardé sera éloigné, plus tôt la réunion des rayons convergens se fera, et moins la vision sera précise; tandis que les corps très-rapprochés de l'œil myope, qui ne lui renvoyent que des rayons très-divergens qui rencontrent à leur passage dans les humeurs de l'œil une force très-convergente, doivent arriver à la rétine assez rapprochés pour y peindre l'objet et donner une sensation exacte.

Bien convaincus, comme nous le sommes, que la myopie n'est point une affection maladive des humeurs de l'œil, nous sommes loin de penser qu'il soit nécessaire d'avoir recours à des moyens pharmaceutiques pour la guérir. Les secours de la physique, lorsqu'ils seront dirigés convenablement , corrigeront toujours avec succès ce vice de proportion dans les humeurs de l'œil.

Lorsque l'on est consulté par un myope, si, du reste, les yeux sont dans un bon état, il n'y a rien autre chose à lui conseiller pour y remédier, que l'usage habituel des lunettes à verres concaves, dont la propriété est de rendre plus divergens les rayons lumineux qui doivent arriver sur la cornée. Ainsi, plus la myopie sera forte, plus les verres que l'on conseillera devront être concaves.

La myopie n'existe guère que dans la jeunesse; rarement les personnes qui l'avaient éprouvée jusqu'à l'âge de quarante à cinquante ans, en sont-elles encore atteintes dans un âge plus avancé. Il paraît alors que les progrès de l'âge, en diminuant la quantité des liquides en général, contribuent ainsi à la faire disparaître. Quoi qu'il en soit, il n'y a pas d'autre moyen que l'usage des verres concaves, pour remédier à la myopie lorsqu'elle existe ; et il est généralement reconnu, je le répète, que ces verres doivent d'autant plus présenter de concavité que la myopie est plus forte ; ou, ce qui revient au même, que plus la vue est courte, plus le degré ou le numéro des verres doit se rapprocher de l'unité.

Celui qui lit facilement, et à une distance ordinaire, avec le numéro quatre, par exemple , est myope à un fort degré; mais celui qui a besoin du numéro trois ou deux, est myope au point de ne pouvoir se conduire sans lunettes.

Il y a de certaines myopies acquises qui reconnaissent pour cause l'habitude contractée d'examiner les corps de trop près ; mais alors elles ne réclament d'autres moyens pour les guérir que la précaution de s'assujétir à regarder insensiblement les objets d'un peu plus loin. D'autres fois, des personnes rien moins que myopes, en faisant usage de verres concaves, parviennent cependant, à force de patience et de temps, en diminuant progressivement les degrés, à ne pouvoir plus lire sans le secours des numéros quatre et trois, qui caractérisent une forte myopie. Quels que soient les motifs qui ont déterminé à se rendre myope de la manière que je viens d'indiquer, toujours est-il bien vrai qu'il est très-difficile, pour ne pas dire impossible, d'en découvrir la cause ; mais lorsqu'on nous en fait confidence, la myopie alors n'est plus sans espoir de guérison, puisque l'usage des verres insensiblement moins concaves fait disparaître cette infirmité momentanée et contractée par l'habitude.

De la Presbytie, ou Presbyopie.

La presbyitie ou presbyopie est le contraire de la myopie, puisque les personnes qui en sont affectées ne distinguent facilement que les objets éloignés d'une certaine distance de l'axe visuel ; car elles éprouvent ce que l'on désigne vulgairement sous la dénomination de longue vue. Presque toujours le partage de la vieillesse, la presbytie se reconnaît à l'extérieur par l'applatissement de la cornée ; l'humeur aqueuse paraît être diminuée de quantité, et les deux chambres rétré-

cies ; d'où il résulte que les rayons lumineux n'é-
prouvant pas une réfraction assez forte en traversant
les humeurs de l'œil, ne sont point encore réunis en
arrivant sur la rétine lorsqu'on regarde les objets de
près ; tandis que, si le corps examiné est très-éloigné ou
beaucoup moins rapproché, les rayons lumineux qui
en partent étant presque parallèles, n'ont besoin que
d'une très-faible réfraction pour se réunir en un seul
point sur la rétine, et procurer une sensation nette et
précise.

Lorsque le cristallin a été extrait ou abaissé, la
presbyopie est toujours une conséquence nécessaire de
cette opération, puisque la réfraction opérée par cette
lentille, cessant d'avoir lieu, les rayons lumineux arrivent alors sur la rétine avant de s'être réunis.

Loin de diminuer naturellement et par les progrès
de l'âge, la presbyopie augmente encore de jour en
jour ; et telle personne, par exemple, qui peut lire facilement à la distance d'un pied avec des lunettes
convexes au numéro 7 ou 8, dix ans plus tard ne pourra
se passer du numéro 4 ou 3 pour lire à la même
distance ; et nous avons vu qu'il arrive précisément
le contraire dans la myopie.

Si ces deux affections sont bien distinctes par leurs
effets, elles ne le sont pas moins par rapport aux
époques de la vie où elles s'observent particulièrement,
et par rapport aux moyens qu'il faut employer pour
suppléer au vice de proportion des humeurs de l'œil
dans l'une comme dans l'autre. En effet, verres concaves pour rendre les rayons lumineux divergens dans
le cas de myopie, et verres convexes pour les rendre

convergens dans la presbyopie ; tels sont les seuls moyens, mais sûrs, que la médecine oculaire doit emprunter de la physique pour remédier aux vices de la vision produits par ces deux causes.

ONZIÈME ORDRE.

Maladies qui attaquent toutes les humeurs et toutes les membranes de l'œil en général.

De l'Hydrophthalmie.

Cette maladie a son siége dans les humeurs de l'œil, dont la quantité augmente insensiblement, au point de distendre toutes ses membranes, et de pousser en avant la cornée transparente, en forme de staphylôme. Le volume de l'œil affecté est toujours beaucoup plus considérable que celui du côté opposé, car il est infiniment rare de les rencontrer tous les deux en même temps atteints de cette terrible maladie, qui n'est autre chose, comme l'indique sa détermination, qu'une hydropisie des cavités du globe.

Les causes qui peuvent déterminer l'hydropisie de l'intérieur de l'œil sont en général les mêmes que celles qui produisent toutes les autres hydropisies. Débilité locale, aberration des vaisseaux exhalans, défaut d'action des absorbans, répercussion d'un virus quelconque, etc., telles sont les plus ordinaires.

Dans cette hydropisie (1), « la cornée est plus élevée que dans l'état naturel ; la situation de l'iris est plus

____

(1) M. De Wenzel, *Manuel de l'Oculiste*, tom. I, p. 360.

profonde, la prunelle est plus mobile , et quelquefois
plus étroite , quelquefois aussi plus large que de coutume. Les malades se plaignent, dans le commencement, d'une diminution, et, plus tard, de la perte totale
de la vue. Les douleurs sont vives , tensives et obtuses
au fond du glóbe et vers le côté de la tête qui correspond à l'œil malade. On éprouve encore une stupeur
et une emphysème dans la moitié du visage , de l'insomnie , des douleurs de dents, un larmoiement in-
volontaire , et un renversement de la paupière inférieure,
accompagné de chassie.

» Le globe augmente tellement de volume lorsque
le mal est à son dernier degré , qu'il s'ensuit une
tuméfaction. L'œil sort de l'orbite au point de ne
pouvoir plus être recouvert par les paupières. A
cette époque, la fièvre et l'insomnie sont quelquefois
continuelles. »

Si l'augmentation de l'humeur vitrée est la cause du
gonflement hydropique de l'œil, l'iris, poussée en avant
dans la chambre antérieure , présente une convexité
assez remarquable, tandis que le contraire a lieu lorsque
l'humeur aqueuse est la cause de cette maladie. Si les
deux humeurs ont éprouvé en même temps les mêmes
phénomènes morbifiques, l'iris conserve alors sa position
ordinaire , toute proportion gardée ; seulement , l'ou-
vérture pupillaire est beaucoup plus grande et moins
mobile , à mesure que l'hydrophthalmie fait des progrès.
Bientôt aussi les membranes les plus intérieures sont
elles-mêmes désorganisées et détruites ; les douleurs
deviennent de plus en plus fortes, une inflammation
assez vive se déclare, et le déchirement de la cornée

ou de la sclérotique, ne tarde pas à livrer passage aux parties les plus fluides, si l'ouverture n'est que très-petite ; mais si elle est considérable, l'œil se vide tout entier en un instant. Les douleurs diminuent d'abord beaucoup d'intensité, et finissent ensuite par disparaître entièrement ; et lorsque la suppuration a réduit l'œil en un moignon de peu de volume, il ne tardera pas long-temps à se cicatriser aussi, et l'on pourra alors lui adap-ter un œil d'émail, seul moyen de cacher la difformité repoussante qu'imprime à la figure, même la plus régulière, la perte d'un œil par suite d'une fonte semblable.

Telle est la marche la plus ordinaire de l'hydroph-thalmie, lorsque les secours de l'art n'ont pas été em-ployés assez à temps pour la combattre avantageuse-ment, ou lorsqu'ils ont été insuffisans.

Examinons maintenant dans quel temps et à quelle période nous pouvons espérer de la guérir, et quels moyens peuvent remplir plus particulièrement le but que l'on se propose.

Tous les praticiens reconnaissent généralement que cette maladie résiste souvent aux secours de l'art, lors même qu'ils ont été employés dès le commencement de son apparition ; et si l'on fait attention que, pour la plupart, les malades ne viennent réclamer nos conseils et nos soins que lorsque l'œil a déjà acquis un volume assez considérable pour exciter leurs craintes, on ne doit plus être étonné du peu de succès que nous obtenons dans le traitement de hydrophthalmie. Cependant, avant de déclarer la maladie incurable, il est bon de s'assurer auparavant si le malade peut encore distinguer quelques-uns des corps qui l'environnent, parce qu'alors, malgré les douleurs plus ou moins fortes qu'il aurait éprouvées, ou qu'il éprouverait encore, malgré le volume démesuré de l'œil, il serait possible que les membranes internes de l'œil, et surtout la rétine, ne fussent point tout-à-fait désorganisées, ce qui donnerait quelque espoir de guérison, bien faible, à la vérité, mais qu'il ne faudrait pas rejeter pour cela.

C'est donc dans le commencement de cette maladie que nous pourrions obtenir le plus de succès; et nous venons de voir que c'est précisément à cette époque que nous sommes le moins souvent consultés : dans le cas, cependant, où nos conseils seraient réclamés assez à temps, c'est-à-dire, lorsque l'un des yeux acquiert chaque jour un peu plus de volume que l'autre, lorsque des douleurs se font sentir en même temps au fond de l'orbite, et lorsqu'enfin les objets sont distingués moins facilement qu'auparavant (tous ces symptômes réunis étant suffisans pour annoncer le commencement d'une hydrophthalmie à celui qui a l'habitude de traiter les maladies des yeux), il ne faut pas laisser échapper le moment favorable, en temporisant; mais on doit agir.

Les saignées générales et locales, renouvelées aussi souvent que l'indique le besoin, sont particulièrement utiles dès le début de cette maladie ; car l'expérience, ce flambeau de toutes les sciences d'observation, a prouvé depuis long-temps que les évacuations sanguines, soit par la saignée du bras, du pied, de l'artère temporale, ou de la veine jugulaire, soit par l'application des sangsues aux tempes, soit enfin par les ventouses scarifiées derrière les oreilles ou à la nuque, étaient les meilleurs moyens à employer dans le commencement de sa première période ; que les exutoires et les dérivatifs, tels que les vésicatoires, le séton, et le moxa derrière le col ou partout ailleurs, ne devaient pas être négligés après ces évacuations; que les apéritifs incisifs en boissons étaient également convenables ; que les purgatifs drastiques, donnés à doses suffisantes et rapprochées, lorsque l'indication le permettait, étaient encore de puissans auxiliaires dont on avait lieu d'espérer de bons effets, et au nombre desquels on devait compter la gomme-gutte, la scamonée d'Alep, la coloquinte, le jalap, l'aloës, etc. Les cloportes et l'euphraise, que quelques oculistes de nos jours, à l'imitation des anciens, ont regardés comme un si puissant moyen dans le traitement de plusieurs maladies de l'œil, et notamment dans celui de l'hydrophthalmie, ne nous paraissent pas mériter la réputation dont ils ont joui. Nous pensons, au contraire, qu'ils peuvent être remplacés avec avantage par toute autre préparation nitrée. Les fumigations toniques et aromatiques, reçues sur l'œil malade par le moyen d'un entonnoir renversé ; les collyres astringens et résolutifs, faits avec le miel et le vin, ou avec les solutions de sulfate d'alumine et de zinc dans les eaux de rose et de plantain, mais employés après les saignées locales ou générales, ne sont pas à négliger, parce qu'ils peuvent également produire de très-heureux effets. Les frictions sèches autour de l'orbite, sur les tempes, et même sur les paupières, sont aussi indiquées.

Tels sont les moyens généraux que l'on peut employer contre l'hydrophthalmie commençante ; mais lorsque l'œil a déjà acquis un volume considérable, et lorsque les douleurs éprouvées par le malade et la tuméfaction de la face font craindre une prompte désorga-

28*

nisation de la rétine et des autres membranes de l'organe de la vue, il ne faut pas attendre plus long-temps;
car la section de la cornée, faite comme dans l'opération de la cataracte, est alors indispensable pour
donner issue à la surabondance de l'humeur aqueuse,
prévenir des accidens plus fâcheux, garantir, s'il en est
encore temps, la vision, et la conserver. Après l'incision
de la cornée on pansera l'œil comme à la suite de l'opération de la cataracte, mais sans discontinuer cependant
les moyens médicaux ou chirurgicaux que nous avons
indiqués plus haut, et dont on ne devra cesser l'usage
que lorsque l'œil sera revenu à son état naturel, et
qu'il n'y aura plus aucune crainte pour la récidive.

Lorsque l'on est consulté trop tard, ou lorsque le
malade, après s'être refusé aux seuls moyens conseillés
par la prudence, a laissé empirer son état, l'œil, devenu très-douloureux, présente alors un volume très-
considérable : quoiqu'il n'y ait plus de doute que la vision ne soit perdue pour toujours, il faut prévenir encore
la rupture de ses membranes (ce qui ne pourrait manquer d'arriver bientôt avec tous les symptômes des plus
affreuses douleurs), en excisant tout ou partie de la cornée transparente, afin de livrer passage aux humeurs,
qui sortent alors de l'œil avec une sorte de précipitation qui procure promptement un soulagement bien
marqué.

Si le malade n'a pas voulu se résoudre à l'opération
que nous venons d'indiquer, une inflammation violente
s'empare bientôt de tout le globe et de toutes les parties
environnantes, la cornée ou la sclérotique poussées en
avant se déchirent avec fracas, et les humeurs de l'œil
sont expulsées au loin. C'est alors que l'on a besoin plus

que jamais de calmer l'inflammation par le régime, les boissons délayantes, les saignées, etc. ; et après le déchirement des membranes, des pansemens réitérés selon le besoin ameneront insensiblement la maladie à la terminaison que l'on doit se proposer.

Nous devons ajouter au traitement que nous venons d'indiquer contre l'hydrophthalmie, l'usage des mercuriaux lorsque l'on a lieu de soupçonner un principe syphilitique ; de même que celui des anti-dartreux et anti-scrophuleux, lorsque ces vices existent en même temps que cette maladie.

De l'Inflammmation du Globe de l'œil et ses dépendances.

Nous ne répéterons pas ici tout ce que nous avons déjà dit en traitant de l'ophthalmie en général et de ses différentes variations ou complications, nous dirons seulement que les mêmes causes que nous avons vues fixer leur action *morbide* sur quelques-unes des membranes de l'œil, peuvent également l'étendre indistinctement sur toutes les parties qui le composent, et former ce que nous appelons ici inflammation générale du globe, dont la marche est ordinairement plus prompte et les symptômes plus violens que ceux de la phlegmasie, qui n'attaque que quelques-unes des parties de l'organe de la vue. Dans l'inflammation générale de l'œil, lorsque des douleurs atroces et déchirantes se font sentir jusques dans le fond de l'orbite, quelle que soit la cause qui a déterminé alors des accidens aussi fâcheux (puisqu'ils peuvent amener promptement la mort par la communication de la plegmasie au cerveau), il faut employer sur-le-champ les saignées générales et locales, ordonner la diète la plus sévère, prescrire l'application des topiques émolliens et l'usage de fumigations de même nature, conseiller les boissons d'orge et de chiendent légèrement acidulées, les lavemens, les bains de pieds et les doux laxatifs, etc. Le reste du traitement, lorsque les symptômes les plus formidables sont calmés, est en tout le même que celui qui a été indiqué contre l'ophthalmie qui attaque la conjonctive, en ayant égard à la cause qui l'a produite.

Nous avons déjà vu, en traitant de l'exophthalmie, ou plutôt des abcès du tissu cellulaire de l'orbite, que l'œil se trouvait poussé au-dehors et faisait quelquefois une saillie si considérable, qu'il paraissait comme détaché des parties avec lesquelles il est ordinairement en rapport; nous avons vu aussi, dans le cas d'exostose de l'orbite, que le même symptôme existait également, mais qu'il était alors toujours proportionné à l'intensité de la maladie primitive, et par conséquent accompagné d'accidens plus ou moins fâcheux; mais en conseillant alors les moyens que l'expérience a démontrés les plus favorables pour les combattre, nous n'avons pas négligé de dire que la sortie de l'œil hors de son orbite pouvait encore être déterminée par la présence d'un polype, soit dans les *sinus maxillaires* ou *frontaux*, soit même dans les fosses nazales; et quoique les maladies de ces différentes cavités n'appartiennent que très-secondairement au domaine de la médecine oculaire, et quoiqu'elles soient entièrement étrangères au plan que nous

nous sommes tracé dans cet ouvrage, cependant, en traitant de l'exophthalmie, nous n'avons pas dù laisser ignorer à nos lecteurs que les os formant l'orbite pouvaient être quelquefois déplacés par les coups insolites dont nous parlons, et que le refoulement de la cavité orbitaire devait nécessairement pousser au dehors tout ce qu'elle contient, et par conséquent déterminer aussi une exophthalmie nullement inflammatoire, et qui ne réclame d'autres moyens pour la guérir que l'extraction de ces végétations contre nature, parce que l'œil rentre ensuite insensiblement dans son orbite à mesure que les os reprennent leurs positions respectives.

Selon nous, nous le répétons encore, l'exophthalmie est cette maladie dans laquelle l'œil, considérablement tuméfié par une cause inflammatoire quelconque, se trouve chassé, pour ainsi dire, de son orbite, et ne peut plus être recouvert entièrement par les paupières.

Du reste, quelle que soit la cause déterminante de cette affection inflammatoire générale du globe et de ses parties environnantes, la vue n'en court pas moins le plus grand risque de se perdre, parce que le nerf optique se trouve trop fortement tiré en dehors, et que ses fibres médullaires sont trop distendues pour résister long-temps sans se rompre.

Après avoir exposé les causes multipliées et si différentes, qui déterminent ordinairement la sortie de l'œil hors de son orbite par son gonflement inflammatoire, et après avoir indiqué les ressources de l'art les plus généralement employées pour les combattre, nous allons passer à la description d'une autre maladie de l'organe visuel, bien autrement fâcheuse que celle que nous venons de décrire, et cependant avec laquelle il existe quelque ressemblance dans les symptômes.

Du Squirrhe de l'œil.

Le squirrhe n'attaque jamais l'œil dans son entier, ou dans quelques-unes de ses parties, sans avoir été précédé de quelques symptômes inflammatoires. Il est presque toujours la suite d'un traitement mal dirigé dans le cas d'ophthalmie interne ou de phlegmasie générale, produite elle-même par une forte contusion sur l'œil. En un mot, le squirrhe de cet organe, comme celui de toutes les autres parties du corps, est occasionné par le séjour d'une limphe visqueuse, dans des tissus où elle ne doit pas naturellement rester long-temps. Elle y détermine d'abord par sa stagnation une dureté et un gonflement plus ou moins considérable, quelquefois, mais rarement sans chaleur bien marquée, sans changement sensible à la peau, et même sans presque de douleur. Dans cet état, malgré la dureté et le gonflement irrégulier de l'œil, malgré son état de presque homogénéité, et malgré la perte irrémédiable de la vue du côté affecté, quelles que soient les causes déterminantes de cette maladie, on doit s'abstenir avec la plus scrupuleuse attention de toute application de topique ou de collyre irritant. Les saignées générales ou locales aux tempes, par le moyen des sangsués ou de la ventouse avec acuponcture, réitérées selon le besoin; un régime doux, les pilules fondantes, savonneuses ou mercurielles, les laxatifs légèrement purgatifs, les dépuratifs, les sudorifiques, tels sont les secours que le médecin expérimenté doit employer selon la cause présumée ou connue de la maladie, selon le tempérament du consultant, et selon enfin les modifications qui seront nécessaires pendant le cours du traitement.

Lorsque la personne affectée d'un squirrhe éprouve au contraire des douleurs profondes et lancinantes, lorsque les vaisseaux de l'œil sont injectés, et que leur couleur tire plus ou moins sur le *bleu brun*; quand bien même cet organe ne présenterait ni bosselure ni irrégularité bien marquée, ni même un gonflement considérable, l'extirpation est alors la seule ressource pour le préserver du cancer, et garantir en même temps les jours du malade d'une mort certaine.

Ce que nous disons ici pour le squirrhe en général de tout le globe de l'œil, est également applicable à celui qui n'attaque que quelques-unes de ses parties conservatrices, telles que les paupières ou les sourcils; mais alors l'ablation, lorsqu'elle est indiquée, ne doit s'étendre, bien entendu, qu'à la seule partie affectée.

Du Cancer de l'œil.

De même que le squirrhe, dont il est ordinairement la terminaison la plus fâcheuse, le carcinome, ou le cancer ulcéré de l'œil, est presque toujours le résultat d'une inflammation violente de la totalité du globe, dirigée par un traitement imprudent et peu rationnel, ou bien celui d'une suppuration incomplète, chez un sujet dont les humeurs sont déjà viciées.

Au surplus, quelles que soient les causes prochaines

ou éloignées du cancer de l'œil, voici les caractères qui servent à le reconnaître : dureté squirrheuse, inégale et bosselée, couleur livide et plombée, grand nombre de vaisseaux variqueux, gorgés d'un sang noir et épais, parcourant dans tous les sens l'organe affecté, où l'on ne distingue déjà plus la trace des membranes et des humeurs qui entraient dans sa composition. La cornée, la sclérotique, devenues une substance homogène, donnent souvent naissance à des végétations fongueuses exudant une sanie âcre et fétide. Il n'est pas besoin de dire que la vue est perdue sans ressource depuis plus ou moins de temps ; que des douleurs lancinantes, très-aiguës, se font sentir profondément, comme dans toutes les affections cancéreuses, et que le malade est sujet aux insomnies, aux malaises généraux, aux mauvaises digestions, etc. Bientôt les membranes se déchirent, et la diathèse cancéreuse suit de bien près la suppuration qui la précède.

Tels sont les symptômes, le caractère et la marche de la plus grave des maladies de l'œil.

Si nous avons déjà vu, en traitant du squirrhe du globe, que, lorsque des douleurs profondes commençaient à se faire sentir, l'extirpation était alors le seul remède à proposer, à plus forte raison doit-on se hâter de la pratiquer dans le carcinome ou le cancer non ulcéré, car s'il reste encore quelque espoir de succès, le temps est alors si précieux, qu'il faut ne pas le perdre en une expectative funeste. Mais après qu'elle aura été faite, on ne doit pas négliger les moyens capables d'épurer la masse générale des humeurs, afin de les garantir de la contagion cancéreuse. Ainsi le régime devra être doux et rafraîchissant ; on entretiendra la liberté du ventre par des lavemens émolliens, ou par de légers purgatifs pris particulièrement dans la classe des eaux minérales fondantes ayant la vertu laxative ; les anti-scorbutiques dépuratifs, unis aux mercuriaux, si le cas l'exige, et modifiés selon l'indication momentanée : telle est la marche que l'on devra suivre après comme avant l'opération, afin de ne rien négliger et de ne rien omettre pour en assurer le succès.

Mais lorsque le carcinome est ulcéré, il prend particulièrement le nom de cancer, et la maladie a acquis un degré de gravité encore plus considérable : c'est alors qu'il faut redoubler de circonspection ; car, si déjà les paupières sont affectées de squirrhe, et si les os de l'orbite commencent à se carier, il ne doit plus exister de doute sur l'incurabilité de la maladie, devenue évidemment générale. L'opération, loin de garantir la vie du malade, ne ferait, au contraire, que rapprocher l'époque de sa mort. On ne doit plus la proposer : les palliatifs peuvent seuls désormais soulager momentanément, calmer les douleurs et prolonger l'existence. Il faut donc les employer, en choisissant ceux que l'expérience a démontrés les plus utiles, toutefois en prenant les précautions que la force et le tempérament du malade nécessiteront pendant qu'il en fera usage.

On emploie généralement, dans le cancer ulcéré de l'œil, les fomentations émollientes tièdes, les cataplasmes de ciguë, de morelle, de jusquiame, de belladona, de têtes de pavot avec la racine de guimauve. On administre intérieurement la ciguë en poudre, à la dose de six, sept, dix et douze grains par jour, ou son extrait, à celle d'un demi-grain à deux grains, unis avec le triple de poudre ou d'extrait de quinquina. L'opium et ses différentes préparations ne doivent pas être non plus négligés, car on en retire également de bons effets. La liberté du ventre doit être favorisée par de doux laxatifs, et de temps en temps par quelques lavemens émolliens. Telles sont enfin les ressources infiniment bornées qui nous restent dans l'état actuel de la science, pour retarder les progrès d'une maladie qu'il n'est plus en notre pouvoir de guérir.

De l'Extirpation du globe de l'œil.

Lorsque l'extirpation du globe de l'œil est jugée nécessaire pour garantir la vie du malade, sitôt qu'il y sera déterminé, on y procédera de la manière suivante : On le fait asseoir, et appuyer la tête sur la poitrine d'un aide, comme pour toutes les autres opérations qui se pratiquent sur l'organe de la vue ; on commence par inciser avec un bistouri ordinaire la conjonctive qui unit le globe de l'œil à la paupière inférieure ; on en fait autant pour la paupière supérieure : on plonge ensuite la lame du bistouri dans la cavité orbitaire vers le grand angle, l'on coupe successivement les tendons du muscle orbiculaire du grand oblique et du petit oblique, la lame de l'instrument étant dirigée dans un sens convenable, c'est-à-dire de dedans en dehors, et selon le plan oblique de la cavité osseuse de l'orbite on continue à inciser ainsi jusqu'à l'angle externe, en faisant exécuter au bistouri des mouvemens comme à une scie, afin de couper plus facilement et de diminuer autant que possible les douleurs du malade. Arrivé au point que nous venons d'indiquer, l'on fait exécuter un léger mouvement de rotation à l'instrument, toujours selon le plan de la cavité osseuse, et l'on continue ainsi la section des parties graisseuses et membraneuses jusqu'à l'angle interne de l'œil où l'on avait commencé l'incision. Nous ne devons pas omettre qu'en divisant la conjonctive, qui unit la paupière supérieure avec le globe , on doit encore couper en même temps le tendon du muscle releveur de la paupière supérieure. Quelques auteurs conseillent pareillement , et nous adoptons leur avis , d'agrandir l'ouverture des paupières , en incisant avant tout leur angle externe, afin de faciliter l'extraction de l'œil et de rendre par-là l'opération plus facile à exécuter. Jusque-là il n'a pas été nécessaire de fixer l'œil, comme on l'a conseillé, afin de faciliter son excision; mais après avoir retiré le bistouri, je pense que l'on doit, mais alors seulement, se saisir du globe de l'œil avec une double airigue, et introduire ensuite dans la cavité orbitaire des ciseaux courbes , pour aller couper en même temps les muscles de l'œil, le nerf optique et les vaisseaux du même nom.

M. Richerand propose, au contraire, de faire la section des muscles , des nerfs et vaisseaux de l'œil, avec le même bistouri qui a servi à l'opération , et avant même de le sortir de l'orbite, en dirigeant sa lame, dont le tranchant se trouve alors tourné en bas , le long de la paroi externe de l'orbite ; simplifiant ainsi cette opération et la rendant plus prompte.

Mais nous laissons aux praticiens le choix d'adopter telle ou telle modification , selon que l'habitude la leur aura rendue plus ou moins familière, bien persuadé que les inconvéniens ou les avantages qui peuvent en résulter pour le malade sont trop peu de chose pour mériter de nous occuper plus long-temps.

Si j'ai conseillé de n'employer l'airigne qu'après avoir cerné toute la masse affectée, c'est parce qu'en le faisant avant, on serait beaucoup plus gêné pour terminer la section circulaire, et que du reste il n'en résulterait aucun avantage pour fixer l'œil, qui n'a besoin réellement de l'être, comme il est facile de le concevoir, que lorsqu'il ne se trouve plus attaché que par ses muscles droits, ses vaisseaux et le nerf optique.

Lorsque le globe de l'œil est hors de la cavité orbitaire, il faut porter le doigt indicateur dans cette cavité, pour explorer avec soin toutes les parties du tissu cellulaire engorgé, les extirper ensuite avec soin, et ne pas oublier, dans ses recherches, de faire l'extraction de la glande lacrymale désormais inutile, et pouvant au contraire occasionner par la suite un larmoiement très-incommode. Il est bon de se rappeler que cette glande est située à la partie antérieure, supérieure et externe, de la fosse orbitaire, afin de ne pas trop prolonger ses recherches pour la découvrir.

L'opération terminée, on remplit de charpie la cavité de l'orbite, et on la soutient par un bandage convenable : ce pansement suffit toujours pour arrêter l'hémorragie, quelque considérable qu'elle puisse être, parce que les parois osseuses de l'orbite fournissent de tous côtés un point d'appui sûr et facile.

Mais avant de coucher le malade, il est quelquefois prudent, en ayant égard à sa force, de le saigner du pied. Dans tous les cas, on doit le mettre à la diète la plus sévère, éloigner de sa chambre toute espèce de bruit, et ne lever le premier appareil que le troisième ou le quatrième jour. Si la suppuration est considérable, le dégorgement se fera peu-à-peu, les pansemens seront modifiés selon l'indication, et s'il ne survient aucune végétation, la plaie, quoiqu'énorme, se cicatrisera bientôt, et la guérison sera radicale. Dans le cas contraire, à mesure que l'on détruit par le fer rouge, ou par les autres caustiques, les fonguosités qui se développent de toutes parts, il en repullule d'autres, et le malade finit par succomber à la diathèse cancéreuse.

Si les paupières sont affectées du vice cancéreux, il faut les exciser en même temps que le globe de l'œil ; mais lorsqu'il n'y a que la cornée, ou une partie de la sclérotique, attaquée de squirrhe ou de cancer, ce qui cependant est infiniment rare, il suffit alors d'enlever toute la partie viciée, et après l'avoir disséquée des parties saines : l'œil, il est vrai, se vide entièrement ; mais aussi les accidens consécutifs sont bien moins graves qu'après l'extirpation de la totalité du globe.

L'ablation de tout ou partie de l'organe de la vue n'est pas seulement indiquée pour les seuls cas de carcinome ou de cancer, elle l'est également lorsqu'à la suite d'une forte contusion l'œil a été chassé en partie de son orbite, avec déchirement du nerf optique, ou lorsqu'il est affecté de staphylôme et d'hydrophthalmie, comme nous l'avons vu en traitant de ces maladies.

Si, malgré toutes les précautions que peut faire prendre, après l'opération que nous venons de décrire, une prudence éclairée, le cerveau vient à s'affecter, il ne faut pas attendre que le malade soit dans un état frénétique, pour employer les bains de pied sinapisés, souvent renouvelés, la forte saignée de pied plus ou moins réitérée, l'application des sangsues au fondement ou aux tempes, selon l'indication et selon le besoin, les laxatifs, les lavemens émolliens, les boissons acidulées et nitrées, etc. ; car si l'on n'a pas le bonheur de faire avorter promptement l'inflammation qui attaque alors le cerveau, l'incendie ne tarde pas à se manifester et à faire des progrès rapides, et le malade meurt dans les convulsions les plus affreuses.

Ce serait ici le lieu de parler des lunettes, en suivant scrupuleusement l'ordre que nous nous étions imposé; mais nous croyons devoir renvoyer ce que nous avions à dire à ce sujet, au petit traité d'hygiène oculaire, qui doit suivre immédiatement ce dernier ordre des maladies de l'œil, afin d'éviter les répétitions que nous ne pourrions nous dispenser de faire sans cela.

De l'Application de l'œil artificiel.

Ce n'est pas assez de connaître les maladies des yeux et de savoir les moyens de les guérir, il faut encore, lorsque l'œil est absolument inutile et difforme, que l'oculiste sache la manière de mettre cet œil en état de pouvoir y appliquer un œil postiche, en sorte qu'ayant la même forme du bon, il remue aussi comme lui. L'art doit en cela si bien imiter la nature, qu'on ne puisse faire la différence de l'un et de l'autre. Ainsi donc, dans toutes les maladies de l'œil, lorsque la vue se trouve perdue sans ressource, si l'on est convaincu que le globe doit rester difforme, et que les paupières ne pourront plus le recouvrir, tous les oculistes ont proposé, et nous partageons franchement leur avis, qui est de retrancher toute la cornée transparente, et même l'iris, afin d'obtenir l'expulsion de toutes les humeurs transparentes de l'œil, dont on favorisera ensuite la cicatrisation par les moyens ordinaires. Par cette opération, qui est peu douloureuse et qui ne peut avoir aucune suite fâcheuse, le globe se réduit, à peu de chose près, aux deux tiers de son volume ordinaire, et il est alors facile d'adapter à cette portion restante, lorsqu'elle est bien cicatrisée, un œil postiche, qui rendra à la figure toute sa régularité, si toutefois il est bien imité, et s'il est en tout conforme à l'œil sain; car, nous ne saurions trop le répéter, la teinte de l'iris, l'étendue, la position de la pupille, le volume de l'œil, et jusqu'à l'injection veineuse des vaisseaux qui rampent sur la conjonctive oculaire, rien ne doit être négligé, si l'on veut réellement obtenir le but que l'on se propose. (1) Dès-lors le choix de l'artiste pour remplir cette indication n'est donc pas du tout insignifiant.

Lors donc que la cicatrisation du moignon de l'œil sera achevée, on commencera à habituer le malade à

---

(1) Toutes les fois que l'on aura besoin d'un artiste expert pour fabriquer des yeux artificiels, on ne saurait mieux s'adresser qu'à M. *Hazard-Mirault*, rue Sainte-Apolline, nº. 2. Ses connaissances et ses travaux dans ce genre de fabrication d'émaux lui ont mérité à juste titre la confiance des Médecins et Chirurgiens Oculistes, tant français qu'étrangers. Je crois donc rendre un véritable service à mes lecteurs en leur indiquant cet artiste, capable de remplir leur intention et de bien les seconder lorsqu'ils auront besoin de se procurer des yeux artificiels. M. *Hazard-Mirault* a publié à ce sujet, en 1818, un ouvrage fort intéressant, ayant pour titre *Traité pratique de l'Œil artificiel*. Cet ouvrage mérite d'être lu avec attention.

supporter la présence de l'œil de verre, en commençant
par de moins forts et de moins bombés, et en augmentant ensuite insensiblement jusqu'au volume de l'œil
sain; car une fois cette habitude acquise, le malade n'é-
prouvera aucune gêne, et la présence de ce corps étranger ne lui occasionnera pas même la plus légère douleur.

Il est bon d'observer que l'œil de verre, pour imiter
en tout l'œil sain, doit être convexe en avant, et
présenter à sa partie postérieure une concavité qui
puisse se trouver en rapport avec la convexité du
moignon, et le renfermer sans le gêner. Le bord de sa
circonférence doit être, aussi, bien arrondi et bien lisse,
et présenter en outre des échancrures et des élévations
pour correspondre à toutes celles qui peuvent se rencontrer sur le moignon auquel on doit l'adapter; ce
qui prouve d'une manière évidente que chaque œil
doit avoir été fabriqué exprès pour chaque cavité
orbitaire, selon le besoin.

Dans les premiers temps il sera bon de graisser légèrement, avec de l'huile d'amandes douces, ou avec du
beurre de cacao, la face postérieure concave de l'œil
artificiel, afin de rendre sa présence moins gênante.
De même aussi, on ne le laissera d'abord que
quelques heures chaque jour, en augmentant insensiblement jusqu'à ce que le malade y soit entièrement habitué; mais il sera toujours nécessaire d'user
à chaque fois des soins de propreté que nous allons
prescrire ci-après.

Afin donc de conserver l'œil d'émail toujours brillant,
il sera également nécessaire de l'extraire, par la suite,
tous les soirs, de la cavité orbitaire, par le moyen qui
sera le plus facile au malade, puis de le mettre dans

de l'eau fraîche jusqu'au lendemain, d'où on ne le
retirera que pour le replacer de nouveau. On doit en
outre avoir soin d'injecter à chaque fois, dans la
cavité orbitaire, un collyre légèrement résolutif et
tiède, afin d'en chasser les sérosités âcres qui peuvent
s'y amasser, et prévenir, par cette petite précaution de
propreté, la douleur et l'irritation qui seraient infailliblement le résultat de la négligence de ne l'avoir point
observée. Les eaux de rose et de plantain sont ordinairement celles dont on se sert pour cet objet, et nous les
recommandons, en y joignant aussi, comme un peu
plus résolutives, celles de sureau et de mélilot.

Nous venons de voir de quelle manière on applique
l'œil d'émail lorsqu'il y a un moignon pour le recevoir, nous avons indiqué également les soins qu'il
faut prendre pour le conserver, et garantir la fosse
orbitaire de toute irritation causée par la malpropreté
ou par le séjour des matières albumineuses : dans le
cas d'extraction de la totalité du globe, il faut encore
prendre les mêmes précautions ; mais il est nécessaire
en outre que l'œil postiche soit conformé de manière à
remplir la cavité dans laquelle on doit le mettre, sans
cependant y causer la moindre incommodité par son
volume. Dans le premier cas, l'œil de verre peut
exécuter, à quelque chose près, les mêmes mouvemens
que l'œil sain, parce que les muscles qui se distribuent
au moignon les lui communiqueront. Dans le second
cas, au contraire, l'œil postiche n'exécutera d'autres
mouvemens que ceux qui lui seront communiqués par
les paupières. Il ne restera alors tout au plus qu'un léger
strabisme peu apparent, ce qui sera certainement bien
peu de chose pour le malade, si on le compare à la

difformité qui existait précédemment. Dans cette dernière circonstance, comme dans la première, le but que l'on s'était proposé sera donc également rempli.

Mais avant de terminer cet article, disons un mot sur l'usage des bandeaux employés dans l'intention de cacher la difformité d'un œil atrophié ou extrait de son orbite. S'il est généralement démontré par l'observation la plus constante, qu'aucun de nos organes ne réclame plus particulièrement le contact de l'air que l'œil et ses dépendances ; et s'il est également vrai que le plus grand nombre de ses maladies guérissent plus facilement et plus promptement lorsqu'il n'est pas par trop privé de l'action bienfaisante de ce fluide qui l'entoure en se renouvelant sans cesse, il n'est donc pas extraordinaire que l'usage des bandeaux dont on se sert pour cacher la difformité de la perte d'un œil, ne devienne souvent la source d'affections graves, soit des paupières, soit du moignon qui en sont recouverts. En effet, l'on conçoit que les sérosités amassées dans la cavité orbitaire pendant un temps plus ou moins long, doivent nécessairement s'y corrompre, et en prenant de l'acrimonie on conçoit encore que cette humeur peut corroder les surfaces avec lesquelles elle se trouve en contact, et déterminer par là tantôt des végétations insolites, tantôt des boursouflemens plus ou moins douloureux, premiers symptômes de l'inflammation.

Si l'on ajoute encore que, malgré les soins de la plus grande propreté, les surfaces recouvertes par le bandeau dont nous parlons restent constamment comme étiolées et blafardes, et qu'elles répandent en outre une odeur parfois très-fétide, l'on conviendra que c'est acheter vraiment trop cher le petit avantage

de cacher faiblement une difformité par une autre presque aussi grande.

Ce n'est donc pas sans raison que nous regardons
l'usage des bandeaux, dans le cas de la perte d'un œil,
d'abord comme insuffisant pour cacher la difformité,
et en second lieu comme nuisible, par les conséquences
fâcheuses qu'il peut entraîner à sa suite; d'où nous
concluons que le bandeau ne peut remplacer dans
aucun cas l'œil artificiel, qui lui est bien préférable
sous tous les rapports.

QUELQUES

CONSIDÉRATIONS HYGIÉNIQUES

SUR L'ORGANE DE LA VUE EN SANTÉ;

OU

TRAITÉ ABRÉGÉ

D'HYGIÈNE OCULAIRE.

Après avoir fait la description des maladies de l'œil, et après avoir indiqué les moyens qui sont employés le plus généralement pour les combattre, nous n'aurions qu'imparfaitement rempli la tâche que nous nous sommes imposée, si avant de terminer cet ouvrage nous ne disions encore un mot sur les soins hygiéniques que réclame chaque espèce de vue en particulier, selon les différens âges et les différens sexes. Et, s'il est avantageux pour la société que le traitement des maladies des yeux ne soit confié qu'à des médecins instruits, il l'est certainement bien davantage, pour ses plus chers intérêts, de voir cesser toutes les courses vagabondes de ces charlatans éhontés, se disant oculistes, qui exploitent les campagnes et les villes même, comme tels, et trompent d'une manière si indigne et si scandaleuse la crédulité publique, en vendant au poids de l'or des secours et des médicamens mille fois plus funestes que tous les maux ensemble sortis de la boîte de Pandore. Combien de temps encore l'autorité sera-t-elle sourde aux cris de l'humanité souffrante? Les lois sont-elles sans vigueur pour atteindre la fraude, le meurtre et l'assassinat?..... Et par quelle fatalité, dans un pays comme la France, où les lumières sont si généralement répandues, les dépositaires des lois s'intéressent-ils si peu à la santé des citoyens? Manquons-nous d'écoles publiques pour propager les vrais principes et la saine doctrine, qui ne sont autres, en médecine, que ceux de l'observation et de l'expérience? Tous les maux produits par l'empirisme (et ils sont à l'infini) cesseront, j'en suis sûr, aussitôt qu'il ne sera plus permis de se jouer impunément de la santé des hommes, aussitôt que l'on sera bien convaincu que pour l'exercice de la médecine et de ses différentes branches il ne faut que des hommes capables, soumis tous également à des examens rigoureux, à des réceptions solennelles, et enfin aussitôt que l'on sera bien convaincu qu'il ne suffit pas de posséder quelques secrets de famille, dont on ignore les propriétés, ou d'avoir manipulé dans un laboratoire de chimie ou de pharmacie un grand nombre de médicamens, pour être apte à les ordonner avec connaissance de cause, connaissance qui constitue essentiellement la science du médecin, et que l'on ne peut acquérir qu'avec beaucoup de travail et beaucoup de temps. En effet, *experientia est longa, vita brevis*, a dit le vieillard de Cos dans ses Aphorismes.

« Combien donc le traitement de nos maux ne sera-t-il » pas perfectionné, quand on saura l'approprier à leurs » causes, à leurs espèces, à la disposition des malades!

(Nous ajouterons, et surtout à la connaissance bien
précise de nos organes et de leurs fonctions.) C'est en
cela « que consiste la vraie médecine. Elle n'est autre-
» ment qu'un aveugle empirisme (1). »

Ce que nous venons de dire pour la médecine en général trouve encore une application plus directe dans
le traitement des maladies des yeux, maladies très-
communes surtout parmi le peuple, et qui par cela
même qu'elles intéressent l'organe le plus nécessaire
pour nos relations sociales, est aussi celui pour lequel
nous sommes le plus naturellement disposés à deman-
der des conseils et à réclamer des soins lorsqu'il est malade. D'après ce, il est facile de concevoir combien il
intéresse la société, je le répete, de voir disparaître cette
nuée de charlatans, soi-disant oculistes, sans science
comme sans titres. Le remède est d'autant plus facile,
que, pour venir au but si désiré, l'autorité n'a besoin
que de créer dans chaque école de médecine une chaire
particulière pour les maladies des yeux : par-là, en
donnant de l'éclat à cette branche importante de l'art
de guérir, elle réveillera l'attention des élèves sur les
avantages certains qu'a droit d'en attendre la société
entière. En effet, les études obligées qu'ils auront faites,
les opérations auxquelles ils se seront particulièrement
exercés, les mettront à même d'être infiniment utiles
partout où ils exerceront leur art par la suite, tant
sous le rapport de la médecine en général, que pour le
traitement des maladies des yeux en particulier. Cette
vérité une fois reconnue, les moyens d'y parvenir adoptés, les bénédictions générales suivront de près les

____

(1) M. Portal, ɪᴠᵉ. volume de ses *Mémoires sur le traitement
et la nature de plusieurs maladies*, p. 61.

bienfaits que ne peut manquer de répandre la nouvelle source d'instruction que nous sollicitons en faveur de l'humanité.

Qu'on nous pardonne donc la longue digression que nous venons de faire, en faveur du motif qui nous l'a suggérée ; mais revenons à notre sujet.

Nous suivrons ici la même marche que nous avons adoptée dans nos cours publics sur la même matière, parce que nous sommes bien convaincu qu'indiquer les moyens de conserver l'œil en santé, c'est réellement rendre un service important à la société ; et dans le cas où nos efforts ne seraient pas couronnés d'un entier succès, n'aurons-nous pas encore à nous féliciter d'avoir contribué des premiers à réveiller l'attention publique, et particulièrement celle des élèves en médecine, sur les avantages d'une bonne hygiène oculaire ; ce qui, certainement, doit compter pour quelque chose, et doit satisfaire l'ambition dont nous sommes animé pour les progrès de la science.

CIRCUMFUSA.

De ce nombre sont : l'air, la lumière et le calorique. Ces agens agissent sur notre œil et sur ses dépendances, en les environnant de toutes parts : constamment répandus autour de nous, comme l'indique la dénomination que nous leur avons donnée, nous ne saurions donc trop prendre de précautions pour nous garantir des effets nuisibles qu'ils peuvent déterminer sur notre organe de la vue.

Le grand air, lorsqu'il n'est point agité par les vents, convient beaucoup aux yeux, il les fortifie et

perfectionne en même temps la sensibilité percevante de
la rétine; tandis que le mauvais air que l'on respire dans
les appartemens trop clos ou dans les lieux bas et humides, nuit beaucoup à la santé en général, débilite
aussi l'œil, et le rend très - sujet aux maladies chroniques tant du globe que de ses paupières et des voies
lacrymales, telles que la rougeur habituelle des
bords palpébraux, la chassie, le renversement des paupières, l'onglet, le nuage, la tumeur et la fistule
lacrymale, etc. Lorsque l'air est agité par les vents,
comme la poussière et les autres corpuscules qu'il entraîne se précipitent ensemble dans l'œil, ils l'irritent et deviennent aussi très-souvent la cause des
affections inflammatoires les plus dangereuses et les
plus aiguës, tels que le *chemosis*.

Si l'on était forcé, par exemple, de voyager pendant un temps très-venteux, il serait au moins prudent
de prendre des conserves, afin de garantir ses yeux;
mais cette précaution devient indispensable lorsque le
voyageur a la vue très-irritable. Il faut aussi préserver
les yeux des enfans des courans d'air, et surtout
éviter de les sortir lorsqu'il y a beaucoup de vent,
parce qu'à cet âge les maladies des yeux sont toutes
extrêmement graves par rapport à leurs suites, particulièrement lorsqu'elles prennent le caractère inflammatoire.

En parlant de l'iris nous avons vu qu'au moyen de
sa dilatation ou du rétrécissement de la pupille, l'œil,
ou plutôt la rétine, recevait dans tous les instans du
jour, à quelque chose près, la même quantité de rayons
lumineux (mécanisme sublime qui rend la vision toujours précise, que nous soyons dans un lieu médio-

crement éclairé, ou que nous soyons exposés à une vive lumière); mais comme le passage rapide d'un lieu fortement éclairé à un lieu obscur, *et vice versâ*, doit nécessairement déterminer des dilatations ou des *contractions* rapides de la pupille, il est plus prudent qu'on ne pense de les éviter, parce que, renouvelées trop souvent, elles nuisent plus ou moins à la sensibilité de la rétine, dont l'excitabilité se trouve alors modifiée trop brusquement dans des situations différentes. C'est encore par ces mêmes raisons que nous conseillons de ne pas fermer trop hermétiquement les volets des chambres à coucher ainsi que les rideaux des alcoves, parce que, premièrement, il n'est pas sans inconvéniens graves, pour la santé en général, de se renfermer ainsi dans une atmosphère viciée par la respiration, où l'air ne peut pas se renouveler et circuler facilement ; et en second lieu , parce que l'œil lui-même en souffre toujours plus ou moins. Cependant nous sommes loin d'adopter et de conseiller, pour éviter les inconvéniens que nous venons de signaler, l'usage des lampes de nuit, quoi qu'en ait pu dire l'auteur du *Conservateur de la vue ;* nous soutenons, au contraire, que l'œil pendant le sommeil n'a besoin ni de *lueur incertaine*, ni de lumière *réfléchie ou réfractée* , et qu'ainsi l'usage des vases d'albâtre ou de porcelaine dans lesquels on place des bougies de nuit , sont tout aussi nuisibles qu'une simple veilleuse ordinaire : si le luxe et la vanité ont fait adopter les premiers chez les grands, c'est toujours au détriment de leur vue, qui doit, selon les lois de la nature , se reposer entièrement pendant le sommeil ; parce qu'en un mot, une faible lueur , quelle qu'elle soit, n'est jamais une obscurité ; et parce qu'enfin l'œil entr'ouvert qui en reçoit les rayons épars , quel que soit l'état de sommeil , ne saurait être dans un repos parfait , repos cependant si nécessaire pour la réparation de la force vitale et de la sensibilité percevante de la rétine.

N'est-il pas, au contraire, beaucoup plus naturel et beaucoup plus simple d'avoir une chambre à coucher où la lumière du jour puisse pénétrer insensiblement et par degrés , à mesure que le soleil avance sa carrière et se rapproche de notre horizon ? Ainsi donc, nous le répétons, il ne faut pas que les volets interceptent entièrement le passage de la lumière , ni que les rideaux du lit l'entourent trop hermétiquement , surtout lorsqu'ils sont d'une étoffe peu transparente.

Nous avons vu, en traitant du strabisme, que souvent cette maladie reconnaissait pour cause la négligence des nourrices qui mettent les lits des enfans dans une position où ils ne peuvent recevoir le jour que d'une manière oblique : or, d'après ce que nous avons dit, et outre les précautions que nous avons indiquées ci-dessus, qui conviennent également aux enfans comme dans toutes les autres époques de la vie , il faut encore avoir celle de placer leur berceau ou leur couchette de manière qu'ils puissent toujours recevoir les rayons lumineux directement et jamais de côté.

Si presque toujours l'impression d'une vive lumière est douloureuse ou pénible pour l'œil, et si elle irrite encore plus ou moins la rétine , ne devons nous pas faire tout ce qui dépend de nous pour l'éviter et nous garantir de ses effets ? Par exemple, un abat-jour bleu ou vert, lorsqu'on est obligé de s'exposer aux rayons du soleil, nous garantira suffisamment, et nous n'éprou-

verons alors aucune sensation pénible ou douloureuse.
Lorsque l'on travaille à la lueur des bougies et des lampes, si l'on a la vue faible et délicate, il est encore
nécessaire de prendre des conserves de verre bleu ou
vert, afin que la vue puisse se reposer agréablement sur
les objets sans en être fatiguée.

Ce que nous disons ici par rapport à la lumière,
trouve également son application pour le calorique,
qui, selon le plus grand nombre des physiciens, doit
être regardé comme une modification de la première,
et, selon quelques autres, comme lui étant souvent
associé à la vérité, mais pouvant aussi exister séparément, puisqu'il a du reste des caractères qui lui sont
propres. Quoi qu'il en soit de l'opinion des uns et des
autres, il reste toujours bien démontré que le calorique, généralement répandu dans la nature, fait partie
intégrante des différentes parties qui la composent,
et qu'il est susceptible de se dégager des corps qui le contiennent avec le plus d'abondance, soit par la combustion, soit par le frottement. Qu'il nous suffise, sans
aller plus avant, de savoir qu'il se propage de la même
manière que la lumière, et qu'il est assujéti aux mêmes
lois de réflexion et de réfraction.

Si le calorique agit sur la sensibilité de la rétine de
la même manière que la lumière, ce qui paraît très-
probable, nous avons cependant la certitude que le
premier de ces fluides n'agit pas de la même manière
que le second sur la contractibilité de l'iris, puisque la
pupille, exposée à un foyer assez ardent pour que l'œil
en soit affecté désagréablement, ne laisse pas que de
rester considérablement dilatée, si l'on y est exposé pendant l'obscurité, et sur-tout si le foyer produit beaucoup

de calorique et ne donne que peu ou presque point de
lumière.

J'ai renouvelé un très-grand nombre de fois ces expériences, et toujours j'ai trouvé les mêmes résultats,
preuve la plus convaincante que l'on puisse donner,
selon nous, que ces deux fluides sont très-différens l'un
de l'autre tant par rapport à leur action sur la sensibilité
percevante de la rétine que sur la contractibilité de
l'iris. Ainsi, ces deux fluides, quoique reconnaissant la
même origine, ne laissent pas que d'être très-opposés
par rapport à leur action et à leur propriété particulière ; donc le calorique contenu dans la lumière émanée du soleil n'est point la cause directe ni indirecte
des contractions pupillaires, donc le principe lumineux
est à lui seul la cause directe et primitive de ce phénomène. Mais il serait cependant bien curieux de savoir,
pour donner plus de poids aux réflexions que je viens
d'émettre à la suite de mes expériences sur le calorique
par rapport à l'iris, si la lumière dépourvue de tout son
principe de chaleur exciterait encore la contraction de
la pupille, parce qu'alors il serait irrévocablement
démontré que mes expériences sont toutes concluantes
et conformes à la vérité. En sollicitant l'attention des
savans sur ce point de physique expérimentale, je
pense également que l'hygiène oculaire ne peut que
beaucoup y gagner, et qu'en conséquence je ne me suis
point éloigné de mon sujet.

Quoi qu'il en soit, on doit garantir les yeux contre
l'action trop prolongée ou trop forte du calorique, car
ce fluide agit d'une manière d'autant plus désagréable
sur la rétine, qu'il provoque moins la constriction de
la pupille, et parce que du reste il peut occasionner, par

sa causticité et par son principe irritant, des fluxions
aux paupières, fluxions toujours plus ou moins rebelles, et que d'autres fois il peut déterminer des ophthalmies des plus aiguës et des plus fortes : ophthalmies
qui passent ensuite à l'état de chronicité, et résistent
presque toujours aux secours de l'art les plus rationels
et les mieux dirigés.

Il est donc prudent de se servir d'un écran lorsque
l'on s'approche d'un feu très-vif pour se réchauffer :
ceux qui par état sont obligés de travailler aux four-
neaux de forge, de chimie ou autres, doivent aussi, s'ils
veulent éviter des inconvéniens fâcheux pour leur vue,
tels que les maladies que nous avons indiquées, ne
pas travailler avec trop d'assiduité et se reposer par
intervalles, afin de se rafraichir ainsi les yeux par le repos. Les graveurs, les horlogers et tous ceux qui tra-
vaillent à l'éclat d'une vive lumière sur des objets très-
délicats et grossis encore par le microscope ou par la
loupe, doivent user des mêmes précautions et s'abstenir
sur-tout de trop prolonger leurs occupations.

APPLICATA.

De ce nombre sont les lunettes, soit pour garantir
la vue de l'impression des corps étrangers, soit comme
moyen de rectifier la vision. Viennent ensuite les lotions à l'eau pure, les collyres et les pommades de
toutes espèces dont on se sert ordinairement pour la
propreté des yeux et les préserver de différentes maladies:
on peut y joindre également les frictions sèches et la
compression, etc.

Voyons maintenant dans quelles circonstances ils
sont nécessaires ou nuisibles, et quelles sont encore les

précautions que l'on doit prendre lorsqu'on fait usage des uns ou des autres de ces moyens.

Il est beaucoup plus nécessaire qu'on ne le pense généralement, de bien choisir les verres dont on se sert pour lunettes, soit dans l'intention de rectifier la vision, lorsque le vice de proportion des humeurs de l'œil en réclame l'usage, soit pour garantir les yeux de la poussière, soit pour nous préserver de l'action d'une trop vive lumière lorsque nous regardons des objets trop éclairés, ou bien lorsque nous lisons sur des caractères très-petits des ouvrages mal imprimés. Ainsi donc, que ce soit par besoin ou par pure précaution que l'on se serve de lunettes, si l'on veut éprouver tous les avantages que nous offre sur ce point la physique, l'on doit toujours choisir de préférence les verres bien travaillés et fabriqués par des opticiens dont le savoir et la probité sont un sûr garant de les obtenir tels qu'on peut les désirer. Ce n'est pas en économisant sur le prix des verres que l'on doit se tranquilliser sur les conséquences fâcheuses qui peuvent en résulter: en effet, des diminutions sensibles de la vue, des ophthalmies rebelles, même des strabismes, n'ont-ils pas été et ne sont-ils pas encore trop souvent les suites funestes de semblables imprudences?

C'est parce que nous sommes nous-mêmes bien convaincus de cette importante vérité, que nous pensons et répétons, que les médecins oculistes ne sauraient jamais trop réveiller l'attention publique sur ce point. Du reste, on peut consulter avec avantage le *Conservateur de la Vue*, publié par l'ingénieur *Chevalier*. Cet ouvrage mérite d'être lu, non-seulement parce qu'il renferme des idées justes et précises sur le mécanisme de la vision, mais encore parce qu'il satisfait entièrement la curiosité sur l'utilité et les inconvéniens des lunettes employées dans le but de perfectionner le sens de la vue.

Les lotions sont ordinairement le moyen le plus généralement répandu, le plus parfait et le plus utile pour nettoyer, approprier, fortifier les paupières et les yeux, lorsqu'aucune maladie ne les contre-indique. On les fait ordinairement avec de l'eau pure de fontaine ou de puits, ou bien avec les mêmes eaux dans lesquelles se trouvent réunis des principes plus actifs, soit en les faisant bouillir avec des plantes astringentes, toniques, aromatiques, soit en y ajoutant quelques principes spiritueux et alcooliques, soit enfin en y faisant dissoudre une quantité proportionnée de tel ou tel sel métallique ou autres. Mais alors on donne le nom de collyres à ces solutions ou décoctions aqueuses, quoiqu'employées en lotions. Et quoique nous ne dussions ne nous occuper ici que de l'œil en santé, nous devons dire cependant qu'il est des circonstances dans lesquelles les moyens qu'il faut employer pour l'y maintenir se rapprochent beaucoup de ceux qui lui sont nécessaires dans le cas de maladie. Par exemple, chez l'enfant qui est affecté de scrophule, en supposant que ses yeux soient dans le meilleur état possible, ils n'en ont pas moins besoin, lorsqu'on les nettoye, d'un collyre ou d'une eau plus tonique et plus stimulante que si le même enfant n'annonçait aucun symptôme de cette maladie. Il en est de même pour tous les âges et pour tous les sexes.

Mais ne nous écartons pas de notre sujet, et revenons à l'explication des soins de propreté que réclame l'organe de la vue, puisqu'en les indiquant nous ferons égale-ment connaître ce qui peut lui être nuisible.

Les soins qui conviennent à l'œil en général, trou-vent aussi leur application pour toutes les parties qui l'accompagnent et le garantissent de l'impression des corps étrangers. Ainsi donc, chaque matin, aussitôt que l'on sera habillé, l'on fera bien de se baigner les yeux avec de l'eau fraîche de fontaine ou de rivière. On se sert ordinairement pour cela d'un linge fin que l'on mouille et que l'on passe ensuite, en épongeant, tant sur la face externe des paupières que sur l'arcade sourcillière ; et lorsque les paupières sont ainsi rap-prochées l'une de l'autre, si pendant la nuit il s'était ramassé une sérosité épaisse entre les cils, en les hu-mectant avec soin on parviendra toujours facilement à la détacher et à l'extraire sans occasionner la moindre irritation et sans provoquer la chute des cils, comme il pourrait bien arriver sans cela. Si on laisse seulement quelques secondes le linge mouillé sur le bord des pau-pières, en ayant l'attention de ne pas les comprimer, et si en même-temps on fait exécuter au muscle orbiculaire quelques légers mouvemens, il pénétrera alors suffisamment d'eau entre les paupières et le globe, pour bien nettoyer et bien rafraîchir ce dernier, précau-tion qu'il est plus utile qu'on ne pense de ne pas négliger.

Après les lotions dont nous venons de parler, et qui ne sauraient être prolongées au-delà d'une minute ou de deux pour chaque œil, il faut éponger de suite avec un autre linge de toile de lin ou de chanvre bien sec et sur-tout bien doux, afin de ne pas laisser d'humidité sur les yeux ; ce qui détruirait infailliblement les bons effets que l'on veut obtenir.

Si l'on préfère, au contraire, se baigner l'œil dans une œillière, il faut qu'elle contienne toujours suffisamment d'eau, pour que les paupières soient facilement en contact avec le liquide, et sur-tout éviter que les bords du vase n'appuient trop fortement sur la circonférence de l'orbite, ce qui gênerait alors considérablement les mouvemens palpébraux. Dans tous les cas, le laps de temps que l'on peut baigner chaque œil dans l'œillière, ne doit pas dépasser celui que nous avons indiqué et jugé nécessaire pour les lotions simplement faites avec un linge mouillé. Quant à nous, nous préférons ce dernier moyen comme étant le plus à la portée de tout le monde, le plus facile, et n'exigeant qu'un petit nombre de précautions qu'il est toujours possible d'observer.

Toutes les fois que le globe de l'œil, les paupières et les sourcils se trouvent dans un état de santé à-peu-près naturel, l'eau pure est ordinairement le meilleur moyen pour les baigner et les bassiner. Cependant nous observerons que les personnes âgées obtiennent un avantage bien plus marqué, en se servant pour le même usage d'eau fraîche de puits, parce que cette espèce d'eau contient toujours une plus ou moins grande quantité de phosphate calcaire, qui donne à l'eau une propriété un peu plus excitante; mais il sera toujours facile de remplacer l'eau de puits, en ajoutant à l'eau de rivière quelques gouttes d'eau-de-vie dans une proportion déterminée, afin de la rendre légèrement tonique et également excitante.

Quant aux personnes qui ont la vue faible, et qui éprouvent une tension plus ou moins considérable dans les paupières, lorsqu'elles ont un peu fatigué, du reste, quel que soit leur âge, il est certain qu'elles se

trouveront bien de l'usage de l'eau de puits, animée
encore avec vingt-cinq à trente gouttes d'eau - de - vie
pour chaque verrée, car la conjonctive dont les vaisseaux étaient faciles à s'engorger auparavant par défaut
d'action, reprend bientôt alors sa souplesse ordinaire,
et cesse de faire éprouver ce sentiment de pesanteur
qui est souvent aussi incommode à celui qui l'éprouve,
qu'une maladie réelle.

Les collyres plus actifs, préparés avec les infusions
de sureau, de mélilot et de roses, dans lesquels on
ajoutera au besoin quelques gouttes d'acétate de
plomb, conviennent pour les personnes qui jouissent
d'une irritabilité considérable, et qui ont besoin en
même-temps d'un peu de ton, tels sont les scrophuleux; mais les eaux de guimauve, de tête de pavots,
réussiront mieux, et conviennent sur-tout lorsqu'il y
a quelque principe dartreux.

En général, quel que soit l'âge, le sexe, le tempérament, l'on peut dire que l'eau légèrement animée
convient aux personnes qui n'éprouvent que de légères
faiblesses dans le mouvement des paupières ; que l'eau
pure de fontaine est bien préférable, lorsque l'œil
n'éprouve aucune indisposition, et lorsqu'on n'a besoin
que de l'entretenir dans l'état le plus convenable pour
bien remplir ses fonctions; que les collyres excitans,
dans lesquels on fait entrer les sels métalliques et autres,
conviennent dans les circonstances où il existe une
atonie locale, assez forte pour en nécessiter l'usage ; telles
sont ces rougeurs blafardes et décolorées des bords libres
des paupières ; tels sont enfin ces engorgemens, plus
lymphatiques qu'inflammatoires, de la conjonctive
tant palpébrale qu'oculaire. Dans tous ces cas, comme

il n'existe réellement pas une maladie bien caractérisée, des lotions faites avec les solutions que nous venons d'indiquer, feront promptement disparaître tous ces symptômes fâcheux en apparence.

Les pommades qu l'empyrisme préconise avec tant d'emphase, soit pour guérir les yeux de certaines ophthalmies rebelles, soit pour les préserver de quelques-unes des affections morbides auxquelles ils sont naturellement si disposés, lorsqu'on fatigue beaucoup la vue par des veilles trop prolongées ou en s'occupant à des ouvrages trop vétilleux, sont en général beaucoup plus nuisibles qu'utiles, et nous ne saurions trop répéter que l'on doit s'en abstenir. Il est cependant quelques circonstances dans lesquelles l'usage des pommades, sur-tout lorsqu'elles sont un peu toniques, peut convenir par fois pour fortifier les bords libres des paupières, et les garantir même de ce boursouflement déterminé par quelque cause débilitante inconnue, quoiqu'il soit en général beaucoup plus désagréable par rapport à la rougeur qu'il entretient aux paupières, que par la douleur qu'il fait éprouver. Au résumé, l'usage des pommades doit être beaucoup restreint ; car s'il présente quelquefois quelques avantages réels dans la circonstance que nous venons d'indiquer, presque toujours il est beaucoup plus nuisible qu'utile dans tous les autres cas, soit qu'on les employe comme moyens préservatifs, ou bien comme moyens curatifs.

Les frictions sèches et les frictions humides, mais amenées alors avec un principe spiritueux volatil, conviennent aussi pour maintenir le jeu de la circulation capillaire dans le tissu des paupières; car l'on conçoit que dans l'état de santé il est bien nécessaire que cette circulation soit favorisée, afin de prévenir les engorgemens œdémateux de ces replis membraneux; mais l'on conçoit pareillement que tout ce qui l'augmenterait par trop, devrait nécessairement encore déterminer une irritation plus ou moins forte, dont la conséquence naturelle et *nécessaire* serait l'inflammation de ces parties; inflammation qui amenerait également leur engorgement par excès d'irritabilité. Or donc, les frictions sèches ou spiritueuses sur les paupières peuvent convenir toutes les fois que l'on est plongé pendant plus ou moins de temps dans une atmosphère humide, ou lorsque l'on éprouve quelque difficulté à les mouvoir, sans que, cependant, l'on soit menacé de la plus légère apparence d'irritation inflammatoire. En un mot, ces frictions, lorsqu'on en sent le besoin et qu'on les juge nécessaires, ne doivent pas être prolongées plus de quelques secondes à chaque fois pour chaque œil : on les fait avec l'éminence thénar de la paume de la main, ou bien avec la pulpe des doigts index et medius, les paupières étant fermées; mais, je le répète, hors les circonstances indiquées, toutes frictions sèches ou humides, faites sur ces voiles membraneux, de quelque nature qu'elles soient, seraient toujours beaucoup plus nuisibles qu'utiles, et par cette raison nous devons les rejeter alors entièrement.

INGESTA.

Les *ingesta* se réduisent ici à bien peu de choses, puisqu'en parlant des *applicata* nous avons traité de l'action des collyres tant sur les paupières que sur la surface du globe qui, dans cette circonstance, pourrait bien être considéré comme la partie intérieure, par rapport aux voiles (les paupières) qui le recouvrent. Cependant nous ne reviendrons pas sur ce que nous avons déjà dit à ce sujet, mais nous nous contenterons seulement d'indiquer que dans quelques circonstances les injections légèrement résolutives, par les points lacrymaux, faites à propos, soit après la terminaison de certaines ophthalmies plutôt œdémateuses qu'inflammatoires, soit après des *corrizas* moins aiguës que chroniques, produisent souvent de bons effets sur la contractilité de ces points (contractilité qu'il est si nécessaire de conserver), préviennent l'engorgement des voies lacrymales, et garantissent de la tumeur et de la fistule, qui sont les suites naturelles et presque toujours inévitables de semblables engorgemens.

Quoique les injections par les points lacrymaux soient au nombre des moyens hygiéniques que l'on devrait souvent employer pour conserver en santé les voies lacrymales, dont les maladies sont toujours d'une si fâcheuse conséquence pour l'œil lui-même, nous ne devons pas non plus nous dissimuler que la difficulté qu'éprouveront à les faire les personnes qui n'y ont point été exercées, sera encore long-temps un obstacle à leur usage aussi commun que sembleraient l'indiquer les avantages sûrs et certain qu'on devrait infailliblement en retirer. Pour moi, je suis si persuadé des bons effets des injections dans les circonstances que j'ai indiquées, que je suis convaincu que si nous avions tous la bonne volonté et la patience de les employer de temps en temps comme moyens de toilette, nous serions bien certainement délivrés pour toujours de la fistule lacrymale.

Les excès dans les boissons alcoolisées nuisent toujours plus ou moins à la vision, soit en débilitant tout le système nerveux en général, soit en déterminant des engorgemens dans la circulation veineuse du cerveau. Les poisons narcotiques déterminent les mêmes phénomènes, et occasionnent plus promptement encore la paralysie des nerfs optiques. Et si la tempérance dans les repas est utile pour nous conserver en bonne santé, elle ne l'est pas moins pour nous préserver d'une foule de maladies dont l'organes de la vue serait inévitablement le siége faute de l'observer.

EXCRETA.

De même qu'il est nécessaire que toutes les fonctions naturelles soient entretenues dans le meilleur état possible, pour que tous les rouages de la vie puissent agir avec facilité, de même aussi la plus légère aberration dans les fonctions de l'un d'eux doit-elle entraîner à sa suite, comme autant de conséquences naturelles, les nombreuses maladies auxquelles notre frêle constitution est journellement exposée.

D'après ces principes, qui sont de toute vérité, nous concevons facilement que les évacuations naturelles supprimées, ou viciées de quelque manière que ce soit; que les crises périodiques auxquelles nous sommes habitués, retardés; que des vices dans les humeurs, répercutés, etc., sont autant de causes fâcheuses de nos maladies; causes qu'il faut se hâter de prévenir, lorsqu'elles nous menacent, et qu'on ne saurait trop tôt détruire, lorsqu'elles existent.

Si maintenant nous faisons l'application de ce que

nous venons de dire en thèse générale, à l'organe de la vue en particulier, nous resterons également convaincus que la suppression de la transpiration, des menstrues, des hémorroïdes, etc., peut souvent déterminer des ophthalmies violentes des plus fâcheuses ; de même qu'il n'est pas rare de voir survenir aussi, à la suite de ces mêmes causes, des cataractes et des cécités par paralysie des nerfs optiques. Dès - lors, ne sommes - nous pas doublement intéressés à les éviter, et à nous garantir de leurs effets, soit en favorisant les évacuations naturelles, soit en les rappelant promptement par les secours de l'art, lorsqu'elles ont été supprimées par une cause quelconque.

ACTA.

Rien ne nuit davantage à la sensibilité de l'organe visuel, que ses applications trop prolongées. Si tous les médecins sont d'accord sur ce point, en avançant que l'œil, plus qu'aucun autre organe, a besoin de repos, nous ne faisons que répéter une vérité tellement démontrée pour quiconque veut observer, qu'il nous suffira de rappeler qu'à tout moment, même sans que nous nous en doutions, les paupières viennent, *par leur mouvement de clignotement*, couvrir le globe et le garantir, par cette légère intermittence, de l'action trop permanente de la lumière sur la rétine. Sublime précaution de la nature, qui a voulu nous faire jouir de tout l'avantage de cet organe et nous prémunir en même temps de l'action nuisible du corps dont il est chargé de nous transmettre la sensation, en même temps qu'il nous donne la connaissance des objets qu'il éclaire !

Puisque la nature nous montre elle-même ses besoins, c'est donc la contrarier d'une manière très-directe, et nous exposer à des maladies toujours plus ou moins dangereuses, que de fatiguer pendant trop long-temps nos yeux, soit à la lecture, soit à l'examen des corps trop fortement éclairés ou d'un trop petit volume : ainsi, lorsque par état ou par circonstance on est forcé de prolonger ses occupations visuelles, il est plus que prudent, il est même nécessaire, de se reposer par intervalle, en rapprochant d'abord les paupières l'une de l'autre et en interceptant ensuite tout contact de la lumière, en appliquant la main pendant quelques minutes au-devant des yeux. Par cette simple précaution on évitera de graves accidens, et l'on conservera en même temps la vue dans l'état de santé le plus favorable possible.

Sont aussi du nombre des *acta* les efforts pour soulever des fardeaux trop pesants, les fatigues de la course, etc., parce que tous ces moyens, en accélérant la circulation, sont par cette raison la cause de l'engorgement du cerveau, engorgement qui n'est jamais sans danger pour la vision, comme nous l'avons déjà dit. Aussi est-il prudent, surtout pour les personnes qui ont la vue très-irritable, de ne point se livrer avec trop de passion aux exercices du corps, tels que la course, l'équitation, la danse, etc.

Parmi les *acta* dont les conséquences sont les plus fâcheuses pour la santé en général et pour la vue en particulier, nous ne saurions trop réveiller l'attention des parens sur les excès de l'onanisme chez les enfans, parce que cette malheureuse passion détériore promptement la santé la plus brillante et la constitution la plus forte, et parce qu'elle entraîne à sa suite une foule de maladies souvent incurables , telles que la paralysie des nerfs optiques , le rachitisme , le dépérissement et le marasme. La masturbation , nous ne saurions trop le répéter, devient toujours la source des maladies les plus graves et les plus difficiles à guérir. En garantir la jeunesse en la surveillant, c'est rendre un véritable service à l'humanité , c'est lui conserver la santé , c'est lui fermer la boîte de *Pandore*.

PERCEPTA.

Si les affections vives de l'âme ne sont jamais sans danger pour notre santé en général, il est encore constant qu'elles compromettent aussi celle de l'organe de la vue en particulier, soit en déterminant des cataractes spontanées ou des amauroses , soit en provoquant des ophthalmies plus ou moins aiguës et toujours très-rebelles , lorsqu'elles sont moins fortes , plus prolongées et plus souvent renouvelées. Ainsi donc , la colère , les chagrins profonds , les méditations trop prolongées , la terreur panique , la joie avec surprise, etc., sont autant de sensations que nous devons tâcher d'éviter , si nous voulons nous garantir des effets fâcheux qui en sont ordinairement la conséquence.

Au résumé , d'après les principes que nous avons exposés, il restera donc bien démontré pour nous, comme pour tous ceux qui désirent la vérité , que le moyen le plus sûr de conserver la santé aux organes de la vue est d'éviter toutes les causes que nous avons indiquées en parcourant successivement les six divisions *des choses non-naturelles* qui constituent cette branche la plus importante de la médecine , que nous nommons *hygiène.* Au surplus nous sommes loin d'avoir épuisé la matière ou même d'avoir développé tout ce que nous aurions pu dire sur ce sujet, si les bornes que nous nous étions prescrites pour cet ouvrage, nous avaient permis d'entrer dans de plus longs détails ; mais nous pensons avoir fait, assez cependant, pour réveiller l'attention des praticiens à cet égard, et pour prémunir en même temps nos lecteurs contre les dangers auxquels on s'expose ordinairement lorsqu'on néglige les soins généraux et les précautions particulières que nous avons conseillés et indiqués dans le but de conserver nos yeux et leurs dépendances dans le meilleur état de santé possible, en les garantissant encore des maladies nombreuses auxquelles ils sont naturellement disposés.

FIN.

MÉMOIRE

Sur les bons effets des attouchemens avec la pierre infernale (nitrate d'argent), aidés d'une compression méthodique et de l'usage des collyres astringens, dans le traitement du Staphylôme de la cornée transparente.

De toutes les maladies de la cornée transparente, aucune ne présente des caractères plus fâcheux que le staphylôme de cette membrane (1). Cette vérité a été tellement évidente jusqu'à présent, que le plus grand nombre des praticiens s'accordent encore à regarder aujourd'hui cette lésion, lorsqu'elle a déjà parcouru quelques-unes de ses périodes, comme au-dessus des ressources de l'art, ne connaissant d'autres moyens pour éviter, et la difformité, lorsqu'elle est arrivée à un certain degré, et les douleurs que le malade éprouve alors, que de vider le globe de l'œil, afin d'adapter à son moignon un œil artificiel. Cette dernière ressource m'avait paru si peu conforme, dans de certains cas, aux véritables principes d'une saine physiologie, que, sans oser d'abord espérer davantage que les auteurs qui m'ont précédé, je n'en avais pas moins tenté quelques moyens, que le raisonnement, d'accord avec l'observation, m'avaient fait regarder comme utiles. En effet, après avoir renouvelé les expériences du docteur Pellier, en passant un séton à travers les lames boursoufflées de la cornée transparente, les résultats favorables que j'en avais obtenus dans un cas que j'ai consigné dans cet

(1) Voyez pour la description de cette maladie, page 163.

ouvrage, page 176, m'encouragèrent bientôt à chercher par de nouvelles expériences si dans tous les degrés du staphylôme ce moyen pouvait présenter des résultats favorables. L'étude plus particulière que j'ai faite de cette maladie, m'a prouvé plus que jamais que tous les moyens indiqués par les différens auteurs étaient presque toujours insuffisans pour atteindre la guérison, et que celui de Pellier, quoique supérieur à tous les autres, était cependant de beaucoup inférieur par ses résultats favorables à l'attouchement réitéré avec la pierre infernale, que le staphylômefût commençant, ou bien que déjà il eût acquis un certain volume.

Mais avant de prouver par des faits les avantages de ce dernier moyen, je crois utile de développer quelques idées générales sur la véritable nature de cette maladie, parce qu'elles serviront à prouver que le raisonnement est ici tout-à-fait d'accord avec l'expérience.

Quelle que soit la cause qui a produit le staphylôme, toujours est-il vrai que les lames de la cornée sont d'abord boursoufflées et distendués, ce qui fait que dans le principe cette membrane a réellement acquis une plus grande épaisseur, qui est d'autant plus marquée que la cornée affectée appartient à un sujet plus jeune, par la raison qu'à cet âge le tissu de cette membrane est plus abreuvé de liquides, et que ses lames sont plus mollasses que dans un âge plus avancé. Ceci est prouvé par la plus légère inspection anatomique ; c'est donc par cette raison que le staphylôme des enfans, par exemple, paraît toujours sous l'aspect d'un boursoufflement de la cornée, ou, si l'on veut, sous la forme d'une véritable végétation de cette membrane, tandis que chez l'adulte, et par suite de l'organisation plus dense de la cornée transparente, la même cause qui avait commencé le boursoufflement, détermine par la suite, et par les seuls progrès de la maladie, l'amincissement de ses lames distendues outre mesure, et l'on conçoit que l'amincissement sera alors d'autant plus marqué que la distension sera plus grande, et que la partie de la cornée affectée sera plus circonscrite.

Que l'on ne vienne pas nous dire qu'il y a ici usure des lames les plus intérieures de cette membrane, comme le prétendent les auteurs. A cela nous aurions à répondre que, s'il y avait réellement usure, cette membrane ne pourrait jamais acquérir le développement de distension que l'on remarque dans certains staphylômes où la cornée présente à l'extérieur une surface cinq à six fois plus étendue que dans l'état sain; car s'il y avait usure de ses lames, il serait impossible physiquement que le staphylôme pût devenir si volumineux. Mais pour se convaincre d'une vérité matériellement vraie, et que nous ne faisons cependant qu'énoncer, il suffit de se rappeler l'organisation anatomique de la cornée transparente, et l'on verra évidemment que les humeurs de l'œil trouvant une résistance moins grande vers la partie boursoufflée, que pressées de toutes parts par une enveloppe moins épaisse, à la vérité, dans tous ses autres points, mais par cela même plus élastique et plus forte, doit naturellement distendre la partie la moins dense, quoique la plus épaisse, et déterminer enfin son amincissement. Mais, je le répète, il n'y a là et il ne peut y avoir d'usure, et c'est encore ce qui explique les avantages de notre nouvelle méthode de combattre les staphylômes, parce qu'elle est conforme aux principes de la plus saine physiologie, et parce qu'enfin on ne fait que redonner à la cornée sa vitalité primitive, et ramener par-là sa contractilité, sa densité et sa transparence.

D'après nos idées sur le développement du staphylôme de la cornée transparente, il est donc démontré pour nous que les mêmes causes qui concourent à produire, dans cette maladie, le boursoufflement général de cette membrane chez l'enfant, ne produisent d'abord qu'un boursoufflement partiel chez l'adulte, et par suite la distension de la partie primitivement affectée avec amincissement de ses lames, et non de leur usure. Nous ajouterons que dans le cas où le staphylôme vient à se rompre, il est toujours précédé par un état inflammatoire qui devient alors pour la cornée ce qu'est pour la peau un abcès dans le tissu cellulaire sous-cutané ; car sans cela, en supposant qu'il y eût usure, la rupture aurait lieu sans douleurs et sans inflammation, et dès-lors on ne pourrait pas non plus concevoir une distension si considérable, comme on l'observe dans un si grand nombre de cas.

En récapitulant tout ce qui a été dit et écrit au sujet du staphylôme, nous y voyons tant d'incertitude et d'incohérence sur les moyens curatifs ou palliatifs qui ont été tour-à-tour proposés, que nous devons cesser dès-lors de nous étonner que presque tous nos auteurs se soient accordés à regarder cette maladie comme incurable par sa nature.

Toutefois, je ne dois pas confondre Ricther avec les auteurs dont nous parlons; il faut être vrai, et convenir qu'il avait proposé avant nous le principal moyen pour combattre le staphylôme; mais nous devons dire aussi, que les succès n'ont pas répondu à l'attente de cet auteur, par l'insuffisance même des moyens qu'il avait conseillés : et c'est cette insuffisance (nous en avons aujourd'hui acquis la conviction par notre expérience) qui a dû faire dire au docteur Scarpa que la cautérisation proposée par Ricther, dans le staphylôme, ne lui avait jamais réussi, et qu'il la regardait comme plus nuisible qu'utile. Mais si l'on fait attention que Ricther n'a pas dit un mot de la manière de panser l'œil affecté de staphylôme et soumis à la cautérisation, et s'il est démontré, cependant, que cette manière est nécessaire, et qu'elle influe puissamment sur la guérison, dès-lors le problème énoncé par Ricther n'offre plus de difficultés à résoudre, et la question reste décidée. Et en effet, dans toutes les observations qui font la base de ce Mémoire, j'ai toujours remarqué, comme un fait constant, que toutes les fois que j'avais négligé de faire coïncider la compression méthodique et l'usage des collyres astringens aux attouchemens avec le nitrate d'argent, ce qui, soit dit en passant, est loin d'une véritable cautérisation, à chaque pas, dis-je, les progrès vers la guérison en ont été suspendus ; j'ai même remarqué que l'œil devenait douloureux et s'enflammait, ce qui n'arrive jamais dans le cas contraire. Je suis donc en droit de conclure, par la seule exposition de ces faits, que la cautérisation pure et simple, proposée par Ricther, ne peut produire à elle seule aucun effet favorable dans le traitement du staphylôme ; d'où il reste également démontré que la méthode que je propose aujourd'hui m'appartient exclusivement.

Mais comme cette vérité sera mieux prouvée par les observations qui font le sujet de ce Mémoire, qu'elle ne le serait par l'étalage du raisonnement et des citations, c'est donc à elles seules que je dois renvoyer pour faire apprécier à leur juste valeur les moyens que j'ai employés pour guérir le staphylôme.

Quoique la première observation que j'ai recueillie ait été publiée dans le premier numéro des *Annales du Cercle médical,* de 1822, je crois cependant devoir la rapporter ici, parce qu'elle servira à prouver que bien que quelques-unes des lames de la cornée aient été primitivement déchirées par une autre maladie, l'usage de nos moyens n'en a pas moins procuré une guérison complète,

Première observation.

La petite fille de M. Bonard, ancien officier de cava-
lerie, âgée de dix ans, d'un tempérament lymphatique,
ayant depuis long-temps des tumeurs scrophuleuses en
suppuration, éprouva, il y a quelques mois, une ophthalmie assez violente, qui fut bientôt suivie d'une petite tache
blanchâtre à la cornée. Le médecin ordinaire de la malade
dirigeait ses soins, avec raison, vers l'affection scrophuleuse,
et se contentait de faire baigner l'œil avec une solution
d'acétate de plomb.

Pendant les premiers jours la maladie de l'œil ne parut
pas faire des progrès rapides. M. Demours, consulté alors,
jugea que l'on devait continuer les mêmes moyens. Quelques jours après, l'abcès de la cornée s'étant ouvert en
dehors, les lames internes de cette membrane ne tardèrent
pas à être poussées en avant, et en moins de vingt jours,
époque où la petite fille me fut amenée, la tumeur avait
déjà acquis le volume, la couleur et la forme d'un grain
de raisin noir. L'enfant ne souffrait que très-peu de la
présence de la lumière, et l'on se contentait de lui couvrir
la vue par un abat-jour vert. Le reste de la cornée était
presque dans un état naturel; la sclérotique était un peu
injectée généralement, mais beaucoup plus vers la partie
de la circonférence la plus rapprochée de la tumeur dont
je viens de parler ; tumeur qui occupait la partie inférieure
et extérieure de la cornée de l'œil gauche. Les humeurs de
l'œil chassées en avant dans le sac de la cornée amincie,
avaient donné la même impulsion à l'iris, ce qui occasio-
nait une irrégularité très-marquée dans la forme ordinaire de la pupille.

Éclairé par les symptômes qui avaient précédé le développement de cette tumeur, bien qu'elle fût volumi-

neuse, je ne désespérai pas cependant d'en obtenir la résolution, et j'y suis parvenu en vingt jours de temps, en la touchant légèrement tous les trois à quatre jours avec la pierre infernale (nitrate d'argent), et en faisant baigner l'œil deux fois le jour avec un collyre fortement astringent, préparé avec une solution de sulfate de zinc dans les eaux de roses et de fenouil. Ce collyre fut remplacé vers les derniers jours par une décoction de demi-once de noix de galle dans deux verres d'eau. Mais jugeant que l'on pourrait puissamment contribuer à la rentrée des humeurs de l'œil chassées dans la cavité de la tumeur, j'ai eu soin, pendant tout le temps que je viens d'indiquer, de maintenir les paupières rapprochées l'une de l'autre par le moyen d'une compresse et d'un bandeau. Le 28 juillet dernier, vingt-quatrième jour de mes soins, le staphylôme avait disparu; seulement de petites lignes blanchâtres, en forme de cicatrice, couvraient la place qu'il occupait; la pupille avait repris sa forme ordinaire, et l'injection des vaisseaux de la sclérotique n'existait plus. Par précaution l'usage de collyres, ainsi que d'un abat-jour, furent continués pendant une vingtaine de jours. J'ai revu depuis lors la demoiselle Bonard; elle était parfaitement guérie.

Deuxième observation.

Un enfant, nommé Lefèvre, âgé de douze à treize ans, dont le père est aveugle à l'hospice royal des Quinze-Vingts, me fut amené, au printemps de 1821, à la suite de maux d'yeux très-considérables.

Il portait alors un staphylôme sur la cornée de l'œil gauche, qui occupait près des trois quarts de sa face intérieure, et si proéminent qu'il empêchait les paupières de se réunir; il avait, en outre, un albugo sur celle de l'œil droit, qui la couvrait presqu'entièrement. Dans cet état, ce pauvre petit malheureux ne voyait pas même assez pour se conduire.

Comme cet enfant me parut éminemment scrophuleux, je pensai que le boursoufflement des deux cornées, quoique caractérisant deux maladies de noms différens, tenait cependant de la même cause, et qu'elles pourraient céder au même mode de traitement.

Je conseillai à l'intérieur l'usage des anti-scrophuleux; de légers attouchemens avec la pierre infernale furent pratiqués sur les deux cornées malades, seulement dans les points les plus déclives de la circonférence des parties affectées. Les yeux furent maintenus fermés par de légères compresses et un bandeau, et baignés soir et matin avec des collyres astringens: au bout d'un mois le staphylôme de la cornée gauche ne dépassait plus le plan ordinaire de cette membrane, et sa base était tellement diminuée qu'elle n'occupait plus que le quart de sa surface. L'albugo de l'œil droit avait aussi beaucoup diminué et le malade voyait parfaitement. Les mêmes moyens furent encore continués pendant trois autres mois, après quoi les bandeaux et les compresses furent enlevés. Les deux cornées parfaitement libres alors dans les sept huitièmes de leur surface ne présentaient plus, l'une et l'autre, qu'une cicatrice d'une ligne de diamètre, et placées de manière à ne pas nuire à la vision. J'ai revu depuis lors le jeune Lefèvre, qui est aujourd'hui enfant de chœur à l'église de l'hospice, sa santé paraît bonne, et les deux taches dont on vient de parler semblent même avoir un peu diminué.

Je ne dois pas omettre non plus de faire observer, que pendant tout le temps qu'a duré ce traitement, j'ai voulu, à plusieurs reprises, m'assurer si les attouchemens avec la pierre infernale suffiraient seuls pour amener la guérison, et que pour cela j'ai fait suspendre de temps en temps la compression méthodique que je conseille en pareil cas. Et toujours j'ai observé que pendant tout ce temps la maladie ne faisait non-seulement aucuns progrès vers la guérison, tandis qu'au contraire l'œil s'enflammait davantage. J'ai également éprouvé que l'interruption des collyres astringens nuisait aussi à la guérison, mais moins cependant que la suppression des comprésses sur l'œil.

Troisième observation.

Mademoiselle Descarts, fille d'un médecin de ce nom, âgée de vingt-cinq ans, me fut adressée au commencement de février 1822 : elle avait une saillie considérable sur la cornée de l'œil gauche, et ne voyait nullement de ce côté ; de plus elle portait une taie ou cicatrice sur la cornée droite, mais qui n'obstruait qu'une faible partie de la pupille.

Du reste, mademoiselle Descarts paraissait jouir d'une bonne santé.

Pénétré, comme je le suis, que la plus grande partie des engorgemens de la cornée transparente ne sont le plus souvent qu'une aberration atonique dans sa sensibilité nutritive, je ne balançai pas à conseiller les attouchemens avec le nitrate d'argent.

Les parens et la malade ayant bien voulu s'en rapporter entièrement à moi, je commençai à toucher avec la pierre infernale la partie la plus déclive de la tumeur, et tous les deux à trois jours, selon l'état de sensibilité de l'œil, je réitérai ces attouchemens ; je fis, en outre, baigner l'œil, soir et matin, avec un collyre fortement astringent, préparé tantôt avec la décoction de noix de galle, tantôt avec les eaux de roses et de plantain ; dans chaque once je faisais dissoudre de deux à trois grains de sulfate de zinc, d'alumine, de cuivre, etc., en y ajoutant quelquefois même quelques grains d'extrait gommeux d'opium, lorsque la sensibilité de l'œil me paraissait trop exaltée.

Au bout de dix jours la malade, qui auparavant pouvait à peine distinguer la lumière de l'obscurité de l'œil atteint de staphylôme, commençait déjà à apercevoir les couleurs des corps, la tache et le gonflement de la cornée avaient également diminué considérablement. Les progrès en mieux furent un peu plus lents dans la suite ; mais au bout de deux mois mademoiselle Descarts, qui, jusque-là, avait gardé un bandeau et une compresse sur cet œil, put les retirer sans inconvéniens. Elle y voyait alors passablement bien, le staphylôme était réduit à une petite tache blanchâtre qui ne gênait que très peu le passage des rayons lumineux. Au bout de quelques jours elle repartit pour la campagne, où elle habite ordinairement.

Tout porte à croire que la maladie n'a pas eu de récidives.

Quatrième observation.

Une petite fille, de parens extrêmement pauvres, âgée de cinq à six ans, me fut amenée au mois d'août dernier ; elle avait un staphylôme à l'œil droit, déjà si considérable, qu'il obstruait presque entièrement la vision de ce côté. Il était, du reste, très-proéminent et de couleur blanc de perle. L'enfant, très-indocile, ne se soumit qu'avec beaucoup de peine aux attouchemens avec la pierre infernale ; cependant en y mettant beaucoup de patience et en y apportant beaucoup de précautions, je parvenais à-peu-près à les pratiquer selon mes désirs.

Aussi bien que possible, les parens faisaient suivre à la jeune malade, qui était, en outre, scrophuleuse, le traitement et le régime que j'avais conseillés, et avaient soin de lui faire baigner l'œil avec une solution de douze grains

de sulfate de zinc dans six onces d'eau, et enfin, de le
tenir abrité du contact de l'air, en le recouvrant d'une
compresse et d'un bandeau. Ces moyens, continués avec
persévérance pendant trois mois, quoiqu'imparfaitemen
exécutés, avaient cependant réduit le staphylôme à une
simple tache qui occupait la partie interne et supérieure
de la réunion de la cornée avec la sclérotique, au moment
où cet enfant a cessé de venir à mes pansemens.

Si les faits sont seuls concluans en médecine, et si devant eux viennent se briser toutes les hypothèses inventées par l'esprit humain, à plus forte raison lorsque ces
mêmes faits sont conformes aux principes de la plus saine
physiologie, deviennent-ils par-là moins incontestables, et
doivent-ils alors être accueillis par tous les bons esprits.

Cependant, quoique je sois loin d'attendre que toute
espèce de staphylôme doive céder au nouveau traitement
que je propose pour combattre cette maladie, il n'en est
pas moins démontré, pour moi, que tous ceux qui sont
récents et même ceux qui sont anciens, lorsqu'ils n'ont
aucun caractère cancéreux, peuvent toujours être combattus avec avantage par les moyens qui m'ont réussi. Et
en effet, puisque le staphylôme est, dans l'enfance, le résultat du boursoufflement de la cornée, et que chez l'a-
dulte il est encore occasioné par le ramollissement de
cette membrane, ramollissement qui permet l'extension
outre mesure de ses lames, ne reste-t-il pas évident que
les moyens qui tendent, d'une part, à donner une action
nouvelle aux vaisseaux absorbans qui composent cette
tunique, qui donnent du ton aux fibres relâchées, et procurent, en même temps, un exutoire assez rapproché
pour favoriser le dégorgement de cette lymphe stagnante
qui occasione à elle seule le vice de transparence,
doivent être nécessairement suivis d'un résultat favorable.

Et bien , c'est encore ici ce résultat indiqué par le raisonnement que viennent de confirmer les observations insérées dans ce Mémoire.

Mais il est vrai de convenir aussi que le traitement que j'indique pour attaquer le staphylôme de la cornée transparente , ne dégage pas toujours entièrement cette membrane, puisque dans trois des observations que j'ai rapportées , il est resté une cicatrice circonscrite, à la vérité, mais qui n'en est pas moins une cicatrice , un vice de transparence et une difformité en même temps. Mais je le demande , lors même que la cure du staphylôme serait toujours suivie de ce même résultat , serait-il à comparer avec la triste ressource de vider l'œil ? Non sans doute , et tous les praticiens conviendront qu'il vaut infiniment mieux porter une tache sur la cornée, et conserver tout ou partie de la vision , que de remplacer le globe par un œil artificiel.

FIN.

TABLE

DES MATIÈRES.

—

DEUXIÈME PARTIE.

PREMIÈRE CLASSE.

DES MALADIES DES YEUX.

PREMIER ORDRE.

Des Maladies qui attaquent les Organes conservateurs de l'œil.

DEUXIÈME ORDRE.

Maladies du Sourcil.

DEUXIÈME ORDRE.

Maladies de la Cornée transparente.

TROISIÈME ORDRE.

Affections de l'Iris et de ses dépendances.

QUATRIÈME ORDRE.

Maladies de l'Humeur aqueuse des deux chambres de l'œil.

SEPTIÈME ORDRE.

Maladies du Nerf optique et de la Rétine.

HUITIÈME ORDRE.

Maladies de la Choroïde.

NEUVIÈME ORDRE.

Maladies de la Sclérotique.

DIXIÈME ORDRE.

Vices de proportion des humeurs de l'œil.

ONZIÈME ORDRE.

Maladies qui attaquent toutes les humeurs et toutes les membranes de l'œil en général.

FIN DE LA TABLE.

IMPRIMERIE DE GUEFFIER, RUE GUÉNÉGAUD, N° 31.

LIBRAIRIE DE J.-B. BAILLIÈRE,

RUE DE L'ÉCOLE DE MÉDECINE, Nº 14, A PARIS.

Livres de fonds récemment publiés.

ANATOMIE DU CERVEAU, contenant l'histoire de son développement dans le fœtus, avec une exposition comparative de sa structure dans les animaux, par Fr. TIEDEMANN, professeur à l'université de Heidelberg, membre des académies des sciences de Munich et de Berlin, associé de l'Institut; traduite de l'allemand : avec un discours préliminaire sur l'étude de la physiologie en général, et sur celle de l'action du cerveau en particulier ; par A.-J.-L. JOURDAN, docteur en médecine de la faculté de Paris, chevalier de la légion d'honneur, membre correspondant de l'académie des sciences de Turin. *Paris*, 1823, 1 vol. in-8, avec 14 planches, br.   7 fr.

> « Cette traduction d'un ouvrage d'un des plus célèbres anatomistes de l'Allemagne se fait remarquer par son exactitude et son élégance ; les planches qui l'accompagnent, et qui représentent les développemens du cerveau dans le fœtus, etc., ont été faites avec le plus grand soin.» (*Journal de Physiologie*, par MAGENDIE, juillet 1823.)

CELSI (A. C.) DE RE MEDICA LIBRI OCTO, editio nova, curantibus P. FOUQUIER, in saluberrima facultate parisiensi professore, et F.-S. RATIER, D. M. *Parisiis*, 1823, 1 vol. in-18, imprimé sur papier fin des Vosges par F. Didot ; satiné.   4 fr. 50 c.
Le même, papier vélin satiné.   8 fr.

> Il est peu de médecins qui puissent se dispenser d'avoir dans leur bibliothèque l'ouvrage de Celse, l'un des auteurs de l'antiquité chez lequel on trouve le plus de connaissances positives sur l'art de guérir, jointes à un style aussi pur qu'élégant, qui l'a fait placer par les philologues au nombre des classiques latins. La nouvelle édition donnée par le professeur Fouquier et M. Ratier joint au mérite d'une correction parfaite celui d'une exécution typographique très soignée et du prix le plus modique. On aura de plus d'ici à peu de temps une traduction par les mêmes auteurs, même format et même impression que le texte.

CODE PHARMACEUTIQUE, traduction de l'ouvrage rédigé en latin sous le titre de *Codex medicamentarius*, par MM. Leroux, Vauquelin, Deyeux, Jussieu, Richard, Percy, Hallé, Henry, Vallée, Bouillon-Lagrange, et Chéradame ; et publié, conformément à l'ordonnance royale du 8 août 1816, par la faculté de médecine de Paris ; avec deux tables par A.-J.-L. Jourdan, D. M. *Paris*, 1821, in-8.   8 fr.

COURS COMPLET DES MALADIES DES YEUX, suivi d'un précis d'hygiène oculaire ; nouvelle édition augmentée d'un mémoire sur le staphylôme de la cornée transparente ; par M. Delarue, docteur en médecine de la faculté de Paris, etc. *Paris*, 1823, in-8.   6 fr.

DE LA PHYSIOLOGIE DU SYSTÈME NERVEUX, et spécialement du cerveau ; Recherches sur les maladies nerveuses en général, et en particulier sur le siége, la nature et le traitement de l'hystérie, de l'hypochondrie, de l'épilepsie et de l'asthme convulsif ; par M. Georget, docteur en médecine de la faculté de Paris, ancien interne de première classe de la division des aliénées de l'hospice de la Salpêtrière, etc. *Paris*, 1821 ; 2 vol. in-8.   12 fr.

> « L'ouvrage de M. Georget est destiné à prouver que de l'action cérébrale dérivent la sensibilité, les fonctions intellectuelles et affectives, les penchans, les passions, les névroses et les maladies mentales. C'est l'œuvre d'un homme instruit et qui sait beaucoup. Il mérite d'être médité avec attention par tous les médecins, qui ne peuvent manquer de le lire avec fruit. » (*Journal universel des Sciences médicales*, t. XXV, janvier 1822.)

DE LA GOUTTE ET DES MALADIES GOUTTEUSES, par M. Guilbert, professeur de la faculté de médecine de Paris ; suivi de recherches pratiques sur la pathologie, le traitement du rhumatisme, et les moyens de prévenir cette maladie ; trad. de l'anglais de James Johnson. *Paris*, 1820 ; in-8.   5 fr.

DICTIONNAIRE DES TERMES DE MÉDECINE, CHIRURGIE, ART VÉTÉRINAIRE, PHARMACIE, HISTOIRE NATURELLE, BOTANIQUE, PHYSIQUE, CHIMIE, etc, par MM. Bégin, Boisseau, Jourdan, Montgarny, Richard, Sanson, Docteurs en médecine de la Faculté de Paris, et Dupuy, Professeur à l'Ecole vétérinaire d'Alfort ; 1 vol. in-8 de 700 pages, imprimé par Cellot, avec des caractères de Henri Didot, sur papier fin.   8 fr.

DISSERTATION SUR LES ANÉVRISMES DE L'AORTE, par G. Noverre, docteur en médecine de la faculté de Paris. *Paris*, 1820, in-8.   1 fr. 50 c.

DU SIÉGE ET DE LA NATURE DES MALADIES, ou Nouvelles considérations touchant la véritable action du système absorbant dans les phénomènes de l'économie animale ; par M. Alard, professeur-agrégé de la faculté de médecine de Paris, membre de l'académie royale de médecine, de la Légion d'honneur, médecin de la maison royale de Saint-Denys, etc. *Paris*, 1821 ; 2 vol. in-8.   12 fr.

ELEMENTA PHYSIOLOGIÆ, auctore L. Martini, physiologiæ professore. *Turin*, 1821, 1 vol. in-8.   6 fr.

> Cet ouvrage n'est pas seulement remarquable par cette élégance de diction, cette pureté de style et par une teinte d'originalité qui caractérise tout ce qui sort de la plume du professeur Martini, mais il a de plus l'avantage de renfermer dans un très petit cadre les opinions de tous les auteurs les plus célèbres qui se sont occupés de physiologie. (*Archives générales de médecine*, juillet 1823.)

ESSAI SUR LA FIÈVRE JAUNE D'AMÉRIQUE, par P.-F. Thomas, secrétaire général de la société médicale de la Nouvelle-Orléans, médecin de l'hôpital de cette ville. *Paris*, 1823, in-8.   3 fr.

(3)

ESSAI PHYSIOLOGICO-PATHOLOGIQUE SUR LA NATURE DÉ
LA FIÈVRE, DE L'INFLAMMATION, ET DES PRINCIPALES
NÉVROSES ; appuyé d'observations pratiques, suivi de l'histoire des
maladies observées à l'hôpital des enfans malades, pendant l'année
1818 ; mémoire couronné par la faculté de médecine de Paris, le 4 novembre 1821 ; par Ant. Dugès, docteur en médecine et prosecteur
de la faculté de Paris, etc. *Paris*, 1823, 2 vol. in-8.   13 fr.

« L'auteur de cet ouvrage semble avoir eu pour but de concilier les doctrines les plus
opposées. Il annonce avoir mis également à contribution les idées d'Hippocrate sur les
crises, de Cullen et de Darwin sur les oscillations nerveuses, de M. Pinel sur l'essen-
tialité des fièvres ; il reconnaît aussi devoir beaucoup à M. Broussais et à l'école des
contre-stimulistes. M. Dugès est donc un auteur éclectique par excellence ; il a
cherché la vérité partout où il a espéré la rencontrer. Après avoir jeté dans une première
partie des principes fondamentaux de pathologie, il a cherché dans une seconde partie
à faire l'application de ces principes aux diverses maladies. Nous aurons donc à considérer M. Dugès et comme auteur d'un système et comme médecin observateur ; mais,
nous aimons à le proclamer d'avance, on ne peut s'empêcher de reconnaître en lui
un homme doué d'une vaste instruction et d'une sagacité peu commune. En terminant
l'analyse du premier volume de cet ouvrage, nous nous hâtons de donner au lecteur
une idée des matières que contient le second volume. Cet un recueil d'excellentes
observations sur différentes maladies, et spécialement sur les fièvres graves, l'hydrocé-
phale aiguë, la variole, la rougeole, l'angine, la diarrhée, le charbon, etc. Dire que
ces observations ont été recueillies à l'hôpital des enfans malades et dans d'autres hôpitaux de Paris, que le plus grand nombre fait partie d'un mémoire couronné en 1821
par la faculté de médecine de Paris, c'est en faire suffisamment l'éloge.» (*Revue médicale*, t. XI, août 1823.)

ESSAI SUR LE POULS, par rapport aux affections des principaux
organes ; par Fouquet, professeur à l'école de médecine de Montpellier ; nouvelle édition augmentée d'un mémoire sur la sensibilité. *Montpellier*, 1818, in-8.   4 fr. 50 c.

ESSAI SUR LES IRRITATIONS, par Marandel, docteur en médecine
de la faculté de Paris. *Paris*, 1807, in-4.   3 fr.

ESSAI SUR L'ÉDUCATION PHYSIQUE DES ENFANS, mémoire
couronné par la société de médecine de Bordeaux ; par F. S. Ratier,
docteur en médecine de la faculté de Paris. *Paris*, 1821, in-8.
1 f. 50 c.

FORMULAIRE PRATIQUE DES HOPITAUX CIVILS DE PARIS,
ou Recueil des prescriptions médicamenteuses employées par les médecins et chirurgiens de ces établissemens, avec des notes sur les doses, le
mode d'administration, les applications particulières ; et des considérations générales sur chaque hôpital, sur le genre d'affections auquel il est
spécialement destiné, et sur la doctrine des praticiens qui le dirigent ; par
F. S. Ratier, docteur en médecine de la faculté de Paris ; 1 vol. in-18.
Paris, 1823.   3 fr. 50 c.

« L'auteur a su faire un choix judicieux parmi l'immense quantité de formules pharmaceutiques employées dans les hôpitaux. Un pareil recueil ne peut manquer d'être recher-
ché par les nombreux élèves qui fréquentent ces établissemens. Ils y trouveront la composition des médicamens qu'ils entendent journellement prescrire par les professeurs de

clinique. Les notes qui accompagnent chaque formule sont, en général, rédigées dans un bon esprit. Ce nouveau formulaire sera également utile aux élèves qui suivent les hôpitaux et aux médecins livrés à la pratique civile. Il offre en outre un avantage précieux: c'est de révéler, en quelque sorte, les méthodes curatives de plusieurs praticiens, et par conséquent de pouvoir servir de pièce de conviction relativement à leurs principes de pathologie. »(*Archives générales de médecine*, janvier, 1823.)

HISTOIRE DE LA MÉDECINE, depuis son origine jusqu'au dix-neuvième siècle, avec l'histoire des principales opérations chirurgicales et une table générale des matières ; traduit de l'allemand de Kurt Spengel, par Jourdan, D. M. P., et revue par Bosquillon. *Paris*, 1815-1820 ; 9 vol. in-8, br.   40 fr.

Les tomes 8 et 9 séparément, 2 vol. in-8.   18 fr.

«Dans ce vaste tableau des révolutions et des progrès de la médecine, Sprengel nous la montre tour à tour religieuse chez les Egyptiens, les Indous, les Israélites, les Grecs, les Romains, les Scythes et les Celtes ; symptomatique sous Hippocrate ; empirique, dogmatique, méthodique, pneumatique, électrique, sous ses successeurs ; humorale sous Galien ; grammaticale au seizième siècle, et spagyrique sous Paracelse ; il retrace, d'un pinceau rapide, les grands travaux des fondateurs de l'anatomie, les ridicules idées des médecins mystiques, l'archéisme de Van-Helmont, les rêveries de Descartes, l'iatrochimie de Sylvius, les vains calculs des médecins mathématiciens, l'animisme de Stahl, le solidisme mécanique d'Hoffmann, l'irritabilité de Haller, les écoles empiriques des derniers siècles, le brownisme, les progrès de l'anatomie pathologique, l'inoculation et la thaumaturgie médicale ; enfin l'exposé des travaux de tous les Européens sur l'anatomie, la physiologie, la pathologie, la thérapeutique et la matière médicale, la chirurgie et les accouchemens, la médecine publique et la médecine populaire jusqu'en 1800, ainsi que le résumé historique des tentatives faites jusqu'en 1819 pour perfectionner les procédés opératoires, complètent le tableau de l'immense entreprise que Kurt Sprengel et Guillaume son fils sont parvenus à terminer, au grand avantage des médecins studieux qui manquaient d'un guide éclairé dans le cours de leurs études laborieuses.» (*Journal universel des Sciences méd.*, t. XXIII, août 1821.)

HISTOIRE DE QUELQUES DOCTRINES MÉDICALES COMPARÉES A CELLES DU DOCTEUR BROUSSAIS, suivie de considérations sur les études médicales considérées comme science et comme art, et d'un mémoire sur la thérapeutique ; par M. Fodera, docteur en médecine et en philosophie de l'université de Catane, etc. *Paris*, 1821, in-8.   3 fr. 50 c.

EXAMEN DES OBSERVATIONS CRITIQUES DU DOCTEUR BROUSSAIS sur les doctrines médicales analogues à la sienne, par le même. *Paris*, 1822, in-8.   1 fr. 20 c.

RECHERCHES SUR LES SYMPATHIES et sur d'autres phénomènes qui sont ordinairement attribués comme exclusifs du système nerveux, par le même. *Paris*, 1822, in-8.   1 fr. 20 c.

RECHERCHES EXPÉRIMENTALES SUR L'ABSORPTION ET L'EXHALATION, mémoire couronné par l'institut royal de France ; par le même. *Paris*, 1823, in-8, avec une planche coloriée.   2 fr. 50 c.

MÉDECINE LÉGALE. Considérations sur l'infanticide ; sur la manière de procéder à l'ouverture des cadavres, spécialement dans le cas de visites judiciaires ; sur les érosions et perforations de l'estomac, l'ecchymose, la sugillation, la contusion, la meurtrissure ; par MM. Lecieux-Renard, Laisné, Rieux , docteurs en médecine de la faculté de Paris ; 1819, in-8.   4 fr.

MÉMOIRE SUR LE VOMISSEMENT, par Isidore Bourdon , docteur en médecine de la faculté de Paris , etc. *Paris* , 1819, in-8.   1 fr. 80 c.

RECHERCHES SUR LE MÉCANISME DE LA RESPIRATION ET SUR LA CIRCULATION DU SANG ; essais qui ont obtenu une mention honorable au concours de l'Institut royal de France, par le même. *Paris*, 1820 , in-8.   2 fr.

DE L'INFLUENCE DE LA PESANTEUR SUR QUELQUES PHÉNOMÈNES DE LA VIE, par le même. *Paris* , 1823 , in-8.   75 c.

OEUVRES CHIRURGICALES D'ASTLEY-COOPER ET B. TRAVERS, contenant des mémoires sur les luxations, l'inflammation de l'iris, la ligature de l'aorte, le phymosis et le paraphymosis, l'exostose, les ouvertures contre nature de l'urètre, les blessures et les ligatures des veines, les fractures du col du fémur et les tumeurs enkistées ; traduites de l'anglais par G. Bertrand , docteur en médecine ; avec 21 planches. *Paris*, 1823 , 2 vol. in-8.   14 fr.

«Personne n'ignore le nom d'Astley-Cooper, et tous les chirurgiens français sont désireux de connaître la pratique de ce célèbre opérateur anglais ; nous ne doutons donc point que cette traduction ne soit bien accueillie. Les personnes qui désirent rallier la doctrine physiologique à la chirurgie se réjouiront particulièrement de cette nouvelle acquisition, qui leur fournira de nouveaux moyens d'exécuter un rapprochement si nécessaire.» (*Annales de la médecine physiologique*, par Broussais, juin 1823.)

OEUVRES DE MÉDECINE PRATIQUE de Pujol de Castres, D. M., contenant : Essai sur les inflammations chroniques des viscères, les maladies lymphatiques, l'art d'exciter ou de modérer la fièvre pour la guérison des maladies chroniques, des maladies de la peau, les maladies héréditaires, le vice scrophuleux, le rachitisme, la fièvre puerpérale, la colique hépatique par cause calculeuse, etc., avec une notice sur la vie et les travaux de l'auteur, et des additions par F. G. Boisseau, D. M. P. *Paris*, 1823 , 4 vol. in-8, br.   15 fr.

«Les ouvrages de Pujol sont peu connus ; ils méritaient de l'être, car ce médecin est celui qui, parmi nos compatriotes, a le premier compris que l'inflammation jouait un rôle très important dans les affections chroniques. Ils sont précieux, et l'on doit de la reconnaissance à M. Boisseau de nous avoir facilité la lecture de cet auteur, dont l'édition était épuisée.» (*Annales de la médecine physiologique*, par Broussais, janvier 1823.)

PARIS ET MONTPELLIER, ou Tableau de la médecine dans ces deux écoles ; traduit de l'anglais de John Cross par E. Revel. *Paris* , 1820, in-8.   3 fr. 5o.

PRATIQUE DES ACCOUCHEMENS , ou Mémoires et observations choisies sur les points les plus importants de l'art, par madame Lachapelle, sage-femme en chef de la maison d'accouchement de Paris ;

publié par A. Dugès, son neveu, D. M. P. *Paris*, 1821, 1 vol. in-8. 7 fr.

PYRÉTOLOGIE PHYSIOLOGIQUE, ou Traité des fièvres considérées dans l'esprit de la nouvelle doctrine médicale, par F. G. Boisseau, docteur en médecine de la faculté de Paris. In-8. de 600 pages; 1823. 7 fr. 50 c.

« C'est avec franchise que je donne des éloges à un ouvrage aussi riche de vérités utiles, toujours conciliant dans ses doctrines par cela même qu'il est invincible dans ses preuves, et, du reste, si bien ordonné, si clair et si purement écrit, qu'on ne se rappelle pas avoir encore éprouvé moins de fatigue et plus de charme à s'instruire. Si la Pyrétologie physiologique n'est point de l'expérience toute faite, elle est du moins le guide le plus sûr que l'on puisse avoir pour bien lire et bien observer, en un mot pour avancer dans l'étude de la médecine. » (*Journal universel des Sciences médicales*, t. XXX, avril 1823.)

RAPPORT sur l'origine, les progrès, la propagation par voie de contagion, et la cessation DE LA FIÈVRE JAUNE qui a régné, en 1821, à Barcelone; présenté le 14 mars 1822 à son exc. le chef politique supérieur de la Catalogne, en exécution du décret des cortès extraordinaires, par l'Académie nationale de Médecine de Barcelone, trad. de l'espagnol par P. Rayer, docteur en médecine. *Paris*, 1822; in-8, br. 2 fr.

RÉVISION DES NOUVELLES DOCTRINES CHIMICO-PHYSIOLOGIQUES, suivie d'expériences relatives à la respiration; par M. Coutanceau, D. M. P. médecin et professeur à l'hôpital militaire d'instruction du Val-de-Grâce, membre de l'académie royale de médecine, de la Légion d'honneur, etc. *Paris*, 1821; in-8. br. 5 fr.

RUDIMENTA HYGIENES PATHOLOGIÆ THERAPEUTIÆ, epitome nosologiæ ad instituendos chirurgiæ studiosos in regio taurinensi athenæo; professoris H. Garneri, chirurgi primari in regio ptochotrophio. *Turin*, 1821; in-8. 6 fr.

TOPOGRAPHIE MÉDICALE DE PARIS, ou Examen général des causes qui peuvent avoir une influence marquée sur la santé des habitans de cette ville, le caractère de leurs maladies et le choix des précautions hygiéniques qui leur sont applicables, dédié à M. le comte de Chabrol de Volvic, préfet du département de la Seine, par C. Lachaise, docteur en médecine de la faculté de Paris, etc. *Paris*, 1822; in-8. 5 fr. 50 c.

« Cet ouvrage est divisé en cinq chapitres, dans lesquels l'auteur traite successivement de la position relative et directe de la ville, sa figure, son étendue, sa température, de l'histoire naturelle de Paris et de ses environs. Il passe en revue les causes qui peuvent avoir une influence sur la salubrité de Paris. A cette occasion, il fait, à l'égard des douze arrondissemens municipaux qui composent la ville, des observations très importantes. Il recherche, dans la disposition des divers quartiers et dans le genre d'ateliers qu'ils renferment, les causes qui décident de leur salubrité comparative, et propose, d'une part, des moyens d'assainissement, de l'autre, des précautions hygiéniques propres à soustraire les habitans à l'action des causes insalubres. Il examine l'habitant de Paris tant au physique qu'au moral, et termine par le tableau des constitutions médicales.» (*Journal général de Médecine*, t. LXXXI, octobre 1822.)

TRAITÉ DES MALADIES DES ARTISANS et de celles qui résultent des diverses professions, d'après Ramazzini ; ouvrage dans lequel on indique les précautions que doivent prendre, sous le rapport de la salubrité publique et particulière, les administrateurs, manufacturiers, fabricans, chefs d'ateliers, artistes, et toutes les personnes qui exercent des professions insalubres, par Ph. PATISSIER, docteur en médecine de la faculté de Paris, etc. *Paris*, 1822 ; in-8. 7 fr.

« M. Patissier se montre, dans cet ouvrage, l'heureux émule du médecin de Padoue : il lui emprunte les observations et les conseils dont l'utilité est de tous les temps. Les précautions hygiéniques, si imparfaites à l'époque où Ramazzini écrivait, sont aujourd'hui d'une efficacité reconnue. L'auteur ne se contente pas de les indiquer, il entre dans tous les détails qui concernent ces moyens préservatifs, et descend, sur les traces de Ramazzini, dans ceux qui se rapportent aux opérations de l'industrie, pour chercher, dans une parfaite connaissance du danger, les armes avec lesquelles il le combat. M. Patissier a profité des travaux de Ramazzini avec un rare bonheur, et il a beaucoup ajouté à ses travaux. Le style de Ramazzini est un modèle d'élégance et de bon goût ; celui de son heureux imitateur a moins d'éclat, mais il n'est que mieux approprié à son sujet.» (*Journal universel des Sciences médicales*, t. XXVI, avril 1822.)

TRAITÉ DE LA GRAVELLE, DU CALCUL VÉSICAL et des autres maladies qui se rattachent à un dérangement des fonctions des organes urinaires, par William PROUT, membre de la société royale de Londres ; trad. de l'anglais avec des notes par Ch. Mourgué, docteur en médecine, médecin des bains de Dieppe, etc. *Paris*, 1823 ; in-8, fig. coloriée. 5 fr.

« M. Prout, médecin habile qui a fait une étude approfondie de la chimie animale, a jugé nécessaire, pour mettre le lecteur à portée d'apprécier les propriétés particulières de l'urine et les divers changemens morbides qu'elle est susceptible d'éprouver, de porter d'abord ses regards sur les principes variés qui entrent dans la composition de cette humeur et de les comparer ensuite à ceux du sang d'où elle est sécrétée. L'histoire de l'urine et de ses altérations est fort bien faite, et parsemée d'observations qui méritent d'être signalées.» (*Journal universel des Sciences médicales*, mars 1823.)

TRAITÉ DE L'APOPLEXIE, ou Hémorrhagie cérébrale ; considérations nouvelles sur les hydrocéphales ; description d'une hydropisie cérébrale particulière aux vieillards, récemment observée, par Et. MOULIN, docteur en médecine de la faculté de Paris, ancien interne des hôpitaux de cette ville, etc. *Paris*, 1819 ; in-8. 3 fr. 50 c.

TRAITÉ DE LA MALADIE SCROPHULEUSE, ouvrage couronné par l'académie impériale des curieux de la nature ; par C. G. HUFELAND, médecin du roi de Prusse ; traduit de l'allemand sur la troisième édition (1819), accompagné de notes par J. B. BOUSQUET, D. M., et suivi d'un Mémoire sur les scrophules, accompagné de quelque réflexions sur le traitement du cancer par M. le baron LARREY. *Paris*, 1821 ; in-8. fig. 6 fr.

TRAITÉ, OU OBSERVATIONS PRATIQUES ET PATHOLOGIQUES SUR LE TRAITEMENT DES MALADES DE LA GLANDE PROSTATE ; par Everard HOME, chirurgien en chef de l'hôpital Saint-Georges, vice-président de la société royale de Londres, etc. ; trad. de

l'anglais, avec quatre planches, par Léon MARCHANT, D. M. *Paris*,
1820 ; in-8. 6 fr.

TRAITÉ DES MALADIES DES ARTICULATIONS, ou Observations
pathologiques et chirurgicales sur ces maladies ; par B. C. BRODIE, chirurgien de l'hôpital Saint-Georges, professeur de chirurgie à Londres,
traduit de l'anglais par Léon MARCHANT, docteur en médecine. *Paris*,
1819 ; in-8. 4 f.

Sous presse, pour paraître incessamment.

NOUVEAUX ÉLÉMENS DE PATHOLOGIE MÉDICO-CHIRURGI-
CALE, ou Précis théorique et pratique de médecine et de chirurgie,
rédigés d'après les principes de la médecine physiologique, par
MM. ROCHE, docteur en médecine de la faculté de Paris, et SANSON,
docteur en chirurgie de la faculté de Paris, chirurgien du bureau central d'admission des hôpitaux, etc. ; 2 vol. in-8.

OBSERVATIONS SUR LA NATURE ET LE TRAITEMENT DE
L'HYDROPISIE, par M. ANT. PORTAL, premier médecin du roi,
membre de l'institut de France, président de l'académie royale de médecine, etc. ; 1 vol. in-8.

PRINCIPES DE PHYSIOLOGIE MÉDICALE, par Isidore BOURDON,
docteur en médecine de la faculté de Paris ; 1 vol. in-8.

DE L'IMPRIMERIE DE CELLOT,
rue du Colombier, n° 30.